교과 과정에 따른 이론과 실제

산업안전공학

임준식 · 최태준 공편

대학과정

일진사

•머 리 말•

산업이 발달하고 문화수준이 향상되면서 건강과 안전은 인간 욕구의 최우선 과제가 되었다. 일확천금도 인간이 건강하지 못하고 안전하지 못하다면 아무런 쓸모가 없다. 건강과 안전에 대한 인간의 욕구가 시대의 변화와 함께 빠르게 확산되고 있는 지금은 생산제일의 풍토가 아닌 안전제일의 현실기반 구축이 절실히 필요한 때이다.

최근 범정부적으로 산업재해 예방에 대한 중요성과 필요성이 대두되고 있다. 이를 인식해 유치원에서부터 대학교육까지 산업안전에 대한 교육과목을 필수적으로 이수토록 하고 있는 실정이다.

이 책은 이러한 변화된 사회의 요구에 발맞춰 대학 및 기능대학, 전문대학에서 교재로 사용할 수 있도록 구성하였다. 또한, 공학도는 기초를 쌓고 산업현장에서는 꼭 필요한 지침서가 될 수 있도록 다음과 같은 사항에 역점을 두고 구성하였다.

제1편 「산업안전관리론」에서는 안전관리, 산업심리, 안전교육에 대한 자세한 설명을 수록하였고,

제2편 「인간공학 및 시스템 안전공학」에서는 인간공학과 시스템 안전공학에 관한 내용을 실었으며,

제3편 「기계위험 방지기술」에서는 기계의 안전조건에 관한 사항과 공작기계의 안전, 프레스 및 전단기 안전, 위험기계·기구, 운반기계 및 양중기에 관한 내용을 다루었다.

제4편 「전기위험 방지기술」에서는 전격재해 및 방지대책과 전기설비 및 작업안전, 전기화재 및 정전기 재해, 정전기의 재해방지, 전기설비의 방폭을 수록하였고,

제5편 「화학설비 및 위험방지기술」에서는 위험물 및 기초화학, 폭발방지 안전대책 및 방호, 화학설비 등의 안전, 소화설비 등의 내용을 설명하였다.

제6편 「건설안전기술」에서는 건설공사안전의 개요, 건설공구 및 장비, 건설안전시설 및 설비, 건설작업의 안전에 관한 내용을 다루었으며,

제7편 「보안」에서는 컴퓨터 보안에 관한 사항을 수록하였다.

끝으로 이 책의 출간에 수고를 아끼지 않은 도서출판 **일진사** 여러분에게 진심으로 감사드리며, 내용상의 잘못된 곳이나 미비한 부분이 있을 경우 독자 여러분의 기탄없는 지적을 바라며 앞으로 계속 수정·보완할 것을 약속드린다.

저자 씀

차 례

제1편　산업안전관리론

제 3 장 안전교육

제 2 편   인간공학 및 시스템 안전공학

제 1 장 인간공학

제 2 장 시스템 안전공학

제 3 편   기계위험 방지기술

제 4 편   전기위험 방지기술

| 제 5 편 | 화학설비 및 위험방지기술 |

제6편 건설안전기술

제 7 편   보 안

컴퓨터 보안

제 **1** 편

산업안전관리론

제1장 안 전 관 리

1. 안전관리조직

1-1 안전조직 3가지 유형

안전관리 조직을 편성하는 유형은 그 사업장의 종류, 특성, 규모와 안전수준의 정도에 따라서 특성에 맞게 편성을 하여야 하며 안전관리에서 가장 기본적인 활동이 안전기구의 조직이다.

(1) 라인(line)식 (직계식, 계선식) 조직

① 안전에 관한 명령, 지시 및 조치가 각 부문의 직계를 통하여 생산업무와 함께 시행되므로, 지시나 조치가 철저하며 실시도 빠르다.

② 명령과 보고가 상하관계 뿐이므로 간단 명료하다.

③ 생산라인 (production line) 의 각급 관리 감독자는 일상의 생산업무에 쫓겨 안전에 대한 전문지식이나 정보를 몸에 익힐 수가 없는 단점이 있다.

> **【참고】**
> • **안전조직 구성시 고려사항**
>   1. 조직 구성원의 책임과 권한을 명확하게 한다.
>   2. 생산조직과 밀착된 조직이 되도록 한다.
>   3. 회사의 특성과 규모에 부합되게 조직되어야 한다.
>   4. 조직의 기능이 충분히 발휘될 수 있는 제도적 체계가 갖추어져야 한다.

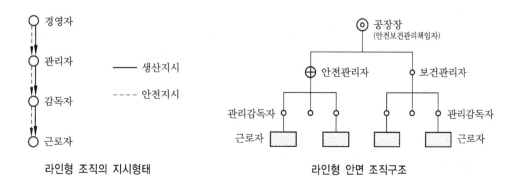

라인형 조직의 지시형태   라인형 안면 조직구조

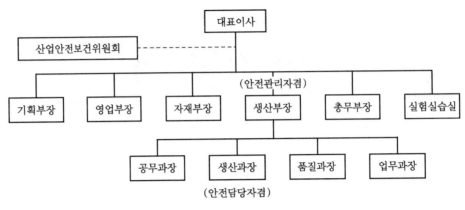

라인형 안전조직의 예

(2) 스태프 (staff) 식 (참모식) 조직

기업체의 경영주가 안전활동을 전담하는 부서를 둠으로써 안전에 관한 계획, 조사, 검토, 독려, 보고 등의 업무를 관장하는 안전관리 조직 (safety management organization) 이다.

① 전문스태프의 지도에 의해서 고도의 안전활동이 진행되게 되므로 라인에서의 관리 감독자가 안전에 관하여 미숙하더라도 이들을 육성하면서 안전을 추진시킬 수가 있다.

② 안전에 관한 업무가 표준화되어 직장에 안전업무가 정착하게 된다.

③ 직장에서의 작업자 입장에서 보면 생산 및 안전에 관한 명령이 각각 별개의 두 계통에서 나온다는 결함이 생겨 직장의 질서유지에 혼란을 가져 올 우려가 있다.

④ 응급조치가 곤란해지며, 통제수단이 복잡하다.

⑤ 각 분야의 직능에 대하여 기인하는 조직을 합리적으로 확립하고 운영하는 데에는 곤란이 많다.

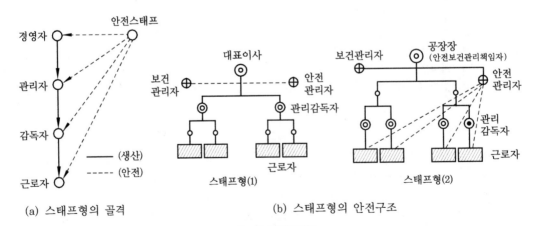

스태프형 안전조직도

(3) 라인스태프 (line-staff) 혼형 (직계-참모식) 조직

라인형, 스태프형을 병용한 방식으로 라인형, 스태프형의 장점만을 골라서 만든 조직이다.

① 안전스태프는 안전보건 관리책임자 소속으로 설치되어 전문적으로 보좌한다.

② 안전스태프는 안전에 관한 기획, 조사, 검토 및 연구를 행한다.

③ 라인의 관리 감독자에게 안전에 관한 책임과 권한이 부여되나 전문사항에 대해서는 안전 스태프의 지식이나 기술 등을 활용하면서 라인은 생산활동에 그 힘을 집결시킬 수 있다.

④ 안전스태프의 힘이 강해지면 권한을 넘어서 라인에게 간섭하게 됨으로써 라인의 권한이 약해져 그 라인은 유명무실해진다.

⑤ 안전활동이 생산과 혼돈될 우려가 없기 때문에 운용이 적절하면 가장 이상적인 안전조직이다.

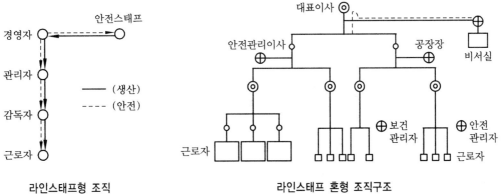

라인스태프형 조직

라인스태프 혼형 조직구조

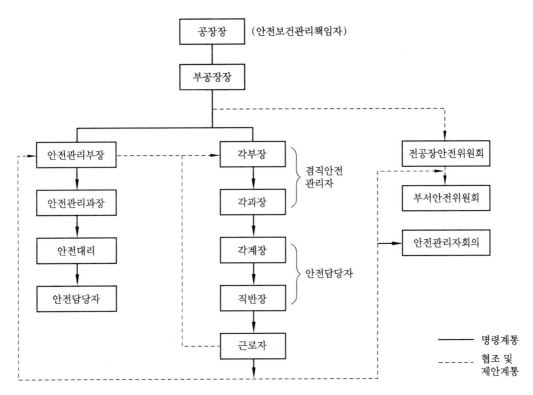

라인스태프형 구조

1-2 안전조직 3가지 장·단점

조직의 종류	장 점	단 점	비 고
라인형	• 안전에 관한 명령과 지시는 생산라인을 통해 신속·정확히 전달 실시된다. 소규모 기업에 활용한다.	• 안전 전문 입안이 되어 있지 않아 내용이 빈약하다. • 안전의 정보가 불충분하다.	• 100명 이하 사업장에 적합
스태프형	• 안전 전문가가 안전 계획을 세워 문제 해결방안을 모색하고 조치한다. • 경영자의 조언과 자문역할 • 안전정보 수집이 용이하고 빠르다. • 중규모 사업장에 적합하다.	• 생산부분에 협력하여 안전 명령을 전달 실시하므로 안전과 생산을 별개로 취급하기 쉽다. • 생산부분은 안전에 대한 책임과 권한이 없다.	• 관리상호간 커뮤니케이션이 원활하도록 한다.
라인-스태프형	• 안전 전문가에 의해 입안된 것을 경영자의 지침으로 명령을 실시하므로 정확·신속히 이루어진다. • 안전 입안·계획·평가·조사는 스태프에서, 생산기술·안전대책은 라인에서 실시한다. • 대규모 사업장에 적합하다.	• 명령 계통과 조언 권고적 참여가 혼돈 되기 쉽다.	• 라인형과 스태프형의 결점을 상호 보완할 수 있는 방식으로 주로 대기업에서 활용한다. • 산업안전보건법 권장형 조직

2. 안전관리계획 수립 및 운용

안전관리 계획은 첫째 사고의 감소라고 하는 보다 직접적이며 좁은 의미이며 둘째는 근로의욕을 증진시키며 생산성을 높이는 안전점검에서의 계획이라고 하겠다.

2-1 안전조직의 책임과 직무

(1) 경영진

① 안전조직 편성 운영
② 안전예산의 책정 및 집행
③ 안전한 기계설비 및 작업환경의 유지, 개선
④ 기본방침 및 안전시책의 시달 및 지시

(2) 안전보건관리 책임자

당해 사업에서 그 사업을 실질적으로 총괄 관리하는 자를 안전보건관리 책임자로 선임하되, 선임 및 해임사유가 발생한 경우 지체 없이 선임하고, 노동부령이 정하는 바에 의하여 선임한 날부터 14일 이내에 노동부장관에게 이를 증명할 수 있는 서류를 제출하여야 한다.

그리고 안전보건관리 책임자를 두어야 할 사업장은 ① 상시 근로자 100인 이상을 사용하는 사업과 상시근로자 100인 미만을 사용하는 사업 중 노동부령이 정하는 사업, ② 총 공사금액 20억 원 이상의 건설업 등이다. 또한, 법으로 정한 안전보건관리 책임자의 직무는 다음과 같다.

① 산재예방계획의 수립에 관한 사항
② 작업환경 측정 등 작업환경의 점검 및 개선에 관한 사항
③ 안전보건관리 규정의 작성 및 그 변경에 관한 사항
④ 근로자의 안전·보건교육에 관한 사항
⑤ 근로자의 건강진단 등 건강관리에 관한 사항
⑥ 산재원인조사 및 재발방지대책의 수립에 관한 사항
⑦ 산재에 관한 통계의 기록·유지에 관한 사항
⑧ 안전·보건에 관련되는 안전장치 및 보호구 구입시의 적격품 여부 확인
⑨ 기타 근로자의 위해 위험 예방 장치에 관한 사항으로서 노동부령이 정하는 사항

(3) 안전보건 총괄책임자

상시근로자가 50인 이상인 ① 제1차 금속산업, ② 선박 및 보트 건조업, ③ 토사석 광업 및 상시 근로자가 100인 이상인 사업장, ④ 제조업의 경우 안전·보건 총괄책임자를 선임하여야 하며, 총괄책임자의 직무는 다음과 같다.

① 작업의 중지 및 재개
② 도급사업에 있어서의 안전·보건조치
③ 수급업체의 산업안전보건관리비의 집행감독 및 이의 사용에 관한 수급업체 간의 협의·조정
④ 기계·기구 및 설비의 사용 여부의 확인

(4) 관리감독자

관리감독자는 경영자의 방침을 실현하기 위하여 작업자를 안전하고 쾌적한 환경에서 생산에 종사하도록 할 책임이 있다. 이러한 관리 감독의 책임을 완수하도록 하기 위하여 관리감독자 직무를 다음과 같이 정하고 있다.

① 기계·기구·설비의 안전·보건점검 및 이상유무 확인
② 소속근로자의 작업복·보호구 및 방호장치 점검과 그 착용·사용에 관한 교육지도
③ 산업재해 보고 및 응급조치
④ 작업장 정리정돈 및 통로확보의 확인·감독
⑤ 산업보건의, 안전관리자, 보건관리자의 지도·조언에 대한 협조
⑥ 기타 당해 작업의 안전·보건에 관한 사항으로서 노동부장관이 정하는 사항

(5) 안전담당자

위해 방지가 필요한 작업에 안전담당자를 배치하여야 하며, 안전담당자는 관리감독자 중에서 근로자를 직접 지휘하는 위치에 있는 자로 선임한다. 또한, 안전담당자는 안전관리자와 보건관리자의 업무를 보조하며, 당해 작업의 안전보건관리를 관리 감독한다.

(6) 근로자

근로자는 관리감독자의 계획의 실시에 협력하고, 생산을 실행하되 스스로 안전한 작업을

행할 책임이 있다. 즉, 안전은 작업자 본인의 책임이다. 따라서, 모든 근로자는 다음의 사항을 철저히 이행하여야 한다.

  ① 작업 전후 안전점검 실시

  ② 안전작업의 이행 (안전작업의 생활화)

  ③ 보고, 신호, 안전수칙 준수

  ④ 개선 필요시 적극적 의견 제안

(7) 안전관리자

안전관리자는 전반적인 안전관리의 중점 항목의 실시 상황을 파악, 평가, 통제함으로써 안전수준을 향상시키고, 라인 (line) 의 안전관리를 유효 적절하게 진행시켜 목표를 달성시키도록 지원한다. 즉, 안전관리계획을 수립하고, 안전관계자료를 수집 정리하며, 라인에 대하여 협력 지원하고, 각 부분의 교육 훈련을 실시한다.

따라서, 안전관리자의 주업무는 안전계획을 수립하고 그것을 운용 발전시키는 것이라 할 수 있다. 그러한 직무를 수행하기 위해 안전관리자는 전문적인 기술분야의 안전에 관한 지식을 두루 갖추어야 한다.

  ① 전담 안전관리자를 두어야 하는 사업장

    ㈎ 상시근로자 300인 이상 사업장

    ㈏ 건설업의 경우 공사금액 120억 이상이거나 근로자 300인 이상을 사용하는 사업장

  ② 안전관리자 직무

    ㈎ 안전보건관리규정 및 취업규칙에서 정한 직무

    ㈏ 검정 대상 방호장치, 보호구, 검사대상, 기계·기구·설비 구입시 적격품 선정

    ㈐ 안전교육계획 수립 및 실시

    ㈑ 사업장 순회점검, 지도, 조치의 건의

    ㈒ 산재발생 원인조사 및 재발방지를 위한 기술적 지도·조언

    ㈓ 법규정 위반 근로자에 대한 조치의 건의

    ㈔ 기타 안전에 관한 사항으로서 노동부장관이 정하는 사항

  ③ 안전관리업무 위탁사업장 : 안전관리자의 업무를 안전관리대행기관에 위탁할 수 있는 사업의 종류 및 규모는 건설업을 제외한 사업으로서 상시 근로자 300인 미만을 사용하는 사업으로 한다.

  ④ 안전관리자의 증원 및 해임사유

    ㈎ 당해 사업장의 연간 재해율이 동종 업종 평균 재해율의 2배 이상일 때

    ㈏ 중대재해가 연간 3건 이상 발생한 때

    ㈐ 안전관리자가 질병, 기타 사유로 3월 이상 직무를 수행할 수 없게 될 때

2-2 산업안전 보건위원회

(1) 구 성

산업안전 보건위원회는 상시근로자 100인 이상 사업장, 상시 근로자 50인 이상 100인 미만을 사용하는 사업 중 다른 업종과 비교할 때 근로자수 대비 산업재해 발생빈도가 현저히 높은 유해·위험업종으로서 노동부령이 정하는 사업장에 설치한다.

(2) 산업안전 보건위원회 구성원

① 근로자 대표
② 근로자 대표가 지명하는 1인 이상의 명예산업안전감독관
③ 근로자 대표가 지명하는 9인 이내의 당해 사업장의 근로자
④ 당해 사업의 대표자, 안전관리자 1인, 보건관리자 1인, 산업보건의

(3) 회의 운영방법

회의는 3월마다 정기적으로 실시하며, 필요시 임시로 실시할 수도 있다. 산업안전보건위
원회의 위원장은 의원 중에서 호선한다. 이 경우 근로자 위원과 사용자 위원 중 각 1인을 공
동위원장으로 선출할 수 있다.

(4) 회의 결과 주지방법

① 사업장 내의 게시판에 부착하는 방법
② 사보에 게재하는 방법
③ 자체 정례조회시 집합교육에 의한 방법
④ 기타 근로자들이 당해 회의 결과를 알 수 있는 방법

2-3 산업안전 보건관리 규정

(1) 개 요

안전보건관리규정이란 각 사업장에 있어서의 안전보건관리 활동과 업무에 관한 기본적 사
항을 정한 것으로서, 상시근로자 100인 이상 사업장의 사업주는 산업안전보건법에 의거 사
유 발생 후 30일 이내에 규정을 작성하여야 한다.

(2) 포함 사항

① 안전관리의 기본적인 체제, 조직 등
② 설계기준, 환경, 안전기준
③ 작업보수, 점검 보호구 등
④ 보고, 승인 등 안전관리 통제사항 등

(3) 안전관리규정 작성시 유의사항

① 규정된 기준은 법정기준을 상회하도록 할 것
② 관리자층의 직무와 권한 근로자에게 강제 또는 요청한 부분을 명확히 한다.
③ 관계 법령의 제·개정에 따라 즉시 개정한다.
④ 작성 또는 개정시에 현장의 의견을 충분히 반영한다.
⑤ 규정내용은 정상시는 물론 이상시 사고 및 재해 발생시의 조치에 관하여도 규정한다.

(4) 각 부서장의 업무

① 과장 : 안전작업기준의 결정과 결정된 작업기준의 준수상황 확인
② 반장 : 조장 작성의 작업기준 원안에 대한 검토와 의견상신, 결정된 작업기준의 준수상
황의 체크

③ 조장 : 작업원안 작성과 결정된 작업기준에 맞춘 교육실시와 추후지도 (followup) 교육

2-4 안전보건관리 계획

(1) 계획의 기본방향

① 현재 기준의 범위 내에서의 안전유지적 방향에서 계획
② 기준의 재설정 방향에서 계획
③ 문제해결의 방향에서 계획

(2) 계획의 구비조건

(3) 계획 작성시 고려사항 3가지

① 사업장의 실태에 맞도록 독자적으로 수립하되 실현 가능성이 있도록 하여야 한다.
② 계획의 목표는 점진적으로 하여 높은 수준으로 한다.
③ 직장 단위로 구체적으로 작성한다.

(4) 대책 구상 전 조감도 작성시 고려사항

① 목표달성에 대한 기여도
② 대책의 긴급성
③ 문제의 확대 가능성의 여부 (대책을 수립하지 않거나 지연시킬 경우)
④ 대책의 난이성

2-5 안전관리 계획의 운영방법

(1) 안전관리의 4-사이클

안전관리 4-사이클이란 계획 (plan), 실시 (do), 검토 (check), 조치 (action)를 말한다. 이 4가지 조건이 충족될 때에 안전관리수준이 향상된 활동 역시 계획 → 실시 → 검토 → 조치, 이른바 plan → do → check → action의 4개의 스텝에 따라 진행된다. 이 4스텝의 평가는 부분, 혹은 직장마다 안전활동을 채점하고 그 결과에 의해 포상을 하거나 처벌하기 위해 행하는 것은 아니며 계획에는 무리는 없었는가, 현장실무에 적용하고 있는가, 중요한 대책이 빠져 있지 않은가를 겸허하게 반성하고 그 결과를 다음의 계획으로 피드백하기 위해 실시하는 것이다.

① 계획을 세운다 (plna ; P)

　㈎ 목표를 정한다.

　㈏ 목표를 달성하는 방법을 정한다.

② 계획대로 실시한다 (do ; D)

　㈎ 환경과 설비를 개선한다.

　㈏ 점검한다.

　㈐ 교육·훈련한다.

　㈑ 기타의 계획을 실행에 옮긴다.

③ 결과를 검토한다 (check ; C)

④ 검토 결과에 의해 조치를 취한다 (action ; A)

　㈎ 정해진 대로 행해지지 않으면 수정한다.

　㈏ 문제점이 발견되었을 때 개선한다.

　㈐ 개선의 방법에는 방법개선 (method improvement) 과 공정변경 (process change) 의 2가지 방향이 있다.

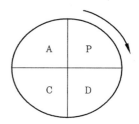

안전관리 4-cycle

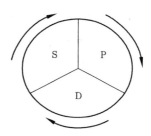

안전관리 P-D-S

　㈑ 더욱 좋은 개선책을 고안하여 다음 계획에 들어간다.

　이 4가지 순서를 되풀이함으로써 관리의 수준이 향상될 수 있다.

　또한, 관리조건을 계획 (plan ; P), 실시 (do ; D), 평가 (see ; S)의 3단계로 구분하는 경우도 있다. 그런 경우의 관리 사이클은 P → D → S가 될 것이며, 이 때의 평가 (see) 는 검토 (check) 와 조치 (action) 가 포함되는 개념이다.

(2) 산업안전보건 개선계획

① 안전보건 개선계획시 고려사항

　㈎ 생산성과 안전성을 고려하여야 한다.

　㈏ 안전이 확보되고 생산성이 향상되는 개선계획이 되도록 하여야 한다.

② 안전보건 개선계획의 내용

　㈎ 시설

　㈏ 안전보건교육

　㈐ 안전보건 관리체제

　㈑ 산업재해 예방 및 작업환경 개선을 위한 필요사항

　　사업주는 안전보건개선계획서를 수립할 때에는 산업안전보건위원회의 심의를 거쳐야 한다. 다만, 산업안전보건위원회가 설치되어 있지 않은 사업장에 있어서는 근로자 대표의 의견을 들어야 한다.

③ 안전보건 개선계획 수립시 유의사항 3가지

　㈎ 경영층이 안전보건에 지대한 관심을 가진다.

　㈏ 무리·불균형, 낭비적인 요소를 대폭 개선한다.

　㈐ 종전에 비해 작업능률이 향상되고 제품이 개선되도록 한다.

④ 대상 사업장

　㈎ 산업재해율이 동종 업종의 규모별 평균산업재해율 보다 높은 사업장

　㈏ 작업환경측정 대상 작업장으로서 작업환경이 현저히 불량한 사업장

㈐ 중대재해가 연간 2건 이상 발생한 사업장

㈑ 노동부장관의 명에 의하여 안전보건진단을 받은 사업장

(3) 안전보건평가

① 평가의 종류

㈎ 평가내용에 의한 종류

㉠ 정성적 평가   ㉡ 정량적 평가

㈏ 평가방식에 의한 종류

㉠ 체크 리스트에 의한 방법   ㉡ 카운셀링에 의한 방법

② 주요 평가 척도의 종류

㈎ 절대척도 (재해건수 등 수치)

㈏ 상대척도 (도수율, 강도율)

㈐ 평정척도 (양적으로 나타내는 것. 양, 보통, 불가능 단계로 평정)

㈑ 도수척도 (중앙값, % 등)

③ 안전 평가요령

㈎ 재해건수, 재해율 등의 목표치와 안전활동 자체평가를 포함하여야 한다.

㈏ 몇 가지 평가를 병행하여 다각적 평가를 시행하여야 한다.

㈐ 평가결과에 따른 개선조치를 강구하여야 한다.

3. 산업재해발생 및 재해조사 분석

3-1 산업재해조사

(1) 재해조사목적

① 산업재해를 조사하는 목적은 재해의 책임자를 처벌하자는 데 있는 것이 아니라, 가장 적절한 재발 방지대책을 강구하는 데 있다.

② 종래의 재해조사에 있어서는 재해형식과 재해원인을 구별하지 않고, 단순히 재해형식의 분석에만 그친 경우도 있었으나, 일반적으로 산업재해를 조사함에 있어서는 먼저 재해의 형태와 원인을 명확히 구분하여 생각하지 않으면 안 된다.

③ 재해형태의 분석만으로 재해통계에 필요한 자료를 얻을 수 있다.

④ 동종사고 및 유사사고의 재발 방지 및 원인의 규명과 예방자료수집이 이루어져야 한다.

(2) 재해조사방법

① 재해발생 직후에 행한다.

② 현장의 물리적 흔적 (물적 증거) 을 수집한다.

③ 재해현장은 사진을 촬영하여 보관하고, 기록한다.

④ 목격자, 현장 책임자 등 많은 사람들에게 사고시의 상황을 듣는다.

⑤ 재해 피해자로부터 재해 직전의 상황을 듣는다.

⑥ 판단하기 어려운 특수재해나 중대재해는 전문가에게 조사를 의뢰한다.

(3) 산업재해발생 처리순서

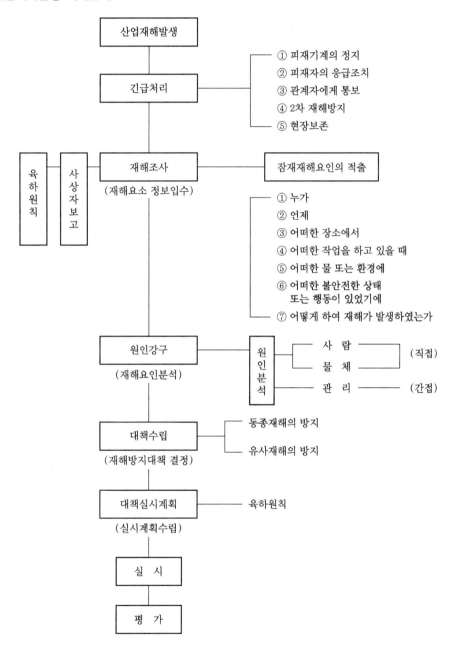

(4) 재해조사과정의 3단계

① 현장보존
② 사실의 수집
③ 목격자, 감독자, 피해자 등의 진술

(5) 재해조사시의 유의사항

① 사실을 수집한다.

② 목격자 등이 증언하는 사실 이외의 추측의 말은 참고만 한다.

③ 조사는 신속하게 행하고 긴급 조치하여, 2차 재해의 방지를 도모한다.

④ 사람, 기계설비, 양면의 재해요인을 모두 도출한다.

⑤ 객관적인 입장에서 공정하게 조사하며, 조사는 2인 이상이 한다.

⑥ 책임 추궁보다 재발방지를 우선하는 기본 태도를 갖는다.

⑦ 피해자에 대한 구급 조치를 우선한다.

⑧ 2차 재해의 예방과 위험성에 대한 보호구를 착용한다.

(6) 산업재해발생 원인

① 간접원인 : 재해의 가장 깊은 곳에 존재하는 기본 원인이다.

② 직접원인 : 시간적으로 사고발생에 가장 가까운 원인이다.

③ 직접원인과 간접원인 및 예방대책과의 상호관계는 다음과 같다.

산업의 재해발생 과정도

(7) 산업재해발생 형태 (재해발생의 메커니즘)

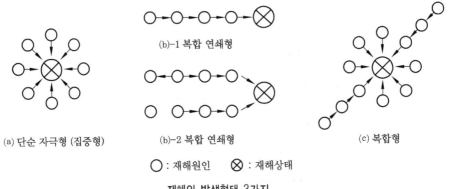

재해의 발생형태 3가지

① 단순자극형 (집중형) : 상호자극에 의하여 순간적으로 재해가 발생하는 유형으로 재해가 일어난 장소에 그 시기에 일시적으로 요인이 집중한다고 하여 집중형이라고 한다.

② 연쇄형 (사슬형) : 하나의 사고 요인이 또 다른 요인을 발생시키면서 재해를 발생시키는 유형이다. 단순 연쇄형과 복합 연쇄형이 있다.

③ 복합형 (혼합형) : 단순 자극형과 연쇄형의 복합적인 발생 유형이다.

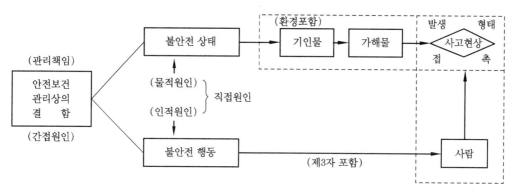

재해발생구조

3-2   산업재해의 분석

(1) 상 해

분류항목	세부항목
① 골절	뼈가 부러진 상해
② 동상	저온물 접촉으로 생긴 동상 상해
③ 부종	국부의 혈액순환의 이상으로 몸이 퉁퉁 부어오르는 상해
④ 찔림 (자상)	칼날 등 날카로운 물건에 찔린 상해
⑤ 타박상 (삠)	타박·충돌·추락 등으로 피부표면 보다는 피하조직 또는 근육부를 다친 상해
⑥ 절단	신체부위가 절단된 상해
⑦ 중독·질식	음식·약물·가스 등에 의한 중독이나 질식된 상해
⑧ 찰과상	스치거나 문질러서 벗겨진 상해
⑨ 베임 (창상)	창·칼 등에 베인 상해
⑩ 화상	화재 또는 고온물 접촉으로 인한 상해
⑪ 뇌진탕	머리를 세게 맞았을 때 장해로 일어난 상해
⑫ 익사	물 속에 추락해서 익사한 상해
⑬ 피부병	직업과 연관되어 발생 또는 악화되는 모든 질환
⑭ 청력장애	청력이 감퇴 또는 난청이 된 상해
⑮ 시력장애	시력이 감퇴 또는 실명된 상해
⑯ 기타	①~⑮ 항목으로 분류 불능시 상해 명칭 기재

(2) 사고 (재해발생 형태) 의 분류

분류항목	세 부 항 목
① 추락	사람이 건축물, 비계, 기계, 사다리, 계단 경사면, 나무 등에서 떨어지는 것
② 전도	사람이 평면상으로 넘어졌을 때를 말함 (과속, 미끄러짐 포함)
③ 충돌	사람이 정지물에 부딪친 경우
④ 낙하·비래	물건이 주체가 되어 사람이 맞은 경우
⑤ 붕괴·도괴	적재물, 비계, 건축물이 무너진 경우
⑥ 협착	물건에 끼인 상태, 말려든 상태
⑦ 감전	전기 접촉이나 방전에 의해서 사람이 충격을 받은 경우
⑧ 폭발	압력의 급격한 발생 또는 개방으로 폭음을 수반한 팽창이 일어난 경우
⑨ 파열	용기 또는 장치가 물리적인 압력에 의해 파열한 경우

⑩ 화재	화재로 인한 경우를 말하며 관련된 물체는 발화물을 기재
⑪ 무리한 동작	무거운 물건을 들다 허리를 삐거나 부자연한 자세 또는 동작의 반동으로 상해를 입은 경우
⑫ 이상온도접촉	고온이나 저온에 접촉한 경우
⑬ 유해물질접촉	유해물 접촉으로 중독이나 질식된 경우
⑭ 기타	①~⑬ 항으로 구분 불능시 발생 형태를 기재

(3) 기인물과 가해물

① 불안전한 상태의 재해요인을 물체로 나타내고 있는데 이러한 상태인 물을 '기인물'이라 한다. 즉, 기인물이란 재해를 가져오게 한 근원이 된 기계, 장치, 기타 물 또는 환경을 말한다. 또 직접 사람에 접촉해서 피해를 가한 것을 '가해물'이라 한다.

② 미끄러운 기름이 흩어져 있는 복도 위를 걷다가 넘어져 기계에 머리를 다쳤다면 가해물은 기계이다. 한편, 기인물은 기름이며, 사고유형은 전도이다.

③ 롤러의 청소작업 중 걸레를 쥔 손이 롤러에 말려 들어가 손에 부상을 당하였다면, 사고유형은 협착, 가해물은 롤러, 기인물은 롤러 기계이며, 불안전한 행동은 운전중 기계손질, 불안전한 상태는 안전방호장치의 부적당이다.

(4) 재해의 직접 원인

① 불안전한 상태 (물적 원인)
  (가) 물 자체의 결함
  (나) 안전방호장치의 결함
  (다) 복장, 보호구의 결함
  (라) 물의 배치 및 작업장소의 결함
  (마) 작업환경의 결함
  (바) 생산공정의 결함
  (사) 경계표시, 설비의 결함

② 불안전한 행동 (인적 원인)
  (가) 위험장소 접근
  (나) 안전장치의 기능 제거
  (다) 복장, 보호구의 잘못 사용
  (라) 기계기구 잘못 사용
  (마) 운전중인 기계장치의 손실
  (바) 불안전한 속도 조작
  (사) 위험물 취급 부주의
  (아) 불안전한 상태 방치
  (자) 불안전한 자세·동작
  (차) 감독 및 연락 불충분

(5) 재해의 간접 원인 (관리적 원인)

① 기술적 원인
  (가) 건물·기계장치 설계불량
  (나) 구조·재료의 부적합
  (다) 생산공정의 부적당
  (라) 점검 및 보존불량

② 교육적 원인
  (가) 안전지식의 부족
  (나) 안전수칙의 오해
  (다) 경험훈련의 미숙
  (라) 작업방법의 교육 불충분
  (마) 유해위험작업의 교육 불충분

③ 작업관리상의 원인

 ㈎ 안전관리조직 결함   ㈏ 안전수칙 미제정

 ㈐ 작업준비 불충분   ㈑ 인원배치 부적당

 ㈒ 작업지시 부적당

3-3 산업재해사례 연구방법

(1) 재해사례연구 (accident analysis and control method) 의 목적

① 저해요인을 체계적으로 규명해서 대책을 세운다.

② 재해방지의 원칙을 습득해서 일상 안전보건활동에 실천한다.

③ 참가자의 안전보건활동에 관한 견해나 생각을 깊게 하기도 하고 또는 태도를 바꾸게 하기도 한다.

(2) 재해사례의 연구순서

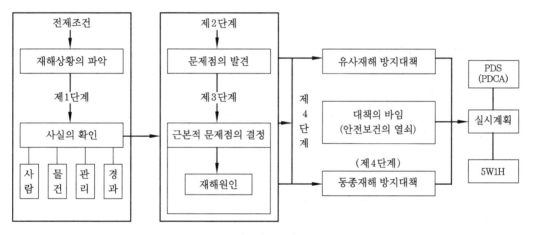

재해사례 연구순서

① 전제조건 (재해상황의 파악) : 사례연구의 전제조건으로서 재해상황의 주된 항목에 관해서 파악한다.

② 제1단계 (사실의 확인) : 사례의 해결에 필요한 정보를 정확히 파악한다.

③ 제2단계 (문제점의 발견) : 사실로 판단하고 기준에서 차이의 문제점을 발견한다.

④ 제3단계 (근본적 문제점의 발견) : 문제점 가운데 재해의 중심이 된 근본적 문제점을 결정하고 재해원인을 결정한다.

⑤ 제4단계 (대책수립) : 사례를 해결하기 위해 대책을 세운다.

3-4 산업재해 통계

(1) 산업통계의 근본목적

① 재해통계는 주로 대상으로 하는 조직의 안전관리수준을 평가하고, 금후의 재해방지에 기본이 되는 정보를 파악하기 위해 작성하는 것이다.

② 재해통계에 의해 산업재해의 재해요소 분포를 파악하고 그 근거에서 대상집단의 경향

과 특성 등을 수량적, 총괄적으로 해명할 수 있다.

③ 귀중한 정보에 의해서 조직의 대상집단에 대해서 미리 효과적인 대책을 강구할 수 있다.

④ 산업통계의 근본목적은 동종재해 및 유사재해의 재발 방지이다.

(2) 재해통계의 작성방법 및 유의점

① 재해통계는 활용의 목적을 이룩할 수 있도록 충분한 내용을 포함해야 한다.

② 재해통계는 구체적으로 표시하고, 그 내용은 용이하게 이해되며 활용하기 쉬워야 한다.

③ 재해통계는 도형이나 숫자에 의한 표시법이 있지만 도형에 의한 쪽이 이해하기 쉽다. 수치에 의해 표현하고 있는 경우에는 대상집단에 관해서 그것이 많은가 적은가의 판정이 어려우므로 이것을 비율로 표시하는 것이 일반적이다. 재해가 발생된 대상 모집단의 근로자수나 연근로시간수 또는 근로일수 등을 기준으로 한 재해발생률로 표현하는 방법을 취한다.

④ 재해통계는 그 항목 내용 저해요소가 정확하게 파악되고 이것에 따라서 재해방지대책이 세워진다.

(3) 사고의 원인 분석방법 2가지

① 개별적 원인 분석방법

　(가) 개개의 재해를 하나하나 분석하는 것으로 상세하게 그 원인을 규명하는 것이다.

　(나) 특수재해나 중대재해 및 재해 건수가 적은 사업장 또는 개별재해 특유의 조사항목을 사용할 필요성이 있을 때 사용한다.

② 통계적 재해원인 분석 [거시적 (macro)] 방법

　(가) 퍼레이드 (parade) 도 : 사고의 유형, 기인물 등 분류항목을 큰 순서대로 도표화한다. 문제나 목표의 이해에 편리하다.

　(나) 특성 요인도 : 특성과 요인관계를 도표로 하여 어골상 (魚骨狀) 으로 세분한다.

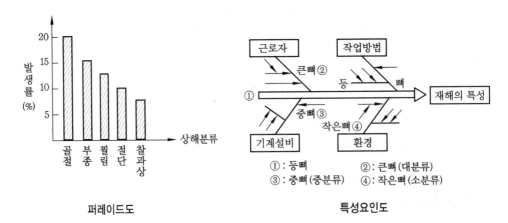

퍼레이드도　　　　　　　　　　특성요인도

　(다) 클로즈 (close) 분석 : 2개 이상의 문제 관계를 분석하는 데 사용하는 것으로, 데이터 (data) 를 집계하고 표로 표시하여 요인별 결과 내역을 교차한 클로즈 그림을 작성하여 분석한다.

㈃ 관리도 : 재해발생 건수 등의 추이를 파악하여 목표 관리를 행하는 데 필요한 월별 재해발생수를 그래프 (graph) 화하여 관리선을 설정 관리하는 방법이다. 관리선은 상방 관리한계 (UCL ; upper control limit), 중심선 (Pn), 하방관리선 (LCL ; low control limit) 으로 표시한다.

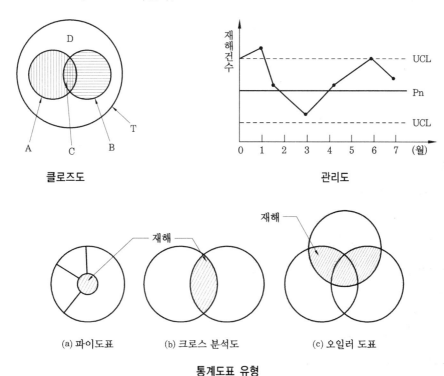

클로즈도　　　　　　　　　　관리도

(a) 파이도표　　(b) 크로스 분석도　　(c) 오일러 도표

통계도표 유형

3-5 산업재해율 계산법

(1) 개 요

재해율은 크게 일람표식 방법 (schedule system)과 경험식 방법 (experience system)이 있다. 전자는 주관적인 판단이 가미되므로 객관적인 신뢰성이 부족한 것이 결점이나 후자는 신뢰성이 높은 반면, 현재 상황에 대한 평가가 아니다.

경험식 방법의 평가방법은 천인율, 도수율, 강도율 등이며 재해율 통계는 단위가 없고 연천인율은 정수표, 도수율과 강도율은 소수 둘째 자리까지 기록한다.

(2) 연천인율

근로자 1천인당 1년 간에 발생하는 사상자수를 나타낸 것으로 근로시간 및 근로일수의 변동이 많은 사업장이나 여러 기업체의 평균 근로자수를 산출하는데는 불합리하다.

1000명을 기준으로 한 재해발생자 수의 비율이다.

$$연천인율 = \frac{재해자수}{연평균 근로자 수} \times 1000$$

예제 1. 어느 사업장의 연천인율이 3이란 무엇인가?

[해설] 연간 1000명의 근로자가 작업할 경우에 3건의 재해가 발생한다는 뜻이다.

---

(3) 빈도율 (frequency rate of injury ; FR)

1000000인시 (man-hour)를 기준으로 한 재해발생 건수의 비율로서, 도수율이라고도 한다.

$$빈도율\,(도수율)= \frac{재해건수}{근로\ 총시간수} \times 1000000$$

예제 2. 빈도율이 10.88이라는 것을 설명하시오.

[해설] 종업원 한 사람이 그 작업장에서 1,000,000시간을 작업하였을 경우에 10.88건의 재해가 발생한다는 것을 말한다.

---

(4) 빈도율과 연천인율의 상관관계

빈도율과 연천인율과는 계산의 기초가 각각 다르므로 이를 정확하게 환산하기는 어려우나 대략적으로 다음의 관계식을 사용한다.

① $빈도율 = \dfrac{연천인율}{2.4}$ 또는, 연천인율 = 빈도율 × 2.4

② $\dfrac{연천인율}{빈도율} = \dfrac{재해건수 \times 1000}{평균\ 근로자수} \times \dfrac{평균\ 근로자수 \times 2400}{재해건수 \times 1000000} = 2.4$

③ 연천인율 = 2.4 × 빈도율

(5) 강도율 (severity rate of injury)

① 강도율 : 산재로 인한 근로손실의 정도를 나타내는 통계로서 1000인시당 근로손실일수를 나타낸다.

$$강도율 = \frac{근로손실일수}{근로\ 총시간수} \times 1000$$

예제 3. 강도율이 20.76이란 무엇인가?

[해답] 그 작업장에서 1인의 근로자가 1,000시간을 작업을 하면 재해를 당하여서 약 21일 쉬게 되는 것을 말한다.

② 근로손실일수 : 근로손실일수는 근로기준법에 의한 법정 근로손실일수에 비장애등급손실일수를 연 300일 기준으로 환산하여 가산한 일수로 한다. 즉, 장애등급별 근로손실일수 + 비장애등급손실 × 300/365로 계산한다.

장애등급별 근로손실일수

신체장애등급	1~3급	4	5	6	7	8	9	10	11	12	13	14	비 고
근로손실일수	7500	5500	4000	3000	2200	1500	1000	600	400	200	100	50	사망 7500일

③ 사망에 의한 손실일수 7500일 산출 근거

㉮ 사망자의 평균연령 : 30세 기준

㉯ 근로 가능 연령 : 55세 기준

㉰ 근로손실년수 : 55−30＝25년 기준

㉱ 연간근로일수 : 300일 기준

㉲ 사망으로 인한 근로손실일수 : 300×25＝7500일 발생

(6) 도수율과 강도율의 개인과의 관계 (환산 도수율 및 환산 강도율)

한 사람의 근로연수를 40년 간으로 하고 1일 8시간 근로와 과외시간 근로를 연간 100시간으로 정할 때 근로시간을 계산하면 100000시간이 된다.

$$(8시간×25일×12월×40년)+(100시간×40년)=100000시간$$

재해도수율 계산시의 1000000시간은 10명의 근로자가 일생 동안의 근로시간과 같은 것을 알 수 있다.

또 재해도수율 21.25의 사업장에서 한 근로자가 평생 근무한다면,

$$21.25×\frac{100000}{1000000}=21.25×\frac{1}{10}=2.125$$

2.125건의 재해를 당한다는 사실을 알 수 있다. 즉, 근로자 1명이 일생 동안 작업하는 가운데 이 공장에서는 약 2회의 사고를 내게 된다는 것을 쉽게 알 수 있다.

또한 재해강도율 12.38의 사업장에서 어떤 근로자가 평생 작업한다면,

$$12.38×\frac{100000}{1000}=12.38×100=1.238$$

즉, 이 공장에서는 일생 동안 일하는 가운데 근로자 각자는 재해 발생시 1.238일의 휴업을 평균적으로 갖지 않으면 안 된다는 것이다.

(7) 종합 재해지수 (FSI)

① 개 요

㉮ FSI는 frequency severity rate로서 빈도, 강도지수, 혹은 종합 재해지수라고 한다.

㉯ 안전성적을 나타내는 지표로서 빈도율 (FR) 과 강도율 (SR) 이 있는데, 이 두 가지를 하나로 묶어서 나타낸 지수가 FSI이다.

㉰ 기업체에서 각 부서별로 안전경쟁제도를 실시할 때의 안전성적의 기준으로 삼으면 효과가 있을 것이다. 미국에서 널리 사용하고 있다.

② 도수강도치 (FSI) : 어느 기업의 위험도를 비교하는 수단과 안전관심을 높이는데 사용된다.

$$도수강도치\ (FSI)=\sqrt{FR×SR}\quad (단,\ 미국의\ 경우\ \ FSI=\sqrt{\frac{FR×SR}{1000}}\ =\ )$$

(8) 안전활동률

일정 기간의 안전 활동률을 나타낸 것이다.

$$안전활동률 = \frac{안전활동\ 건수}{근로시간수 \times 평균\ 근로자수} \times 10^6$$

① 안전활동건수에 포함되는 항목

(가) 실시한 안전개선 권고수

(나) 안전 조치할 불안전 작업수

(다) 불안전 행동 적발수

(라) 불안전한 물리적 지적 건수

(마) 안전회의 건수

(바) 안전홍보 (PR) 건수

(9) 근로 장비율

$$근로\ 장비율 = \frac{설비총액}{기중\ 평균인원}$$

(10) 설비 증가율

$$설비\ 증가율 = \frac{금기말의\ 사용\ 총설비}{전기말의\ 사용\ 총설비} \times 100$$

(11) 세이프-T-스코어 (safe-T-score)

안전에 관한 중대성의 차이를 비교하고자 사용하는 통계방식이다.

$$세이프-T-스코어 = \frac{FR(현재) - FR(과거)}{\sqrt{\dfrac{FR(과거)}{근로\ 총시간수(현재)} \times 1000000}}$$

① 기록방법

(가) 단위가 없고 계산 결과 +이면 나쁜 기록이고, -이면 과거에 비해 좋은 기록이다.

- +2.00 이상인 경우 : 과거보다 심각하게 나빠졌다.
- +2.00에서 -2.00의 사이 : 과거에 비해 심각한 차이가 없다.
- -2.00 이하인 경우 : 과거보다 좋아졌다.

(나) 작업장의 A부서와 B부서의 재해율은 다음 표와 같다. 안전관리 측면에서의 심각성 여부를 세이프-T-스코어로써 측정하여 보면 다음과 같다.

부서별 연도별	A 부서	B 부서
1995년	① 사고 : 10건 ② 근로 총시간수 : 10000인시 ③ FR : 1000	① 사고 : 1000건 ② 근로 총시간수 : 1000000인시 ③ FR : 1000
1996년	① 사고 : 15건 ② 근로 총시간수 : 10000인시 ③ FR : 1500	① 사고 : 1100건 ② 근로 총시간수 : 1000000인시 ③ FR : 1100

(다) A부서의 세이프-T-스코어 $= \dfrac{1500-1000}{\sqrt{\dfrac{1000}{10000} \times 1000000}} = \dfrac{500}{316.23} = 1.58$

(라) B부서의 세이프-T-스코어 $= \dfrac{1100-1000}{\sqrt{\dfrac{1000}{1000000} \times 1000000}} = \dfrac{100}{31.62} = 3.16$

(마) A부서는 +1.58이므로 재해는 50% 증가했으나 심각하지 않고, B부서는 +3.16이므로 재해는 10%밖에 증가하지 않았으나 안전문제가 심각하다. 안전대책이 시급한 부서이다.

(12) 재해발생률의 국제적 비교

① 재해통계의 국제적 통일 권고 : 1949년 제6회 국제 노동통계 회의에서 채택된 결의사항

(가) 국별, 시기별, 산업별의 비교를 위해 산업사상통계를 도수율이나 강도율의 양쪽의 율로 나타낸다.

(나) 도수율은 재해의 수량 (100만 배) 을 총인원의 근로 연시간수로 나누어 산정한다.

$$도수율 = \frac{산업재해건수(N)}{연근로시간수(H)} \times 1000000 \, (10^6)시간$$

(다) 강도율은 근로손실일수 (1000 배) 를 총인원의 연근로시간수로 나누어 산정한다.

$$강도율 = \frac{총근로손실일수(N)}{연근로시간수(H)} \times 1000 \, (10^3)시간$$

② 국제적(ILO) 구분에 의한 산업재해

(가) 사망   (나) 일시 전노동불능 상해

(다) 영구 전노동불능 상해   (라) 일시 부분노동불능 상해

(마) 영구 부분노동불능 상해   (바) 구급처치 상해

③ 재해발생률의 국제적 비교 : 도수율과 강도율의 정의는 1947년 제6회 국제 노동통계가 회의에서 정해진 것이나 그 방식을 채용하는 나라는 그다지 많지 않다. 예를 들어 미국의 NSC의 통계를 보아도 강도율은 100만 시간당의 수치이므로 우리나라의 수치를 1000배 하여 비교할 필요가 있다. 또한 강도율의 계산에 사용되는 장해 등급별 근로손실일수도 일정하지 않으며, 장해등급의 제1급에서 제14등급까지의 구분이 세계적으로 공통된 것은 아니다. 따라서, 휴업도수율, 사망연천인율 등의 수치는 그대로 비교하여도 거의 틀림없으나 강도율의 정확한 국제비교는 현재의 입장에서는 불가능하다.

3-6 산업재해의 강도

(1) 하인리히 1 : 29 : 300의 법칙

하인리히 (H. W. Heinrich)는 사고의 결과로서 야기되는 상해를 중상 (major accident : 8일 이상 휴업~사망), 경상 (minor accident : 1일 이상 휴업~7일 이하 휴업)으로 구분하고, 1일 미만 휴업 상해를 무상해사고 (noinjury accident)로 정하여 중상 : 경상 : 무상해 사고의 비율이 1 : 29 : 300이 된다고 하였다. 이 비율은 5000여 건의 사고를 분석한 결과 얻은 통계이다.

• **사고분석** ┬ 중상 (휴업 8일 이상~사망) ························ 0.3% → 1
            ├ 경상 (휴업 1일 이상~휴업 7일 미만) ·········· 8.8% → 29
            └ 무상해 사고 및 아차사고(휴업 1일 미만) ····· 90.9% → 300

즉, 1 : 29 : 300의 법칙의 의미 속에는 만약 사고가 330번 발생된다면 그 중에 중상이 1건, 경상이 29건, 무상해 사고가 300건 포함될 것이라는 뜻이 내포되어 있다.

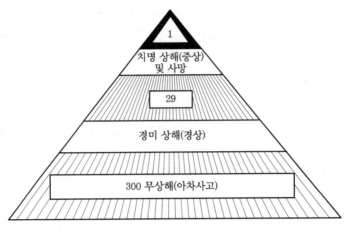

하인리히 사고 1 : 29 : 300 구성비율

(2) 버드(F. E. Bird's Jr)의 1 : 10 : 30 : 600의 법칙

버드는 1753498건의 사고를 분석하고, 중상 또는 폐질 1, 경상(물적 또는 인적 상해) 10, 무상해 사고(물적 손실) 30, 무상해·무사고 고장(위험순간) 600의 비율로 사고가 발생한다고 하였다.

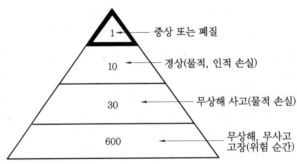

버드의 1 : 10 : 600 사고구성 비율

(3) 하인리히의 재해 발생

하인리히의 재해발생＝물적 안전상태＋인적 불안전 행위＋ α

＝실비적 결함＋관리적 결함＋ α

$$\alpha = \frac{300}{1 + 29 + 300} \text{(하인리히의 법칙)}$$

여기서, α : 잠재된 위험의 상태(potential)＝재해

① 직접비(direct cost : 1) : 직접비란 치료비와 휴업보상, 장해보상, 유족보상 및 장례비 등의 재해보상비를 말한다.

② 간접비(indirect cost 또는 hidden cost : 4) : 하인리히(H. W. Heinrich)가 최초로 간접비를 분명히 했다. 간접비란 재료나 기계, 설비 등의 물적 손실과 기계 등 가동정지에서 오는 생산손실 및 작업을 하지 않았는데도 지급한 임금손실 등을 포함한다. 하인리히가 조사한 간접비의 내역은 다음과 같다.

㈎ 부상자의 시간손실

㈏ 부상자 이외의 사람으로서 다음의 사유에 따르는 시간손실

㈐ 관리 감독자 및 관리부서 직원의 시간손실

㈑ 구호자 또는 병원 관계 직원을 만나거나 보험회사에서 지출 받지 않는 사람의 시간손실

㈒ 기계, 공구, 재료, 그 밖의 재산의 손실

㈓ 생산재해에 따르는 발주자에 대한 납기지연에 의한 벌금의 지불, 그밖에 이에 준하는 사유의 손실

㈔ 종업원에 대한 복리후생제도에 있어서의 손실

㈕ 부상자의 부상이 치료되어서 직장에 돌아왔을 때 상당시간에 걸쳐서 본인의 능률이 현저히 저하되었음에도 불구하고 종전의 임금을 지불하는 데 따르는 손실

㈖ 부상자의 생산력 감퇴에 의한 이익의 감소 및 기계를 100% 가동시키지 못한 데서 오는 손실

㈗ 재해로 말미암아 사기가 떨어지고, 혹은 주위를 흥분시켜서 다른 사고를 유발시키는 것에 의한 손실

㈘ 부상자가 쉰다고 하더라도 변함이 없는 광열비라든가 그밖에 이런 것과 같은 1인당 평균코스트의 손실

③ 직접비 : 간접비＝1 : 4

④ 재해코스트＝직접비＋간접비＝직접비×5

(2) 버드 (F. E. Bird's Jr) 의 법칙

① 1926년 이래로 간접비에 대한 연구와 토론이 많은 사람들에 의해 행해져 왔다.

버드 (Frank Bird's)는 간접비의 빙산원리 (iceberg principle of hidden costs)를 주장하여 두 개의 범주로 나누어 설명하고 있다. 하나는 쉽게 측정할 수 있으며 동시에 보험에 가입되어 있지 않은 재산손실비용이고, 다른 하나는 양을 측정하기 어렵고 보험에 들지 않는 기타 비용이다.

② 계산은 1 : 4로 계산한 것보다 더 높게 책정되어 있다.

③ 보험비 : 비보험 재산비용 : 비보험 기타 재산비용의 비율＝1 : 5~50 : 1~3

(3) 시몬즈 (R. H. Simonds) 방식

시몬즈의 이론은 안전사고의 손실을 가장 근사치에 접근하도록 산출하려 하고 있다.

① 보험코스트

㈎ 보험금 총액

㈏ 보험회사의 보험에 관련된 제경비와 이익금

② 비보험코스트

㈎ 부상자 이외 근로자가 작업을 중지한 시간에 대한 임금손실

㈏ 재해로 인해서 손상 받은 설비 또는 재료의 수선, 교체, 정돈하기 위한 손비

㈐ 산재보험에서 지불되지 않는 부상자의 작업중지 시간에 대해 지불되는 임금

㈑ 재해로 인해 필요하게 된 시간외 근무로 인한 가산임금 손실

㈒ 재해로 인한 감독자의 조치에 소요된 시간의 임금

    ⒝ 재해자가 직장에 복귀 후 생산감소에도 불구하고 전임금 지급으로 손실

    ⒡ 새로운 근로자의 교육훈련에 필요한 비용

    ⒣ 회사부담의 비보험 의료비

    ⒥ 산재서류 작성, 보다 자세한 재해조사에 필요한 시간비용

    ⒦ 그 밖의 제경비 (소송비용, 임차료, 계약해제로 인한 손해교체근로자 모집경비 등)

③ 계산법

$$\text{총재해비용 산출방식}(₩) = \text{보험비용} + \text{비보험비용}$$
$$= \text{보험비용} + (A \times \text{휴업상해 건수}) + (B \times \text{통원상해 건수})$$
$$+ (C \times \text{응급처치 건수}) + (D \times \text{무상해 사고 건수})$$

여기서, A, B, C, D : 상수 (각 재해에 대한 평균 비보험비용)

(4) 하인리히 방식과 시몬즈 방식의 차이점

① 보험코스트와 비보험코스트로 구분한다. 또한 사업체가 지불한 총 산재보험료와 근로자에게 지급된 보상금과의 차이를 하인리히가 가산하지 않고 있는 데 비하여 시몬즈는 보험코스트에 가산하고 있다.

② 하인리히의 간접손실비와 시몬즈의 비보험 코스트는 같은 개념이지만 그 구성항목에는 차이가 있다.

③ 하인리히 방식 1 : 4에 대해서는 전면적으로 부정하고 새로운 산정방식인 평균치법을 채택하고 있다.

(5) 산업재해사고 분류 (category)

① 휴업상해 (lost time cases)

② 통원상해 (doctor's cases)

③ 응급처치 (first aid cases)

④ 무상해 사고 (no injury accident) : 의료조치를 필요로 하지 않는 정도의 극미한 상해사고나 무상해 사고, 20$ 이상의 재산손실이나 8인시 이상의 시간 손실을 가져온 사고, 단 사망 및 영구불능 상해는 재해 범주에서 제외, 자주 발생하는 것이 아니기 때문에 그때그때 가서 계산 산정한다.

3-7 산업재해 발생모델

(1) 산업재해

① 근로자가 업무에 관계되는 건설물, 설비, 원재료, 가스, 증기, 분진 등에 의하거나 작업, 기타 업무에 기인하여 사망 또는 질병에 이환되는 것을 말한다.

② 한국 : 4일 이상의 요양을 요하는 재해

(2) 중대재해

① 사망자가 1인 이상 발생한 재해

② 3월 이상의 요양을 요하는 부상자가 동시에 2명 이상 발생한 재해

③ 부상 또는 질병자가 동시에 10명 이상 발생한 재해

(3) 산업재해 발생 보고

① 사업주는 산업재해로 사망자가 발생하거나 4일 이상의 요양이 필요한 부상을 입거나 질병에 걸린 사람이 발생한 경우에는 법 제10조 제2항에 따라 해당 산업재해가 발생한 날부터 1개월 이내에 별지 제1호 서식의 산업재해조사표를 작성하여 관할 지방노동청장 또는 지청장(이하 "지방노동관서의 장"이라 한다)에게 제출하여야 한다. 다만, 「산업재해보상보험법」 제41조에 따른 요양급여 또는 같은 법 제62조에 따른 유족급여를 산업재해가 발생한 날부터 1개월 이내에 근로복지공단에 신청한 경우에는 그러하지 아니하다.

② 사업주는 제2조 제1항 제1호부터 제3호까지의 재해(이하 "중대재해"라 한다)가 발생한 사실을 알게 된 경우에는 법 제10조 제2항에 따라 지체 없이 다음 각 호의 사항을 관할 지방노동관서의 장에게 전화·팩스, 또는 그 밖에 적절한 방법으로 보고하여야 한다. 다만, 천재지변 등 부득이한 사유가 발생한 경우에는 그 사유가 소멸된 때부터 지체 없이 보고하여야 한다.

　1. 발생 개요 및 피해 상황　　　2. 조치 및 전망　　　3. 그 밖의 중요한 사항

③ 사업주는 제1항에 따른 산업재해조사표에 근로자대표의 확인을 받아야 하며, 그 기재 내용에 대하여 근로자대표의 이견이 있는 경우에는 그 내용을 첨부하여야 한다. 다만, 건설업의 경우에는 근로자대표의 확인을 생략할 수 있다.

④ 제1항부터 제3항까지의 규정에 따른 산업재해발생 보고에 필요한 사항은 노동부 장관이 정한다.

⑤ 제1항 단서에 따라 요양신청서를 제출받은 근로복지공단은 지방노동관서의 장 또는 한국산업안전보건공단(이하 "공단"이라 한다)으로부터 요양신청서 사본, 요양업무 관련 전산입력자료, 그 밖에 산업재해예방업무 수행을 위하여 필요한 자료의 송부를 요청받은 경우에는 이에 협조하여야 한다.

(4) 하인리히의 재해발생 과정

(5) 하인리히의 재해발생 (도미노) 5단계 (사고발생의 기본 단계)

① 제1단계 : 사회적 환경과 유전적 요소 (social environment and inherit)

② 제2단계 : 개인적 결함 (personal faults)

③ 제3단계 : 불안전한 행동과 불안전한 상태 (unsafe act and unsafe condition)

④ 제4단계 : 사고 (accident)

⑤ 제5단계 : 상해 (injury)

여기서 첫째인 사회적인 환경과 유전적인 요소 (social environment and inherit) 와 개인적인 결함 (personal faults) 이 발생하더라도 셋째인 불안전한 행동 및 불안전한 상태 (unsafe act and unsafe condition) 만 제거하면 안전사고 (accident) 는 발생하지 않는다.

(6) 웨버 (D. A. Weaver) 의 사고연쇄성 5단계

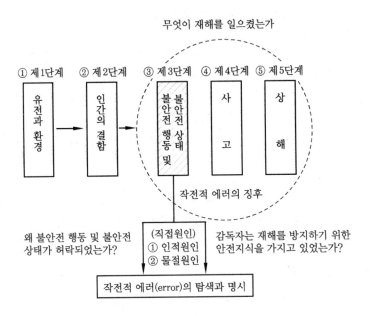

(7) 버드 (Frank Bird) 의 사고연쇄성 5단계

사고는 운명적으로 일어나는 것이 아니며 사람이 일으키는 것이다. 즉, 사고는 리스크 (risk) 에 관해서 잘 모르고 다루었을 때나 이를 과소평가하거나 무시했을 경우에 연쇄반응으로 생겨나는 사건이라 할 수 있다.

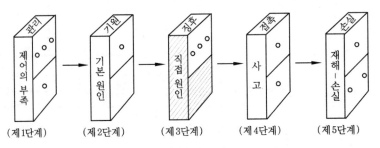

버드의 재해연쇄 이론

① 제1단계 : 통제 (control) 의 부족 (관리의 부재) : 계획, 조직, 지시, 통제, 기능

② 제2단계 : 기본적인 원인 (기원론, 원인학)

③ 제3단계 : 직접적인 원인 (징후)

④ 제4단계 : 사고 (접촉)

⑤ 제5단계 : 상해 (손실)

(8) 자베타기스 (Michael Zabetakis) 의 사고연쇄성 이론 5단계

① 제 1 단계 : 개인적 요인 및 환경적 요인

② 제 2 단계 : 불안전한 행동 및 상태 (직접원인)

③ 제 3 단계 : 에너지 및 위험물의 예기치 못한 폭주

④ 제 4 단계 : 사고

⑤ 제 5 단계 : 구호 (구조)

(9) 자베타키스의 최신 도미노이론 체계도

(10) 자베타키스의 사고연쇄성 이론 모형도 (현재의 연쇄성 이론)

재해발생 계열별 요인

재해요인 (accident factors)	요인의 설명 (explanation of factors)
제 1 요인 유전적 요인 및 사회적 환경 (ancestry and social environment)	무모, 완고, 탐욕, 기타 성격상의 바람직하지 못한 특징은 유전에 의해서 물려받았는지도 모른다. 환경은 성격상의 바람직하지 못한 특징을 조장하고, 교육을 방해할 수 있다. 유전 및 환경은 함께 인적 결함의 원인으로 된다.
제 2 요인 개인적 결함 (fault of person)	무모, 포악한 품성, 신경질, 흥분성, 무분별, 안전수단에 대한 무지 등과 같은 선천적 또는 후천적인 인적 결함은 불안전 행동을 일으키고, 또는 기계적·물질적 위험성이 존재하는 데 있어서 가장 가까운 이유를 구성한다.
제 3 요인 불안전 행동과 또는 기계적 물질적 위험성 (unsafe act or mechanical and physical hazard)	매달린 짐의 밑에 선다. 경보 없이 기계를 움직인다. 야단법석을 한다. 그리고 안전장치를 제거하는 것과 같은 인간의 불안전 행동, 또 방호되지 않은 톱니바퀴, 방호되어 있지 않은 작업점, 손잡이의 미설치, 불충분한 조명 등과 같은 기계적 또는 물질적 위험성은 직접적으로 사고의 원인으로 된다.
제 4 요인 사고 (accident)	사람의 추락, 비래물에 대한 타격 등과 같은 사상은 상해의 원인으로 되는 전형적인 사고이다.
제 5 요인 상해 (injury)	좌상, 열상 등은 직접적으로 사고로부터 생기는 상해이다.

(11) 아담스 (Edward Adams) 의 사고연쇄성 이론 5단계

① 제1단계 : 관리구조   ② 제2단계 : 작전적 에러   ③ 제3단계 : 전술적 에러
④ 제4단계 : 사고   ⑤ 제5단계 : 상해, 손해

3-8 사고 예방대책

(1) 사고 예방대책 기본원리 5단계

① 제1단계 (안전관리조직) : 안전관리조직을 구성한다. 안전활동방침 및 계획을 수립하고 전문적으로 기술을 가진 조직을 통한 안전활동을 전개하여 전 종업원이 자주적으로 참여하여 집단의 목표를 달성하도록 한다.

② 제2단계 (사실의 발견) : 사업장의 특성에 적합한 조직을 통해 사고 및 활동 기록의 검토, 작업분석, 점검 및 검사, 사고조사, 각종 안전회의 및 토의, 근로자의 제안 및 여론조사, 관찰 및 보고서의 연구 등을 통하여 불안전 요소를 발견한다.

③ 제3단계 (분석 평가) : 제2단계 (사실의 발견)에서 나타난 불안전 요소를 통하여 사고보고서 및 현장조사분석, 사고기록 및 관계자료분석, 인적·물적 환경조건분석, 작업공정분석, 교육 및 훈련분석, 배치사항분석, 안전수칙 및 작업표준분석, 보호장비의 적부 등의 분석을 통하여 사고의 직접원인과 간접원인을 찾아낸다.

④ 제4단계 (시정방법의 선정) : 분석을 통하여 색출된 원인을 토대로 기술적 개선, 배치조정, 교육 및 훈련 개선, 안전행정의 개선, 규정 및 수칙·작업 표준·제도개선, 안전운동 전개 등의 효과적인 개선방법을 선정한다.

⑤ 제5단계 (시정책의 적용) : 시정책에는 하베이가 주장한 3E 대책, 즉 교육, 기술, 독려, 규제대책이 있다.

3E, 3S, 4S

3E 적용 (하베이 3E)	3S	4S
교육 (Education) 기술 (Engineering) 독려 (Enforcement)	표준화 (Standardization) 단순화 (Simplication) 전문화 (Specializaton)	3S＋총합화 (Synthesization)

사고방지의 기본원리

제1단계	제2단계	제3단계	제4단계	제5단계
안전조직	사실의 발견	분 석	시정방법의 선정	시정책의 적용
1. 경영자의 안전 목표 설정 2. 안전관리자의 선임 3. 안전의 라인 및 참모 조직 4. 안전활동방침 및 계획수립 5. 조직을 통한 안전 활동 전개	1. 사고 및 활동기록의 검토 2. 작업분석 3. 점검 및 검사 4. 사고조사 5. 각종 안전회의 및 토의회 6. 근로자의 제안 및 여론조사	1. 사고원인 및 경향성 분석 2. 사고기록 및 관계자료 분석 3. 인적·물적 환경조건 분석 4. 작업공정 분석 5. 교육 훈련 및 적정배치 분석 6. 안전수칙 및 보호장비의 적부	1. 기술적 개선 2. 배치조정 3. 교육 훈련의 개선 4. 안전행정의 개선 5. 규칙 및 수칙 등 제도의 개선 6. 안전운동의 전개 기타	1. 교육적 대책 2. 기술적 대책 3. 단속 대책

(2) 산업재해 예방의 4원칙

① 예방 가능의 원칙 : 천재지변을 제외한 모든 인재는 예방이 가능하다.

② 손실 우연의 원칙 : 사고의 결과 손실의 유무 또는 대소는 사고 당시의 조건에 따라 우연적으로 발생한다.

③ 원인 연계의 원칙 : 사고에는 반드시 원인이 있고 원인은 대부분 복합적 연계 원인이다.

④ 대책 선정의 원칙 : 사고의 원인이나 불안전 요소가 발견되면 반드시 대책은 선정 실시되어야 하며 대책 선정이 가능하다. 대책에는 재해방지의 세 기둥이라고 할 수 있다.

(3) 산업안전의 4원칙

① 사고는 여러 가지 원인이 연속적으로 연계되어 일어난다 (원인 연계의 원칙).

② 사고로 인한 손실에는 우연성이 게재된다 (손실 우연의 원칙).

③ 사고는 예방이 가능하다 (예방 가능의 원칙).

④ 사고 예방을 위한 안전대책이 선정되고 적용되어야 한다 (대책 선정의 원칙).

4. 안전점검 및 진단

4-1 안전점검

안전점검은 반드시 점검표 (check list) 를 작성하여야만 한다.

(1) 안전점검의 정의

안전점검이란 안전을 확보하기 위해 실태를 명확히 파악하는 것으로서, 불안전 상태와 불안전 행동을 발생시키는 결함을 사전에 발견하거나 안전상태를 확인하는 행동이다.

(2) 안전점검의 목적

① 결함이나 불안전 조건의 제거

② 기계 · 설비의 본래 성능 유지

③ 합리적인 생산 관리

(3) 안전점검의 의의

① 설비의 근원적 안전 확보

② 설비의 안전상태 유지

③ 인적인 안전행동의 유지 및 물적 · 인적 양면의 안전형태 유지

(4) 안전점검의 종류

① 정기점검 (계획점검) : 일정 기간마다 정기적으로 실시하는 점검으로 법적 기준 또는 사내 안전 규정에 따라 해당 책임자가 실시하는 점검

② 수시점검 (일상점검) : 매일 작업 전 · 작업 중 또는 작업 후에 일상적으로 실시하는 점검을 말하며 작업자 · 작업 책임자 · 관리 감독자가 실시하며 사업주의 안전순찰도 넓은 의미에서 포함된다.

③ 특별점검 : 기계 · 기구 또는 설비의 신설 · 변경 또는 고장 · 수리 등으로 비정기적인 특

정점검을 말하며 기술 책임자가 실시한다 (산업안전 보건 강조기간에도 실시).

④ 임시점검 : 정기점검 실시 후 다음 점검기일 이전에 임시로 실시하는 점검의 형태를 말하며, 기계·기구 또는 설비의 이상 발견시에 임시로 점검하는 점검을 임시점검이라 한다.

(5) 점검표에 포함시켜야 할 사항(체크리스트 양식)

점검표가 전혀 없이 안전점검을 하면 시간이 지나면서 인간은 무엇을 점검했는지 망각을 하게 된다. 점검표란 기계·공구 등의 정적인 상태에 대하여 점검한 결과이므로 작업장에서 작업진행의 상태가 안전상 적정한지 아니지를 확인하는 것이 안전순찰이라고 볼 수가 있다.

① 점검 대상
② 점검 부분
③ 점검 시기
④ 점검 항목 및 점검 방법
⑤ 판정기준 (자체검사 기준, 법령에 의한 기준, KS기준 등)
⑥ 판정 결과 조치사항
⑦ 조치

(6) 점검표 항목 작성시 유의사항(체크리스트 작성시 유의사항)

① 사업장에 적합한 독자적 내용을 가지고 작성할 것
② 정기적으로 검토하여 설비나 작업방법이 타당성 있게 개조된 내용일 것 (관계자 의견 청취)
③ 위험이 높은 순으로, 긴급을 요하는 순으로 작성할 것
④ 일정 양식을 정하여 점검 대상을 정할 것 (점검 항목을 폭넓게 검토)
⑤ 점검 항목을 이해하기 쉽게 구체적으로 표현할 것

(7) 점검표 판정 기준을 정할 때 유의사항

① 판정 기준의 종류가 2종류 이상일 경우에는 적합 여부를 판정한다.
② 한 개의 절대척도나 상대척도에 의할 때는 수치를 나타낸다.
③ 복수의 절대척도나 상대척도로 조합된 목항은 기준 점수 이하로 나타낸다.
　예 10점으로 평점할 경우 4점 이하가 4개일 때는 불합격 처리한다.
④ 대안과 비교하여 양부를 결정한다.
⑤ 미경험 문제나 복잡하게 예측되는 문제 등은 관계자와 협의하여 판정한다.

(8) 안전점검의 대상

① 전반적 또는 작업방법에 관한 것
　(개) 안전관리조직 체제 : 체제, 안전조직, 관리의 실태
　(내) 안전활동 : 계획, 추진상황
　(대) 안전교육 : 법정 및 일반교육의 계획 및 실시상황
　(래) 안전점검 : 제도, 실시상황
② 기계 및 물적설비에 관한 것
　(개) 작업환경 : 온·습도, 환기 등의 일반환경, 유해 위험환경의 관리
　(내) 안전장치 : 법규와의 적합성, 목적에의 합치 여부, 성능유지, 관리상황

㈐ 보호구 (방호) : 종류, 수량, 관리상황, 성능의 점검상황

㈑ 정리 정돈 : 표준화, 실시상황

㈒ 운반설비 : 표준화, 성력화, 성능과 취급 관리, 안전표지, 안전표시

㈓ 위험물, 방화관리 : 위험물의 표지, 표시, 분류, 저장, 보관, 자위소방대 편성

(9) 점검방법에 의한 구분

① 외관점검 : 기기의 적정한 배치, 설치상태, 변형, 균열, 손상, 부식, 볼트의 여유 등의 유무를 외관에서 시각 및 촉감 등에 의해 조사하고, 점검기준에 의해 양부를 확인하는 것이다.

② 기능점검 : 간단한 조직을 행하여 대상 기기의 기능적 양부를 확인하는 것이다.

③ 작동점검 : 안전장치나 누전차단장치 등을 정해진 순서에 의해 작동시켜 상황의 양부를 확인하는 것이다.

④ 종합점검 : 정해진 점검 기준에 의해 측정·검사를 행하고 또, 일정한 조건하에서 운전 시험을 행하여 그 기계설비의 종합적인 기능을 확인하는 것이다.

(10) 점검작업시의 안전 (비정상작업과 정상작업 비교)

① 작업시간이 짧고 작업내용이 많은 종류에 이르기 때문에 위험에 노출되는 기회가 많다.

② 일반 기계설비의 구조는 정상작업을 대상으로 한 것이며, 비정상작업에 대한 배려에 결함이 있는 것으로 보인다.

③ 기계설비를 운전하면서 점검하는 기회가 발생하게 되어 가동부분에 접촉할 위험성이 있다.

④ 작업자의 자격, 작업범위가 불명확하면 불안전한 행동을 유발하기 쉬워진다는 등의 특징이 있기 때문에 안전작업에 주의할 필요가 있다.

(11) 안전점검실시시 유의사항

① 안전점검을 형식, 내용에 변화를 부여하여 몇 가지 점검방법을 병용할 것

② 점검자의 능력을 감안하고 거기에 따른 점검을 실시한다.

③ 과거의 재해 발생개소는 그 원인이 완전히 제거되어 있나 확인한다.

④ 불량개소가 발견되었을 경우는 다른 동종 설비에 대해서도 점검한다.

⑤ 발견된 불량개소는 원인을 조사하고 즉시 필요한 대책을 강구한다. 대책에 대해서는 관리자측에서 하는 사항을 먼저 실시하도록 유의하고, 또 대책이 완료하였을 경우 신속하게 관계부서로 연락 및 보고한다.

⑥ 사소한 원인이라도 중대사고로 연결될 수 있기 때문에 빠뜨리지 않도록 유의한다.

⑦ 안전점검은 안전수준의 향상 목적으로 한다는 것을 염두에 두고 결점의 지적이나 문책적인 태도는 삼가도록 한다.

(12) 안전의 5대 요소

① 인간

② 도구

③ 환경

④ 원재료

⑤ 작업방법

4-2 안전검사

(1) 안전검사의 주기

크레인, 리프트 및 곤돌라	사업장에 설치가 끝난 날부터 3년 이내에 최초 안전검사를 실시하되, 그 이후부터 매 2년마다(건설현장에서 사용하는 것은 최초로 설치한 날부터 매 6개월마다)
그 밖의 유해·위험기계 등	사업장에 설치가 끝난 날부터 3년 이내에 최초 안전검사를 실시하되, 그 이후부터 매 2년마다(공정안전보고서를 제출하여 확인을 받은 압력용기는 4년마다)

(2) 안전검사 합격표시 및 표시방법

① 합격표시

<table>
<tr><td colspan="2" align="center">안 전 검 사 합 격 증 명 서</td></tr>
<tr><td>① 검사대상 유해 · 위험기계명</td><td></td></tr>
<tr><td>② 신청인</td><td></td></tr>
<tr><td>③ 형식번호(기호)</td><td></td></tr>
<tr><td>④ 합격번호</td><td></td></tr>
<tr><td>⑤ 검사유효기간</td><td></td></tr>
<tr><td>⑥ 검사원</td><td>검사기관명 :

ㅇ ㅇ ㅇ 서명</td></tr>
<tr><td colspan="2" align="right">노 동 부 장 관 직인</td></tr>
</table>

② 표시방법

　(개) ② 신청인란에는 사용자의 명칭, 상호명 등을 적는다.

　(내) ③ 형식번호란에는 검사대상 유해 · 위험기계를 특정하는 형식번호나 기호 등을 적으며, 설치장소는 필요한 경우 적는다.

　(대) ④ 합격번호는 안전검사합격증명서 번호를 적는다.

□□	–	□	□□	–	□	–	□□□□
㉠ 합격년도		㉡ 검사기관	㉢ 지역(시, 도)		㉣ 안전검사대상품		㉤ 일련번호

　㉠ 합격년도 : 해당 연도의 끝 두 자리 수 (보기 : 2009 → 09, 2010 → 10)

　㉡ 검사기관별 구분(A, B, C)

ⓒ 지역(시, 도)란에는 다음 표의 해당번호를 적는다.

지 역 명	구 분	지 역 명	구 분	지 역 명	구 분	지 역 명	구 분
서울특별시	02	광주광역시	62	강원	33	경남	55
부산광역시	51	대전광역시	42	충북	43	전북	63
대구광역시	53	울산광역시	52	충남	41	전남	61
인천광역시	32	경기	31	경북	54	제주	64

ⓔ 안전검사대상품 : 검사대상품의 종류 표시

차 례	종 류	표 시 부 호
1	프레스	A
2	전단기	B
3	크레인	C
4	리프트	D
5	압력용기	E
6	곤돌라	F
7	국소배기장치	G
8	원심기	H
9	화학설비	I
10	건조설비	J
11	롤러기	K
12	사출성형기	L

ⓜ 일련번호 : 각 실시기관별 합격 일련번호 4자리

㈏ ⑤ 검사유효기간란에는 합격 연월일과 효력만료 연월일을 적는다.

㈐ 합격표시의 규격은 가로 90mm 이상, 세로 60mm 이상의 직사각형 또는 지름 70mm 이상의 원형으로 하며, 필요시 안전검사대상 유해·위험기계 등에 따라 조정할 수 있다.

㈑ 합격표시는 유해·위험기계 등에 부착·인쇄 등의 방법으로 표시하며, 내용을 알아보기 쉽게 하고 지워지거나 떨어지지 아니하도록 표시해야 한다.

㈒ 검사년도 등에 따라 색상을 다르게 할 수 있다.

4-3 작업시작 전 점검기계·기구

(1) 종 류

㈎ 프레스 및 전단기　　㈏ 산업용 로봇　　㈐ 공기압축기 (압력용기)
㈑ 크레인　　　　　　　㈒ 이동식 크레인　　㈓ 건설용 리프트

     ㈐ 크레인 고리걸이용 로프   ㈏ 간이 리프트   ㉯ 지게차

     ㈑ 구내운반차   ㈎ 셔블로더   ㈓ 컨베이어

     ㈒ 화물자동차   ㈔ 차량계 건설기계

(2) 기계·기구의 검사

  유해 위험한 기계·기구로서 다음에 정하는 것에 대해서는 제작기준 및 안전기준에 적합해야 하며 또한 설계·완성 및 성능검사와 정기검사를 받도록 하고 있다.

(3) 검사대상

  ① 설계 및 완성검사 대상

     ㈎ 크레인 : 정격하중 3 t 이상(호이스트 포함)

     ㈏ 리프트 : 승강로 높이 18 m 이상으로서 적재하중 0.5 t 이상

     ㈐ 승강기 : 승용 승강기와 적재하중 1 t 이상의 화물용 승강기

     ㈑ 압력용기 : 사용압력이 0.2 kg/cm^2 이상으로서 사용압력과 내용적의 곱이 1 이상

  ② 설계 및 성능검사 대상

     ㈎ 프레스 : 압력능력 30 t 이상

     ㈏ 공기압축기 : 토출압력이 게이지 압력으로 매 cm^2 당 2 kg 이상인 것으로서 토출량이 1 m^3 이상인 것에 한한다.

     ㈐ 보일러

(4) 검사시기

  ① 설계검사 : 검사대상의 제작 전에 제작기준 및 안전기준의 준수 여부를 확인하기 위하여 필요한 때

  ② 완성검사 : 검사대상의 설치를 완료할 때

  ③ 성능검사 : 검사대상의 제작완료 후 출고 전

  ④ 정기검사

     ㈎ 1년마다 실시 : 건설용 리프트, 승강기, 보일러

     ㈏ 2년마다 실시 : 크레인, 리프트 (건설용 제외), 압력용기, 프레스, 공기압축기

(5) 자율검사의 공통적 방법 3가지

  ① 육안검사

     ㈎ 장치구조의 탈락, 손상 유무   ㈏ 오염상황의 유무와 그 정도

     ㈐ 부식, 손상, 유무   ㈑ 균열, 파손, 누출 유무 등

  ② 기능검사

     ㈎ 축수부의 니플 등이 벗겨지거나 윤활유의 상태에 이상이 없는가를 확인한다.

     ㈏ V벨트를 손가락으로 가볍게 눌러 여유가 없는가를 확인한다.

     ㈐ 전동기를 가동시켜 그 회전상황에 이상이 없는가를 확인한다.

     ㈑ 회전은 정상인 회전방향인가

     ㈒ 이상음, 이상진동 등이 없는가를 확인한다.

  ③ 기계·기구 (계기) 에 의한 검사

4-4 파괴검사와 비파괴검사

(1) 파괴검사의 종류

① 인장검사 (tention test) ② 굽힘검사 (bending test)
③ 경도검사 (hardness test) ④ 크리프 검사 (creep test)
⑤ 내구검사

(2) 비파괴검사의 종류

① 육안검사 (visual inspection) ② 초음파검사 (ultrasonic inspeciton)
③ 자기검사 (magnetic flux inspection) ④ 방사선 투과검사
⑤ 내압검사

5. 보호구 및 산업안전표시

5-1 보호구의 개요 및 특성

(1) 보호구에 대한 안전의 특성 및 정의

보호구 (personal protective equipment) 란 사고예방과 건강장해 방지를 위해서 작업자가 직접 착용을 하거나 사용하는 기구를 총칭하여 말한다. 그리고 외계의 유해한 자극물을 차단하거나 또는 그 영향을 감소시키는 목적을 가지고 작업자의 신체 일부 또는 전부에 장착하는 것을 보호구라 한다. 보호구는 소극적이며 2차적 안전대책이다.

(2) 신체의 부위별 보호구의 작업복장

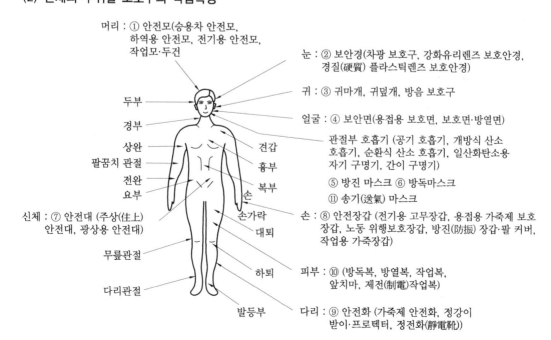

① 보호구를 사용할 때의 유의사항

(개) 작업에 적절한 보호구를 선정한다.

(내) 작업장에서는 필요한 수량의 보호구를 비치한다.

(대) 작업자에게 올바른 사용방법을 빠짐없이 가르친다.

(래) 보호구는 사용하는 데 불편이 없도록 철저히 한다.

(매) 작업을 할 때에 필요한 보호구는 반드시 사용하도록 한다.

② 보호구의 선정 조건

(개) 종류   (내) 형상   (대) 성능   (래) 수량   (매) 강도

(3) 보호구의 검정

① 검정 대상 보호구

(개) 안전대   (내) 안전모   (대) 안전화   (래) 안전장갑   (매) 보안경

(매) 귀마개 또는 귀덮개   (사) 보안면   (아) 방진마스크   (자) 방독마스크

(차) 송기마스크   (카) 방열복

② 보호구 검정절차

(개) 검정기관 : 한국산업안전공단

(내) 합격표시 : 보호구나 포장에 표시

    ㉠ 합격마크   ㉡ "한국산업안전공단 검정필"이라는 문자

    ㉢ 수입검정 합격번호 및 합격등급   ㉣ 제조 연월일 및 합격 연월일

(4) 보호구 사용을 기피하는 이유

① 지급기피   ② 사용방법 미숙   ③ 이해 부족

④ 불량품   ⑤ 비위생적

(5) 보호구 선택시 유의사항 4가지

① 사용 목적에 적합한 보호구를 선택한다.

② 공업 규격에 합격하고 보호 성능이 보장되는 것을 선택한다.

③ 작업 행동에 방해되지 않는 것을 선택한다.

④ 착용이 용이하고 크기 등이 사용자에게 편리한 것을 선택한다.

(6) 보호구 종류 2가지

보호구는 신체부위에 착용하는 것과 작업장에서의 작업종류에 의하여 분류한다.

① 안전 보호구

(개) 안전대   (내) 안전모   (대) 안전장갑

② 위생 보호구 종류

(개) 마스크(방진 · 방독 · 호흡용)   (내) 보호의

(대) 보안경(차광 안경 · 방진 안경)   (래) 방음 보호구(귀막이 · 귀덮개)

(매) 특수복 등

(7) 보호구의 관리방법

① 정기적인 점검 관리 (한 달에 한 번 이상 책임점검)

② 청결하고 습기가 없는 곳에 보관할 것

③ 항상 깨끗이 보관하고 사용 후 건조시켜 보관할 것

④ 세척한 후 그늘에서 완전히 건조시켜 보관할 것

⑤ 개인 보호구는 관리자 등에 일괄 보관하지 말 것

(8) 보호구의 한계

보호구를 착용한다고 하여서 작업장의 유해한 업무의 근본대책을 다하는 것으로 생각을 하여 작업의 개선을 소홀히 하면 안 된다. 보호구는 유해한 인자를 제거하려는 노력을 계속 하면서 착용함을 원칙으로 하여야 한다. 그러므로 보호구는 완전하지 못하다는 것을 인식하 여야 한다. 경영자는 보호구의 착용이 법적인 것이기 때문에 할 수 없이 비치해야 하는데 이러한 생각을 버리고 근로자도 스스로의 건강을 위해서 보호구를 착용할 때에 비로소 참다 운 보호구의 효과를 얻을 수가 있다.

5-2 각종 보호구의 분류

(1) 안전모

일반 산업체, 사업장에서는 주로 낙하물로부터의 머리를 보호하기 위하여 일반 안전모와 전기공사에 있어서의 고압전기의 활선 작업시에 감전의 방지를 주목적으로 한 전기 안전모 를 사용한다.

① 사용 목적에 따라 : 일반용 안전모, 승차용 안전모, 전기작업용 안전모, 하역작업용 안전모

안전모의 종류

종류기호	사 용 구 분	모체의 재질	내전압성
AB	물체 낙하, 날아옴, 추락에 의한 위험을 방지, 경감시키는 것	합성수지	비내전압성
AE	물체 낙하, 날아옴에 의한 위험을 방지 또는 경감하고 머리 부위 감전에 의해 위험을 방지하기 위한 것	합성수지 (FRP)	내전압성
ABE	물체의 낙하 또는 날아옴 및 추락에 의한 위험을 방지하는 것	합성수지 (FRP)	내전압성

㈜ ① 내전압성 : 7000V 이하의 전압에 견디는 것

② FRP : fiber glass reinforest plastic (유리섬유 강화 플라스틱)

③ 추락 : 높이 2 m 이상의 고소작업, 굴착작업, 하역작업 등

② 안전모의 구조 및 명칭

No.	명 칭		부 품 재 질
①	모 체		합성수지 또는 금속부품 (A형에만 사용)
②	착장체	머리받침 끈	합성수지, 합성유지, 면 또는 가죽
③		땀 방 지 대	합성수지, 합성유지, 면 또는 가죽
④		머리받침고리	합성수지, 합성유지, 면 또는 가죽
⑤	충 격 흡 수 라 이 너		발포 스티로폼 (두께 10 mm 이상), 기타 완충재로 이와 동등 이상의 성능 보유
⑥	턱 끈		합성수지, 합성유지, 면 또는 가죽
⑦	모자챙 (차양)		모체와 동일재질

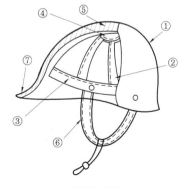

안전모 구조

(2) 안전모의 성능 시험

① 5가지로 구분 (성능검정 실시할 것)
② 안전모 구조 기능면에서의 충족조건

 ⑺ 흡수성   ⑷ 내열성   ⑺ 내한성
 ⑷ 난연성   ⑻ 창장제

안전모의 시험항목별 성능

항　목	성 능 기 준
내관통성 시험	종류 AE, ABE의 안전모는 관통거리가 9.5 mm 이하, 종류 A, B, AB 안전모는 관통거리가 11.1 mm 이하이어야 한다 (단, 관통거리에 모체의 두께가 포함된다).
충격흡수성 시험	최고 전달충격력이 4450 N (1000 pounds) 을 초과해서는 안 되며, 또한 모체와 착장체가 분리되거나 파손되지 않아야 한다.
내전압성 시험	종류 AE, ABE의 안전모는 1분간 견디고 또한 충전전류가 10 mA 이하이어야 한다.
내수성 시험	종류 AE, ABE의 안전모는 질량 증가율이 1% 미만이어야 한다.
난연성 시험	종류 AE, ABE의 안전모는 연소를 계속할 때 또는 계속하지 않을 때에 관계없이 연소시간이 60초 이상이어야 한다.

【참고】

・ 내수성 시험

$$무게증가율\,(\%) = \frac{담근\ 후의\ 무게 - 담그기\ 전의\ 무게}{담그기\ 전의\ 무게} \times 100$$

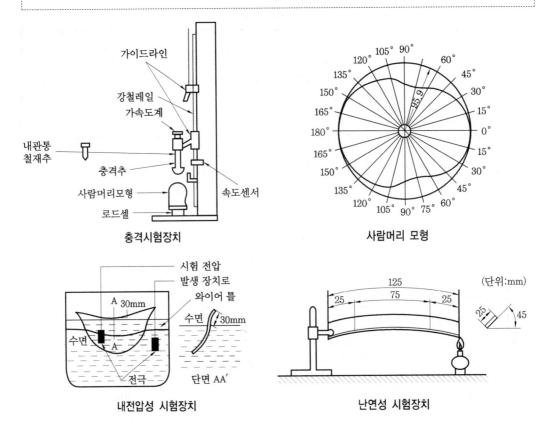

충격시험장치   사람머리 모형

내전압성 시험장치   난연성 시험장치

5-3 눈 및 안면보호구

(1) 보호안경

① 보호안경의 종류

(가) 방진안경 : 절단을 하거나 절삭작업을 할 때에 칩 (chip) 가루 등이 눈에 들어갈 우려
가 있을 때 눈을 보호하기 위해 사용

(나) 차광안경 : 자외선 (아크용접), 가시광선 적외선 (가스용접, 용광로 작업) 으로부터 눈
의 장해를 방지하기 위한 것으로 피로감을 적게 주면서 성능이 좋은 차광의 보호구로
는 그 최대 투과의 파장이 500~650 (μm) 간에 있으면서 점차로 그 양측이 저하되는
것이라야 한다.

② 보호안경의 작업 종류와 위험의 종류 및 선택법

(가) 안경의 선택

① 화공 그라인딩

② 보호안경 (전기용접, 코발트)

③ 보호안경, 차광, 방진, 방독용

④ 보호안경

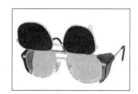

⑤ 이중보호안경 코발트, 방진,
용접, 그라인더용

⑥ (안경알) 색은 원하는 대로
끼울 수 있음 (산소용접용)

⑦ 절삭, 기계

⑧ (보호안경) 보통 안경에
양쪽 실드 부착

⑨ 주   물

(나) 보호안경의 선택

작업의 종류	위험의 종류	보호안경의 선택
산소 아세틸렌 예열용접 용단	스파크, 유해광선, 용융금속 비산입자	⑥
화공약품 취급	비산산에 의한 화상	④, ①
절 삭	비산입자	⑦
전기 (아크) 용접	스파크, 강한 광선, 용융금속	②
주물 작업 (로작업)	눈부심, 열, 용융금속	⑨
그라인딩 작업 (경중)	비산입자	⑤, ①

실 험 실	화공약품의 비산, 유리파편	①, ④
기계가공	비산입자	⑦, ①, ④
용융금속	열, 눈부심, 스파크, 쇳물튀김	②, ⑤

(다) KS 적용 보안경의 종류

종 류	사 용 구 분	렌즈의 재질
차광안경	눈에 대하여 해로운 자외선 및 적외선 또는 강렬한 가시광선(이하 '유해광선'이라 한다.)이 발생하는 장소에서 눈을 보호하기 위한 것	유리 및 플라스틱
유리보호 안경	미분, 칩, 기타 비산물로부터 눈을 보호하기 위한 것	유 리
플라스틱 보호안경	미분, 칩, 기타 비산물로부터 눈을 보호하기 위한 것	플라스틱
도수렌즈 보호안경	근시, 원시 혹은 난시인 근로자가 차광안경, 유리 보호안경, 플라스틱 보호안경을 착용해야 하는 장소에서 작업하는 경우, 빛이나 비산물 및 기타 유해물질로부터 눈을 보호함과 동시에 시력을 교정하기 위한 것	유리 및 플라스틱

(2) 안면 보호구

안면 보호구는 유해광선으로부터 눈을 보호하고 파편에 의한 화상이나 안면부를 보호하기 위하여 착용한 보호구이다.

① 종류 및 사용구분과 재질

종 류	사 용 구 분	렌즈의 재질
용접용 보안면	아크용접, 가스용접, 절단작업시 발생하는 유해한 자외선, 가시광선 및 적외선으로부터 눈을 보호하고, 용접광 및 열에 의한 화상, 가열된 용재 등의 파편에 의해 화상의 위험에서 용접자의 안면, 머리부분, 목부분을 보호하기 위한 것이다.	발가타이즈드 파이퍼 FRP
일 반 보안면	일반 작업 및 접용접 작업시 발생하는 각종 비산물과 유해한 액체로부터 얼굴을 보호하기 위하여 착용한다.	플라스틱

② 용접용 보안면의 모양 및 각부 명칭

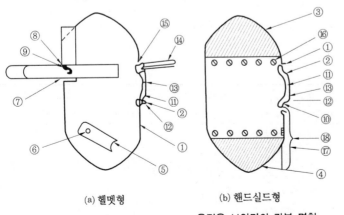

① 면체
② 창
③ 면체상부
④ 면체하부
⑤ 턱걸이
⑥ 턱걸이의 조임부착금구
⑦ 머리띠
⑧ 머리띠의 결함금족구
⑨ 스프링
⑩ 고리금구(플레이트 누름쇠용)
⑪ 플레이트 누름쇠
⑫ 패킹
⑬ 필터플레이트 및 커버플레이트
⑭ 바깥쪽 창틀
⑮ 바깥쪽 창틀 당김 코일
⑯ 리벳
⑰ 핸드클립
⑱ 핸드클립 고정금

(a) 헬멧형   (b) 핸드실드형

용접용 보안면의 각부 명칭

③ 일반 보안면의 명칭

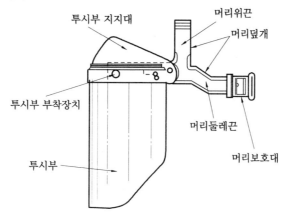

일반 보안면의 명칭

④ 보호구 재료의 성질

   ⑺ 면체는 발카나이즈 파이버 또는 FRP 성형품은 한국산업안전공단 보호구 검정기준에 의한다.

   ⑻ 필터 플레이트 및 커버 플레이트는 차광안경과 동일하다.

   ⑼ 핸드클립은 전기부도체로 난연성이 있어야 한다.

   ⑽ 면체 이외의 플라스틱 부품은 실용상 지장이 없는 강도이어야 한다.

(3) 귀보호구

귀보호구는 보통 방음보호구라고하며 그 종류는 다음과 같다.

방음보호구의 종류

형 식	종 류	기 호	성 능
귀막이	1종	EP-1	저음부터 고음까지를 차음하는 것
	2종	EP-2	고음만을 차음하는 것(회화음역인 저음은 차음하지 않는 것)
귀덮개		EM	

① 차음성능 : 귀보호구의 차음성능은 정상인의 청력을 가진 10사람을 피검자로 하여 125~8000Hz의 주파수에 대하여 차음성능을 측정하여 차음성능을 만족시켜야 한다.

차음성능

중심주파수(Hz)	차음성능 (dB)		
	EP-1	EP-2	EM
125	10 이상	10 미만	5 이상
250	15 이상	10 미만	10 이상
500	15 이상	10 미만	20 이상
1000	20 이상	20 미만	25 이상
2000	25 이상	20 이상	30 이상
4000	25 이상	25 이상	35 이상
8000	20 이상	20 이상	20 이상

② 선택법

   ⑦ 소음수준 및 작업내용에 알맞은 종류와 구조를 선택할 것

   ⑭ 사용시 불쾌감과 압박감을 주지 않을 것

   ⑮ 사용하는 재료는 ⑦, ⑭의 요건을 만족시킨 것일 것

   ⑯ 귀마개의 감음률은 고주파수에서 25~30 dB이고 귀덮개는 35~45 dB이므로 귀마개
     는 115~120 dB에서 귀덮개는 130~135 dB에서의 작업이 가능하다. 또한 귀마개와
     귀덮개를 동시에 착용하면 추가로 3~5 dB까지 감음 시킬 수 있으나 어떠한 경우에도
     50 dB를 감음 시킬 수 없다.

   ⑰ 사용 중에 귀마개와 탈락되어서는 안 된다.

   ⑱ 귀덮개는 밀착이 잘 되어야 한다.

(4) 안전화

절연장화의 종류 및 용도

종 류	사 용 용 도
A 종	주로 300V를 초과 교류 600V, 직류 750V 이하의 작업에 사용하는 것
B 종	주로 교류 600V, 직류 750V 초과 3500V 이하의 작업에 사용
C 종	주로 3500V 초과 7000V 이하의 작업에 사용

안전화의 종류

종 류	사 용 작 업
가죽제 발보호 안전화	물체의 낙하, 충격 및 날카로운 물체에 의한 바닥으로부터의 찔림에 의한 위험으로부터 보호하기 위한 것
고무제 발보호 안전화	물체의 낙하, 충격에 의한 위험으로부터 발을 보호하고 아울러 방수를 겸한 것
정전기 대전방지용 안전화	정전기의 인체 대전을 방지하기 위한 것
발등 보호 안전화	물체의 낙하 및 충격으로부터 발 및 발등을 보호하기 위한 것
절 연 화	저압의 전기에 의한 감전을 방지하기 위한 것 (직류 750V, 교류 600V 이하)
절연장화	저압 및 고압에 의한 감전을 방지하기 위한 것

(5) 안전대 (safety belt)

추락이란 큰 재해를 예방하기 위해서는 작업현장의 정리, 정돈을 철저히 하는 한편 작업자 자신이 표준작업을 하도록 힘을 써야 하며 만일의 사태를 대비하여서 반드시 안전대를 착용해야 한다.

① 사용방법에 따른 안전대의 종류 (노동부 고시)

종 류	사 용 구 분
벨트식	1개걸이용, U자걸이용
안전그네식	추락방지대, 안전블록

㉮ U자걸이 : 안전대의 로프를 구조물 등에 U자 모양으로 돌린 후 훅을 D링에, 신축조
절기를 각 링에 연결하여 신체의 안전을 도모하는 방법이다.

㉯ 1개걸이 : 로프의 한쪽 문을 D링에 고정시키고 훅을 구조물에 걸거나 로프를 구조물
등에 한 번 돌린 후 다시 훅을 로프에 거는 등에 의해 추락으로 인한 위험을 방지하
기 위한 방법이다.

② 안전대 사용시 유의사항(노동부에서 고시하는 안전대 규격에 맞는 것 사용)

㉮ 벨트, 로프, 버클 등을 함부로 바꾸어서는 안 된다.

㉯ 클립이나 신축조절기는 바른 방향에 달도록 한다.

㉰ 각 부의 상태를 점검하고 결점이 있는 것은 교환한다.

㉱ 한 번 충격을 받은 안전대는 사용하지 않는다.

【참고】

• 한국산업규격에 정한 주상안전대(KS P 8165)

종 류	형 식	사용조건
1 종	1겹 벨트형	1개걸이, U자걸이 공용
2 종	2겹 벨트형	1개걸이 전용, U자걸이 공용
3 종	3겹 벨트형	U자걸이 전용
4 종	4겹 벨트형	1개걸이, U자걸이 공용(보조훅 부착)

③ 안전대의 구조 및 명칭

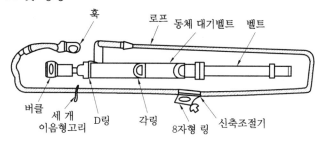

안전벨트 구조도

㉮ 벨트 : 신체에 착용하는 띠모양의 부품

㉯ 버클 : 벨트를 착용하기 위해 그 끝에 부착한 금속장치

㉰ 동체 대기벨트 : V자걸이 사용시 벨트와 겹쳐서 몸체에 대는 역할을 하는 띠

㉱ 로프 : 벨트와 지지로프, 기타 걸이설비, 안전대를 안전하게 걸기 위한 설비

㉲ 훅 : 로프와 걸이설비 등 또는 D링과 연결하기 위한 고리모양의 금속장치

㉳ 신축조절기 : 로프의 길이를 조절하기 위하여 로프에 설치된 금속장치

㉴ D링 : 벨트와 로프를 연결하기 위한 D자형 금속장치

㉵ 8자형 링 : 안전대를 1개걸이로 사용할 때 훅과 로프를 연결하기 위한 8자형 금속장치

㉶ 세 개 이음형 고리 : 안전대를 1개걸이로 사용할 때 훅과 로프를 연결하기 위한 세
개 이음형 고리 금속장치

㉷ 각링 : 벨트와 신축조절기를 연결하기 위한 큰 형태의 금속장치

④ 선택방법

(가) 1개걸이 전용

㉠ 작업장에 비계발판 등이 있어서 추락할 우려가 없더라도 만일 추락되었을 때 재해 방지의 경우

㉡ 카라비너를 부착시킨 것은 작업장소의 부근에 안전대를 설치할 수 있는 구조물, 설비, 망 등이 있는 경우

㉢ 클립을 부착시킨 것은 채석장 등 수직망에만 안전대를 설치하는 경우

㉣ 보조벨트 부착 안전대는 폭이 넓어서 추락 직후 정지시 인체에 대한 충격력을 넓은 면적에 받게 되므로 인체보호에 유리하다. 낙하높이가 큰 경우에 선택한다.

(나) 1개걸이, U자걸이 공용

㉠ 1개걸이와 U자걸이의 상태로 공용하는 경우

㉡ U자걸이를 위하여 보조훅을 D링에 걸고 뺄 때 실수로 추락할 우려가 있는 경우

⑤ 사용방법

(가) 1개걸이 상태에서의 사용방법

㉠ 3종과 4종 안전대에서 2.5m를 초과하는 길이의 로프를 설치하는 것은 반드시 2.5m 이내에서 사용할 것. 또한 작업에 지장이 없는 경우 가능한 한 로프의 길이를 짧게 조절하여 사용할 것

㉡ 낙하높이는 로프길이 (통상 1.5m, 최대 2.5m) 가 되도록 사용할 것

㉢ 안전대 로프를 설치하는 구조물 등의 위치는 허리에 착용한 벨트의 위치보다 높은 위치에 할 것

㉣ 작업상이 그다지 높지 않을 경우는 상면에서 로프의 길이가 길어서 불가능한 경우는 3종과 4종을 사용하고, 로프의 길이를 짧게 하여 사용할 것

(나) U자걸이 상태의 사용방법

㉠ 훅이 D링에 확실히 걸려 있는지를 눈으로 확인할 것

㉡ 로프의 길이는 가장 짧은 길이로 조절할 것

㉢ 체중을 실을 때는 서서히 체중을 옮기고, 이상이 없는 것을 확인한 후 손을 뗄 것

⑥ 안전대의 각 명칭별 재료

명 칭	사용재료
벨트, 동체대기벨트, 로프링 부착부분	합성수지, 합성수지류
D링, 각링, 세 개링, 8자형 링	일반구조용 압변강제에 규정한 2종, 이와 동등 이상의 양질재료 (KS D 3503)
버클, 클립, 신축조절기	KS D 3512 (냉각압연 강판과 강대) 규정한 이와 동등 이상 양질재료
훅, 카라비너	KS D 6763 (알루미늄, 알루미늄 합금봉 및 선)에 규정한 일반구조용 압연강제, 규정 2종
신축조절기	KS D 3503에 규정한 2종 (SB−41) KS D 6759에 규정한 동등 이상의 재료

⑦ 안전대의 강도 : 추락시 인체가 받는 충격하중은 900 kg이나 된다. 따라서 안전율을 감안하면 그 이상의 충격하중에도 안전대 각 부분의 강도는 ILO 기준에 준하여 1150 kg

이상을 요한다.

> **【참 고】**
> ・**ILO의 안전대 기준**
> 1. 안전벨트는 적어도 폭 12 cm, 두께 6 mm이어야 하고, 최소한 1150 kg의 최대 파단 강도를 지녀야 한다.
> 2. 끈은 상질의 마닐라로프 또는 이와 동등 이상의 강도를 지닌 재료로서 1150 kg의 최대 파단강도를 지녀야 한다.

⑧ 안전대의 구조 기준

  ⑦ U자걸이로 사용할 수 있는 안전대 구조

    ㉠ 동체, 대기벨트, 각링 및 신축조절기가 있을 것

    ㉡ D링 및 각링은 안전대 착용자의 동체 양측에 해당하는 곳에 위치해야 함

    ㉢ 신축조절기와 로프로부터 이탈하지 말 것

  ⑭ U자걸이 전용안전대의 구조 기준

    ㉠ 훅이 열리는 나비가 로프의 지름보다 작을 것

    ㉡ 8자 링형 및 이음형 고리가 없을 것

  ⑭ 보조훅 부착 안전대의 구조 기준 : 신축조절기의 역방향으로 낙하저지기능을 갖춰야 한다 (단, 로프에 스토퍼가 부착된 경우 제외).

⑨ 안전대용 로프의 구비조건

  ⑦ 충격, 인장 강도에 강할 것

  ⑭ 내마모성이 높을 것

  ⑭ 내열성이 높을 것

  ⑭ 습기, 약품류에 잘 손상되지 않을 것

  ⑭ 부드럽고 매끄럽지 않을 것

  ⑭ 완충성이 높을 것

(6) 호흡용 보호구

① 방진마스크 (dust mask) : 여과 효율이 높을수록 좋으나 경계성 및 호흡이 저항 때문에 여과효율만을 강조할 수가 없다.

  ⑦ 종류

    ㉠ 구조형식에 따라 : 직결식, 격리식

구분	격 리 식	직 결 식
형 상	여과제, 연결관, 면체 (배기변과 흡기변을 포함) 및 머리끝으로 이루어져 또 여과재에 의하여 분진이 제거된 깨끗한 공기가 연결관을 통하여 체내로 흡입되고 체내의 공기는 배기변을 통하여 외기중으로 배출되는 것을 말한다.	여과제, 면체 및 머리끈으로 이루어지며, 또 여과제에 의하여 분진이 여과된 깨끗한 공기가 체내로 흡입되고 체내의 공기는 배기변을 통하여 외기중에 배출되는 것을 말한다.

    ㉡ 사용용도에 따라 : 고농도 분진용 ($H_1 \sim H_4$), 저농도 분진용 ($L_1 \sim L_4$)

(나) 여과효율 및 통기저항에 따른 등급

구 분	특급	1급	2급	비 고
여과효율	99.5% 이상	95% 이상	85% 이상	일반적인 검정품은 72%
흡배기저항	8 mmH₂O 이하	6 mmH₂O 이하	6 mmH₂O 이하	이상 성능 보유

(다) 방진마스크의 등급
  ㉠ 격리식 마스크 : 특급, 1급
  ㉡ 직결식 마스크 : 특급, 1급, 2급으로 분류

종류 및 등급		중량 (g)
격 리 식	특급	700g 이하
	1급	500g 이하
직결식	특급	200g 이하
	1급	160g 이하
	2급	110g 이하

(라) 방진마스크의 구비조건 (선정 기준)
  ㉠ 여과효율이 좋을 것
  ㉡ 흡배기저항이 낮을 것
  ㉢ 사용적이 적을 것 (180 cm² 이하)
  ㉣ 중량이 가벼울 것 (직결식 120 g 이하)
  ㉤ 안면 밀착성이 좋을 것
  ㉥ 시야가 넓을 것 (하방 시야 60° 이상)
  ㉦ 피부 접촉부위의 고무질이 좋을 것

(마) 방진마스크의 구조
  ㉠ 격리식 → 여과제 → 연결관 → 흡기변 → 마스크 → 배기밸브
  ㉡ 직결식 → 여과제 → 흡기밸브 → 마스크 → 배기밸브

(바) 방진마스크의 구분 및 사용장소

구 분	사용장소 (작업)
특 급	수은, 비소, 납, 망간, 아연 등 중독 위험이 높은 분진이나 퓸 (fume) 을 발산하거나 방사성 물질 분진이 비산하는 장소
특 급 또는 1급	① 갱내 암석 또는 암석과 유사한 광물을 뚫는 작업 ② 동력을 이용하여 토석, 암석, 광석을 폐쇄, 분쇄하는 작업 ③ 분상의 광물 물질을 선별, 혼합 또는 포장하는 작업 ④ 금속을 전기 아크로 용접 또는 용단하는 작업 ⑤ 주물공장에서 사형을 사용하고 사락작업을 할 때 ⑥ 석면을 재료로 사용하는 작업 ⑦ 현저히 분진이 많은 사업장
2급	이외의 작업

(사) 방진마스크 성능 시험방법

종 류	시 험 방 법	조 건
흡 기 저 항 시 험	표준 머리 모형에 착용시킨 마스크에 석영분진을 함유한 공기(석영분진의 입자크기는 2μ m 이하이고 농도는 $1\,m^2$ 당 30 ± 5 mg인 것을 말한다.)를 매분 $30\,l$의 유량으로 통과시켜 마스크 내외의 압력차를 수주로 측정한다.	압력차가 마스크의 각각의 등급에 따라 아래의 기준치 이하가 되어야 한다. 등급 / 압력차(mmH₂O) 특급 / 8 이하 1급 / 6 이하 2급 / 6 이하
분 진 포집률 시 험	표준 머리 모형에 착용시킨 마스크에 석영분진 함유공기를 매분 $30\,l$의 유량으로 통과시켜 통과 전·후의 석영분진의 농도를 산란광방식에 의한 분진측정기에 의하여 측정하고, 다음의 식에 의하여 분진포집률을 산출한다. • 분진포집률(%) $$= \frac{\text{통과전 석영 분진농도}(mg/m^2) - \text{통과 직후 석영 분진농도}(mg/m^2)}{\text{통과전 석영 분진농도}(mg/m^2)} \times 100$$	등급 / 분진포집 효율(%) 특급 / 99.5% 이상 1급 / 95% 이상 2급 / 85% 이상
배 기 지 항 시 험	① 표준 머리 모형에 착용시킨 마스크에 공기를 매분 $30\,l$의 유량으로 통과시켜 마스크의 내외 압력차를 수주로 측정한다. ② 이 경우 흡기저항시험의 공기 흐름의 방향과는 반대로 하여 안팎의 정압차를 측정하여야 한다.	압력차가 수주(mmH₂O) 6이어야 한다.
흡기 저항 상승 시험	표준 머리 모형에 장치한 마스크에 공기를 매분 $30\,l$의 유량으로 통과시킬 때의 마스크의 내외의 압력차로 측정하고 다음에 석영분진 함유공기를 매분 $30\,l$의 유량으로 100분간 통과시킨 다음 마스크의 내외 압력차를 측정하여 다음 식에 의해 흡기저항 상승률을 산출하여야 한다. • 흡기저항 상승률(%) $$= \frac{-\text{공기통과시 내외압력차}(mmH_2O)}{\text{공기통과시 내외압력차}(mmH_2O)} \times 100$$	흡기저항 상승률이 20% 이하이어야 한다.
배기변의 작동 기밀시험	배기변을 물에 담근 후 기밀시험기에 장치하고 매분 $1l$의 유량으로 흡인하여 배기변의 폐쇄에 의한 내부의 감압상태를 조사한 후 내부의 압력을 외부의 압력보다 50 mmH₂O 저하시켜 방치하여 내부의 압력이 상압으로 되돌아올 때까지의 시간을 측정한다 (기밀시험기의 내용적응 50 cm²로 한다).	1. 공기를 흡입하였을 때는 곧바로 내부에 감압되어야 한다. 2. 내부의 압력이 상압으로 되돌아올 때까지의 시간은 10초 이상이어야 한다.

② 방독마스크 (gas mask) : 방독마스크 사용시 주의할 점은 마스크에 대한 과도한 의존은 위험하다는 것이다. 마스크는 소극적인 방위수단에 지나지 않고 한 개의 마스크가 모든 가스에 만능이 아니며, 그 수명이나 성능도 일반인이 기대하는 것처럼 길거나 좋은 것이 못된다.

㈎ 종류

　　㉠ 연결관의 유무 : 격리식, 직결식, 직결식 소형 마스크

　　㉡ 면체의 형상 : 전면식, 반면식, 구명기식 (구편형)

㈏ 방독마스크의 흡수관 (흡수통)

  ㉠ 흡수관 속에 들어 있는 흡수제에 따라 그 종류별로 유효한 적응가스가 정해져 있다. 적응하는 가스의 종류를 나타내기 위해 흡수통에 색별의 도장과 기호가 표시되어 있다.

  ㉡ 흡수관의 제독능력에는 한계가 있다. 흡수제가 포화되어 흡수능력을 상실하면 유해가스는 제거되지 않은 채 통과되고 마는데, 이를 흡수관의 파괴라고 한다. 파괴시간은 흡수관의 종류에 따라 다르며, 가스의 농도에 반비례하고, 고농도의 경우에는 의외로 짧은 시간에서 효력을 상실하고 만다. 따라서 흡수관의 사용시간은 반드시 기록하여 두고 파괴시간에 달하기 전에 새로운 흡수관으로 교체하여야 한다.

  ㉢ 흡수제 : 활성탄, 실리카겔 (silicagel), 소다라임 (sodalime), 호프카라이트(hopecalite), 큐프라마이트 (kuperamite) 등

㈐ 방독마스크 흡수관의 종류

| No. | 종 류 | 표시방법 | | 대응 독극물 | 주성분 |
		기 호	색 상		
①	보 통 가 스 용	A	흑색 · 회색	염소 및 할로겐류, 포스겐 유기 및 산성가스	활성탄 소다라임
②	산 성 가 스 용	B	회 색	염산, 할로겐화수소, 산, 탄산가스, 이산화질소, 산화질소	소다라임 알칼리제제
③	유 기 가 스 용	C	흑 색	유기가스 및 증기, 아황화탄소	활성탄
④	일산화탄소용	E	적 색	TEL, 일산화탄소	호프카라이트, 방습제
⑤	소 방 용	F	적색 · 백색	화재시와 연기용	종합제제
⑥	연 기 용	G	흑색 · 백색	아연 및 금속품, 기름연기	활성탄, 여층
⑦	암 모 니 아 용	H	녹 색	암모니아	큐프라마이트
⑧	아 황 산 용	I	등 색	아황산 및 황산 미스트	산화금속, 알칼리제제
⑨	청 산 용	J	청 색	청산 및 청화물 증기	산화금속, 알칼리제제
⑩	황 화 수 소 용	K	황 색	황화수소	금속염류, 알칼리제제

㈑ 방독마스크 사용시 유의사항

  ㉠ 방독마스크를 과신하지 말 것

  ㉡ 수명이 지난 것은 절대 사용하지 말 것

  ㉢ 산소결핍 (일반적으로 16% 기준) 장소에서는 사용하지 말 것

  ㉣ 가스의 종류에 따라 용도 이외에는 사용하지 말 것

③ 호스마스크 (hose mask)

 ㈎ 호스마스크의 종류

  ㉠ 압축공기식 호스마스크 : 압축공기를 넣은 용기에 감압장치를 붙여 호스로 마스크에 공기를 보내주는 형식

  ㉡ 송풍기식 호스마스크 : 송풍기로 저압의 공기를 마스크에 공급

ⓒ 흡입식 호스마스크 : 사용자의 호흡운동에 따라 공기가 흡수되는 형식으로 면체 연
결관, 호스 (10 m 이내) 및 공기 수집구조 구성

(나) 호스마스크 착용대상 사업장

㉠ 탱크, 갱, 지하실, 통풍이 불충분한 작업장

㉡ 선저창고

㉢ 사용하지 않은 우물 속

④ 공기공급식

(가) 지급식 : 지급식은 SCBA (self-contained breathing apparatus)라고 불리며 일반적
으로 전면형이 사용되지만 비상상황에서는 구편형 (mouthpiece)이 사용되기도 한다.
종류는 다음과 같다.

㉠ 순환식 (closed-circuit SCBA : 산소만 사용)

㉡ 개방식 (open-circuit SCBA : 압축공기, 산소 또는 액체공기, 산소)이 있다.

지급식은 착용자가 공기 등을 직접 운반해야 하며 생명 혹은 건강에 즉시 위험한 대기
중의 사용이 허용된다. 자체 중량이 너무 무겁고, 유지 관리가 어려우며, 사용에 따른
철저한 훈련이 필요하다. 또한 수명은 순환식이 비교적 길지만 개방식은 비교적 짧다.

(나) 호스마스크 (hose mask) 및 에어라인 마스크 (airline mask) : 호스마스크는 전면형 마
스크 (full facepiece), 꼬이지 않는 호흡관, 착장대 및 지름이 크고 꼬이지 않는 공기공급
용 호스로 구성되며 호흡관의 호스 착장대에 확실하게 부착시켜야 한다. 체크밸브 (check
valve)는 공기를 면체로만 보내도록 해야 하며, 면체에는 흡기밸브만 있어야 한다.

에어라인 마스크는 압축기 (compressor) 또는 가압공기 실린더에 지름이 작은 에어
라인을 통하여 공기를 공급한다. 에어라인은 벨트로 착용자에게 부착시키고 비상시
신속하게 제거시키도록 해야 한다. 공기의 흐름은 밸브나 오리피스 (orifice)로 조절
하고 호기공기는 밸브를 통하여 방출시킨다. 길이는 250 ft (76.2 m) 까지 허용된다

호스마스크 및 에어라인 마스크는 공기를 운반할 필요가 없으므로 가볍고 간단하지만
호스와 에어라인으로 인하여 활동이 제한되며 들어갈 때와 똑같은 길로 되돌아 나와야
하는 번거로움이 있으며 호스와 에어라인이 손상을 입거나 갈라질 가능성이 있다.

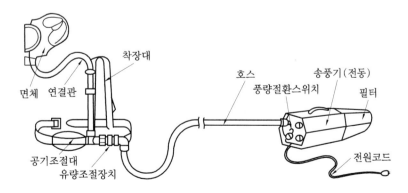

송풍기형 (전동) 호스마스크

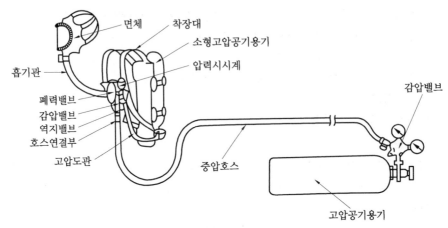

복합형 에어라인 마스크

⑤ 산소 호흡기 (산소 압축통에서 산소를 공급받은 형식) : 산소통을 휴대하는 형식으로 광범위하게 사용되는 반면, 조작이 복잡하여 사용자에게 착용법과 조작법을 반드시 교육시켜야 한다. 압축산소는 순수한 100% 산소를 사용하는 것이 아니며 순수한 산소 (공업용 99.5% 이상의 순도) 를 흡입하면 사망한다.

(7) 손의 보호구

산업재해를 상해 부분별로 분류하면 손, 특히 손가락의 상해가 으뜸을 차지하고 있다. 손 보호구로는 용접용 보호장갑, 전기용 고무장갑 등이 있다.

① 용접용 보호장갑 : 용접용 보호장갑은 아크 가스용접 및 용단작업에서 발생되는 불꽃, 용융금속 및 가열된 금속 등으로부터 접촉하여 화상 등을 방지하기 위한 보호구이다. 용접용 보호장갑의 가죽의 두께는 다음 표와 같다.

가죽의 두께 (용접용)   (단위 : mm)

사용장소	가죽의 종류	두 께
장 갑 부 (손바닥 및 손등부)	쇠 가 죽	1.5 이상
	쇠 겉 가 죽	1.5 이상
소 매 부	쇠 겉 가 죽	1.0 이상

② 전기용 고무장갑 : 전기용 고무장갑은 300V~7000V의 전기회로의 작업에 사용되는 장갑으로서 종류는 다음 표와 같다.

고무장갑의 종류

종 류	용 도
A 종	주로 300V를 초과, 교류 600V, 직류 750V 이하의 작업에 사용하는 것
B 종	주로 교류 600V 또는 직류 750V를 초과 3500V 이하의 작업에 사용하는 것
C 종	주로 3500V를 초과, 7000V 이하의 작업에 사용하는 것

5-4 산업안전 표지

안전표지의 종류로는 금지표지, 경고표지, 지시표지, 안내표지의 네 가지로 나누고 있다.

(1) 산업안전표지의 목적

안전표지는 근로기준법의 적용을 받은 사업장에서 안전을 위하여 사용되는 산업안전의 표지, 표찰, 완장 등에 관하여 필요한 사항을 규정함을 목적으로 한다.

(2) 안전표찰의 부착 부위

작업복 등에 부착을 하는 녹십자의 표지이다.
① 작업복 또는 보호의의 우측 어깨
② 안전모의 좌우면
③ 안전완장

(3) 색의 종류 및 사용 범위 (KSP)

명 칭	표 시 사 항	사용용도 및 범위
적 색	① 방　　　수 ② 정　　　지 ③ 금　　　지	① 방수표지, 소화설비, 화약류 ② 긴급정지신호 ③ 금지표지
황적색	위　　　험	보호상자, 보호장치 없는 SW 또는 위험부위, 위험장소에 대한 표시
황 색	주　　　의	충돌, 추락, 층계, 함정 등 장소기구 주의
녹 색	① 안전안내 ② 진행유도 ③ 구급구호	① 안내, 진행유도, 대피소 안내 ② 비상구 또는 구호소, 구급상자 ③ 구호장비 보관장소 등의 표시
청 색	① 조　　　심 ② 지　　　시	① 보호구 사용, 수리 중 기계장소 또는 운전장치 ② 표지 SW 적자의 외면
백 색	① 통　　　로 ② 정리정돈	① 통로구획선, 방향선, 방향표지 ② 폐품수집소, 수집용기
적자색	방　사　능	방사능 표시

(4) 안전 · 보건표지의 색채, 색도기준 및 용도

색 채	색도 기준	용 도	사용 예
빨간색	7.5R 4/14	금 지	정지신호, 소화설비 및 그 장소, 유해행위의 금지
		경 고	화학물질 취급장소에서의 유해 · 위험 경고
노란색	5Y 8.5/12	경 고	화학물질 취급장소에서의 유해 · 위험 경고, 그 밖의 위험 경고, 주의표지 또는 기계방호물
파란색	2.5PB 4/10	지 시	특정행위의 지시 및 사실의 고지
녹 색	2.5G 4/10	안 내	비상구 및 피난소, 사람 또는 차량의 통행표지
흰 색	N 9.5	－	파란색 또는 녹색에 대한 보조색
검정색	N 0.5	－	문자 및 빨간색 또는 노란색에 대한 보조색

【참고】 1. 허용 오차 범위 H＝±2, V＝±0.3, C＝±1

　　　 여기서, H : 색상, V : 명도, C : 채도

　　 2. 위의 색도기준은 한국산업규격(KS)에 따른 색의 3속성에 의한 표시방법(KS A 0062
　　　 기술표준원 고시 제2008-0759)에 따른다.

안전 · 보건표지의 종류와 형태

1. 금지표지	101 출입금지	102 보행금지	103 차량통행금지	104 사용금지	105 탑승금지	106 금 연
107 화기금지	108 물체이동 금지	2. 경고표지	201 인화성 물질 경 고	202 산화성 물질 경 고	203 폭발성 물질 경 고	204 급성독성물질 경 고
205 부식성 물질 경 고	206 방사성 물질 경 고	207 고압전기 경 고	208 매달린 물체 경 고	209 낙하물 경 고	210 고 온 경 고	210-1 저 온 경 고
211 몸균형상실 경 고	212 레이저광선 경 고	213 발암성·변이원성·생식독성·전신독성·호흡기 과민성물질 경 고	214 위험장소 경 고	3. 지시표지	301 보안경 착용	302 방독마스크 착 용
303 방진마스크착용	304 보안면 착용	305 안전모 착용	306 귀마개 착용	307 안전화 착용	308 안전장갑 착용	309 안전복 착용
4. 안내표지	401 녹십자 표지	402 응급구호 표지	402-1 들 것	402-2 세안장치	403 비상구	403-1 좌측비상구
403-2 우측비상구	5. 문자 추가 시 예시문	휘발유 화기엄금 $\frac{1}{10}d$ $\frac{1}{4}d$ d 이상	• 내 자신의 건강과 복지를 위하여 안전을 늘 생각한다. • 내 가정의 행복과 화목을 위하여 안전을 늘 생각한다. • 내 자신의 실수로써 동료를 해치지 않도록 안전을 늘 생각한다. • 내 자신이 일으킨 사고로 인한 회사의 재산과 손실을 방지하기 위하여 안전을 늘 생각한다. • 내 자신의 방심과 불안전한 행동이 조국의 번영에 장애가 되지 않도록 하기위해 안전을 늘 생각한다.			

(5) 안전색채의 사용통칙

색의 수를 8색 (노랑, 주황, 빨강, 녹색, 파랑, 자주, 흰색, 검정) 으로 하고, 그 표시사항과 사용처를 규정하여 시설의 재해방지, 구급체제에 의하여 사용한다.

(6) 형광 안전색채의 사용통칙

광산의 갱내나, 작업장 안에 조명이 잘 닿지 않고 먼지나 연기 등으로 보기가 매우 어려운 곳이나 안전색채의 표시가 강조되는 곳에 형광빨강, 형광주황, 형광노랑, 형광녹색을 사용한다.

(7) 안전색광 사용통칙

야간이나 어두운 곳에서 생기는 재해를 방지하기 위하여 빨강, 노랑, 녹색, 청자, 흰색의 5색광원을 사용하고 있으며, 위험색인 주황색을 제외시킨 것은 노랑과 주황색이 혼동되기 쉽기 때문이다.

(8) 안전표시등

야간 또는 어두운 장소에서 일어나는 재해방지를 목적으로 안전표시등을 사용한다.

5-5 색채조절 (color conditioning)

(1) 색채조절의 목적

① 작업자에 대한 감정적 효과, 피로방지 등을 통하여 생산능률 향상에 있다.
② 재해사고 방지를 위한 표식의 명확화 등에 목적이 있다.

(2) 색의 3속성

① 색상 (hue) : 유채색에만 있는 속성이며 색의 기본적 종별을 말한다.
② 명도 (value) : 눈이 느끼는 색의 명암의 정도, 즉 밝기를 나타낸다.
③ 채도 (chroma) : 색의 선명도의 정도, 즉 색깔의 강약을 의미한다.

(3) 색의 선택 조건

① 차분하고 밝은 색을 선택한다.
② 안정감을 낼 수 있는 색을 선택한다.
③ 액센트 (accent) 를 준다.
④ 자극이 강한 색을 피한다.
⑤ 순백색을 피한다.
⑥ 차가운 색, 아늑한 색을 구분하여 사용한다.

6. 무재해운동 및 안전활동기법

6-1 무재해운동

안전선취의 운동으로서 잠재위험요인을 찾아내어서 안전조치를 강구함으로써 산업재해의 발생을 근본적으로 억제시켜 보자는 운동이다.

(1) 무재해운동의 목적

국내의 현장 근로자의 안전관리와 안전작업의 효과적인 방법을 스스로 익히도록 하고 각자에게 분발동기를 부여하면서 전체적인 재해를 감소시키고자 함이다.

(2) 무재해운동의 기본원칙 3가지 (3대원칙 : 이념의 3원칙)

① 제로 (無) 의 원칙
② 선취의 원칙
③ 참가의 원칙

(3) 무재해운동 추진의 3기둥 (3요소)

무재해운동의 기초는 전종업원의 참가에 의한 끊임없는 문제제기와 그 해결을 위한 전 종업원의 노력에 있다고 해도 좋을 것이다. 무재해운동은 어디까지나 일선근로자의 자발적인 참여의 운동이어야 한다.

① 최고 경영자의 엄격한 안전 경영자세 : 무재해, 무질병
② 안전활동의 라인 (line) 화
③ 직장 자주안전 활동의 활성화

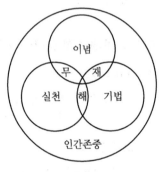

무재해운동의 3요소

(4) 무재해운동 적용대상 사업장(무재해운동의 적용범위)

① 안전관리자를 선임해야 할 사업장
② 건설공사의 경우 도급금액이 10억원 이상인 건설현장
③ 해외 건설공사의 경우 상시 근로자 500인 이상이거나 도급금액 1억 달러 이상인 건설현장
④ 기타 무재해운동 개시보고서를 한국산업안전공단 이사장 또는 기술 지도원장에게 통보한 사업장

(5) 무재해운동에서의 재해범위

① 근로자가 업무상 기인하여 사망이나 4일 이상의 요양을 요하는 부상 또는 질병에 이환된 경우 (산업재해라고도 함)
② 500만원 이상의 물적 손실이 발생한 경우 (산업사고라고도 함)
③ 소음성 난청으로 판명된 직업병인 경우

(6) 무재해시간 계산 공식

① 무재해시간＝실근로자수×실근무시간 (단, 사무직 1일 8시간, 생산직 과장급 이상도 1일 8시간)
② 무재해일수＝휴업일수를 제외한 실근로일수 (단, 1일 3교대 작업시라도 1일로 계산, 공휴일에 근무한 사실이 있으면 기간 내 산정)

(7) 무재해운동 보고사항

① 무재해운동의 개시·재개시 사업장은 한국산업안전공단 이사장에게 개시 및 재개시 보고를 해야 한다.

② 무재해 목표달성 사업장은 한국산업안전공단 이사장에게 무재해 목표달성 보고를 해야 한다.

③ 한국산업안전공단 이사장은 무재해 목표달성 사업장에 대하여 무재해 목표달성 조사서를 작성, 무재해 본부에 보고해야 한다.

(8) 무재해운동의 사전준비 요령

① 과거의 재해를 정확히 분석하여서 그 원인 등을 제거해야 한다.

② 현장 자체의 안전 점검반을 편성하면서 시공중의 부실결과 안전시설의 미비가 없는지를 정기적으로 점검해야 한다.

③ 안전수칙이 실제로 이행되고 있는지를 확인해야 한다

(9) 무재해운동의 시행

① ○○월 ○○시를 기하여서 무재해 ○○시간 달성을 목표로 무재해운동이 개시가 되었음을 전 근로자에게 선포를 하고 그 진행 시간을 알 수 있도록 무재해 기록판을 현장입구 등 근로자가 잘 볼 수 있는 높이에 게시한다.

② 작업분야별로 일일작업의 종료 후 당일의 성과를 고지시킨다.

6-2 무재해운동의 안전활동기법

(1) 위험예지훈련의 3가지 훈련

① 감수성 훈련
② 문제해결 훈련
③ 단시간 미팅훈련

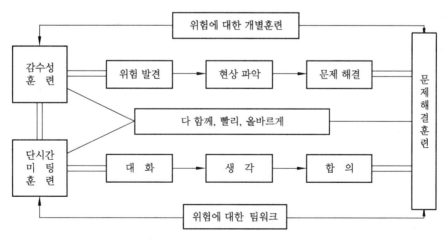

위험예지 3가지 훈련

㈎ 위험예지훈련은 직장이나 작업의 상황 속에서 위험요인을 발견하는 감수성을 개인의 수준에서 팀 수준으로 높이는 감수성 훈련이다.

㈏ 직장에서 전원의 집중력의 향상, 특히 단시간 미팅이 필요하다.

㈐ 발견한 위험을 해결하는 팀의 문제해결 능력을 향상하는 것이 필요하다. 위험 예지훈련은 위험요인을 행동하기 전에 팀의 의욕으로 해결하는 문제해결훈련이다.

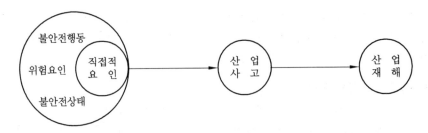

㈜ 위험요인은 산업재해나 사고의 원인이 될 가능성이 있는 불안전행동과 불안전상태이다.

원인 ⟶ 현상 ⟶ 결과
(…… 때문에)   (…… 해서)   (…… 된다)

(2) 문제해결 8단계 4라운드

문제해결 8단계 (10가지 요점)	문제해결 4라운드	시행방법
1. 문제제기 (해결하여야 할 과제의 발견과 테마설정) 2. 현상파악 (테마에 관한 현상파악, 사실확인)	현 상 파 악 (1 R)	본다
3. 문제점 발견 (현상, 사실중의 문제점 파악) 4. 중요문제 결정 (가장 중요하고 본질적 원인의 결정)	본 질 추 구 (2 R)	생각한다
5. 해결책 구상 (해결방침의 책정) 6. 구체적 대책수립 (시행 가능한 대책의 아이디어 수립)	대 책 수 립 (3 R)	계획한다
7. 중점사항 결정 (중점적으로 실시하는 대책의 결정) 8. 실시계획 책정 (실시계획의 체크와 행동목표 설정)	행동목표 설정 (4 R)	결단한다
9. 실천		실천한다
10. 반성 및 평가		반성한다

(3) 브레인 스토밍 (brain storming ; BS)

① 개요 : 브레인 스토밍이란 잠재의식을 일깨워 자유로이 아이디어를 개발하자는 토의식 아이디어 개발기법이다 (A. F. Osborn).

② 기본전제 조건

㈎ 창의력은 정도의 차이는 있으나 누구에게나 아이디어가 있다.

㈏ 비창의적인 사회 문화적 풍토는 창의성 개발을 저해하고 있다.

㈐ 자유를 허용하고 부정적 태도를 바꾸게 함으로써 발전적인 창의성을 개발할 수 있다.

③ BS의 4원칙

㈎ 비판금지 (criticism is ruled out) : 좋다 나쁘다 비판은 하지 않는다.

㈏ 자유분방 (free wheeling) : 마음대로 자유로이 발언한다.

㈐ 대량발언 (quantity is wanted) : 무엇이든 좋으니 많이 발언한다.

㈑ 수정발언 (combination and improvement are sought) : 타인의 생각에 동참하거나 보충 발언해도 좋다.

(4) 전체 관찰방법

① 시각 : 기기장비의 위, 아래, 뒤, 속을 본다 (look ABBI ; look above, below, behind and inside equipment).

② 청각 : 진동이나 이상음을 듣는다 (listen for vibrations and unusual sounds).

③ 후각 : 이상한 냄새를 맡는다 (smell unusual odors).

④ 몸 : 정상 외의 온도나 진동을 느낀다 (feel unusual temperatures and vibration).

(5) 안전감독 실시방법 (STOP ; safety training observation program)

① 숙련된 관찰자 (안전관리자)는 불안전한 행위를 관찰하기 위하여 관찰사이클 (obser-vation cycle) 을 이용한다.

안전감독 실시방법

② stop의 목적은 각 계층의 감독자들이 숙련된 안전관찰을 행하여 사고를 미연에 방지하고자 함이다 (미국 Du Pont 회사 개발).

(6) 안전확인 5지 운동

종 류	호 칭 (수지의 가르침)	확 인 점
모 지 (마 음)	하나, 자기도 동료도 부상을 당하거나, 당하게 하지 말자	정신 차려서 마음의 준비
시 지 (복 장)	둘, 복장을 단정하게 안전 작업 (부드러운 충고, 사람의 화 (和) 와 신뢰)	연락, 신호, 그리고 복장의 정비
중 지 (규 정)	셋, 서로가 지키자 안전 수칙(정리정돈은 안전의 중심)	통로를 넓게 규정과 기준
약 지 (정 비)	넷, 정비·올바른 운전 (물에 닿지 않는 손가락, 재해를 일으키지 않는 행동)	기계 차량의 점검 정비
작 은 손가락 (확 인)	다섯, 언제나 점검 또 점검 (작은 손가락도 도움이 된다. 보호구는 반드시)	표시는 뚜렷하게 안전 확인

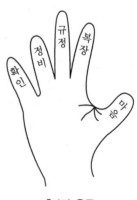

5가지 운동

제2장 산업심리

1. 직업적성과 인사심리

1-1 산업심리학 및 안전심리

(1) 산업심리학의 정의

① 산업심리학은 응용심리학으로 인간심리의 관찰, 실험, 조사 및 분석을 통하여 일정한 과학적 법칙을 얻어 생산을 증가하고 근로자의 복지를 증진하고자 하는 데 목적을 두고 있다.

② 산업심리학은 사람을 적재적소에 배치할 수 있는 과학적 판단과, 배치된 사람을 어떻게 하면 만족하게 자기책무를 다할 수 있는 여건을 만들어 줄 것인가를 연구하는 학문이 산업심리학이다.

③ 산업 및 산업환경 속에서 활동하는 인간과 관련된 문제에 대하여 심리학적인 사실과 원리를 적용시키거나 확장시키는 것이다 (Blum 과 Naylor).

(2) 인사관리와 산업심리의 필요성

① 근로자 작업에 대한 능률분석

② 근로자 집단의 개인 및 작업에 대한 분석

③ 인사관리의 중요기능

   ㈎ 조직과 리더십 (leader ship)   ㈏ 직무 및 작업분석

   ㈐ 종업원 선발 (적성 및 심리검사)   ㈑ 업무평가

   ㈒ 적성 배치   ㈓ 상담 및 노사관의 이해

(3) 작업조건 및 생산과 심리

① 작업환경과 작업방법의 개선

② 휴식시간의 부여와 피로 및 단조로움의 해소

③ 급료의 인상과 공로표창, 상여금 지급 및 승진기회의 부여

④ 집단 내의 개인간 화목과 작업분위기의 개선

⑤ 직장에서의 신분보장 (명예퇴직, 조기퇴직의 방지)

1-2 직업 적성

(1) 지능과 사고

① 학습능력, 추상력, 사고능력, 환경 적응력 등으로 표현되며 지능이란 새로운 과제나

문제를 효과적으로 처리해 가는 능력이라 할 수 있다.

② 지능이 낮은 사람은 단순한 직무에 적응률이 높고, 정밀한 작업에는 적응률이 저하된다.

③ 지능이 높은 사람은 단순한 직무에는 불만을 나타내며 높은 직무로 옮겨가는 경향이 있다.

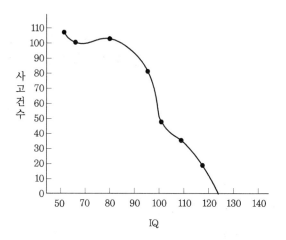

지능과 사고와의 관계

(2) 적성검사

① 인간의 지능 (intelligence) 과 평가치 : 지능의 척도는 지능지수로 표시한다.

$$지능지수 (IQ) = \frac{지능연령}{생활연령} \times 100$$

단, 지능연령이나 생활연령은 월단위로 할 수도 있다.

② 적성검사의 정의

㈎ 인간능력의 범위

㉠ 기초능력 : 정신능력, 지각기능, 정신운동의 기능과 같은 양에 있어서 포괄된 기능

㉡ 직무 특유능력 (job specific abilities) : 어떤 불특정의 직무를 수행하면서 필요한 학습 또는 경험의 축적에 의하여 얻어진 능력

③ 적성검사의 목적 : 적성검사는 개인의 어떤 직무에 임하기에 앞서 그 직무를 최상의 상태로 수행할 수 있는 신뢰성과 타당성에 관하여 진단하고 예측하려는 방법론적 목적을 말한다.

(3) 직업적성

① 기계적 적성 : 기계작업에 쉬운 특성으로 다음과 같은 요인이 있다.

㈎ 손과 팔의 솜씨 : 빨리 정확히 잔일이나 큰 일을 해내는 능력이다.

㈏ 공간시각화 : 형상이나 크기의 관계를 확실히 판단하여서 각 부분을 뜯어서 다시 맞추어 통일된 형태가 되도록 손으로 조작하는 과정이다.

㈐ 기계적 이해 : 공간시각화, 지각속도, 추리, 기술적 지식, 기술적 경험 등의 복합적 인자가 합쳐져서 만들어진 적성이다.

② 사무적 적성 : 지능도 중요하지만 손과 팔의 솜씨나 지각의 속도 및 정확도 등이 특히 중요하다.

(4) 적성의 발견방법

① 자기이해 (self-understanding)

② 계발적 경험 (exploratory experiences)

③ 적성검사

㉮ 특수직업 : 어느 특정의 직무에서 요구되는 능력을 가졌는가의 여부를 검사

㉯ 일반직업 : 어느 직업분야에서 발전할 수 있겠느냐 하는 가능성을 알기 위한 검사

(5) 심리검사의 종류

① 표준화   ② 객관성   ③ 규준 (norms)

④ 신뢰성   ⑤ 타당성

(6) 성격검사

① Y-K (Yutaka-Kohata) 성격검사

작업성격유형	작업성격인자	적성직종의 일반적 경향
CC′ 형 : 담즙질 (진공성형)	① 운동, 결단, 기민 **빠르다** ② 적응 **빠르다** ③ 세심하지 않다 ④ 내구, 집념 부족 ⑤ 진공 자신감 강함	① 대인적 직업 ② 창조적, 관리자적 직업 ③ 변화있는 기술적, 가공작업 ④ 변화있는 물품을 대상으로 하는 불연속 작업
MM′ 형 : 흑담즙질 (신경질형)	① 운동성 느리고 지속성 풍부 ② 적응 느리다 ③ 세심, 억제, 정확하다 ④ 내구성, 집념, 지속성 ⑤ 담력, 자신감 강하다	① 연속적, 신중적, 인내적 작업 ② 연구개발적, 과학적 작업 ③ 정밀, 복잡성 작업
SS′ 형 : 다혈질 (운동성형)	①, ②, ③, ④ : C, C′ 형과 동일 ⑤ 담력, 자신감 약하다	① 변화하는 불연속적 작업 ② 사람 상대 상업적 작업 ③ 기민한 동작을 요하는 작업
PP′ 형 : 점액질 (평범수동성형)	①, ②, ③, ④ : M, M′ 형과 동일 ⑤ 약하다	① 경리사무, 흐름작업 ② 계기관리, 연속작업 ③ 지속적 단순작업
Am형 : 이상질	① 극도로 나쁘다 ② 극도로 느리다 ③ 극도로 나쁘다 ④ 극도로 결핍 ⑤ 극도로 강하거나 약하다	① 위험을 수반하지 않는 단순한 기술적 작업 ② 직업상 부적응적 성격자는 정신위생적 치료 요함

② Y-G (失田部-Guilford) 성격검사

㉮ A형 (평균형) : 조화적, 적응적

㉯ B형 (右偏형) : 정서 불안정, 활동적, 외향적 (불안정, 부적응, 적극형)

㉰ C형 (左偏형) : 안전 소극형 (온순, 소극적, 안정, 비활동, 내향적)

㉱ D형 (右下형) : 안정, 적응, 적극형 (정서 안정, 사회 적응, 활동적, 대인관계 양호)

㉲ E형 (左下형) : 불안정, 부적응, 수동형 (D형과 반대)

2. 인간의 특성과 안전의 관계

2-1 인간의 특성 및 착오 요인

(1) 인간-기계의 입장에서 본 착오 요인

① 기계나 장치의 가공조건, 반응조건, 계기의 지시, 경보음, 기타의 외적 정보 시스템
② 상기 '①'의 정보를 감각을 통하여 받아들이든지 기억을 끌어내든지 하는 판단 중추에의 입력
③ 중추신경의 활동과 그것에 악영향을 주는 제조건 (약물복용, 피로, 산소부족, 가속도 등의 일시적 조건, 주의력의 변화나 경악 등의 순간적 조건, 성격, 기타)
④ 중추신경으로부터의 출력 (부적당 출력이나 정도 (精度 ; quality), 조작구의 선택의 잘못

(2) 인간의 특성을 중심으로 본 착오 요인

① 외부정보를 인지하는 과정에서의 착오는 59.6%로 가장 많다.
② 인지한 정보 중에서 안전하게 작업하는 데 필요한 정보를 선별해서 어떻게 작업하느냐를 결정하는 판단과정에서의 착오는 34.8%이다.
③ 판단한 내용에 따라 실지 동작을 하는 과정에서의 착오 등이 4.8%이다.
④ 기타의 착오는 0.8%이다.

(3) 인지과정 착오의 원인

① 생리, 심리적 능력의 한계 (정보 수용능력의 한계)
② 정보량 저장의 한계
③ 감각 차단현상 : 단조로운 업무, 반복작업
④ 정서 불안정 요인 : 불안·공포·과로·수면부족 등

(4) 판단과정 착오 원인

① 합리화
② 능력부족
③ 정보부족
④ 과신

(5) 조작과정의 착오 원인

① 작업자의 기능 미숙
② 작업경험 부족

(6) 재해 누발소질 요인 (proneness)

① 성격적, 정신적 결함
② 신체적 결함

2-2 간결성의 원리

심리적인 활동에 있어서 서두름이나 생략 행위 등 최소의 에너지로 일정한 목표에 이르려고 하는 경향이다.

(1) 물건의 정리

① 근접의 요인 : 근접된 물건끼리 정리한다.
② 동류의 요인 : 매우 비슷한 물건끼리 정리한다.
③ 폐합의 요인 : 밀폐형을 가지런히 정리한다.
④ 연속의 요인 : 연속을 가지런히 정리한다.
⑤ 좋은 형체의 요인 : 좋은 형체 (규칙성, 상징성, 단순성) 로 정리한다.

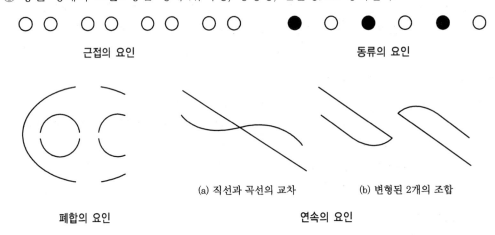

근접의 요인　　　　　　　　　　　　　　　동류의 요인

(a) 직선과 곡선의 교차　　　　(b) 변형된 2개의 조합

폐합의 요인　　　　　　　　　　　연속의 요인

(2) 운동의 시지각 (착각현상)

① 가현운동 : 객관적으로 정지하고 있는 대상물이 급속히 나타나던가 소멸하는 것으로 인하여 일어나는 운동으로 마치 대상물이 운동하는 것처럼 인식되는 현상을 말한다. 영화의 영상은 가현운동 (β운동) 을 활용한 것이다.
② 유도운동 : 실제로는 움직이지 않는 것이 어느 기준의 이동에 유도되어 움직이는 것처럼 느껴지는 현상을 유도현상이라 한다.
③ 자동운동 : 암실에서 정지된 소광점을 응시하며 광점이 움직이는 것같이 보이는 현상을 자동운동이라 한다.

> 【참고】
> • 자동운동이 생기기 쉬운 조건
>　1. 광점이 작을 것
>　2. 시야의 다른 부분이 어두울 것
>　3. 광 (光) 의 강도가 작을 것
>　4. 대상이 단순할 것

(3) 착시현상 (시각의 착각현상)

① Müller-Lyer의 착시

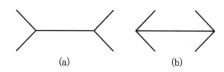

(a) 가 (b) 보다 길게 보인다(실제 a=b).
〈동화착오〉

② Helmhöltz의 착시

(a) 는 가로로 길어 보이고
(b) 는 세로로 길어 보인다(실제 a=b).

③ Hering의 착시

두 개의 평행선이 a는 양단이 벌어져 보이고,
b는 중앙이 벌어져 보인다. 〈분할착오 원인〉

④ Köhler의 착시

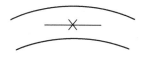

우선 평행의 호(弧)를 보고 이어 직선을 본 경우
에는 직선은 호와의 반대방향에 보인다. 〈윤곽착오〉

⑤ Poggendorf의 착시

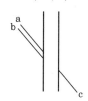

a와 c가 일직선상에 있으나 b와 c가 일직선으로
보인다 〈위치착오〉

⑥ Zöller의 착시

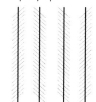

세로의 선의 수직선인데 굽어보인다.
〈방향착오 원인〉

⑦ 기타 착시현상

동심원 착시 : a의 중심의 원이
b중심의 원보다 크게 보인다.
(a)

좌변의 절선(節線)이 꺾여 굽
어보인다.
(b)

b, c의 간격이 a, b의 간격보다
짧게 보여 평행선을 잘못 본다.
(c)

 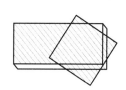

두 개의 도형이 짜 맞추어진 도형인 경우에는 눈에 맞
춘 것보다도 두 개의 도형의 한 쪽이 강조되어 보인다.
하나의 도형인데 두 개의 도형이 중복되게 보인다.

(d)

2-3 의식수준과 정보처리기능

(1) 의식 레벨의 단계

단 계	의식의 모드	주의작용	생리적 상태	신뢰성	뇌파패턴
제 0 단계	무의식, 실신	zero	수면, 뇌발작	zero	γ 파
제 Ⅰ 단계	의식 흐림(subnormal), 의식 몽롱함	inactive	피로, 단조로움, 졸음, 술취함	0.9 이하	θ 파
제 Ⅱ 단계	이완상태 (normal, relaxed)	passive, 마음이 안쪽으로 향한다	안정기거, 휴식시, 정례작업시(정상작업시)	0.99 ~ 0.99999	α 파
제 Ⅲ 단계	상쾌한 상태 (normal, clear)	active, 앞으로 향하는 주위 시야도 넓다.	적극활동시	0.999999 이상	β 파
제 Ⅳ 단계	과긴장상태 (hypernormal, excited)	일점으로 응집, 판단 정지	긴급방위반응, 당황해서 panic(감정흥분시 당황한 상태)	0.9 이하	β 파 또는 전간파

(2) 인간의 심리적 특성

① 비상 상태시 대응방법

  (개) 부단한 심신의 단련과 수양으로 침착성을 체득하고 일에 대한 자신감을 갖도록 한다. 특히 유사한 이상사태에 처했을 경우 무사히 면한 체험은 침착성과 자신감을 더욱 확고히 해준다.

  (내) 이상사태가 발생하기 전에 그것을 미리 예측하고, 제 3 단계의 의식수준으로 사전에 해결방안을 생각하여 둔다. 즉, 심리적 훈련(mental practice)이 필요한 것이다.

② 리스크 테이킹(risk taking) : 객관적인 위험을 자기 나름대로 판단해서 결정에 옮기는 것을 말한다. 안전태도가 양호한 자는 리스크 테이킹의 정도가 적고, 같은 수준의 안전태도에서도 작업의 달성동기, 성격, 능률 등 각종요인의 영향에 의해 리스크 테이킹의 정도가 변하게 된다.

③ 위험한 인간의 행동 특성

  (개) 순간적인 경우 대피 방향 : 좌측(우측의 약 2배)

  (내) 동조행동

  (대) 좌측보행

【참고】

1. 인간의 심리특성

  (개) risk taking의 발생요인은 부적절한 태도

  (내) 일의 곤란도에 대응하는 정보처리 채널

	⑤ 문제해결 : 문제해결의 정보처리 레벨은 미지의 미경험사태에 대처하는 정보처리
제 Ⅲ 단계	④ 동적 의지 결정
	③ 루틴 작업
제 Ⅱ 단계	② 주시하지 않아도 되는 작업
	① 반사작업

• 제 Ⅱ 단계로는 ①, ②, ③ 채널에 대응할 수 있다.
• 제 Ⅲ 단계로는 ①, ②, ③, ④, ⑤의 전 채널에 대응할 수 있다.
• ④, ⑤ 채널은 제 Ⅲ 단계 이외의 의식으로는 대응할 수 없다.

2. 의식수준

제 Ⅲ 단계 ┌ ① 신뢰성이 가장 높은 의식단계
　　　　　　└ ② 지정 확인시의 의식수준

2-4 주의와 부주의

(1) 주 의(注意)

① 인간의 주의력 수준과 설비와의 관련성
　(개) 사업장의 설비상태가 불안전하더라도 주의력이 상대적으로 높은 수준을 유지하고 있으면 사업장은 안전상태로 된다.
　(내) 인간의 주의력이 높은 수준을 유지한다 하더라도 설비상태가 인간의 힘으로 극복할 수 없는 결함을 가졌을 경우에는 불안전하여 사고발생 가능성이 있다.
　(대) 비록 인간의 주의력이 낮은 수준으로 유지되어 있더라도 기계설비가 본질 안전조치가 강구되어 있는 경우에는 당연히 작업장은 안전상태로 된다.

인간의식 (주의력) 수준과 설비상태와의 관계

인간주의력과 설비의 상태	안전수준	대응 포인트
높은 수준 > 불안전 상태	안　전	인간측의 높은 수준에 기대
높은 수준 ≦ 불안전 상태	불 안 전	사고재해 가능성
낮은 수준 < 본질적 안전화	안　전	설비측 풀−프루프, 페일세이프 안전커버

② 주의의 특징
　(개) 선택성 : 다종의 자극을 지각할 때 소수의 특정 자극에 선택적으로 주의를 기울이는 기능
　(내) 방향성 : 주시점 (시선이 가는 쪽) 만 인지하는 기능
　(대) 변동성 : 주의집중시 주기적으로 부주의의 리듬이 존재
③ 주의의 특성
　(개) 주의력의 단속성 (고도의 주의는 장시간 지속 불능)
　(내) 주의력의 중복집중의 곤란 (주의는 동시에 두 개 이상의 방향을 잡지 못함)
　(대) 주의를 집중한다는 것은 좋은 태도라 할 수 있으나 반드시 최상이라 할 수는 없다.
　(래) 한 지점에 주의를 집중하며 다른 곳의 주의는 약해진다.
④ 주의의 수준
　(개) 0 (zero) 레벨
　　㉠ 수면중　　　　　　　　　㉡ 자극에 의한 반응시간 내
　(내) 중간 레벨
　　㉠ 다른 곳의 주의를 기울이고 있을 때　㉡ 일상과 같은 조건일 경우
　　㉢ 가시 시야 내 부분
　(대) 고 레벨
　　㉠ 주시부분　　　　　　　　㉡ 예기 레벨이 높을 때

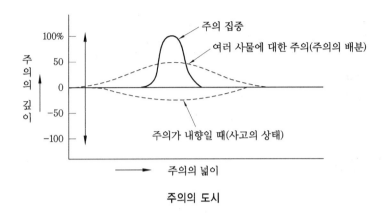

주의의 도시

⑤ 주의 (注意) 의 조건

(가) 외적 조건 (주의 3배 중대시 크기는 9배로 한다.)

   ㉠ 자극의 강도   ㉡ 자극의 신기성   ㉢ 자극의 반복

   ㉣ 자극의 운동   ㉤ 자극의 대비

(나) 내적 조건

   ㉠ 욕구   ㉡ 흥미   ㉢ 기대

   ㉣ 자극의 의미

(2) 부주의

① 특성

   (가) 불안전한 행동 및 불안전한 상태   (나) 부주의는 결과이다.

   (다) 부주의는 원인이 있다.   (라) 부주의는 유사한 현상에 발생한다.

② 부주의 현상

   (가) 의식의 단절 (중단)   (나) 의식의 우회 : 걱정, 고뇌, 욕구 불만

   (다) 의식수준의 저하 : 심신의 피로상태   (라) 의식의 혼란 : 외부의 자극이 애매모호

   (마) 의식의 과잉 (phase : Ⅳ)

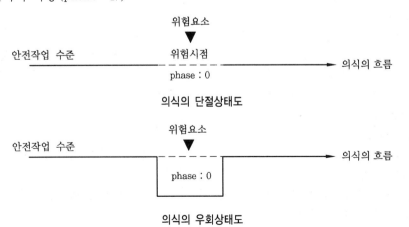

의식의 단절상태도

의식의 우회상태도

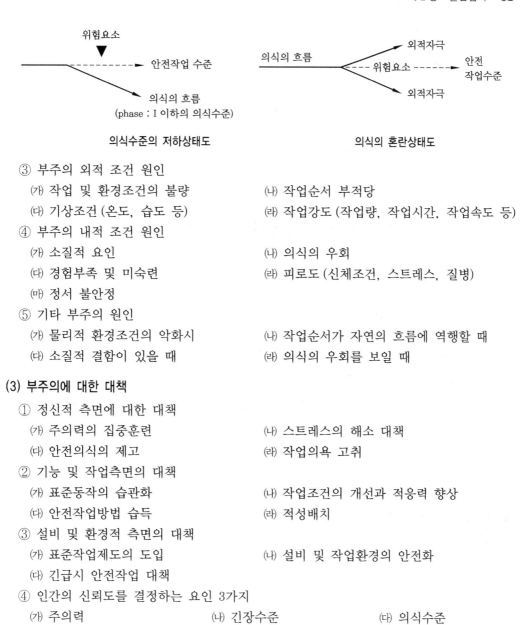

③ 부주의 외적 조건 원인

  ㈎ 작업 및 환경조건의 불량   ㈏ 작업순서 부적당

  ㈐ 기상조건 (온도, 습도 등)   ㈑ 작업강도 (작업량, 작업시간, 작업속도 등)

④ 부주의 내적 조건 원인

  ㈎ 소질적 요인   ㈏ 의식의 우회

  ㈐ 경험부족 및 미숙련   ㈑ 피로도 (신체조건, 스트레스, 질병)

  ㈒ 정서 불안정

⑤ 기타 부주의 원인

  ㈎ 물리적 환경조건의 악화시   ㈏ 작업순서가 자연의 흐름에 역행할 때

  ㈐ 소질적 결함이 있을 때   ㈑ 의식의 우회를 보일 때

(3) 부주의에 대한 대책

① 정신적 측면에 대한 대책

  ㈎ 주의력의 집중훈련   ㈏ 스트레스의 해소 대책

  ㈐ 안전의식의 제고   ㈑ 작업의욕 고취

② 기능 및 작업측면의 대책

  ㈎ 표준동작의 습관화   ㈏ 작업조건의 개선과 적응력 향상

  ㈐ 안전작업방법 습득   ㈑ 적성배치

③ 설비 및 환경적 측면의 대책

  ㈎ 표준작업제도의 도입   ㈏ 설비 및 작업환경의 안전화

  ㈐ 긴급시 안전작업 대책

④ 인간의 신뢰도를 결정하는 요인 3가지

  ㈎ 주의력   ㈏ 긴장수준   ㈐ 의식수준

【참고】

- **안전사고 요인**

 1. 감각 운동 기능

  ① 지각 : 감시적 역할   ② 청각 : 연락적 역할

  ③ 피부, 취각 : 경보적 역할   ④ 심부 감각 : 조절적 역할

 2. 지각 : 물적 작업조건 자체가 아니라 물적 작업조건에 대한 지각이 능률에 영향을 준다.

 3. 안전수단을 생략 (단락) 하는 경우

  ① 의식 과잉   ② 피로, 과로   ③ 주변 영향

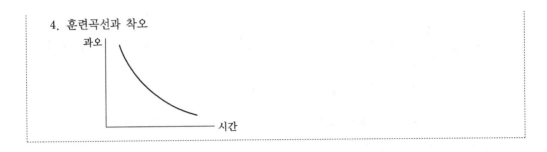

4. 훈련곡선과 착오

3. 인간의 행동성향 및 행동과학

3-1   인간의 행동

(1) 레윈(Kurt Lewin) 의 법칙

인간의 행동은 그 사람이 가진 자질, 즉 개체와 심리학적 환경과의 상호함수관계에 있다고 하였다. 어떤 순간에 있어서 어떤 행동, 어떤 심리학적 장 (field) 을 일으키느냐, 일으키지 않느냐는 심리학적 생활공간이 구조에 따라 결정된다는 것이다.

$$B= f(P \cdot E) \qquad B= f(L \cdot S \cdot P) \qquad L= f(m \cdot s \cdot l)$$

여기서, B : behavior (행동)
P : person (소질) - 연령, 경험, 심신상태, 성격, 지능 등에 의하여 결정
E : environment (환경) - 심리적 영향을 미치는 인간관계, 작업환경, 설비적 결함
f : function (함수) - 적성, 기타 PE 에 영향을 주는 조건
L : 생활공간, m : members, s : situation, l : leader

(2) 동기부여 (motivation)

동기유발 또는 동기조성이라고 하며 동기를 유발시키는 일, 즉 동기를 불러일으키게 하고, 일어난 행동을 유지시키고, 나아가서는 이것을 일정한 목표로 방향지위, 이끌어 나가게 하는 과정을 말한다.

① 동인과 요인
　㈎ 동인 (動因) 은 사람을 행동으로 행하는 것이다.
　　• 동기의 내적조건 (욕구, 소망, 욕망, 충동)
　　• 동기의 외적요인 (복리후생, 작업환경, 상찬, 공감, 승인 달성)
　㈏ 유인 (誘因) 은 행동을 결정짓게 하는 목표이다.
② 목표 지향적 활동과 목표활동

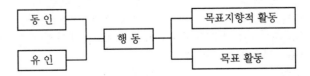

3-2 동기부여이론 및 동기부여방법

(1) 헤르츠버그 (Frederick Herzberg) 의 동기위생이론

① 각 노동자에게 보다 새롭고 힘든 과업을 부여한다.

② 노동자에게 불필요한 통제를 배제한다.

③ 각 노동자에게 완전하고 자연스러운 단위의 도급작업을 부여할 수 있도록 일을 조정한다.

④ 자기과업을 위한 노동자의 책임감을 증대시킨다.

⑤ 노동자에게 정기보고서를 통한 직접적인 정보를 제공한다.

⑥ 특정작업을 할 기회를 부여한다.

(2) 데이비스 (K. Davis) 의 동기부여이론 등식

① 인간의 성과×물질의 성과＝경영의 성과

② 지식 (knowledge)×기능 (skill)＝능력 (ability)

③ 상황 (situation)×태도 (attitude)＝동기유발 (motivation)

④ 능력×동기유발＝인간의 성 과 (human performance)

(3) 매슬로 (Maslow. AH) 의 욕구 5단계 이론

① 제1단계 : 생리적 욕구 (생명유지의 기본적 욕구 : 기아, 갈증, 호흡, 배설, 성욕 등)

② 제2단계 : 안전 욕구 (자기보존 욕구 : 안전을 구하려는 것)

③ 제3단계 : 사회적 욕구 (소속감과 애정 욕구 : 친화)

④ 제4단계 : 존경 욕구 (인정받으려는 욕구 : 자존심, 명예, 성취, 지위 등)

⑤ 제5단계 : 자아실현의 욕구 (잠재적 능력을 실현하고자 하는 것)

매슬로의 이론과 알더퍼 이론의 관계

이론 ＼ 욕구	저차원적 욕구 ←————————→ 고차원적 욕구		
매 슬 로	생리적 욕구, 물리적 측면의 안전욕구	대인관계 측면의 안전욕구, 사회적 욕구, 존경욕구	자아실현의 욕구
알더퍼 (ERG 이론)	존재욕구 (E)	관계욕구 (R)	성장욕구 (G)
X이론 및 Y이론 (D. McGreger)	X이론	Y이론	

(4) 맥그리거 (Douglas McGreger) 의 X이론과 Y이론

① X이론 관리자 인간의 성질 및 행동

㈎ 인간은 본래 태만하고 놀기를 좋아하며 일하기를 싫어한다.

㈏ 보통의 인간은 향상심이 없고, 책임을 지는 것을 싫어하며 타인의 지도를 받는 것을 좋아한다.

㈐ 인간은 선천적으로 자기본위이고, 자기가 속해 있는 조직의 요구에 무관심하다.

㈑ 조직이 그의 목적을 달성하기 위해서는 강제, 통제, 지도, 처벌 등의 방법이 필요하다.

㈒ 인간은 본래 보수적이고 자기 방위적이기 때문에 변화와 혁신에 대하여 저항한다.

㈓ 인간은 일반적으로 어리석기 때문에 선동된다.

② Y이론 관리자 인간의 성질 및 행동

   (개) 인간은 선천적으로 태만하지 않고 일하기를 싫어하지 않는다. 자아의 욕구, 자아실현의 욕구를 만족시키려고 스스로 무엇인가를 하고자 하고 기업목표 달성을 위해 헌신적인 노력을 한다.

   (내) 인간은 본래 조직의 목표에 대하여 소극적이 아니고 또한 저항하지 않으며 일원으로서 차지하고 있는 조직집단 중에서 조직의 방향에 적극적으로 관여하고 노력한다. 조직의 일원으로서 자기책임을 중요하게 느끼고, 이를 향해서 자기의 공부와 노력 및 능력을 발휘하고, 자기행동을 통해서 만족을 느낄 뿐만 아니라, 집단 중에서 위치를 확고히 하고자 하는 본성이 있다.

   (대) 외부로부터 지배, 처벌, 보수 등 위협은 중요한 요인이 못되며 자기 자신이 스스로 목표를 수행코자 한다.

맥그리거의 X이론과 Y이론 비교 (기업의 인간적 측면에서의 내용)

X 이론	Y 이론
인간불신감 (성악설)	상호 신뢰감 (성선설)
저차 (물질적) 욕구	고차 (정신적) 의 욕구만족에 의한 동기부여
명령통제에 의한 관리 (규제관리)	목표통합과 자기통제에 의한 관리
저개발국형	선진국형

(5) 알더퍼 (Alderfer) 의 ERG 이론

① 알더퍼는 생존 (existence), 관계 (relatedness), 성장 (growth) 의 이론을 제시했다.

② 생존욕구

   (개) 유기체의 생존유지 관련욕구   (내) 의식주

   (대) 봉급, 부가급수, 안전한 작업조건   (래) 직무안전

③ 관계욕구

   (개) 대인욕구   (내) 사람과 사람의 상호작용

④ 성장욕구

   (개) 개인적 발전 능력   (내) 잠재력 충족

(6) 헤르츠버그 (Frederick Herzberg) 의 2요인론 (위생요인과 동기요인)

위생요인과 동기요인

위생요인 (직무 환경)	동기요인 (직무 내용)
회사 정책과 관리, 개인 상호간의 관계, 감독, 임금, 보수, 작업 조건, 지위, 안전	성취감, 책임감, 인정감, 성장과 발전, 도전감, 일 그 자체

(7) McClelland의 성취동기이론

성취 욕구가 높은 사람의 특징은 다음과 같다.

① 성공의 대가를 성취 그 자체에 만족한다.

② 목표를 달성할 때까지 노력한다.

③ 자신이 하는 일의 구체적인 진행상황을 알기 원한다.

④ 적절한 모험을 즐긴다.

(8) 동기유발방법

① 안전의 참가치를 인식시킨다.

② 안전목표를 명확히 인식시킨다.

③ 결과의 지식을 알려준다.

④ 상과 벌을 준다.

⑤ 경쟁과 협동심을 활용한다는 등의 방법이 유용하며, 특히 동기유발의 최적수준을 유지해야 한다는 점을 명기하여야 한다.

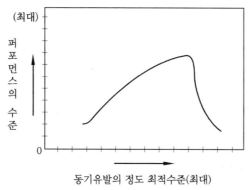

동기유발의 정도와 퍼포먼스 수준의 일반적 관계

4. 집단관리와 리더십

4-1 욕구저지와 적응

(1) 욕구저지이론

① 로젠스와이크 (S. Rosenzwing) 의 욕구저지 상황요인

　(개) 외적 결여 : 욕구만족의 대상이 존재하지 않는다.

　(내) 외적 상실 : 지금까지 욕구를 만족시키던 대상이 없어진다.

　(대) 외적 갈등 : 외부의 조건으로 심리적 갈등 (conflict) 이 생긴다.

　(래) 내적 결여 : 개체에 욕구만족의 능력과 자질이 없다.

　(매) 내적 상실 : 개체의 능력이 상실되었다.

　(배) 내적 갈등 : 개체 내의 압력으로 인해서 심리적 갈등이 생긴다.

② 레윈 (K. Lewin) 의 갈등 (conflict) 상황의 3가지 기본형

　(개) 접근-접근형 갈등 (approach-approach conflict) : 정반대 반향에 정(正)의 유의성 (誘義性)을 가진 목표가 동시에 존재하는 경우

　(내) 접근-회피형 갈등 (approach-avoidance conflict) : 동일한 대상이 정(正)·부(負)의 양방(兩方)의 유의성을 동시에 구비했을 경우

ⓒ 회피－회피형 갈등 (avoidance－avoidance conflict) : 정반대 방향에 부 (負) 의 유 의성을 가진 목표가 동시에 존재하는 경우

(2) 욕구저지 반응기제에 관한 가설

① 욕구저지－공격가설 : 욕구저지는 공격을 유발한다.

㈎ 로젠스와이크의 욕구저지 공격 반응

㉠ 외벌반응(外罰反應) : 욕구저지 장면에서 사람, 상황 등 외부로 공격을 가하는 행위

㉡ 내벌반응(內罰反應) : 욕구저지 장면에서 자기 자신의 책임을 느껴 자기 자신에게 공격을 가하는 반응

㉢ 무벌반응(無罰反應) : 욕구저지 장면에서 공격을 회피하는 반응

㈏ 로젠스와이크의 욕구저지 장해에 대한 반응

㉠ 장해우위형 (障害優位型) : 장해 그 자체에 대하여 강조점을 둔다.

㉡ 자아방위형 (自我防衛型) : 저지 당해 불만에 빠진 자아의 방위를 강조한다.

㉢ 욕구고집형 (欲求固執型) : 저지권 욕구를 포기하지 않고 욕구충족을 강조한다.

② 욕구저지－퇴행가설 : 욕구저지는 원시적 단계로 역행한다.

③ 욕구저지－고착가설 : 욕구저지는 자포자기적 반응을 유발한다.

4-2 방어기제(적응기제)

(1) 공격적 행동 (aggressive behavior)

① 치환 (displacement)

② 책임전가 (scapegoating)

③ 자살 (suicide)

(2) 도피적 행동 (withdrawal behavior)

① 환상 (fantasy or daydream)

② 동일화 (identification)

③ 유랑 (流浪 ; nomadism)

④ 퇴행 (regression)

⑤ 억압 (repression)

⑥ 반동 형성 (reaction formation)

⑦ 고립 (isolation)

(3) 절충적 행동 (compromised behavior)

① 승화 (sublimation)

② 대상 (substitution)

③ 보상 (compensation)

④ 합리화 (rationalization)

⑤ 투사 (projection)

4-3 프로이드 (Anne Freud) 의 대표적인 적응기제

① 억압 (repression)

 ㈎ 사회적으로 승인되지 않는 성적 욕구, 공격적 욕구, 감정이나 생각을 자기 자신도 인정치 않는다.

 ㈏ 자신의 의식을 무의식으로 억누르는 상태이다.

 ㈐ 소극적 방위기제

 ㈑ 자신 속에 있는 위험한 욕구의 존재 자체 부정

 ㈒ 억압된 욕구는 무의식의 갈등을 일으킨다.

② 공격 (aggression) : 욕구 저지된 장면에서 일어나는 기본적 반응

③ 반동형성 (reaction formation) : 억압된 욕구와 정반대 행동

④ 도피 (withdrawal) : 도피하려는 심리작용, 히스테리 반응 등

⑤ 고립 (isolation) : 현실도피의 행위이며 자기의 실패를 자기의 내부로 돌리는 유형

⑥ 퇴행 (regression) : 현실을 극복하지 못하고 과거로 돌아가는 현상

⑦ 승화 (sublimation) : 성적 욕구 및 공격적 행동으로 사회적으로 승인되지 않는 욕구가 사회적으로나 문화적으로 가치가 있는 형태로 바꾸어 가는 것

⑧ 투사 (projection) : 자신조차 승인할 수 없는 욕구를 타인이나 사물로 전환시켜 바람직하지 못한 욕구로부터 자신을 지키는 것

⑨ 합리화 (rationalization) : 자기의 난처한 입장이나 실패의 결점을 이유나 변명으로 일관하는 것

 ㈎ 신 포도형   ㈏ 달콤한 레몬형

 ㈐ 투사형   ㈑ 망상형

⑩ 보상 (compensation) : 욕구가 좌절되며 대신한 목표로서 만족을 얻는 것

⑪ 동일화 (identification) : 주위의 집단이나 사람이 기대하고 있는 태도나 행동을 자기 자신과 일치시키고자 하는 것

⑫ 백일몽 (daydreaming) : 현실적으로 만족할 수 없는 욕구, 희망을 공상의 세계에서 꾀하려는 것

4-4 집단행동에서의 방어기제

(1) 인간관계의 메커니즘

① 동일화 (identification)

② 투사 (projection : 투출)

③ 커뮤니케이션 (communication) : 갖가지 행동양식이나 기호를 매개로 어떤 사람이 타인에게 의사를 전달하는 것

 ㈎ 언어   ㈏ 표정   ㈐ 손짓   ㈑ 몸짓

④ 모방 (imitation) : 남의 행동이나 판단을 표본으로 삼아 그와 비슷하거나 같게 판단을 취하려는 현상

⑤ 암시 (suggestion) : 다른 사람의 행동이나 판단을 무비판적으로 받아들이는 것

(2) 집단에서의 인간관계

① 경쟁 (competition) : 상대방보다 목표에 빨리 도달하고자 하는 노력

② 공격 (aggression) : 상대방을 가해하거나 또는 압도하여 어떤 목적을 달성하는 것

③ 융합 (accommodation) : 상반되는 목표가 강제 (coercion), 타협 (compromise), 통합(integration)에 의하여 공통된 하나가 되는 것

④ 코오퍼레이션 (cooperation) : 인간들의 힘을 함께 모으는 것

　　(가) 합력　　　　　　　　　(나) 조력　　　　　　　　　(다) 분업

⑤ 도피 (escape) 와 고립 (isolation) : 인간의 열등감에서 오며, 자기가 소속된 인간관계에서 이탈함으로써 얻는 것

4-5　직장에서의 적응

(1) 슈퍼 (Super, D. E.) 역할이론 (role playing)

① 자아탐색 (self-exploration)의 수단인 동시에 자아실현 (self-realization) 수단이다.

② 직장·가정·사회의 역할기대는 역할지망과 꼭 일치하지는 않는다.

③ 역할갈등 (role conflict)

④ 역할형성 (role shaping)

⑤ 역할기대

(2) 부적응 상태에서 부적응의 유형

① 부적응(maladjustment) 상태

　(가) 자신의 욕구를 사회환경에 유연한 방법으로 처리하지 못하는 경우이다.

　(나) 욕구불만의 경우와 상반되는 요구가 둘 이상 존재함으로써 선택의 고민과 갈등에 빠지는 경우이다.

　(다) 욕구불만에 대한 인내도가 낮은 인격의 소유자가 좌절되기 쉽고 갈등이 생기기 쉬운 환경에 있을 경우 더욱 생기기 쉽다.

② 부적응 유형의 인격이상자

　(가) 망상인격 (편집성 인격 : paranoid personality)

　　㉠ 자기주장이 강하고 빈약한 대인관계의 성격

　　㉡ 유머가 결핍되어 있으며, 냉혹하고, 과민성·완고·질투·시기심이 강한 성격

　　㉢ 조그마한 일도 타인이 자신을 제거했다고 여겨질 때 악의를 나타내는 성격

　(나) 분열인격 (schizoid personality)

　　㉠ 수줍어하고, 말이 없으며 자폐적인 성격

　　㉡ 사교를 싫어하며 될 수 있는 한 친밀한 인간관계를 피하려는 성격

　　㉢ 경쟁, 표면화한 공격, 자기 주장적인 생각을 직접적으로 표현하는 것을 피하는 성격

③ 강박인격 (obsessive-compulsive personality)

　(가) 타인으로부터 지나치게 인정받기를 원하며 완전주의자가 되기를 노력하는 성격

　(나) 열심히 일하며, 생산적인 일을 많이 하지만 자신의 결과에 항상 만족을 느끼지 못하는 성격

　(다) 엄격하게 지나치고, 양심적이며, 우유부단하고 욕망을 제지하고, 기준에 적합하도록

　지나치게 신경을 쓰는 성격

④ 폭발인격 (explosive personality)

　㈎ 흥분을 잘하며 과민성의 성격

　㈏ 사소한 일로도 화를 내며, 폭언을 하고, 폭력적이고, 공격성을 나타내는 성격

　㈐ 자책, 후회 등의 감정에 익숙하나, 자기행동을 합리화하기 때문에 폭언을 수시로 하는 성격

⑤ 히스테리 인격 : 흥분을 잘하며 정서가 불안전한 성격

⑥ 무력인격 : 활력이 없으며, 감정이 둔하며, 만성적 비관론자 성격

⑦ 소극적, 공격적 인격 : 적의를 처리하는 데 어떠한 음흉한 방법을 동원하여 교묘히 이용하는 성격

⑧ 부적합한 인격 : 정상적인 정신, 정상적 신체를 가지고 있으면서도 사회에 적응하지 못하는 성격

⑨ 반사회적 인격 : 정서가 불안정하며 윤리 도덕성의 규범이 결여되어 있으며 무감각, 쾌락주의, 자기애인인 성격

(3) 직업상담의 유형

① 개인적 카운셀링 (counseling) 방법

　㈎ 직접충고 : 수칙 불이행시 적합

　㈏ 설득적 방법

　㈐ 설명적 방법

② 카운셀링의 순서 : 장면구성 – 내담자 대화 – 의견 재분석 – 감정표출 – 감정의 명확화

③ Rogers C. R의 카운셀링 방법

　㈎ 지시적 카운슬링

　㈏ 비지시적 카운셀링

　㈐ 절충적 카운셀링

　　㉠ 비지시적인 문제탐색과 자아개념 (自我槪念)의 영상 (映像)의 명확화

　　㉡ 한층 더 탐색을 진전시키기 위한 지시적인 화제의 설정

　　㉢ 자아수용 (自我受容)을 위한 비지시적인 감정의 반성과 해명

　　㉣ 현실음미를 위한 테스트, 직업해설서, 학업성적, 특별교육활동 등에 의한 사실에 관한 자료의 지시적 탐색

　　㉤ 현실음미 (現實吟味)에 의하여 환기 (喚起)된 태도와 감정의 비지시적인 탐색

　　㉥ 의사결정을 원조하기 위한 가능한 행동방향에 관한 비지시적인 탐색

4-6　인간관계 및 집단관리

(1) 인간관계와 집단

① 인간관계 (human relations) : 사람 대 사람의 상호작용 및 상호적 행위의 양식을 말한다.

② 집단 (group) : 성원 (成員) 들 사이에 정도의 차이는 있으나 갖가지 교섭관계가 있고 그 행동이 다소간 조직화되고 있는 사람들의 집합을 집단이라 한다.

③ 호돈 (Hawthorne) 실험 : 메이오 (G.E.Mayo) 에 의한 실험으로 작업자의 작업능률 (생산성 향상) 은 물적인 작업조건보다는 사람의 심리적인 태도·감정을 규제하고 있는 인간관계에 의하여 결정됨을 밝혔다.

(2) 사회측정적 접근방법 (sociometric approach)

① 집단에서 개인 상호간의 감정형태 및 관심도를 측정하여 집단이나 사회적 관계의 발전을 하기 위한 방법이다.

② 사회측정이론은 모레노 (J. L. Moreno) 에 의하여 창안되었다.

③ 소시오메트리 (sociometry) 는 집단의 구조를 밝혀내어 집단 내에서 개인간의 인기의 정도, 지위, 좋아하고 싫어하는 정도, 하위집단의 구성 여부와 형태, 집단의 충성도, 집단의 응집력 등을 연구, 조사하여 행동지도의 자료로 삼는 것을 말한다.

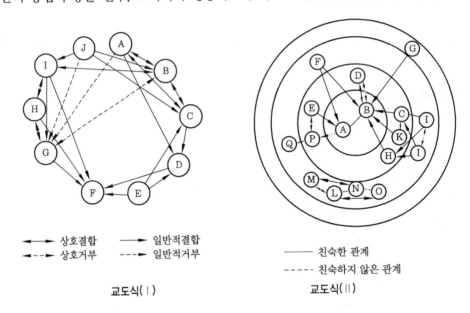

교도식(Ⅰ)　　　　　　교도식(Ⅱ)

4-7 리더십(leadership)

(1) 리더십의 정의

① $L = f (l \cdot f \cdot s)$

　　　여기서, L : 리더십,　l : 리더 (leader),　f : 추종자 (follower),　s : 상황(situation)

② 관리자를 구분한 리더의 정의

　(가) 관리자는 많은 시간을 관리활동, 즉 계획, 정보처리, 의사소통에 할애한다.

　(나) 관리자는 기존질서 내에서의 효율성 및 통제를 추구하는 반면, 리더는 기존질서를 벗어나 비전을 제시한다.

　(다) 따라서 모든 리더가 관리자라고 할 수 없다.

③ 리더십의 인간변용 4단계

　(가) 지식의 변용

　(나) 태도의 변용

㈐ 행동의 변용

㈑ 집단, 조직에 대한 성과 변용

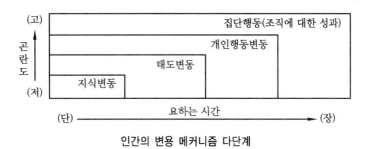

인간의 변용 메커니즘 다단계

④ 리더십 기능

㈎ 집단이 그 집단의 목표를 달성하거나 집단으로서 존속해 가려고 할 때 필요로 하는 기능을 리더십이라 한다.

㈏ 리더십은 집단관리상 멤버를 응집시키는 기능과 아울러 그 응집한 집단을 바람직한 방향으로 지향케 하는 기능을 가지고 있다.

⑤ 윌리엄 제임스 (W. James)의 동기부여 실험

㈎ 동기미부여 근로자의 사기 : 20~30%

㈏ 동기가 잘 부여된 자의 사기 : 80~90%

⑥ 통제 (control)의 4가지 기능

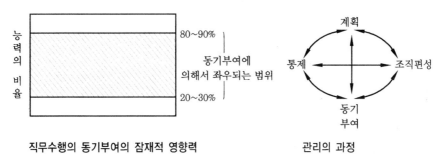

직무수행의 동기부여의 잠재적 영향력   관리의 과정

【참고】

• **인사관리**

1. 인사관리의 목적 : 사람과 일과의 관계
2. 직무시사회 (job preview) : 인사선발의 한 방법
3. 관료주의의 4가지 차원
   ① 조직도에 나타난 조직의 크기와 넓이
   ② 관리자가 책임질 수 있는 근로자의 수
   ③ 관리자를 소단위로 분산
   ④ 작업의 단순화와 전문화
4. 관료주의는 사회변화, 기술진보에 효율적 적응 불**가**

(2) 리더십의 이론

① 헤드십 (headship) 과 리더십 (leadership)

개인과 상황변수	헤드십 (headship)	리더십 (leadership)
권한행사	임명된 헤드	선출된 리더
권한부여	위에서 위임	밑으로부터 동의
권한근거	법적 또는 공식적	개인능력
권한귀속	공식화된 규정에 의함	집단목표에 기여한 공로 인정
상관과 부하와의 관계	지배적	개인적인 영향
책임귀속	상사	상사와 부하
부하와의 사회적 간격	넓음	좁음
지휘형태	권위주의적	민주주의적

② 리더십의 권한 역할 5가지

  ⑦ 보상적 권한 : 승진, 봉급인상   ⑭ 강압적 권한 : 부하처벌

  ㉰ 합법적 (존경) 권한   ㉱ 위임된 권한

  ㉮ 전문성의 권한

③ 지도자의 권한 행사

  ⑦ 헤드십 : 임명된 자의 권한 행사   ⑭ 리더십 : 선출된 자의 권한 행사

④ 헤드십의 특성

  ⑦ 권한 근거는 공식적이다.   ⑭ 상사와 부하와의 관계는 지배적이다.

  ㉰ 상사와 부하와의 사회적 인격은 넓다. ㉱ 지휘형태는 권위주의적이다.

5. 노동과 피로

5-1 피로의 정의 및 증상

(1) 피 로 (fatigue)

어느 정도 일정한 시간, 작업활동을 계속하면 객관적으로 작업능률의 감퇴 및 저하, 착오의 증가, 주관적으로는 주의력의 감소, 흥미의 상실, 권태 등으로 일종의 복잡한 심리적 불쾌감을 일으키는 현상이다 (생리적, 심리적, 작업면 변화).

(2) 신체적 피로의 증상 (생리적 현상)

① 작업효과나 작업량이 감퇴 및 저하된다 (생산성의 양적, 질적 저하).

② 작업에 대한 몸 자세가 흐트러지고 지치게 된다 (작업능력, 생리적 기능 저하).

③ 작업에 대한 무감각, 무표정, 경련 등이 일어난다 (피로감).

(3) 정신적 피로와 증상 (심리적 현상)

① 긴장감이 해지 및 해소된다.

② 주의집중력이 감소 또는 경감된다.

③ 권태, 태만, 관심 및 흥미감이 상실된다.

④ 두통, 졸음, 실증, 짜증이 온다.

⑤ 불쾌감정이 증가된다.

(4) 육체피로 (신체피로)

근육에서 일어나는 피로를 말한다.

(5) 피로의 회복방법

① 휴식과 수면이 최선
② 충분한 영양섭취
③ 산책 및 가벼운 운동
④ 음악감상 및 오락
⑤ 목욕, 마사지 물리적 요법

(6) 피로 측정방법 (3가지)

① 생리적 방법   ② 생화학적 방법   ③ 심리학적 방법

(7) 피로의 측정분류 및 대상

측정의 분류법	측정대상항목
호흡기능검사	호흡수 · 순간흡기량 · 호흡량의 시간경과, 호흡기 중의 O_2, CO_2 농도, 에너지대사
순환기능검사	심박수 (심전도 및 맥박), 혈압 (수축기 · 확장기 · 맥압), 혈류량
자율신경기능	피부전기반사 (정신전류현상), 체온 · 피부온도 · wenger의 검사
운동기능검사 (근기능검사)	근력, 체력, 민첩성, 근전도
정신 · 신경기능검사 (감각기능검사)	플리커 (flicker), 반응시간 (단순반응, 선택반응), 안구운동, 뇌파, 시각 (정지시력, 동체시력), 청각 (청력 · 변별력), 촉각 (주의력, 집중력)
심적기능검사	GSR, 연속반응시간 등
생화학적 측정	혈액, 뇨, 타액, 땀
자각적 측정	자각증상수, 자각피로도
타각적 측정	표정, 태도, 자세, 동작궤도, 단위동작 소요시간, 양적 출력 (작업량), 질적 출력 (솜씨, 작업미스 등)

(8) 허세이 (Alfred Bay Hershey) 의 피로 회복법

신체의 활동에 의한 피로	활동을 국한하는 목적 이외의 동작을 배제, 기계력의 사용, 작업의 교대, 작업중의 휴식
정신적 노력에 의한 피로	휴식, 양성훈련
신체적 긴장에 의한 피로	운동 또는 휴식에 의한 긴장을 푸는 일, 기타 2항에 준함
정신적 긴장에 의한 피로	주도면밀하고 현명하고, 동정적인 작업계획을 세우는 것 불필요한 마찰을 배제하는 일
환경과의 관계에 의한 피로	작업장에서의 부적절한 제관계를 배제하는 일, 가정생활의 위생에 관한 교육을 하는 일
영양 및 배설의 불충분	조식, 중식 및 종업시 등의 관습의 감시, 건강식품의 준비, 신체의 위생에 관한 교육 및 운동의 필요에 관한 계몽

질병에 의한 피로	속히 유효 적절한 의료를 밟게 하는 일, 보건상 유해한 작업상의 조건을 개선하는 일, 적당한 예방법을 가르치는 일
기후에 의한 피로	온도, 습도, 통풍의 조절
단조감·권태감에 의한 피로	일의 가치를 가르치는 일, 동작의 교대를 가르치는 일, 휴식

(9) 피로의 영향

① 피로 : 생리적 요인 및 심리적 요인

② 피로에 영향을 주는 기계측의 인자

  (가) 기계의 종류   (나) 기계의 색

  (다) 조작부분의 배치   (라) 조작부분의 감촉

(10) 피로의 표지 (標識)

① 주관적 피로 : 피로감

② 객관적 피로 : 생산량과 질량의 저하

③ 생리적 피로 : 작업능률의 저하

5-2 스트레스 (stress)

스트레스의 요인으로는 ① 자기욕심, ② 명예욕, ③ 출세욕, ④ 건강, ⑤ 사랑에 대한 갈망, ⑥ 재물에 대한 탐욕 등을 들 수 있다.

5-3 에너지 소비량 (RMR ; relative metabolic rate)

작업강도 단위로서 산소호흡량을 측정하여 에너지의 소모량을 결정하는 방식이다.

① 에너지 소모량 산출방법

$$\text{RMR} = \frac{\text{노동대사량}}{\text{기초대사량}} = \frac{\text{작업시의 소비에너지} - \text{안정시의 소비에너지}}{\text{기초대사량}}$$

작업시의 소비에너지와 안정시의 소비에너지는 더글러스 백법을 사용한다.

② 기초대사량 산출방법

$$A = H^{0.725} \times W^{0.425} \times 72.46$$

여기서, A : 몸의 표면적 (cm²), H : 신장 (cm), W: 체중 (kg)

5-4 작업강도에 영향을 주는 요인

① 에너지 소비량

② 작업대상의 종류

③ 작업대상의 변화 및 복합성

④ 기초대사 (basal metabolism)

  (가) 기초대사율은 활동하지 않은 상태에서 신체기능을 유지하는 데 필요한 대사량이다.

  (나) 성인의 경우 보통 1500~1600 kcal/day 정도이다.

㈐ 기초대사와 여가 (leisure)에 필요한 대사량은 약 2300 kcal/day이다.

⑤ 작업강도 구분

㈎ 1~2 RMR (輕작업) ㈏ 2~4 RMR (中작업)

㈐ 4~7 RMR (重작업) ㈑ 7 RMR 이상 (超重작업)

5-5 작업강도에 따른 에너지 소비량

① 노동급에 따른 에너지 소비량

구 분	산소분비량 (1/분)	에너지 소비량	
		(kcal/8시간)	(kcal/분)
극초중(極超重 ; unduely heavy)	2.5 이상	6000 이상	12.5 이상
초중(超重 ; very heavy)	2.0~2.5	4800~6000	10.0~12.5
중(重 ; heavy)	1.5~2.0	3600~4800	7.5~10.0
중간(中間 ; moderate)	1.0~1.5	2400~3600	5.0~7.5
경(經 ; light)	0.5~1.0	1200~2400	2.5~5.0
초경(超輕 ; very light)	0.5 이하	1300 이하	2.5 이하

② 1일 보통 사람의 소비에너지는 약 4300 kcal/day 정도이며, 여기서 기초대사와 여가에 필요한 에너지 2300 kcal를 빼면 나머지 2000 kcal/day 정도가 작업시의 소비에너지가 된다. 이것을 480 (8시간)으로 나누면 약 4 kcal/분이 된다 (고도 기초대사를 포함한 상한은 약 5 kcal/분이다).

③ 휴식시간 산출방법

$$R = \frac{60(E-5)}{E-1.5}$$

여기서, R : 휴식시간 (분), E : 작업시 평균 에너지의 소비량 (kcal/분)
총 작업시간 : 60분, 휴식시간 중의 에너지 소비량 : 1.5 kcal/분

④ 근전도 (EMG ; electromyogram)

㈎ 근육활동의 전위차를 기록한 것이다.

㈏ 심장근의 근전도를 특히 심전도 (ECG ; electrocardiogram)라 한다.

㈐ 신경활동 전위차의 기록은 ENG (electroneurogram)라 한다.

⑤ 피부전기반사 (GSR ; galvanic skin reflex) : 작업부하의 정신적 부담이 피로와 함께 증대하는 양상을 수장 (手掌) 내측의 전기저항의 변화로서 측정하는 것으로 피부전기저항 또는 정신전류현상이라고도 한다.

⑥ 플리커값 : 정신적 부담이 대뇌피질의 활동 수준에 미치고 있는 영향을 측정한 값이다.

5-6 생체리듬(bio rhythm)

(1) 생체리듬의 종류 및 특징

① 육체적 리듬(physical cycle) : 육체적으로 건전한 활동기 (11.5)와 그렇지 못한 휴식기 (11.5)가 23일을 주기로 하여 반복된다. 육체적 리듬 (P)은 신체적 컨디션의 율동적인 발현, 즉 식욕, 소화력, 활동력, 스태미나 및 지구력과 밀접한 관계를 갖는다.

② 지성적 리듬(intellectual cycle) : 지성적 사고능력이 재빨리 발휘되는 날 (16.5일)과 그렇지 못한 날(16.5일)이 33일을 주기로 반복된다. 지성적 리듬(I)은 상상력, 사고력, 기억력 또는 의지, 판단 및 비판력 등과 깊은 관련성을 갖는다.

③ 감정적 리듬(sensitivity cycle) : 감정적으로 예민한 기간(14일)과 그렇지 못한 둔한 기간(14일)이 28일을 주기로 반복한다. 감정적 리듬(S)은 신경조직의 모든 기능을 통하여 발현되는 감정, 즉 정서적 희로애락, 주의력, 창조력, 예감 및 통찰력 등을 좌우한다.

(2) 위험일 (critical day)

① PSI 3개의 서로 다른 리듬은 안정기 (positive phase (+))와 불안정기 (negative phase (−))를 교대하면서 반복하여 사인 (sine) 곡선을 그려 나가는데 (+)리듬에서 (−) 리듬으로, 또는 (−)리듬에서 (+)리듬으로 변화하는 점을 영 (zero) 또는 위험일이라 하며, 이런 위험일은 한 달에 6일 정도 일어난다.

② '바이오리듬'상 위험일 (critical day)에는 평소보다 뇌졸중이 5.4배, 심장질환의 발작이 5.1배 그리고 자살은 무려 6.8배나 더 많이 발생된다고 한다.

③ 생체리듬의 변화

㈎ 혈액의 수분 염분량 : 주간 감소, 야간 증가

㈏ 체온, 혈압, 맥박수 : 주간 상승, 야간 감소

㈐ 야간 체중 감소, 소화분비액 불량

㈑ 야간 말초운동 기능 저하, 피로의 자각 증상 증대

【참 고】

1. 사고 발생률

① 24시간 중 사고발생률이 가장 심한 시간대 : 03~05시 사이

② 주간 일과중 : 오전 10시~11시, 오후 15시~16시 사이

2. 진 전

① 진전 (tremor) 과 표동 (drift) 이 문제가 되는 동작 : 정지조정 (static reaction)

② 정지조정 (static reaction) 에서 문제가 되는 것 : 진전

③ 진전이 일어나기 쉬운 조건 : 떨지 않도록 노력할 때

④ 진전이 가장 많이 일어나는 운동 : 수직운동

⑤ 진전이 적게 일어나는 경우 : 손이 심장 높이에 있을 때

⑥ 교통사고 : 땅거미 질 무렵에 가장 많이 발생한다.

제3장 안전교육

1. 교육의 개념

1-1 안전교육의 기초

(1) 교육이란

피교육자를 자연적 상태 (잠재 가능성) 로부터 어떤 이상적인 상태 (바람직한 상태)로 이끌어 가는 작용이다. 교육작용이 성립되는데는 다음과 같은 전제가 필요하다.

① 피교육자가 지녀야 할 발전 가능성

② 교육자가 지녀야 할 교도훈련성

③ 이들을 하나로 포괄하는 인격매개성

(2) 교육의 요소

① 교육의 3요소 : 교육활동을 다음의 3요소가 상호 실천적으로 교섭할 때 그 가치가 피교육자의 성장과 발달로 나타난다.

  ㈎ 주체 (subject)

    ㉠ 형식적 : 강사   ㉡ 비형식적 : 부모, 형, 선배, 사회지식인 등

  ㈏ 객체 (object)

    ㉠ 형식적 : 수강자   ㉡ 비형식적 : 자녀, 미성숙자, 모든 학습 대상자

  ㈐ 매개체 (materials)

    ㉠ 형식적 : 교재   ㉡ 비형식적 : 교육환경, 인간관계

② 교육과정의 4단계 : 교육목표 → 교육과정계획 → 학습경험 → 학습결과

③ 교수과정 6단계

  ㈎ 제1단계 : 교수목록 진술 (학습자의 도달점이 무엇인가 분명히 한다.)

  ㈏ 제2단계 : 사전평가 (교수 목표달성에 요구되는 기초능력의 정도, 사전평가)

  ㈐ 제3단계 : 보충 과정 (기초능력이 결여된 학습자에 대한 특별지도)

  ㈑ 제4단계 : 교수 전략의 결정 (교수를 전개시키기 위한 사전계획, 자료준비, 교수 방법 결정 등)

  ㈒ 제5단계 : 교수전개 (수업의 전개)

  ㈓ 제6단계 : 평가 (형성적 평가 및 종합평가와 수업과정의 각 단계의 평가)

(3) 의사전달방법 (4대 기본 매개체)

① 말 (words)

② 글 (letters)

③ 몸짓 (gesture)

④ 표정 (facial expression)

(4) 의사전달 과정

① 일방적 방법 (one way process communication) : 상대방의 이해여부에 관계없이 일방적으로 전달하는 과정으로 잘못 전달되는 경우가 많으며, 효과적으로 전달되지 않는다. 착각 및 오해를 일으키며, 치명적 사고의 원인이 된다.

② 쌍방적 방법 (two way process communication) : 상대방의 이해에 중점을 두는 의사전달 과정이다.

(5) 의사전달의 실패원인과 대책

① 실패원인

㈎ 빈약한 전달

㈏ 빈약한 감수성 (불완전 청취)

㈐ 빈약한 소화성

② 대책

㈎ 동일한 경험 내에서 이야기한다.

㈏ 수의자를 분석한다.

㈐ 쉬운 표현으로 한다.

㈑ 의사전달 매개체의 기능을 익혀 유효 적절하게 활용한다.

일방적 의사전달방법과 쌍방적 의사전달방법 (Harry L. Kirdson)

항목분류	일방적 의사전달	쌍방적 의사전달
정 확 도	0%	100%
자 신 감	0%	100%
불 안 감	82%	0%
속 도	1/2	1

1-2 안전교육의 특징

(1) 안전교육의 목적

① 인간정신의 안전화

② 행동의 안전화

③ 환경의 안전화

④ 설비물자의 안전화

(2) 교육의 종류 및 체계도

다음 3단계의 교육원칙이 상호 유기적으로 연결된 학습진행이 이루어져야 한다.

안전교육의 종류 및 단계

교육의 종류	교육내용	교육요점
지식교육 (제 1 단계)	• 재해발생의 원리를 이해시킨다. • 작업에 필요한 법규·규정·기준과 수칙을 습득시킨다. • 공정 속에 잠재된 위험요소를 이해시킨다.	작업에 관련된 취약점과 거기에 대응되는 작업방법을 알도록 한다.
기능교육 (제 2 단계)	• 작업방법, 취급 및 조작행위를 몸으로 숙달시킨다.	표준 작업방법대로 시범을 보이고 실습시킨다.
태도교육 (제 3단계)	• 표준 작업방법대로 작업을 행하도록 한다. • 안전수칙 및 규칙을 실행하도록 한다. • 의욕을 갖게 한다.	가치관 형성교육을 한다. 토의식 교육이 효과적이다.
추후지도	• 지식−기능−태도교육을 되풀이한다.	정기적으로 OJT로 실시한다.

(3) 안전교육지도의 원칙

① 피교육자 위주의 교육 (상대방 입장에서) 실시
② 동기부여 (motivation)
③ 반복 (repeat)
④ 쉬운 데서부터 시작
⑤ 한 가지씩 시작

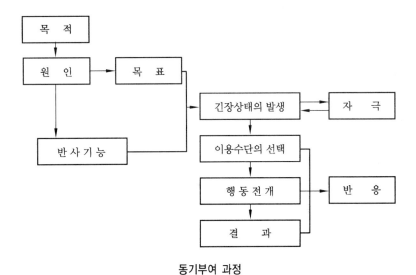

동기부여 과정

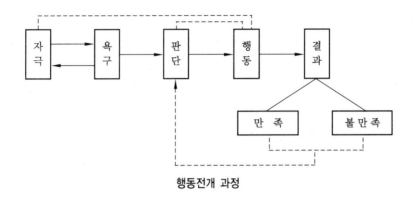

행동전개 과정

⑥ 강한 인상을 줄 것
  ㈎ 현장 사진 제시 또는 교육 전 견학   ㈏ 보조자료의 활용
  ㈐ 사고사례의 실시   ㈑ 중요점의 재강조
  ㈒ 그룹 토의 과제로 실시   ㈓ 이에 대한 의견 청취
  ㈔ 속담·격언과의 연결 암시
⑦ 5관의 활용 (5관의 효과치)
  ㈎ 5감
    ㉠ 시각 : 60%   ㉡ 청각 : 20%
    ㉢ 촉각 : 15%   ㉣ 미각 : 3%
    ㉤ 후각 : 2%
  ㈏ 교육의 이해도 (교육효과)
    ㉠ 눈 : 40%   ㉡ 입 : 80%
    ㉢ 귀 : 20%   ㉣ 머리+손+발 : 90%
    ㉤ 귀+눈 : 80%
⑧ 기능적인 이해
  ㈎ 기억을 강하게 심어준다.   ㈏ 독자적이고 자기만족을 억제한다.
  ㈐ 경솔하게 멋대로 하지 않는다.   ㈑ 이상 발견시 응급조치가 용이하도록 한다.
  ㈒ 생략행위를 하지 않는다.

(4) 안전교육의 방향

① 환경적 측면
② 기술적 측면
③ 인간적 측면

1-3 안전교육의 운영

(1) 교육계획

교육계획은 하나의 교육실시에 관한 설계도이다.
① 교육계획 작성시 고려사항
  ㈎ 교육목적과 교육목표의 결정
  ㈏ 계획작성에 필요한 준비자료의 수집

㈐ 준비자료의 검토와 현장조사 및 시범 실습자재 확보대책

㈑ 본 계획의 작성 확정

② 교육준비 계획시 포함사항

준비계획에 의하여 소요자재, 예산, 인력 등의 문제가 해결되어야 한다.

㈎ 교육목표의 결정

㈏ 교육대상자 범위 결정

㈐ 교육과정, 교육과목 및 교육내용 결정

㈑ 교육방법의 결정

㈒ 교육담당자 및 감사 결정

㈓ 교육시간, 시기 및 교육장소 결정

㈔ 소요예산의 산정

(2) 교육의 준비사항

① 지도안 작성 (이론수업)

㈎ 준비단계 : 5분 ㈏ 제시단계 : 40분

㈐ 실습 또는 적용단계 : 10분 ㈑ 확인 또는 평가단계 : 5분

② 교재준비

③ 강사선정 : 강의식 학습법에는 강사의 역량에 따라 교육효과가 크게 좌우된다.

(3) 교육계획

① 강의계획의 4단계 : 명강의의 이면에는 완벽하게 다듬어진 강의계획이 있는데, 강의의
성과는 강의계획의 준비정도에 따라 결정이 된다.

㈎ 학습목적과 학급성과의 설정 ㈏ 학습자료의 수집 및 체계화

㈐ 교수방법의 선정 ㈑ 강의안 작성

② 학습목적의 3요소

㈎ 목표 ㈏ 주제

㈐ 학습정도

③ 학습정도 (level of learning) 의 4단계

㈎ 인지 (to acquaint) : ～을 하여야 한다.

㉠ 정서적 반응을 테마로 하는 과목의 학습정도에 적합

㉡ 어떤 사실이나 관념을 광범하게 감지하거나, 인지하는 데 필요한 학습정도

㈏ 지각 (to know) : ～을 알아야 한다.

㉠ 어떤 사실의 기억, 회상을 위한 학습정도에 적합

㉡ 지식의 습득을 위한 과목의 학습정도에 적합

㈐ 이해 (to understand) : ～을 이해하여야 한다.

㉠ 개념이나 사상의 이론과 배경, 상관관계, 인과관계, 비교, 결론 등에 관한 과목의
학습에 적합, 강의식 교육에 많이 적용

㈑ 적용 (to apply) : ～을 ～에 적용할 줄 알아야 한다.

㉠ 개념이나 원리를 실생활에 이용하는 단계로서 학습의 가장 높은 단계

㉡ 신체적 행동, 학습, 기술, 기능에 관한 훈련, 기타 실습을 요하는 학습에 적합

```
┌────────────────────────────────────────────────────────────────────┐
│ 【참고】                                                              │
│ • 안전조직 구성시 고려사항                                            │
│  1. 학습목적 : 안전의식을 높이기 위한 베르크호프의 재해 정의를 이해한다. │
│  2. 목    표 : 안전의식의 고양                                        │
│  3. 주    제 : 베르크호프의 재해 정의                                 │
│  4. 학습정도 : 이해한다                                               │
│  5. 학습성과                                                          │
│     ① 업무재해 요인으로서의 재해를 이해한다.                          │
│     ② 재해발생시 시간, 거리와의 관계를 이해한다.                      │
│     ③ 재해발생의 돌발성을 이해한다.                                   │
└────────────────────────────────────────────────────────────────────┘
```

(4) 학습성과 순서 3단계

　① 도입(1시간 중 5분)　　② 전개　　③ 종결

(5) 강의계획에 포함사항

　① 강의제목　　② 학습목적　　③ 학습성과

　④ 강의보존자료

1-4 학습평가

(1) 안전교육 평가방법

구 분	관 찰 법			테 스 트 법		
	관 찰	면 접	노 트	질 문	평가시험	테 스 트
지 식	○	○	×	○	●	●
기 능	○	×	●	×	×	●
태 도	●	●	×	○	○	×

　㊅ 범례 : ● 우수, ○ 보통, × 불량

　표에서 보는 바와 같이 테스트법은 지식교육과 기능교육의 평가방법으로 우수한 반면, 태도교육의 평가방법으로는 불량이다.

(2) 교육결과 평가시 유의사항

　① 피교육자의 교육 습득 정도

　② 교육에 의한 문제점의 해결

　③ 목표의 달성과 미달사유

　④ 예상외의 상황

　⑤ 다음 교육에 반성해야 될 점과 대책

(3) 학습평가의 기본 기준

　① 타당도　　② 신뢰도　　③ 객관도

　④ 실용도

2. 교육심리학

2-1 학습의 여러 학설

(1) 자극과 반응 (stimulus & response) : S-R이론

① 학습의 원리

(가) 시간의 원리 (the time principle) : 조건화시키려는 자극은 무조건자극보다는 시간적으로 동시 또는 조금 앞서서 주어야만 조건화, 즉 강화가 잘된다.

(나) 강도의 원리 (the intensity principle) : 자극이 강할수록 학습이 보다 더 잘된다는 것이다.

(다) 일관성의 원리 (the consistency principle) : 무조건자극은 조건화가 성립될 때까지 일관하여 조건자극에 결부시켜야 한다.

(라) 계속성의 원리 (the continuity principle) : 시행착오설에서 연습의 법칙, 빈도의 법칙과 같은 것으로서 자극과 반응과의 관계를 반복하여 회수를 더하면 할수록 조건화, 즉 강화가 잘된다는 것이다.

② 학습의 법칙

(가) 인습 또는 반복의 법칙 (the law of exercise or repetition) : 많은 연습과 반복을 하면 할수록 강화되어 망각을 막을 수가 있다.

(나) 효과의 법칙 (the law of effect) : 쾌고의 법칙이라고 하며 학습의 결과가 학습자에게 쾌감을 주면 줄수록 반응은 강화되고 반면에 불쾌감이나 고통을 주면 약화된다는 법칙이다.

(다) 준비성의 법칙 (the law of readiness) : 특정한 학습을 행하는데 필요한 기초적인 능력을 갖춘 뒤에 학습을 행함으로써 효과적인 학습을 이룩할 수 있다는 것이다.

(2) 파지와 망각

① 파지 (retention) : 과거의 학습경험이 어떠한 형태로 현재와 미래의 행동에 영향을 주는 작용이다.

② 망각 : 파지의 행동이 지속되지 않는 것

③ 기억의 과정 : 기명 (memorizing) → 파지 (retention) → 재생 (recall) → 재인 (recognition) 의 단계를 거쳐서 비로소 확실히 기억이 되는 것이다.

(가) 기명 : 새로운 사상 (event) 이 중추신경계에 기록되는 것

(나) 파지 : 기록이 계속 간직되는 것

(다) 재생 : 간직된 기록이 다시 의식 속으로 떠오르는 것

(라) 재인 : 재생을 실현할 수 있는 상태

(3) 에빙하우스 (H. Ebbinghaus) 의 망각곡선

기억에 관해서 최초로 실험·연구한 사람은 독일의 심리학자 에빙하우스이다. 그는 무의

미 재료를 사용하며 실험하였다.

① 파지와 망각률

   (개) 1시간 경과 : 50% 이상 망각

   (내) 48시간 경과 : 70% 이상 망각

   (대) 31일 경과 : 80% 이상 망각

② 에빙하우스의 연습효과

   (개) 행동이 세련되고 신속해지며 힘과 오류가 떨어진다.

   (내) 의식작용이 생략되어 무의식적으로 수행된다.

   (대) 운동이 자동적으로 이루어진다.

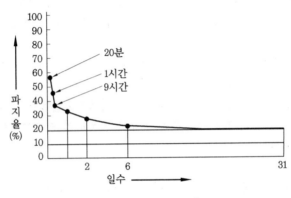

망각곡선 (Ebbinghaus)

망 각 률

경과시간	파지율	망각률
1/3 시간	58.2	14.8
1 시간	44.2	55.8
8.8 시간	35.8	64.2
1 일	33.7	66.3
2 일	27.8	72.2
6 일	25.4	74.6
31 일	21.1	78.9

③ 연습의 3단계 : 연습의 효과란 모든 행동을 쉽고 빠르게 정확하게 익숙하게 하는데 있으며 그 단계는 다음과 같다.

   (개) 1단계 (의식적 연습) : 처음 시작하는 단계로서 모든 것을 하나하나 세밀하게 의식하고 모든 힘과 정성을 다해서 연습한다.

   (내) 2단계 (기계적 연습) : 여러 번 반복함으로써 신속하고 정확성이 높아가는 단계이다.

   (대) 3단계 (응용적 학습) : 1, 2단계의 종합적인 결과에서 하나의 완성된 결과를 가져오는 단계이다.

④ 연습곡선의 유형

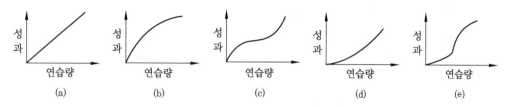

(a) 는 진보의 정도가 일정한 속도로 상승하는 유형이다.

(b) 는 학습의 초기 단계에는 급속한 진보를 보이다가 점차 진보의 수준이 감소되는 유형으로서, 작업자의 능력이 작업의 곤란도에 비해 큰 경우 또는 학습의욕이 높은 경우에 나타난다.

(c) 는 학습의 초기와 후기의 학습속도가 다른 경우로서, 일반적인 기술적 작업에 이 유형이 많다.

(d) 는 학습량을 높이면 점차로 학습속도가 증대되는 유형이다.

(e) 는 작업내용이 비교적 곤란한 경우에 나타나는 것으로, 초기에는 학습속도가 느리나 후기가 되면 급격히 상승하는 유형이다.

연습곡선의 도시

⑤ 고원현상(plateau phenomenon) : 진보가 일시적으로 정체되는 현상이며 연습곡선이 상승하다가 더 이상 오르거나 줄지 않는 상태를 말한다. 이러한 시간은 언제나 어떤 작업의 학습에서도 나타나지만, 지금까지 행한 작업방법의 각 요소를 재편성해서 새로운 요소를 포함하는 새로운 방법을 조직하여 한층 더 학습효과를 향상시키기 위한 준비기간으로 있는 것이라고 생각된다.

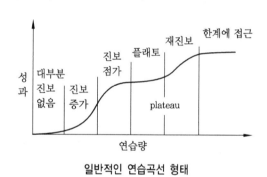

일반적인 연습곡선 형태

3. 교육대상별 교육내용

3-1 사업 내 안전 · 보건교육

(1) 근로자 정기안전 · 보건교육

① 산업안전 및 사고 예방에 관한 사항 ② 산업보건 및 직업병 예방에 관한 사항
③ 건강증진 및 질병 예방에 관한 사항 ④ 유해 · 위험 작업환경 관리에 관한 사항
⑤ 「산업안전보건법」 및 일반관리에 관한 사항

(2) 관리감독자 정기안전 · 보건교육

① 작업공정의 유해 · 위험과 재해 예방대책에 관한 사항

② 표준안전작업방법 및 지도 요령에 관한 사항

③ 관리감독자의 역할과 임무에 관한 사항

④ 산업보건 및 직업병 예방에 관한 사항

⑤ 유해 · 위험 작업환경 관리에 관한 사항

⑥ 「산업안전보건법」 및 일반관리에 관한 사항

(3) 채용 시의 교육 및 작업내용 변경 시의 교육

① 기계 · 기구의 위험성과 작업의 순서 및 동선에 관한 사항

② 작업 개시 전 점검에 관한 사항

③ 정리정돈 및 청소에 관한 사항

④ 사고 발생 시 긴급조치에 관한 사항

⑤ 산업보건 및 직업병 예방에 관한 사항

⑥ 물질안전보건자료에 관한 사항

⑦ 「산업안전보건법」 및 일반관리에 관한 사항

(4) 특별안전 · 보건교육 대상 작업별 교육내용

① 고압실 내 작업(잠함공법이나 그 밖의 압기공법으로 대기압을 넘는 기압인 작업실 또는 수갱 내부에서 하는 작업만 해당한다.)

㈎ 고기압 장해의 인체에 미치는 영향에 관한 사항

㈏ 작업의 시간 · 작업 방법 및 절차에 관한 사항

㈐ 압기공법에 관한 기초지식 및 보호구 착용에 관한 사항

㈑ 이상 발생 시 응급조치에 관한 사항

㈒ 그 밖에 안전 · 보건관리에 필요한 사항

② 아세틸렌 용접장치 또는 가스집합 용접장치를 사용하는 금속의 용접 · 용단 또는 가열 작업(발생기 · 도관 등에 의하여 구성되는 용접장치만 해당한다.)

㈎ 용접 흄, 분진 및 유해광선 등의 유해성에 관한 사항

㈏ 가스용접기, 압력조정기, 호스 및 취관두 등의 기기점검에 관한 사항

㈐ 작업방법 · 순서 및 응급처치에 관한 사항

㈑ 안전기 및 보호구 취급에 관한 사항

㈒ 그 밖에 안전 · 보건관리에 필요한 사항

③ 밀폐된 장소(탱크 내 또는 환기가 극히 불량한 좁은 장소를 말한다.)에서 하는 용접작업 또는 습한 장소에서 하는 전기용접 장치

㈎ 작업순서, 안전작업방법 및 수칙에 관한 사항

㈏ 환기설비에 관한 사항

㈐ 전격 방지 및 보호구 착용에 관한 사항

㈑ 질식 시 응급조치에 관한 사항

㈒ 작업환경 점검에 관한 사항

㈓ 그 밖에 안전 · 보건관리에 필요한 사항

④ 폭발성·물반응성·자기반응성·자기발열성 물질, 자연발화성 액체·고체 및 인화성 액체의 제조 또는 취급작업(시험연구를 위한 취급작업은 제외한다.)

   ㉮ 폭발성·물반응성·자기반응성·자기발열성 물질, 자연발화성 액체·고체 및 인화성 액체의 성질이나 상태에 관한 사항

   ㉯ 폭발 한계점, 발화점 및 인화점 등에 관한 사항

   ㉰ 취급방법 및 안전수칙에 관한 사항

   ㉱ 이상 발견 시의 응급처치 및 대피 요령에 관한 사항

   ㉲ 화기·정전기·충격 및 자연발화 등의 위험방지에 관한 사항

   ㉳ 작업순서, 취급주의사항 및 방호거리 등에 관한 사항

   ㉴ 그 밖에 안전·보건관리에 필요한 사항

⑤ 액화석유가스·수소가스 등 인화성 가스 또는 폭발성 물질 중 가스의 발생장치 취급작업

   ㉮ 취급가스의 상태 및 성질에 관한 사항

   ㉯ 발생장치 등의 위험 방지에 관한 사항

   ㉰ 고압가스 저장설비 및 안전취급방법에 관한 사항

   ㉱ 설비 및 기구의 점검 요령

   ㉲ 그 밖에 안전·보건관리에 필요한 사항

⑥ 화학설비 중 반응기, 교반기·추출기의 사용 및 세척작업

   ㉮ 각 계측장치의 취급 및 주의에 관한 사항

   ㉯ 투시창·수위 및 유량계 등의 점검 및 밸브의 조작주의에 관한 사항

   ㉰ 세척액의 유해성 및 인체에 미치는 영향에 관한 사항

   ㉱ 작업 절차에 관한 사항

   ㉲ 그 밖에 안전·보건관리에 필요한 사항

⑦ 화학설비의 탱크 내 작업

   ㉮ 차단장치·정지장치 및 밸브 개폐장치의 점검에 관한 사항

   ㉯ 탱크 내의 산소농도 측정 및 작업환경에 관한 사항

   ㉰ 안전보호구 및 이상 발생 시 응급조치에 관한 사항

   ㉱ 작업절차·방법 및 유해·위험에 관한 사항

   ㉲ 그 밖에 안전·보건관리에 필요한 사항

⑧ 분말·원재료 등을 담은 호퍼·저장창고 등 저장탱크의 내부작업

   ㉮ 분말·원재료의 인체에 미치는 영향에 관한 사항

   ㉯ 저장탱크 내부작업 및 복장보호구 착용에 관한 사항

   ㉰ 작업의 지정·방법·순서 및 작업환경 점검에 관한 사항

   ㉱ 팬·풍기(風旗) 조작 및 취급에 관한 사항

   ㉲ 분진 폭발에 관한 사항

   ㉳ 그 밖에 안전·보건관리에 필요한 사항

⑨ 다음 각 목에 정하는 설비에 의한 물건의 가열·건조작업

  1. 건조설비 중 위험물 등에 관계되는 설비로 속부피가 1세제곱미터 이상인 것
  2. 건조설비 중 가목의 위험물 등의 물질에 관계되는 설비로서, 연료를 열원으로 사용하는 것(그 최대연소소비량이 매 시간당 10킬로그램 이상인 것만 해당한다.) 또는 전력을 열원으로 사용하는 것(정격소비전력이 10킬로와트 이상인 경우만 해당한다.)
  ㈎ 건조설비 내외면 및 기기기능의 점검에 관한 사항
  ㈏ 복장보호구 착용에 관한 사항
  ㈐ 건조 시 유해가스 및 고열 등이 인체에 미치는 영향에 관한 사항
  ㈑ 건조설비에 의한 화재·폭발 예방에 관한 사항

⑩ 다음 각 목에 해당하는 집재장치(집재기·가선·운반기구·지주 및 이들에 부속하는 물건으로 구성되고, 동력을 사용하여 원목 또는 장작과 숯을 담아 올리거나 공중에서 운반하는 설비를 말한다.)의 조립, 해체, 변경 또는 수리작업 및 이들 설비에 의한 집재 또는 운반 작업
  1. 원동기의 정격출력이 7.5킬로와트를 넘는 것
  2. 지간의 경사거리 합계가 350미터 이상인 것
  3. 최대사용하중이 200킬로그램 이상인 것
  ㈎ 기계의 브레이크 비상정지장치 및 운반경로, 각종 기능 점검에 관한 사항
  ㈏ 작업 시작 전 준비사항 및 작업방법에 관한 사항
  ㈐ 취급물의 유해·위험에 관한 사항
  ㈑ 구조상의 이상 시 응급처치에 관한 사항
  ㈒ 그 밖에 안전·보건관리에 필요한 사항

⑪ 동력에 의하여 작동되는 프레스.기계를 5대 이상 보유한 사업장에서 해당 기계로 하는 작업
  ㈎ 프레스의 특성과 위험성에 관한 사항   ㈏ 방호장치 종류와 취급에 관한 사항
  ㈐ 안전작업방법에 관한 사항   ㈑ 프레스 안전기준에 관한 사항
  ㈒ 그 밖에 안전·보건관리에 필요한 사항

⑫ 목재가공용 기계(둥근톱기계, 띠톱기계, 대패기계, 모떼기기계 및 라우터만 해당하며, 휴대용은 제외한다.)를 5대 이상 보유한 사업장에서 해당 기계로 하는 작업
  ㈎ 목재가공용 기계의 특성과 위험성에 관한 사항
  ㈏ 방호장치의 종류와 구조 및 취급에 관한 사항
  ㈐ 안전기준에 관한 사항
  ㈑ 안전작업방법 및 목재 취급에 관한 사항
  ㈒ 그 밖에 안전·보건관리에 필요한 사항

⑬ 운반용 등 하역기계를 5대 이상 보유한 사업장에서의 해당 기계로 하는 작업
  ㈎ 운반하역기계 및 부속설비의 점검에 관한 사항
  ㈏ 작업순서와 방법에 관한 사항
  ㈐ 안전운전방법에 관한 사항

㈐ 화물의 취급 및 작업신호에 관한 사항

㈎ 그 밖에 안전·보건관리에 필요한 사항

⑭ 1톤 이상의 크레인을 사용하는 작업 또는 1톤 미만의 크레인 또는 호이스트를 5대 이상 보유한 사업장에서 해당 기계로 하는 작업

㈎ 방호장치의 종류, 기능 및 취급에 관한 사항

㈏ 걸고리·와이어로프 및 비상정지장치 등의 기계·기구 점검에 관한 사항

㈐ 화물의 취급 및 작업방법에 관한 사항

㈑ 작업신호 및 공동작업에 관한 사항

㈒ 그 밖에 안전·보건관리에 필요한 사항

⑮ 건설용 리프트·곤돌라를 이용한 작업

㈎ 방호장치의 기능 및 사용에 관한 사항

㈏ 기계, 기구, 달기체인 및 와이어 등의 점검에 관한 사항

㈐ 화물의 권상·권하 작업방법 및 안전작업 지도에 관한 사항

㈑ 기계·기구에 특성 및 동작원리에 관한 사항

㈒ 그 밖에 안전·보건관리에 필요한 사항

⑯ 주물 및 단조작업

㈎ 고열물의 재료 및 작업환경에 관한 사항

㈏ 출탕·주조 및 고열물의 취급과 안전작업방법에 관한 사항

㈐ 고열작업의 유해·위험 및 보호구 착용에 관한 사항

㈑ 안전기준 및 중량물 취급에 관한 사항

㈒ 그 밖에 안전·보건관리에 필요한 사항

⑰ 전압이 75볼트 이상인 정전 및 활선작업

㈎ 전기의 위험성 및 전격 방지에 관한 사항

㈏ 해당 설비의 보수 및 점검에 관한 사항

㈐ 정전작업·활선작업 시의 안전작업방법 및 순서에 관한 사항

㈑ 절연용 보호구, 절연용 보호구 및 활선작업용 기구 등의 사용에 관한 사항

㈒ 그 밖에 안전·보건관리에 필요한 사항

⑱ 콘크리트 파쇄기를 사용하여 하는 파쇄작업(2미터 이상인 구축물의 파쇄작업만 해당한다.)

㈎ 콘크리트 해체 요령과 방호거리에 관한 사항

㈏ 작업안전조치 및 안전기준에 관한 사항

㈐ 파쇄기의 조작 및 공통작업 신호에 관한 사항

㈑ 보호구 및 방호장비 등에 관한 사항

㈒ 그 밖에 안전·보건관리에 필요한 사항

⑲ 굴착면의 높이가 2미터 이상이 되는 지반 굴착(터널 및 수직갱 외의 갱 굴착은 제외한다.)작업

　　㈎ 지반의 형태·구조 및 굴착 요령에 관한 사항

　　㈏ 지반의 붕괴재해 예방에 관한 사항

　　㈐ 붕괴 방지용 구조물 설치 및 작업방법에 관한 사항

　　㈑ 보호구의 종류 및 사용에 관한 사항

　　㈒ 그 밖에 안전·보건관리에 필요한 사항

⑳ 흙막이 지보공의 보강 또는 동바리를 설치하거나 해체하는 작업

　　㈎ 작업안전 점검 요령과 방법에 관한 사항

　　㈏ 동바리의 운반·취급 및 설치 시 안전작업에 관한 사항

　　㈐ 해체작업 순서와 안전기준에 관한 사항

　　㈑ 보호구 취급 및 사용에 관한 사항

　　㈒ 그 밖에 안전·보건관리에 필요한 사항

㉑ 터널 안에서의 굴착작업(굴착용 기계를 사용하여 하는 굴착작업 중 근로자가 칼날 밑
　에 접근하지 않고 하는 작업은 제외한다.) 또는 같은 작업에서의 터널 거푸집 지보공의
　조립 또는 콘크리트 작업

　　㈎ 작업환경의 점검 요령과 방법에 관한 사항

　　㈏ 붕괴 방지용 구조물 설치 및 안전작업 방법에 관한 사항

　　㈐ 재료의 운반 및 취급·설치의 안전기준에 관한 사항

　　㈑ 보호구의 종류 및 사용에 관한 사항

　　㈒ 그 밖에 안전·보건관리에 필요한 사항

㉒ 굴착면의 높이가 2미터 이상이 되는 암석의 굴착작업

　　㈎ 폭발물 취급 요령과 대피 요령에 관한 사항

　　㈏ 안전거리 및 안전기준에 관한 사항

　　㈐ 방호물의 설치 및 기준에 관한 사항

　　㈑ 보호구 및 작업신호 등에 관한 사항

　　㈒ 그 밖에 안전·보건관리에 필요한 사항

㉓ 높이가 2미터 이상인 물건을 쌓거나 무너뜨리는 작업(하역기계로만 하는 작업은 제외
　한다.)

　　㈎ 원부재료의 취급 방법 및 요령에 관한 사항

　　㈏ 물건의 위험성·낙하 및 붕괴재해 예방에 관한 사항

　　㈐ 적재방법 및 전도 방지에 관한 사항

　　㈑ 보호구 착용에 관한 사항

　　㈒ 그 밖에 안전·보건관리에 필요한 사항

㉔ 선박에 짐을 쌓거나 부리거나 이동시키는 작업

　　㈎ 하역 기계·기구의 운전방법에 관한 사항

　　㈏ 운반·이송경로의 안전작업방법 및 기준에 관한 사항

　　㈐ 중량물 취급 요령과 신호 요령에 관한 사항

㈒ 작업안전 점검과 보호구 취급에 관한 사항

㈔ 그 밖에 안전 · 보건관리에 필요한 사항

㉕ 거푸집 동바리의 조립 또는 해체작업

㈎ 동바리의 조립방법 및 작업 절차에 관한 사항

㈏ 조립재료의 취급방법 및 설치기준에 관한 사항

㈐ 조립 해체 시의 사고 예방에 관한 사항

㈑ 보호구 착용 및 점검에 관한 사항

㈔ 그 밖에 안전 · 보건관리에 필요한 사항

㉖ 비계의 조립 · 해체 또는 변경작업

㈎ 비계의 조립순서 및 방법에 관한 사항

㈏ 비계작업의 재료 취급 및 설치에 관한 사항

㈐ 추락재해 방지에 관한 사항

㈑ 보호구 착용에 관한 사항

㈔ 그 밖에 안전 · 보건관리에 필요한 사항

㉗ 건축물의 골조, 다리의 상부구조 또는 탑의 금속제의 부재로 구성되는 것(5미터 이상 인 것만 해당한다.)의 조립 · 해체 또는 변경작업

㈎ 건립 및 버팀대의 설치 순서에 관한 사항

㈏ 조립 해체 시의 추락재해 및 위험요인에 관한 사항

㈐ 건립용 기계의 조작 및 작업신호 방법에 관한 사항

㈑ 안전장비 착용 및 해체 순서에 관한 사항

㈔ 그 밖에 안전 · 보건관리에 필요한 사항

㉘ 처마 높이가 5미터 이상인 목조건축물의 구조 부재의 조립이나 건축물의 지붕 또는 외 벽 밑에서의 설치작업

㈎ 붕괴 · 추락 및 재해 방지에 관한 사항

㈏ 부재의 강도 · 재질 및 특성에 관한 사항

㈐ 조립 · 설치 순서 및 안전작업방법에 관한 사항

㈑ 보호구 착용 및 작업 점검에 관한 사항

㈔ 그 밖에 안전 · 보건관리에 필요한 사항

㉙ 콘크리트 인공구조물(그 높이가 2미터 이상인 것만 해당한다.)의 해체 또는 파괴작업

㈎ 콘크리트 해체 기계의 점점에 관한 사항

㈏ 파괴 시의 안전거리 및 대피 요령에 관한 사항

㈐ 작업방법 · 순서 및 신호 요령에 관한 사항

㈑ 해체 · 파괴 시의 작업안전기준 및 보호구에 관한 사항

㈔ 그 밖에 안전 · 보건관리에 필요한 사항

㉚ 타워크레인을 설치(상승작업을 포함한다.) · 해체하는 작업

㈎ 붕괴 · 추락 및 재해 방지에 관한 사항

    (나) 설치 · 해체 순서 및 안전작업방법에 관한 사항

    (다) 부재의 구조 · 재질 및 특성에 관한 사항

    (라) 신호방법 및 요령에 관한 사항

    (마) 이상 발생 시 응급조치에 관한 사항

    (바) 그 밖에 안전 · 보건관리에 필요한 사항

㉛ 보일러(소형 보일러 및 다음 각 목에서 정하는 보일러는 제외한다)의 설치 및 취급 작업

    1. 몸통 반지름이 750밀리미터 이하이고 그 길이가 1,300밀리미터 이하인 증기보일러

    2. 전열면적이 3제곱미터 이하인 증기보일러

    3. 전열면적이 14제곱미터 이하인 온수보일러

    4. 전열면적이 30제곱미터 이하인 관류보일러

    (가) 기계 및 기기 점화장치 계측기의 점검에 관한 사항

    (나) 열관리 및 방호장치에 관한 사항

    (다) 작업순서 및 방법에 관한 사항

    (라) 그 밖에 안전 · 보건관리에 필요한 사항

㉜ 게이지 압력을 제곱센티미터당 1킬로그램 이상으로 사용하는 압력용기의 설치 및 취급 작업

    (가) 안전시설 및 안전기준에 관한 사항　　(나) 압력용기의 위험성에 관한 사항

    (다) 용기 취급 및 설치기준에 관한 사항　　(라) 작업안전 점검 방법 및 요령에 관한 사항

    (마) 그 밖에 안전 · 보건관리에 필요한 사항

㉝ 방사선 업무에 관계되는 작업(의료 및 실험용은 제외한다.)

    (가) 방사선의 유해 · 위험 및 인체에 미치는 영향

    (나) 방사선의 측정기기 기능의 점검에 관한 사항

    (다) 방호거리 · 방호벽 및 방사선물질의 취급 요령에 관한 사항

    (라) 응급처치 및 보호구 착용에 관한 사항

    (마) 그 밖에 안전 · 보건관리에 필요한 사항

㉞ 맨홀작업

    (가) 장비 · 설비 및 시설 등의 안전점검에 관한 사항

    (나) 산소농도 측정 및 작업환경에 관한 사항

    (다) 작업내용 · 안전작업방법 및 절차에 관한 사항

    (라) 보호구 착용 및 보호 장비 사용에 관한 사항

    (마) 그 밖에 안전 · 보건관리에 필요한 사항

㉟ 밀폐공간에서의 작업

    (가) 산소농도 측정 및 작업환경에 관한 사항

    (나) 사고 시의 응급처치 및 비상 시 구출에 관한 사항

    (다) 보호구 착용 및 사용방법에 관한 사항

    (라) 밀폐공간작업의 안전작업방법에 관한 사항

　⑰ 그 밖에 안전·보건관리에 필요한 사항

　㉚ 허가 및 관리 대상 유해물질의 제조 또는 취급작업

　　㉮ 취급물질의 성질 및 상태에 관한 사항

　　㉯ 유해물질이 인체에 미치는 영향

　　㉰ 국소배기장치 및 안전설비에 관한 사항

　　㉱ 안전작업방법 및 보호구 사용에 관한 사항

　　㉲ 그 밖에 안전·보건관리에 필요한 사항

　㉛ 로봇작업

　　㉮ 로봇의 기본원리·구조 및 작업방법에 관한 사항

　　㉯ 이상 발생 시 응급조치에 관한 사항

　　㉰ 안전시설 및 안전기준에 관한 사항

　　㉱ 조작방법 및 작업순서에 관한 사항

　㉜ 석면해체·제거작업

　　㉮ 석면의 특성과 위험성　　　　　㉯ 석면해체·제거의 작업방법에 관한 사항

　　㉰ 장비 및 보호구 사용에 관한 사항　㉱ 그 밖에 안전·보건관리에 필요한 사항

3-2　표준작업안전

(1) 작업표준을 정하는 목적

근본적으로 생산활동을 합리적으로 수행하도록 하는데 있고 이를 명확히 설정한다면 다음과 같다.

　① 위험도피의 제거　　② 손실요인의 제거　　③ 작업의 효율화

(2) 작업 개선방법

① 작업 개선의 4단계 : TWI (training within industry) 과정에서 활용하는 작업개선 기법이 가장 널리 활용되고 있다.

　㉮ 스텝 1 : 작업 분해

　㉯ 스텝 2 : 요소작업의 세부 내용 검토

　㉰ 스텝 3 : 작업분석으로 새로운 방법 전개

　㉱ 스텝 4 : 새로운 방법의 적용

② 새로운 방법 전개 (ECRS) 란 : 불필요한 요소작업을 제거하며 가능한 경우, 요소작업을 결합하거나 재배열하고, 필요한 경우 기계화 등의 방법으로 요소작업을 간소화한다는 뜻이다.

　㉮ E : 제거 (eliminate)

　㉯ C : 결합 (combine)

　㉰ R : 재배열 (재조정 : rearrange)

　㉱ S : 단순화 (간소화 : simplify)

③ 요소작업의 세부내용 검토 (5W1H와 ECRS)

요소작업의 세부내용 검토 (5W1H)	새로운 방법 전개 (ECRS)
왜 (Why) 무엇 (What)	제거한다 (Eliminate)
어디서 (Where) 언제 (When)	결합한다 (Combine)
누가 (Who)	재배열한다 (Rearrange)
어떻게 (How)	간소화한다 (Simplify)

(3) 동작분석 (motion study)

작업시의 불필요한 작업동작으로 인한 손실과 위험요인을 찾아내기 위한 것이다.

① 동작분석의 목적

　㈎ 동작계열의 개선　　㈏ 표준 동작의 설계　　㈐ 모션 마인드 (motion mind) 의 체질화

② 동작분석법의 종류

　㈎ 관찰법　　　　　　㈏ 필름분석법　　　　　㈐ PTS 방법

(4) 동작경제의 원칙

① 동작능 활용의 원칙

　㈎ 발 또는 왼손으로 할 수 있는 것은 오른손을 사용하지 않는다.

　㈏ 양손으로 동시에 작업을 시작하고 동시에 끝낸다.

② 작업량 절약의 원칙

　㈎ 적게 운동한다.　　　　　　　　㈏ 재료나 공구는 취급하는 부근에 정돈할 것

　㈐ 동작의 수를 줄일 것　　　　　　㈑ 동작의 양을 줄일 것

　㈒ 물건을 장시간 취급할 때는 장구를 사용할 것

③ 동작개선의 원칙

　㈎ 동작이 자동적으로 리드미컬한 순서로 한다.

　㈏ 양손은 동시에 반대의 방향으로, 좌우 대칭적으로 운동하게 할 것

　㈐ 관성, 중력, 기계력 등을 이용할 것

　㈑ 작업점의 높이를 적당히 하고 피로를 줄인다.

4. 교육방법

4-1 교육훈련의 형태

(1) 현장교육 (OJT) 과 잠재교육 (OFF JT)

올바른 작업은 반복적인 연습을 통해 몸에 배이게 하므로 일상업무 중에 지도교육을 한다.

① OJT (on the job training) : 관리감독자 등 직속상사가 부하직원에 대해서 일상업무를 통하여 지식, 기능, 문제해결능력 및 태도 등을 교육 훈련하는 방법이며 개별교육 및 추가지도에 적합하다.

② OFF JT (off the job training) : 공통된 교육목적을 가진 근로자를 일정한 장소에 집합시켜 외부강사를 초청하여 실시하는 방법으로 집합교육에 적합하다.

OJT의 장점	OFF JT의 장점
1. 개인 개인에게 적절한 지도 훈련이 가능하다.	1. 다수의 근로자들에게 조직적 훈련을 행하는 것이 가능하다.
2. 직장의 실정에 맞게 실제적 훈련이 가능하다.	2. 훈련에만 전념하게 된다.
3. 즉시 업무에 연결되는 관계로 몸과 관련이 있다.	3. 각자 전문가를 강사로 초청하는 것이 가능하다.
4. 훈련에 필요한 업무의 계속성이 끊어지지 않는다.	4. 특별 설비기구를 이용한 것이 가능하다.
5. 효과가 곧 업무에 나타나며 훈련의 좋고 나쁨에 따라 개선이 쉽다.	5. 각 직장의 근로자가 많은 지식이나 경험을 교류할 수 있다.
6. 훈련 효과를 보고 상호 신뢰 이해도가 높아지는 것이 가능하다.	6. 교육훈련 목표에 대하여 집단적 노력이 흐트러질 수도 있다.

4-2 교육훈련방법

(1) 학습지도방법

① 교수 (teaching) 과정 6단계

　(가) 제1단계 : 교육목록 진술　　　(나) 제2단계 : 사전 평가

　(다) 제3단계 : 보충과정 (특별지도)　(라) 제4단계 : 교육전략결정

　(마) 제5단계 : 교수전개 (수업전개)　(바) 제6단계 : 평가

② 하버드 (Havard) 학파의 학습지도법 5단계

　(가) 제1단계 : 준비시킨다　　　(나) 제2단계 : 교시 (teaching)한다

　(다) 제3단계 : 연합시킨다　　　(라) 제4단계 : 총괄시킨다

　(마) 제5단계 : 응용시킨다

(2) 강의방식

① 강의식

　(가) 최적인원 : 40~50명　　　(나) 단기간에 많은 교육내용 지도

　(다) 집단적 지도법

② 문답식 : 일문일답식으로 회답하면서 학습하는 것

③ 문제지시식

　(가) 문제해결적인 방법 : 과제에 대처하는 방법

　(나) 재생시키기 위한 방법

(3) 회의방식 (토의방식 : group discussion method)

① 자유토의법 : 참가자가 문제에 대해서 자유로이 토의하는 데 따라서 지식·의견, 경험 등을 교환하며 상호이해를 높임과 동시에 사고방식의 차이를 학습하여 이해하는 것이다.

② 패널 디스커션 (panel discussion) : 패널 멤버 (4~5명) 가 참석자 앞에 논의하면 그 뒤 사회자에 의해 전원이 토의하는 방법이며, 참가자의 다양한 견해나 사고방식을 이해하고 구체적인 평가를 할 수 있다.

③ 심포지엄 (symposium) : 여러 명의 전문가가 과제에 대해서 견해를 발표 후 참석자로
부터 질문이나 의견을 하게 하여 토의하는 방법이다.

④ 버즈 세션 (buzz session : 6~6회)

  ⑺ 사회자와 기록계를 정한다.

  ⑷ 나머지 사람들을 6명씩 소집단으로 나눈다.

  ⑸ 소집단에서는 각각 사회자를 선정하여 6분간 토론해서 의견을 정리한다.

  ⑹ 소집단의 사회자가 결론을 전원에게 보고한다.

  ⑺ 전체집단의 사회자 밑에서 소집단의 보고내용을 실마리로 하여 전원이 토론한다.

⑤ 포럼 : 강의식＋토의식

(4) 회의방식을 응용한 것

① 역할연기법(role playing)

  ⑺ 역할연기법의 장점

    ㉠ 한 가지의 문제에 대하여 그 배경에는 무엇이 있는가를 통찰하는 능력을 높임으로
써 감수성이 향상된다.

    ㉡ 역할을 맡으면 계속 말하고 듣는 입장이므로 자기태도의 반성과 창조성이 생기고
발언도 향상된다.

    ㉢ 문제에 적극적으로 참가하여 흥미를 갖게 하며, 타인의 장점과 단점이 잘 나타난다.

    ㉣ 사람을 보는 눈이 신중하게 되고, 관대하게 되며 자신의 능력을 알게 된다.

    ㉤ 의견발표에 자신이 생기고, 사고능력이 향상된다.

  ⑷ 역할연기법의 단점

    ㉠ 목적이 명확하지 않고, 계획적으로 실시하지 않으면 학습에 연계되지 않는다.

    ㉡ 높은 수준의 의사결정에 대한 훈련을 하는 데는 그다지 효과를 기대할 수 없다.

② 사례연구법(case method)

  ⑺ 사례연구의 장점

    ㉠ 실천적으로 실무적인 연구가 가능하다.

    ㉡ 관찰, 분석력을 늘리고 판단력, 응용력의 향상이 가능하다.

    ㉢ 학습을 적극적이고 스스로 함에 따라 의욕이 높아진다. 특히 참가자의 지식, 경험,
능력이 있는 사람 등에 적합하다.

    ㉣ 토의과정에서 각자가 자기의 사고방향에 대하여 태도의 변용이 생긴다.

  ⑷ 사례연구의 단점

    ㉠ 한 가지의 체계적인 지식을 주는 것을 목적으로 하므로 이 방법에는 다소 어려운 점이
있어 진행방법의 연구가 필요하다. 그리고 강의와 결부시켜 행하면 학습효과가 크다.

    ㉡ 사례연구는 각자가 자신의 의견을 표현할 때는 열심히 참가한다. 이것을 하지 않
을 경우에 리더는 적절한 원리·원칙을 조언하는 것이 중요하다.

    ㉢ 그룹(5~7인이 적당)에 의한 사례연구의 목적은 적극적인 참여와 의견교환에 의한
학습이지만 교육효과는 리더의 능력에 좌우된다.

【참 고】

• Case method (사례연구법)

1. 목 적
   ① 문제 발견 능력   ② 비판력
   ③ 대책의 입안 능력   ④ 종합적 판단력

2. 장 점
   ① 실천적 실무 연구 가능
   ② 분석력, 판단력, 응용력 향상
   ③ 의욕증진, 지식, 경험, 능력 있는 사람이 적합
   ④ 태도변용이 용이

(5) 기업 내의 교육(각 담당자별 교육훈련(계층별 교육훈련))

① MTP (관리자 교육훈련 : management training program)

  (개) 교육내용

    ㉠ 관리의 기능   ㉡ 조직의 원칙   ㉢ 조직의 운영   ㉣ 시간 관리

    ㉤ 학습의 원칙과 부하 지도법   ㉥ 신인의 관리(훈련의 관리)

    ㉦ 신입사원을 맞이하는 방법과 대행자 육성 요령

    ㉧ 회의의 주관   ㉨ 작업의 개선   ㉩ 안전한 작업   ㉪ 과업관리

    ㉫ 사기앙양 등

  (내) 인원 : 한 클래스 10~15명

  (대) 시간 : 2시간×20회＝40시간

  (래) 일명 FEAF (far east air forces)라고도 하며 TWI보다 약간 수준 높은 교육훈련이다.

② TWI (training within industry)

  (개) 교육대상은 제일선 감독자로 정하고 감독자는 5가지 요건을 구비해야 한다.

    ㉠ 직무의 지식   ㉡ 직책의 지식   ㉢ 작업을 가르치는 능력

    ㉣ 작업방법을 개선하는 기능 ㉤ 사람을 다루는 기능

  (내) TWI의 교육내용 4가지

    ㉠ JIT (job instruction training : 작업지시법) : 작업을 지도하는 법

    ㉡ JMT (job method training : 작업개선법) : 작업개선 방법

    ㉢ JRT (job relation training : 부하통솔법) : 사람을 다루는 법 (인간관계 관리법)

    ㉣ JST (job safety training : 작업안전기법)

  (대) 교육시간 : 10시간, 1일 2시간씩 5일에 걸쳐 행하며 한 클래스는 10명 정도

③ ATT (american telephone and telegram Co)

  (개) 교육내용

    ㉠ 계획적 감독   ㉡ 작업계획 및 인원배치   ㉢ 작업의 감독

    ㉣ 공구 및 자료보고 기록   ㉤ 개인작업의 개선   ㉥ 종업원 향상

    ㉦ 인사관계   ㉧ 훈련   ㉨ 고객관계

    ㉩ 안전부대 군인의 복무 조정

  (내) 중요 특징 : 대상계층이 한정되어 있지 않고 또, 한번 훈련을 받은 관리자는 그 부하

인 감독자에 대해 지도원이 될 수 있다.

(대) 코스 : 1차 훈련 (1일 8시간씩 2주간), 2차 과정에서는 문제가 발생할 때마다 하도록 되어 있으며, 진행방법은 통상 토의식에 의하여 지도자의 유도로 과정에 대한 의견을 제시하게 하여 결론을 내리는 방식을 취한다.

④ CCS (civil communication section) : ATP (administration training program) 라고도 하며 일부 회사의 Top 매니지먼트에 대해서만 행하여졌던 것이 널리 보급된 것이다.

   (가) 교육 내용

      ㉠ 정책의 수립

      ㉡ 조직 (경영부분, 조직형태, 구조 등)

      ㉢ 통제 (조직통제의 적용, 품질관리, 원가통제의 적용 등)

      ㉣ 운영 (운영조직, 협조에 의한 회사운영)

   (나) 방법 : 주로 강의법에 토의법이 가미된 것으로 매주 4일 4시간씩으로 8시간 (합계 128시간)에 걸쳐 실시하도록 되어 있다.

4-3 교육방법 및 수업매체

(1) 강의법 (lecture method)

기본적인 교육방법으로 초보적인 단계에 대하여는 극히 효과가 큰 교육방법이다.

① 강의법의 적용 및 제약

   (가) 적용단계

      ㉠ 수업의 도입이나 초기단계에 가능하다.

      ㉡ 학교의 수업이나 현장 훈련의 경우에 가능하다.

      ㉢ 시간은 부족한데 가르쳐야 할 내용이 많은 경우에 가능하다.

      ㉣ 교사의 수는 적고, 학생이나 관중이 많아 한 교사가 많은 사람을 상대해야 할 경우에 필요하다.

      ㉤ 비교적 모든 교과에 적용할 수 있다.

   (나) 제약단계 (제약조건)

      ㉠ 학생들의 참여가 제약된다.

      ㉡ 학생들의 학습진척상황이나 성취 정도를 점검하기가 매우 어렵다.

      ㉢ 학생들의 주의집중도나 흥미의 정도가 매우 낮다.

② 강의법의 장점 및 단점

   (가) 장점

      ㉠ 사실, 사상을 시간, 장소의 제한 없이 어디서나 제시할 수 있다.

      ㉡ 교사가 임의로 시간을 조절할 수 있고, 강조할 점을 수시로 강조할 수 있다(강사의 역할 : 설명자).

      ㉢ 학생의 다소에 제한을 받지 않는다.

      ㉣ 학습자의 태도, 정서 등의 감화를 위한 학습에 효과적이다.

      ㉤ 여러 가지 수업매체를 동시에 다양하게 활용할 수 있다.

㈏ 단점

ㄱ 개인의 학습속도에 맞추어 수업이 불가능하다.

ㄴ 대부분이 일방통행적인 지식의 배합형식이다.

ㄷ 학습자의 참여와 흥미를 지속시키기 위한 기회가 전혀 없다.

ㄹ 한정된 학습과제에만 제한이 있다.

㈐ 학습진단 형태

ㄱ 정규학습　　　　　　　ㄴ 대규모집단　　　　　　　ㄷ 개별화 기능

㈑ 적정 수강 인원 : 40~50명

③ 강의식 교육시 유의사항

㈎ 강의 전에 강의내용의 개요나 계획을 준비해야 한다.

㈏ 학생의 이해를 돕기 위해 강의내용이나 재료를 몇 개의 토픽으로 모든 조직을 분석한다.

㈐ 추상적인 개념이나 복잡한 관계를 설명할 경우는 시각적인 학습자료를 이용한다.

㈑ 학생들의 생각을 명료화하기 위해 수업이 끝날 무렵에 질의응답 시간을 반드시 마련해 준다.

(2) 토의식 교육(discussion method)

① 토의식 교육의 적용 및 제약조건

㈎ 적용조건

ㄱ 수업의 중간이나 마지막 단계에 적용함이 좋다.

ㄴ 학교수업이나 직업훈련의 특정분야에 더욱 효과적이다.

ㄷ 알고 있는 지식을 심화시키거나 어떠한 자료에 대해 보다 명료한 생각을 갖도록 하는 경우에 적용 가능하다.

ㄹ 학습자들에게 다양한 접근방법, 해석을 하기를 요구하는 경우에 가능하다.

ㅁ 팀워크가 필요한 경우에 더욱 좋다.

㈏ 제약조건

ㄱ 시간의 소비량이 너무 많다.

ㄴ 학급인원수의 크기에 제약을 받는다.

ㄷ 학생들이 다같이 주어진 주제에 관해 이야기할 수 있을 만큼 충분한 배경을 가져야 한다.

② 토의식 교육의 전제조건

㈎ 교육대상수는 10~20인 정도가 적당하다.

㈏ 교육대상은 초보자가 아니고 우선 안전지식과 안전관리에 대한 경험을 갖고 있는 자이어야 하며 기초지식이 있어야 한다.

③ 토의식 교육의 유의사항

㈎ 토의될 주제를 충분히 파악해야 한다.

㈏ 구체적인 문제나 이유를 말로 충분히 설명해 주거나, 토의를 위해 관련된 읽을 자료를 안내해 주어야 한다.

㈐ 각 개인이 토의결과에 대하여 명료화 내지 요약을 하도록 요구해야 한다.

(라) 토의해서 수업자는 안내만 해야지 강의나 구체적인 설명을 하려고 해서는 안 된다.

(마) 지진아 집단에 계속적으로 관심을 가져야 한다.

(3) 모의법 (simulation method)

실제의 장면이나 상태와 극히 유사한 상태를 인위적으로 만들어 그 속에서 학습하도록 하는 교육방법을 말한다.

① 적용 및 제약조건

(가) 적용조건

㉠ 수업의 모든 단계에 가능하다.

㉡ 학교수업, 직업훈련 및 어떤 분야에도 가능하다.

㉢ 실제사태는 위험성이 따를 경우에도 적용이 가능하다.

㉣ 작업 조작을 중요시하는 경우에도 적용이 가능하다.

(나) 제약조건

㉠ 단위교육비가 비싸고 시간의 소비가 너무 많다.

㉡ 시설의 유지비가 매우 높다.

㉢ 다른 방법에 비하여 학생 대 교사의 비가 높다.

② 모의법 교육시 주의사항

(가) 학습의 초기단계에는 시설이나 장비의 구조·특성·기계이름·주어진 상태에서의 적합한 동작요령을 학습시키고 모의상태에 들어가야 한다.

(나) 몇 단계로 나누어 보다 쉬운 것을 충분히 학습한 후에 최종적인 목표를 수행토록 해야 한다.

(다) 마지막 단계에서는 실제 사태와 거의 흡사한 상태에서 종합적으로 그 학습된 기능을 수행토록 해야 교육의 효과가 있다.

4-4 프로그램 학습법 (programmed self-instructional method)

수업 프로그램이 프로그램 학습의 원리에 의해 만들어지며, 학생의 자기학습속도에 따른 학습이 허용되어 있는 상태에서, 학습자가 프로그램 자료를 가지고 단독으로 학습토록 하는 방법이다.

(1) 적용 및 제약조건

① 적용 가능 교육

(가) 수업의 모든 단계가 가능하다.

(나) 학교수업, 방송수업, 직업훈련의 경우에 가능하다.

(다) 학생들의 개인차가 최대한으로 조절되어야 할 경우에도 가능하다.

(라) 학생들이 자기에게 허용된 어느 시간에나 학습이 가능하다.

(마) 보충학습의 경우에도 가능하다.

② 적용이 불가능한 교육

(가) 한번 개발한 프로그램 자료를 개조하기가 매우 어렵다.

(나) 개발비가 너무 많이 든다.

㈐ 학생들의 사회성이 결여되기가 매우 쉽다.

(2) 유의사항

① 학생들이 프로그램 자료를 모두 가질 수 있도록 준비해야 한다.
② 프로그램 학습은 시험이 아니라 자기학습의 한 방법임을 이해시켜야 한다.
③ 교사는 수시로 학생들의 학습과정을 점검해야 한다.

4-5 시범 교육법

(1) 적용 및 제약조건

① 적용 가능 교육

㈎ 직업훈련, 특수기능의 훈련에 더욱 효과적이다.
㈏ 운동기능이나 외국어 학습에 적용이 가능하다.
㈐ 표본적인 동작수행을 요하는 경우에 적용이 가능하다.
㈑ 기본적인 절차에 강조점이 주어지는 경우에 적용이 가능하다.
㈒ 수업의 전체목표를 일목요연하게 보여야 할 경우에 가능하다.

② 적용 불가능 교육

㈎ 시범자는 각 동작을 정확하게 시범을 보여야 하므로 연습시간이 많이 요구된다.
㈏ 시범 중에 학습자는 동작을 하지 않으므로 학생을 평가하기가 어렵다.

(2) 유의사항

① 과업 수행에 사용될 시설·장비·기구 등에 관해 잘 아는 시범자를 선정해야 한다.
② 동작이 수행되는 중간중간에 '왜 저렇게 해야 하는지?'라는 의문을 가져야 한다.
③ 주요한 단계나 동작에는 반드시 알아야 할 사항을 지적해야 한다.
④ 복잡한 동작은 가급적 중복해서 시범을 보여야 한다.
⑤ 시범을 본 후 즉시 연습을 하도록 해야 한다 (시간이 없어 가능하지 않을 경우에는 학생들에게 동작의 수행과정이나 방법을 말로 이야기해 보도록 요구한다).

4-6 실연 교육법

(1) 적용 및 비적용

① 적용 가능 교육

㈎ 수업의 중간이나 마지막 단계에 적용이 가능하다.
㈏ 학교수업이나 직업훈련의 특수분야에 적용이 가능하다.
㈐ 학생들이 학습한 것을 실제의 사태에 적용하는 것이 허용되는 경우에도 가능하다.
㈑ 직업이나 특수기능 훈련시 실제와 유사한 상태에서 연습해야 할 경우에도 가능하다.
㈒ 언어학습, 문제해결학습, 원리학습 등에도 적용이 가능하다.

② 적용 불가능 교육

㈎ 시간의 소비량이 지극히 많아 모든 학생들이 다 연습을 통해 주어진 목표에 도달해야 한다.
㈏ 특수시설이나 설비가 요구되며, 이 시설의 유지비가 많이 든다.

㈐ 다른 방법보다 교사 대 학습자수의 비율이 높아진다.

(2) 유의사항

① 단순한 기능에서부터 보다 복잡한 기능의 순서로 학습할 수 있도록 치밀한 수업계열을
   수립해야 한다.
② 충분한 시설이나 자료가 준비되어야 한다.
③ 학생과 시설의 안전대책이 사전에 면밀히 계획되어 있어야 한다.

4-7 반복 교육법

(1) 적용 및 비적용

① 적용 가능 교육
   ㈎ 수업의 중간이나 마지막 단계에 적용이 가능하다.
   ㈏ 학교수업이나 특정 직업훈련 분야에 적용이 가능하다.
   ㈐ 교사가 학생의 학습결과를 평가할 경우에 적용이 가능하다.
   ㈑ 학습자들에게 피드백의 기회를 주려고 할 경우에 적용이 가능하다.
   ㈒ 언어적인 개념이나 지식의 내용에 적용이 가능하다.
   ㈓ 학습한 내용을 다른 사람에게 전달해야 할 경우에도 적용이 가능하다.
② 적용 불가능 교육
   ㈎ 반복연습은 너무 기계적이다.
   ㈏ 반복연습을 하는 학생을 제외한 나머지 학생은 주의 집중이 안되고 방관자가 되기
      쉽다.

(2) 유의사항

① 질의응답의 시간을 충분히 가져야 한다. ② 모든 학생들이 다 참여토록 해야 한다.

5. 수업매체별 교육의 특징

5-1 학자에 따른 수업매체 정의

(1) 가네 (Gagne) 의 정의

저서 『학습의 조건 (the conditions of learning)』에서 다음과 같이 정의하고 있다.
① 수업은 학습자의 자극을 불러 일으켜야 한다.
② 학습자와 의사소통을 위한 교사의 말에서 인쇄화된, 즉 다양한 요소의 구성체라고 정
   의했다.

| ㈎ 인쇄물 | ㈏ 사진 | ㈐ 그림 | ㈑ 자연의 사물 |
| ㈒ 영화 | ㈓ 모형 | ㈔ VTR | ㈕ 타이칭 머신 등 |

(2) 브릭스 (Briggs) 의 정의

학습자에게 교육을 목적으로 제공하는 제반 물질적 수단을 모두 수업매체로 정의했다.

① 책   ② 도표   ③ 녹음 테이프   ④ 프로그램 교제
⑤ 타이칭 머신   ⑥ 슬라이드   ⑦ TV   ⑧ VTR
⑨ 동화교사의 음성 및 손짓

(3) 데일 Edgar (Dale) 의 정의
① 수업매체는 추상성과 구체성의 두 축이다.
② 경험의 원추리는 모형을 제시하면서 정의했다.
③ 데일의 경험의 원추
　㈎ 상징적 : 구두, 기호
　㈏ 시청각적 : 라디오, 동화 (영화), TV 전시, 현장학습
　㈐ 행위 : 시범, 극화학습, 모의학습, 직접경험

5-2 수업매체의 특징

(1) 컴퓨터 수업 (computer assisted instruction)
① 장점
　㈎ 개인차를 최대한 고려할 수 있다.
　㈏ 학습자가 능동적으로 참여하고, 실패율이 거의 없다.
　㈐ 교사와 학생이 시간을 효과적으로 이용할 수 있다.
　㈑ 높은 파지와 계속적인 성취를 이룰 수 있다.
　㈒ 학생의 학습과정의 평가를 과학적으로 할 수 있다.
② 단점 : 고등정신을 키우는데는 불합리하다.
③ 학습형태 : 개별화 형태
④ 강사의 역할 : 관리자나 상담자
⑤ 생산비 및 시설비 : 고가이다.

(2) 정화 (still picture) : 도해법
차트 다이어그램이라고 한다.
① 장점
　㈎ 읽기 능력이 부족한 학습자에게도 사용이 가능하다.
　㈏ 소집단이나 개인에게도 이용될 수 있다.
　㈐ 새로운 학습을 유도하는데 유리하다.
　㈑ 교사의 설명이 항상 수반되므로 강조점을 상기시킬 수 있다.
　㈒ 의미를 분명히 할 수 있다.
② 단점
　㈎ 음향효과가 없다.　　　　　　㈏ 동적인 점이 부족하다.
　㈐ 제한된 수의 학습자만이 볼 수 있다.
③ 학습형태 : 개별화 및 정규학습
④ 강사역할 : 설명자 및 관리자
⑤ 생산비 : 대단히 고가이다

⑥ 시설비 : 보통이다

(3) 모형 (contrived experience)

① 장점

㈎ 너무 크거나 복잡한 것을 모형을 통해서 실물을 사용할 때보다 효과적으로 가르칠 수 있다.

㈏ 각종 특수기계의 조종사들을 훈련하는데 유리하다.

㈐ 몇 번이고 반복해서 조작할 수 있다.

㈑ 위험이 거의 없다.

㈒ 실물을 사용했을 때의 파손을 방지할 수 있다.

㈓ 조작 기술에 따라 쇼 비디오 또는, 시간의 단축이 가능하다.

㈔ 애니메이션화하여 추상적인 것을 보여 줄 수 있다.

② 단점

㈎ 비용이 많이 든다.

㈏ 화면의 크기가 적어 대집단을 수용하기가 곤란하다.

㈐ 제작의 경비, 기술 등이 높아야 한다.

㈑ 방영시간에 수업을 맞추어야 한다.

③ 학습형태 : 개별화, 소집단, 대집단

④ 강사역할 : 관리자

⑤ 생산비 및 시설비 : 비교적 높다.

(4) 수업 방송 (instructional television)

① 장점

㈎ 여러 가지 현상, 사물, 사건을 보여줄 수 있다(직접 대할 수 없는 것).

㈏ 자질 높은 한 사람의 교사로 수많은 학생을 가르칠 수 있다.

㈐ 시청 중에 TV교사의 지시에 따라 반응하고 작업도 할 수 있다.

㈑ 가정에서도 학습지도를 받을 수 있다.

㈒ 수치, 연대, 조직기구, 요소 등을 설명하기에 효과적이다.

㈓ 제작이 매우 간편하다.

② 단점

㈎ 교사와 직접 상호 의사소통을 할 수 없다.

㈏ 학습자를 통제, 조정할 수 없다.

㈐ 학생의 능력에 관계없이 TV는 일정하게 나아간다.

㈑ 다시 보려고 하면 녹화를 해 두어야 하는 불편이 있다.

③ 학습형태 : 정규학습, 소집단 및 개별화

④ 강사역할 : 설명 및 해결

⑤ 생산비 및 시설비 : 매우 적다.

(5) 라디오 (radio)

① 장점

㉮ 시공의 장벽을 무너뜨릴 수 있다.

㉯ 많은 사람에게 동시에 장소에 구애 없이 전달할 수 있다.

㉰ 기법에 따라 극적인 기분을 줄 수 있다.

㉱ 제작 프로그램을 사전에 충분히 검토하여 제작할 수 있다.

㉲ 표준어를 사용한다.

㉳ 특수과목엔 아주 유리하게 쓸 수 있다 (음악, 영어, 국어 등).

② 단점

㉮ 일방적인 의사소통만이 해결이 가능하다.

㉯ 피드백을 할 수 있다.

㉰ 다시 듣기에 제한점이 너무 많다.

㉱ 라디오시간에 수업을 맞추어야 하는 불편이 있다.

㉲ 가르치는 속도를 학습자에 맞출 수가 없다.

㉳ 영상이 없으므로 구체적인 설명이 어렵다.

③ 학습형태 : 개별화 및 정규학습

④ 강사의 역할 : 관리자 및 보충설명자

⑤ 생산비 : 비교적 적다.

⑥ 시설비 : 적다.

(6) 프로그램 자료 (programmed instructional material)

① 장점

㉮ 기본개념학이나 논리적인 학습에 유리하다.

㉯ 지능, 학습적성, 학습속도 등 개인차를 충분히 고려할 수 있다.

㉰ 대량의 학습자를 한 교사가 지도할 수 있다.

㉱ 매 반응마다 피드백이 주어지기 때문에 학습자가 흥미를 갖는다.

㉲ 학습자의 학습과정을 쉽게 알 수 있다.

② 단점

㉮ 최소한의 독서력이 요구된다.

㉯ 개발, 제작과정이 어렵다.

㉰ 문제해결력, 적용력, 감상력, 평가력 등 고등정신을 기르는 데 불리하다.

㉱ 교과서보다 분량이 많아 경비가 많이 든다.

③ 학습형태 : 개별화

④ 강사역학 : 개별처방, 학생관리

⑤ 생산비 : 높다.

⑥ 시설비 : 낮다.

【참 고】

1. 학습성과 : 학습성과 (desired learning outcomes ; DLO) 란 학습목적을 세분하여 구체적으로
결정하는 것을 말한다.

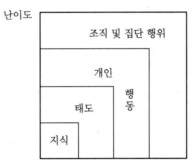

2. 학습 이론

① 학습이론
  ㈎ 조건반사설
  ㈏ 시행착오설
  ㈐ 통찰설

② 조건반사설에 의한 학습이론의 원리
  ㈎ 일관성의 원리
  ㈏ 계속성의 원리
  ㈐ 강도의 원리

③ 전이설 (transfer theory) : 앞의 학습이 뒤의 학습에 영향을 미친다.

④ 전이의 조건
  ㈎ 학습내용
  ㈏ 학습방법
  ㈐ 학습정도

⑤ 교육원칙과 방법
  ㈎ 활동원칙 : 토의 프로체크
  ㈏ 종합원칙 : 강의
  ㈐ 자발 강의 원칙 : 동기부여 방법
  ㈑ 흥미원칙 : 프로체크법 질문

제 2 편

인간공학 및
시스템 안전공학

제1장 인간공학

인간공학(human factors engineering)이란 인간이 사용할 수 있도록 설계하는 과정이다. 즉, 인간공학의 point는 인간이 만들어낸 물건, 즉 기계·기구를 설계하는 과정에서 실용적 효능을 높이고, 건강, 안정, 만족과 같은 특정한 인간의 가치기준을 유지하거나 높이는데 있으며 인간의 복지를 향상시키는데 있다. 그러므로 인간공학의 접근(approach)으로는 인간이 만들어서 인간이 사용하는 물건과 가구 또는 환경을 설계하는 데에서 인간의 특성이나 행동에 관한 적절한 정보를 체계적으로 적용하는 것이라 볼 수 있다.

1. 인간기계체계

1-1 인간공학의 개요

(1) 인간공학(human factors engineering)의 정의

미국의 차파니스(Chapanis, A.)에 의하면 인간공학이란 기계와 그 기계조작 및 환경조건을 인간의 특성, 능력과 한계에 잘 조화하도록 설계하기 위한 수단을 연구하는 것을 인간과 기계의 조화있는 체계(man-machine system)를 갖추기 위한 학문이다.

다시 말하면, "인간공학(human factors engineering)이란 인간이 사용할 수 있도록 설계하는 과정이다."

(2) 인간공학의 연구 목적 (Chapanis, A.)

① 첫째 : 안전성의 향상과 사고예방
② 둘째 : 기계조작의 능률성과 생산성의 향상
③ 셋째 : 쾌적성
④ 결론 : 안전성과 능률 향상의 최종목적이다.

인간공학은 과거, 현재, 미래에 이르기까지 모든 공학적 학문에서 우선하는 학문으로서 현대 산업문명의 주인공으로 계속 군림하게 될 것이다.

1-2 인간-기계체계 (man-machine system)

(1) 인간과 기계의 기본 기능 (임무 및 기본 기능 4가지)

① 감지(sensing) : 정보입수과정, 즉 시각, 청각, 취각, 촉각, 미각과 같은 종류의 감각기관이 사용되며, 기계적 감지장치는 전자, 사진, 기계적인 여러 종류가 있다.

② 정보의 저장 (information storage) : 기억

(가) 인간의 정보저장 : 기억

(나) 기계의 정보저장 : 펀치카드, 녹음 테이프, 자기 테이프, 형판 (template), 기록, 자료표

③ 행동기능 (action function)

(가) 육체적 · 기계적 통제 및 작업과정

(나) 의사소통과정 (신호, 녹음, 음향)

(다) 인간의 정보처리능력 한계 : 0.5초

④ 정보의 처리 및 의사결정 (information processing and decision) : 정보처리과정은 기억재생과정과 밀접히 연결되며, 정보의 평가는 분석과 판단기능을 수행함으로써 이루어진다. 분석과 판단기능을 거친 정보는 행동 직전의 결심을 내리는 자료가 된다.

(가) 인간의 심리적 정보처리 3단계

㉠ 회상 (recall)

㉡ 인지, 인식 (recognition)

㉢ 정리 (집적 : retention)

(나) 인간의 정보처리 시간 : 0.5초

(2) 입력 및 출력

출력이란 제품의 변화, 전달된 통신, 제공된 서비스와 같은 체계의 성과나 결과이다. 문제되는 체계가 많은 부품을 포함한다면 한 부품의 출력은 흔히 다른 부품의 입력으로서의 역할을 담당한다.

감각기관에 입력되는 정보처리량

과 정	최대 정보흐름량 (bit / 초)
감각기관의 감수	1000000000
신경 접속 (connection)	3000000
의식	16
영구보관	0.7

인간 - 기계 통합체제에서 인간과 기계의 기본기능과 유형

기 능	기 계	인 간
감지기능	• 센서	• 감각기관
정보저장기능	• 펀치 카드 • 녹음, 자기 테이프	• 기억 (대뇌)
정보처리 및 결심	• 회수 • 귀납적 처리 • 적응적 판단결정	• 연역적 처리 • 적응적 판단불결정
행동기능	• auto hand • 로봇 • 자동이송장치 • 컨베이어	• 운동기관 • 팔, 다리

(3) 인간과 기계의 관계

인간의 장점과 단점

구 분	장 점	단 점
감각 입력 특 성	감각기는 단독 또는 복잡하여 지각대상의 질적 특징을 민첩하고 상세하게 분석한다.	인간의 감각기는 물리현상 중의 극히 제한된 대상 밖에 지각할 수 없다.
	패턴(pattern) 인식에 의하여 복잡한 소음 중에서 특정 대상을 직관적으로 인지한다. 예측과 주의에 의하여 거대한 소음 중에서 특정의 필요 신호를 선택한다.	패턴 인식에 의한 착시, 감각기의 특성에 의한 착각이 일어나기 쉽다. 예측하지 못한 사태에 빠지면 모르고 그냥 넘어가거나, 예측 과잉으로 주의가 생략되기 쉽다.
운동 출력 특 성	양발로 서 있으므로 동작·보행·운반의 자유도가 매우 크다.	서 있는 자세에 의한 불안정 때문에 넘어지고, 떨어지고, 현기증을 일으킨다.
	양손에 의하여 다차원 동작과, 적응 처리의 숙련성, 창조적 기능을 발휘한다.	출력에는 기계적인 한계가 있으며, 힘이나 동력을 가하면 동작이 흐트러지기 쉽다.
중추 처리 특 성	지식과 체험의 풍부한 기억, 학습능력이 우수하다.	유사한 기억 때문에 혼란과 망각을 일으킨다.
	직선적 사고에 의한 유연한 판단, 논리적 사고, 합리적인 판단을 한다.	판단 시간이 늦고 양도 적다. 급박한 장면에서는 판단이 흐려지기 쉽다.
	상황에 따라 신속히 판단을 바꾸고, 의지적 억제에 의하여 행동을 합리적으로 바꾼다.	판단을 요하지 않는 단순 동작의 반복에 약하고, 쉽게 의식이 둔해지며, 피로하기 쉽다.
	창의적 연구, 현상을 의심하며 다시 관찰하고, 발상과 창조·호기심이 풍부하다.	종래의 습관이나 규율을 경시하거나 무시한다.
	주체적 활동을 좋아하며, 의욕과 실천력으로 능력이 배가한다.	자기 욕구의 만족을 위해서는 수단 방법을 가리지 않고, 감정적으로 자기 주장을 내세운다.

인간과 기계의 비교

구 분	인간이 기계보다 우수한 기능	기계가 인간보다 우수한 기능
감지기능	• 저에너지 자극 삼지 • 복잡다양한 자극형태 식별 • 예기지 못한 사실의 감지	• 인간의 정상적 감지범위 밖의 자극 감지 • 인간 및 기계에 대한 모니터 기능 • 드물게 발생하는 사사 감지
정보처리 및 결심	• 많은 양의 정보를 장시간 보관 • 관찰을 통한 일반화 • 귀납적 추리 • 원칙 적용 • 다양한 문제해결 (정서적)	• 암호화된 정보를 신속하게 대량보관 • 연역적 추리 • 정량적 정보처리
행동기능	• 과부하 상태에서는 중요한 일에만 전념	• 과부하 상태에서도 효율적 작동 • 장시간 중량작업 • 반복작업, 동시에 여러 가지 작업가능

1-3 인간-기계 통합체계의 형태

(1) 인간-기계 통합체계의 3유형

체계의 기본 기능은 다음 그림과 같이 감지 → 정보저장 → 정보처리 및 결심 → 행동기능이다. 체계가 그 목적을 달성하기 위해서는 특정한 임무들이 수행되어야 한다. 각각의 임무는 사람 또는 기계에 적절히 할당되어 수행되며 각 임무를 수행하는 데는 전형적인 감지 (sensing), 정보보관, 정보처리 및 의사결정, 행동기능과 같은 네 가지 기본 기능이 필요하며, 정보보관기능은 다른 세 가지 기능 모두와 상호작용을 하므로 맨 위에 나타나 있고, 나머지 세 가지 기능은 순서적으로 수행한다.

① 수동 체계 (manual system)
② 기계 체계 (반자동 체계) (mechanical system)
③ 자동 체계 (automatic system)

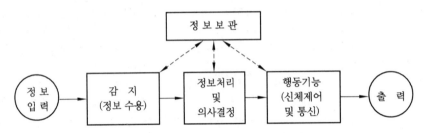

인간 - 기계 통합시스템의 인간 또는 기계에 의해서 수행되는 기본 기능의 유형

인간 - 기계 통합체계

체계 종류 및 운용방식	부 품	부품간의 연결장치	사용 예
수동체계, 사용자 조작, 융통성이 있다.	수공구 및 보조물	인간 (사용자)	장인구 공구, 가수와 앰프
기계화 체계, 운전자 조종, 융통성이 없다.	상호 관련도가 대단히 높은 여러 부속품들이 명확히 구분할 수 없는 부품 및 연결장치를 이루고 있다.		엔진, 자동차, 공작기계
자동체계, 미리 고정 또는 프로그램 되었거나 적응적	(동력) 기계화체계	전선, 도관, 지레 등이 제어회로를 이룬다.	처리 공장, 자동 교환대 컴퓨터

(2) 체계의 성격

체계의 성격은 어떻게 관련되는가를 결정한다. 체계의 성격에는 폐회로 (closed-loop), 개회로 (open-loop) 가 있다.

① 폐회로 (closed-loop) : 연속적인 체계로서 연속적인 순환정보 (feed back) 를 필요로 하며, 목표로 하는 동작이나 상태를 수정하여 가는 체제이다.

㉮ 서보기구 (servo mechanism) : 물체의 위치, 방향, 자세 등의 기계적 변위제어 (예 선박, 항공기 등의 방향조절) 로서 추종제어 (flow up control) 라고도 한다.

㉯ 프로세스 제어 (process control) : 온도, 유량, 압력, 등의 생산과정중의 제어

㉰ 자동조절 (automatic regulation) : 전압, 속도, 주파수 등을 제어량으로 하여 이것을 일정하게 유지하는 것을 목적으로 하는 제어

위의 ② 프로세스 제어 및 ③ 자동조절을 정치제어 (constant value control) 라 한다.

② 개회로 (open-loop) : 일단 작동되면 조종이 필요 없거나 조종이 불가능한 체계 (예 쏘아 놓은 화살, 유도장치 없는 로켓) 이다. 그러나 개회로 체계에서 운전자의 외부에 순환정보를 마련해 놓지 않는다 하더라도 운전자 내부에 어느 정도의 내재적 순환정보가 있다.

(3) 체계의 종류

체계의 고려요소 : 4 M (Man, Machine, Media, Managenment)

① 수동 체계 (manual system) : 수동 체계는 수공구나 기타 보조물로 이루어지며 인간의 신체적 힘을 동원력으로 사용하여 작업을 통제하는 인간 사용자와 결합되며 사용자는 그 공구에 많은 양의 정보를 주고받으며 전형적으로 자기 보조에 맞추어 일하고 그의 '다양성 있는 체계로의 역할을 할 수 있는 능력'을 말한다.

② 기계화 (semiautomatic) 체계 (반자동) : 반자동 체계라고도 하며, 여러 종류의 동력 공작기계와 같이 고도로 통합된 부품들로 구성되고 이 체계는 변화가 없는 기능들을 수행하도록 설계된다.

동력은 기계가 제공하며 운전자의 기능이란 조종장치를 사용하여 통제를 하는 것이다. 인간은 표시장치를 통하여 체계의 상태에 대한 정보를 받고, 정보처리 및 의사결정 기능을 수행하여, 결심한 것을 조종장치를 사용하여 실행한다. 어떤 기계화 체계에서는 상태에 대한 정보가 표시장치를 사용하지 않고 직접 감지되기도 한다.

③ 자동 체계 (automatic system) : 체계가 완전히 자동화되는 경우에는 감지, 정보처리 및 의사결정, 행동을 포함한 모든 임무를 수행한다. 이런 체계는 감지되는 모든 가능한 우발상황에 대해서 적절한 행동을 취하게 하기 위해서 완전한 프로그램이 되어야 한다.

대부분의 자동 체계 (automatic system) 는 폐회로를 갖는 체계이다. 그러나 신뢰성이 완벽한 자동 체계란 불가능하므로 인간은 주로 감시 (monitor) 프로그램 유지 등의 기능을 수행하게 된다.

(4) fail safety (fail safe, fool proof)

결함이 있더라도 안정이 보장되는 체계로서 사람의 작업방법상의 실수나 기계설비의 고장이 있더라도 2중·3중 통제를 하여 안전이 보장되도록 하는 체제이다.

① 안전을 고려한 설계
② 안전장치 } 1차 fail safety
③ 보호구 ——————— 2차 fail safety

(5) 인간과 기계의 기능 비교

① 인간이 현존하는 기계를 능가하는 기능

㈎ 저에너지의 자극을 감지하는 기능

㈏ 복잡 다양한 자극의 형태를 식별하는 기능

㈐ 예기치 못한 사건들을 감지하는 기능 (예감, 느낌)

㈑ 다량의 정보를 장시간 기억하고 필요시 내용을 회상하는 기능

㈒ 관찰을 통해서 일반화하여 귀납적으로 추리하는 기능

   (바) 원칙을 적용하여 다양한 문제를 해결하는 기능

   (사) 어떤 운용방법이 실패할 경우 다른 방법을 선택 (융통성)

   (아) 다양한 경험을 토대로 의사결정, 상황적인 요구에 따라 적응적인 결정, 비상사태시 임기응변

   (자) 주관적으로 추산하고 평가하는 기능

   (차) 문제 해결에 있어서 독창력을 발휘하는 기능

   (카) 과부하 (overload) 상태에서는 중요한 일에만 전념하는 기능

② 현존하는 기계가 인간을 능가하는 기능

   (가) 인간의 정상적인 감지범위 밖에 있는 자극 (X선, 레이더파, 초음파) 을 감지

   (나) 인간 및 기계에 대한 모니터 기능

   (다) 사전에 명시된 사상 (event), 특히 드물게 발생하는 사상 (事象) 을 감지

   (라) 암호화된 정보를 신속하게 대량 보관

   (마) 연역적으로 추정하는 기능

   (바) 명시된 프로그램에 따라 정량적인 정보처리

   (사) 과부하시에도 효율적으로 작동하는 기능

   (아) 장기간 중량작업을 할 수 있는 기능

   (자) 반복작업 및 동시에 여러 가지 작업을 수행할 수 있는 기능

   (차) 주위가 소란하여도 효율적으로 작동하는 기능

청각장치와 시각장치의 사용 경위 (deatherage)

청각장치 사용	시각장치 사용
1. 전언이 간단하다.	1. 전언이 복잡하다.
2. 전언이 짧다.	2. 전언이 길다.
3. 전언이 후에 재참조되지 않는다.	3. 전언이 후에 재참조된다.
4. 전언이 시각적인 사상(event)을 다룬다.	4. 전언이 공간적인 위치를 다룬다.
5. 전언이 즉각적인 행동을 요구한다.	5. 전언이 즉각적인 행동을 요구하지 않는다.
6. 수신자의 시각계통이 과부하 상태일 때	6. 수신자의 청각계통이 과부하 상태일 때
7. 수신장소가 너무 밝거나 암조응 유지가 필요할 때	7. 수신장소가 너무 시끄러울 때
8. 직무상 수신자가 자주 움직이는 경우	8. 직무상 수신자가 한 곳에 머무르는 경우

청각적 암호 방법의 요약

요 인	기준수	비 고
강도 (순음)	3~5	순음의 경우 1000~4000 Hz로 한정할 필요가 있다.
진 동 수	4~7	적을수록 좋으며, 충분한 간격을 둔다. 강도는 최소한 30 dB
지속 시간 음의 방향	2~3 좌·우	확실한 차이를 둔다. 두 귀 사이의 강도차는 확실해야 한다.

2. 인간요소와 휴먼에러

2-1 에러(error)의 분류

(1) 심리적 분류 (swain)

과오의 원인을 불확정, 시간지연, 순서착오의 3가지로 나누어 분류한다.

① omission error : 필요한 데스크 절차를 수행하지 않음

② time error : 시간지연 (수행지연)

③ commission error : 불확실한 수행

④ sequential error : 순서의 잘못 이해

⑤ extraneous error : 불필요한 데스크 절차 수행

(2) 행동과정을 통한 분류

① input error : 감지 결함

② information processing error : 정보처리절차 과오 (착각)

③ output error : 출력 과오

④ feedback error : 제어 과오

⑤ decision making error : 의사결정 과오

(3) 대뇌의 정보처리 에러

① 인지착오 : 작업정보의 입수에서 감각중추에서 하는 인지까지 일어난 것으로 확인미스도 포함한다.

② 판단착오 : 중추과정에서 일으키는 것으로 의사결정 미스나 기억에 관한 실패도 포함한다.

③ 동작 또는 조작 미스 : 운동중추에서 올바른 지령은 주어졌으나 동작도중에 미스를 일으키는 것으로 좁은 의미의 조작미스이다.

(4) 원인의 레벨적 분류

① primary error (1차 에러) : 작업자 자신으로부터 발생한 과오

② secondary error (2차 에러) : 작업형태나 작업조건 중에서 다른 문제가 생겨 그 이유 때문에 필요한 사항을 실행할 수 없는 과오

③ command error : 작업자가 움직이려 해도 움직일 수 없으므로 발생하는 과오

2-2 에러의 발생과정

(1) 인간행동 관계요소

$$B = f(P \cdot E)$$

여기서, B : 행동, P : 개성, E : 환경, f : 관수

$$B = f(P \cdot E) \rightarrow B\alpha = f(P \cdot M \cdot E)\Sigma$$

여기서, $B\alpha$: 사고행동, P : 개성, M : 물질, E : 환경

(2) 한국인의 혈액형 구성

① A (4) : B (3) : O (2) : AB (1) 구성

② 혈액형에 따른 인간성

혈액형	인간성격의 특징
O형	현실성이 강하고, 개성적, 지기 싫어하는 성미, 상하관념이 강하다. 자기현실성이 있으며 정치에 관심 많고, 고집이 세나 낭만적인 사람과 잘 동조
A(AO)형	타인의 기분·환경변화에 신경질적, 규칙적인 것을 좋아하고 신중·가정적이며 인내력도 강하다.
B(BO)형	자기기분에 신경질적, 감정을 숨기지 못한다. 행동력 있고 활발하며, 사고력은 유연, 흥미·취미가 다양, 다방면에 관심, 주변에 조심성 약하다.
AB형	명랑하고 사교성이 좋으며 합리적이다. 비판정신이 강하고 표리를 극히 싫어한다. 일부는 무기력증도 있으며 두뇌 피로가 빠르다.

③ 기질 및 정신장애

구 분	원 인	정신장애	기 질	체 형	기 타
내인성	소질적	정신분열증 우울증 진성 간질	내폐성 동조형 점착성	마른형 비만형 투사형	
심인성	심리적	히스테리성, 정신병	체형과는 무관		노이로제
외인성	외상적	마비, 중독, 일종의 경련, 간질			

2-3 에러의 요인

(1) 휴먼에러의 심리적 요인

① 그 일의 지식이 부족

② 일을 할 의욕이나 도덕성이 결여

③ 서두르거나 절박한 상황

④ 무엇인가의 체험으로 습관적이 되어 있을 때

⑤ 선입관으로 괜찮다고 느끼고 있을 때

⑥ 주의를 끄는 것이 있어 그것에 치우쳐 주의를 빼앗기고 있을 때

⑦ 많은 자극이 있어 어떤 것에 반응해야 좋을지 알 수 없을 때

⑧ 매우 피로해 있을 때

(2) 휴먼에러의 물리적 요인

① 일이 단조로울 때

② 일이 너무 복잡할 때

③ 일의 생산성이 너무 강조될 때

④ 자극이 너무 많을 때

⑤ 재촉을 느끼게 하는 조직이 있을 때

⑥ 동일 형상의 것이 나란히 있을 때

⑦ 스테레오 타입에 맞지 않은 기기

⑧ 공간적 배치에 맞지 않은 기기

2-4 에러별 작업분석

(1) 의식 레벨의 단계적 분류

phase	의식의 상태	주의의 작용	생리상태	신뢰성
0	무신경, 실신	0	수면, 뇌발작	0
I	이상, 의식불명	부주의	피로, 단조로움 졸음, 주취	0.9 이하
II	정상	수동적, 심적 내향	안정기거, 휴식 정상, 작업시	0.99~0.9999
III	정상, 명쾌	적극적, 심적 외향	적극적 활동시	0.999999 이상
IV	과긴장	일점에 고집	감정흥분(공포상태)	0.9 이하

(2) system performance와 human error의 관계

$$SP = f(HE) = k(HE)$$

여기서, HE (human error), SP (system Performance), f : 관수, k : 상수

① $k \fallingdotseq 1$: HE 가 SP 에 중대한 영향을 끼친다(HCE ; human gaused error).
② $k < 1$: HE 가 SP 에 리스크를 준다.
③ $k \fallingdotseq 0$: HE 가 SP 에 아무 영향을 주지 않는다(SCE ; situation caused error).

3. 설비의 신뢰성

3-1 인간-기계 (man-machine) 시스템의 신뢰도

(1) 설비의 신뢰성과 안전성

① 기계의 신뢰성 요인

　(개) 재질　　　　　　　(내) 기능　　　　　　　(대) 작동방법

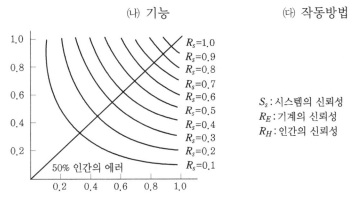

S_s : 시스템의 신뢰성
R_E : 기계의 신뢰성
R_H : 인간의 신뢰성

인간-기계의 신뢰성과 시스템의 신뢰성

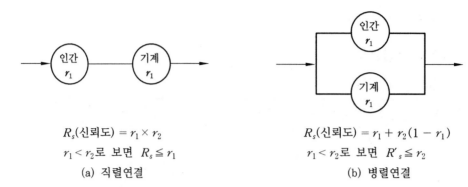

$R_s($신뢰도$) = r_1 \times r_2$ $R_s($신뢰도$) = r_1 + r_2(1 - r_1)$

$r_1 < r_2$로 보면 $R_s \leqq r_1$ $r_1 < r_2$로 보면 $R'_s \leqq r_2$

(a) 직렬연결   (b) 병렬연결

인간-기계의 시스템에서의 신뢰도

② 설비의 신뢰도 (reliability)

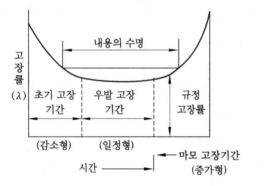

$$고장률\,(\lambda) = \frac{고장건수\,(R)}{총가동시간\,(t)}$$

MTBF(mean time between failures)

$$= \frac{1}{\lambda(고장률)} \left(\frac{t}{R}\right)$$

$$R_t = e^{\,t/t_0}$$

여기서, t_0 : 평균 고장 시간, t : 시간, R_t : 신뢰도

고장의 발생 상황

③ 고장 구분

㈎ 초기 고장   ㈏ 우발 고장   ㈐ 마모 고장

(2) 신뢰도 연결

① 직렬 (series system) 연결 (R_s ; 자동차 운전) : 제어계가 R 개의 요소로 만들어져 있으며 각 요소의 고장이 독립적으로 발생한 것이라면 어떤 요소의 고장도 제어계의 기능을 잃은 상태로 있다고 할 때이다.

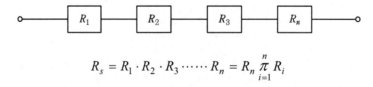

$$R_s = R_1 \cdot R_2 \cdot R_3 \cdots\cdots R_n = R_n \prod_{i=1}^{n} R_i$$

② 병렬 (parallel system) 연결 (R_p ; failsafety) : 열차나 항공기의 제어장치처럼 한 부분의 결함이 중대한 사고를 일으킬 우려가 있는 경우에 페일세이프 시스템을 사용한다. 이 시스템은 결함이 생긴 부품의 기능을 대체시킬 수 있는 장치를 중복 부착시키는 시스템이다.

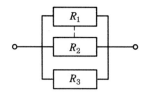

$$R_p = 1 - (1 - R_1)(1 - R_2)\cdots\cdots(1 - R_n) = 1 - \prod_{i=1}^{n}(1 - R_i)$$

③ 요소의 병렬 : 요소의 병렬작용으로 결합된 시스템의 신뢰도이다.

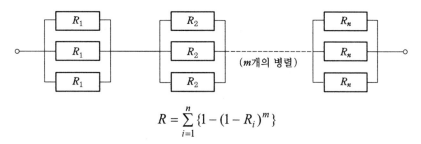

$$R = \sum_{i=1}^{n}\{1 - (1 - R_i)^m\}$$

④ 시스템의 병렬 : 항공기의 조종장치는 엔진가동 유압펌프계와 교류전동기 가동 유압펌
프계의 쌍방이 고장을 일으켰을 경우 응급용으로서의 수동장치의 3단의 페일세이프 방
법이 사용되고 있고 이같은 시스템을 병렬로 한 방식이다.

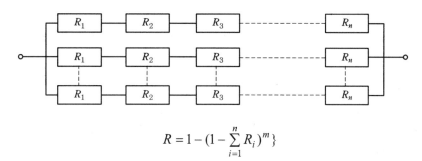

$$R = 1 - (1 - \sum_{i=1}^{n} R_i)^m\}$$

⑤ 대기방식 (failsafe system) : 병렬 페일세이프 방식의 요소가 동작 중에 고장을 일으켰
을 경우에 대기중인 페일세이프 시스템으로 전환하는 방식이다. 신뢰도는 고장 검출장
치 및 전환장치의 신뢰도와 관련이 있는데 이 이외에 요소 1이 작동상태에 있을 때 대
기중인 1로부터 n 까지의 요소가 어떠한 작동상태에 있는가에 따라 달라진다.

3-2 신뢰도 유지대책

(1) 인간-기계체계의 신뢰도 (안전) 유지방안

① 평가기준의 설정

㈎ 전 시스템의 안전성을 척도화한다.

㈏ 인간-기계 및 환경이 안전성에 미치는 질·양적 분석과 그 대책을 설정한다.

② 인간공학적 안전의 설정

(개) 페일세이프 (failsafety) : 인간 또는 기계에 과오나 동작상의 실수가 있어도 안전사고를 발생시키지 않도록 2중 또는 3중으로 통제를 가하도록 한 체계를 말한다.

[예] 프레스 머신 (press machine) 이나 절단기의 적외선 안전장치, 항공기의 제1차 페일세이프와 제2차 페일세이프, 자동차의 방어운전 또는 점검제도 등이 있다.

(나) 로크 시스템 (lock system) : 인터로크 시스템, 트랜스로크 시스템, 인트라로크 시스템의 세 가지로 분류된다.

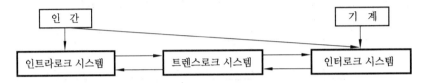

기계와 인간의 각각 기계특수성과 생리적 관습에 의하여 사고를 일으킬 수 있는 불안정한 요소를 지니고 있기 때문에 기계에 인터로크 시스템, 인간의 심중에 인트라로크 시스템, 그 중간에 트랜스로크 시스템을 두어 불안전한 요소에 대해서 통제를 가한다.

(다) 시퀀스 제어 (순차제어) : 지시대로 동작 (수정 불가)

(라) 피드백 제어방식 : 제어결과를 측정하여 목표로 하는 동작이나 상태와 비교하여 잘못된 점을 수정하여 가는 제어방식

㉠ 서보 메커니즘 (servo mechanism) : 물체의 위치, 자세 등의 기계적 변위 제어

㉡ 프로세스 컨트롤 (process control) : 상태, 양의 제어 (압력, 유량, 온도 등)

㉢ 오토매틱 레귤레이션 (automatic regulation) : 자동조작으로 항상 일정한 값을 유지하도록 해주는 방식 (전압, 주파수 등)

(2) 인간에 대한 모니터링 (monitoring)의 방법

① 셀프모니터링 (self-monitoring ; 자기감지) : 자극, 고통, 피로, 권태, 이상감각 등의 지각에 의해서 자신의 상태를 알고 행동하는 감시방법, 즉 결과를 파악하여 자신 또는 모니터링 센터에 전달하는 경우가 있다.

② 생리학적 모니터링 (monitoring) 방법 : 맥박수, 호흡속도, 체온, 뇌파 등으로 인간 자체의 상태를 생리적으로 모니터링 하는 방법이다.

③ 비주얼 모니터링 (visual monitoring) 방법 : 동작자의 태도를 보고 동작자의 상태를 파악하는 것으로서 졸린 상태는 생리적으로 분석하는 것보다 태도를 보고 상태를 파악하는 것이 쉽고 정확하다.

④ 반응에 대한 모니터링 (monitoring) 방법 : 자극 (청각, 시각, 촉각) 을 가하여 이에 대한 반응을 보고 정상 또는 비정상을 판단하는 방법

⑤ 환경의 모니터링 (monitoring) 방법 : 간접적인 감시방법으로서 환경조건의 개선으로 인체의 안락과 기분을 좋게 하여 정상작업을 할 수 있도록 만드는 방법

4. 인간-기계의 통제

4-1 통제방법

(1) 기계의 통제기능 (machine control function)

모든 기계는 능률과 안전을 위하여 통제장치가 되어 있다. 기계의 통제는 기계 전기 및 전자의 작용을 이용하여, 정보와 입수의 통제기능이 기계작용 중심을 이룬다.

① 개폐에 의한 통제 : 주로 ON-OFF 스위치로 동작 자체를 개시하거나 중단하도록 통제하는 장치

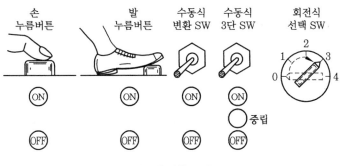

개폐에 대한 통제

② 양의 조절에 의한 통제 : 투입되는 원료, 연료의 양 및 기타의 양을 통제하는 장치

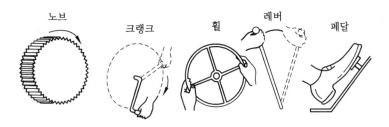

양의 조절에 의한 통제

③ 반응에 의한 통제 : 계기 신호 또는 감각에 의하여 행하는 통제장치

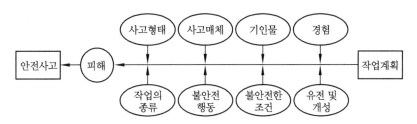

계기의 선택조건

(2) 통제표시비 (control display ratio)

① 통제표시비 (통제비) : C/D 비라고도 하며, 통제기기와 시각표시의 관계를 나타내는 비율로서 통제기기의 이동거리 X 를 표시판의 지침이 움직인 거리 Y로 나눈 값을 말한다.

$$\frac{C}{D}\text{비} = \frac{X}{Y}$$

여기서, X : 통제기기의 변위량(cm), Y : 표시계기의 지침의 변위량(cm)

$$\frac{C}{D}\text{비} = \frac{\dfrac{\alpha}{360} \times 2\pi L}{\text{표시계기의 이동거리}}$$

여기서, α : 조종장치가 움직인 각도, L : 반지름(지레의 길이)

예제 1. 통제길이를 2 cm 이동시켰더니, 표시계의 지침이 16 cm 움직였다면 이 계기의 통제비는 얼마인가 ?

[해설] $\dfrac{C}{D}\text{비} = \dfrac{X}{Y} = \dfrac{2}{16} = \dfrac{1}{8}$

예제 2. 반지름 20 cm의 조종구를 30° 움직였을 때 활자가 1 cm 이동하였다면 이 계기의 통제비는 얼마인가?

[해설] $\dfrac{C}{D}\text{비} = \dfrac{\dfrac{30}{360} 2\times 3.14 \times 20}{1} = 10.47$

다음 그림은 통제표시비와 조작시간의 관계를 실험한 젠킨스 (W. L. Jenkins) 의 실험치로서 시각의 감지시간, 통제기기의 주행시간, 그리고 조정시간의 3요소가 조작시간에 포함되는 시간으로 최적 통제비는 1.18~2.42가 가장 효과적이라는 실험결과를 나타내고 있다.

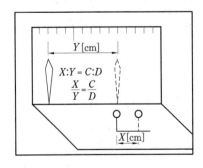

통제표시비의 예시

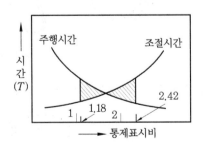

통제표시비와 조작시간

② 통제표시비의 설계시 관계되는 5요소

   (가) 계기의 크기 : 계기의 조절시간이 짧게 소요되는 사이즈 (size) 를 선택한다 (단, 너무 작으면 오차가 많이 발생하므로 상대적으로 생각할 것).

㈏ 공차 : 짧은 주행시간 내 공차의 인정범위를 초과치 않은 계기를 마련해야 한다.

㈐ 목측거리 : 목측거리가 길면 길수록 조절의 정확도는 적어지며 시간이 많이 걸리게 된다.

㈑ 조작시간 : 기기 시스템에서 발생하는 조작지연의 시간은 통제표시비가 가장 크게 작용하고 있다.

㈒ 방향성 : 계기의 방향성은 안전과 능률에 크게 영향을 미치고 있으므로 설계시에 가장 주의해야 한다.

4-2 표시장치의 구분

(1) 표시장치 (display)

① 표시장치의 종류

㈎ 정적 표시장치 : 간판, 도표, 그래프, 인쇄물, 필기물 같이 시간의 변화에 변하지 않은 것

㈏ 동적 표시장치

㉠ 어떤 변수나 상황을 나타내는 표시장치 : 온도계, 기압계, 속도계, 고도계

㉡ CRT 표시장치 : 레이더, 수중음파 탐지기 (sonar)

㉢ 전파용 표시장치 : 전축, TV, 영화

㉣ 어떤 변수를 조정하거나 맞추는 것을 돕기 위한 것

② 표시장치의 정보편성의 고려사항

㈎ 자극의 속도와 부하 : 속도압박과 부하압박

㈏ 신호들간의 신호차 : 신호간 간격이 0.5초보다 짧으며 자극 혼동

㈐ 휴먼 에러를 줄이기 위하여 통제 표시장치의 시각신호의 정보편성 요인 : 자극의 속도, 부하, 시간차

③ 표시장치의 사용

㈎ 시각적 표시장치

㉠ 정성적 표시장치 : 정성적 정보를 제공하는 표시장치는 온도, 압력, 속도와 같이 연속적으로 변하는 변수의 대략적인 값이나, 변화추세, 비율 등을 알고자 할 때 주로 사용한다.

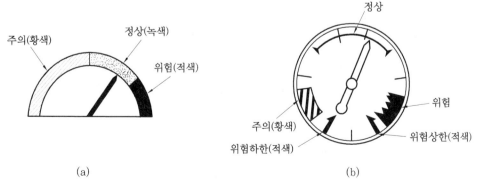

정성적 표시장치의 색채 및 형상 암호화

ⓛ 정량적 표시장치 : 온도나 속도 같은 동적으로 변하는 변수나, 자로 재는 길이 같은 정적변수의 계량장치에 관한 정보를 제공하는데 사용된다.

| 정목동침형 | 정침동목형 | 계수형 |

ⓒ 상태 표시기 (status indicator)
ⓔ 신호 및 경보등 : 상태 표시기의 사용 예

(2) 청각적 표시장치 (auditory display)

① 표시장치의 선택

㈎ 신호원 자체가 음일 때

㈏ 무선거리 신호, 항로정보 등과 같이 연속적으로 변하는 정보를 제공할 때

㈐ 음성통신 경로가 전부 사용되고 있을 때

② 청각수신 기능

㈎ 청각신호 검출 : 신호의 존재 여부 결정

㈏ 상대식별 : 두 가지 이상의 근접신호 구별

㈐ 절대식별 : 어떤 분류에 속하는 특정한 신호가 단독으로 제시되었을 때 이를 식별

5. 인간과 환경

5-1　온　도(temperature)

지상에 존재하고 있는 모든 생물은 일정한 온도 범위 안에서 생존해 간다. 그 중에서 인간은 36.5℃의 온도 속에서 살아가는 항온동물이다. 온열조건은 생물의 생존뿐만 아니라 물질의 변화에 지대한 영향을 준다. 작업환경 내에서 온도는 인간의 노동생산성과 품질에 깊은 관계가 있는 매우 중요한 조건으로서 안전사고와도 밀접한 관계가 있다.

(1) 온도변화에 대한 인체 적응

① 열교환방법 : 인간과 주위와의 열교환 과정은 다음과 같이 열균형 방정식으로 나타낼 수 있다.

$$S (열축적) = M (대사열) - E (증발) \pm R (복사) \pm C (대류) - W (한일)$$

여기서, S : 열이득 및 열손실량이며 열평형상태에서는 0

㈎ 대사열 : 인체는 대사활동의 결과로 계속 열을 발생한다(성인 남자 휴식상태 : 1 kcal/분 ≒ 70 W, 앉아서 하는 활동 : 1.5~2 kcal/분, 보통 신체활동 5 kcal/분 ≒ 350 W,

　　중노동 : 10～20 kcal/분).
　⒴ 대류 (convection) : 고온의 액체나 기체가 고온대에서 저온대로 직접 이동하여 일어나는 열전달이다.
　⒟ 복사 (radiation) : 광속으로 공간을 퍼져 나가는 전자에너지이다.
　⒭ 증발 (evaporation) : 37℃의 물 1 g을 증발시키는 데 필요한 증발열 (에너지) 은 2410 joule/g (575.7 cal/g) 이며, 매 g의 물이 증발할 때마다 이만한 에너지가 제거된다.

$$열손실률\,(R) = \frac{증발에너지\,(Q)}{증발시간\,(t)}$$

　⒨ P4SR (추정 4시간 발한율) : 주어진 일을 수행하는 순환된 젊은 남자의 4시간 동안의 발한량을 건습구온도, 공기유동속도, 에너지소비, 피복을 고려하여 추정한 지수이다.
② 불쾌지수
　⒤ 기온과 습도에 의하여 감각온도의 개략적 단위로서 사용하는 불쾌지수가 있다.
　⒴ 불쾌지수＝섭씨 (건구온도＋습구온도)×0.72＋40.6
　⒟ 불쾌지수＝화씨 (건구온도＋습구온도)×0.4＋15
　⒭ 불쾌지수가 80 이상일 때는 모든 사람이 불쾌감을 가지기 시작하고, 75의 경우는 절반 정도가 불쾌감을 가지며 70～75에서는 불쾌감을 느끼기 시작하며 70° 이하 모두 쾌적하다.

(2) 환경 요소의 복합지수

① 실효온도 (effective temperature) : 온도, 습도 및 공기유동이 인체에 미치는 열효과를 하나의 수치로 통합한 경험적 감각지수로 상대습도 100%일 때의 (건구) 온도에서 느끼는 것과 동일한 온감 (溫感) 이다 (예 습도 50%에서 21℃의 실효온도는 19℃).
　⒤ 실효온도 (체감온도, 감각온도) 의 결정 요소
　　㉠ 온도　　　　　　　㉡ 대류 (공기유동) : 기류　　　㉢ 습도
　⒴ 허용한계
　　㉠ 정신 (60～64°F)　　㉡ 경작업 (55～60°F)　　　㉢ 중작업 (50～55°F)
　⒟ Oxford 지수 : WD (습건) 지수라고도 하며, 습구·건구온도의 가중 평균치로서 다음과 같이 나타낸다.
$$WD = 0.85\,W\,(습구온도) + 0.15\,D\,(건구온도)$$
② 열압박지수 (HSI ; heat stress index) : 열평형을 유지하기 위해서 증발해야 하는 발한량으로 열부하를 나타내는 지수이다.
$$HSI = \frac{E_{\text{req}}}{E_{\text{max}}}$$
　⒤ E_{req} : 열평형을 유지하기 위해 필요한 증발량 (Btu/h) ＝ M (대사)＋R (복사)＋C (대류)
　⒴ E_{max} : 특정한 환경조건의 조합하에서 증발에 의해서 잃을 수 있는 열량 (Btu/h)
③ 온습도 조절방법
　⒤ 양호한 통풍　　　　　　　　⒴ 방사열을 방지하는 스크린의 설치
　⒟ 통풍이 용이한 작업복　　　　⒭ 작업시간의 조절, 인원 조절

【참 고】

1. 온 도

① 안전활동 최적온도 : 18~21 ℃

② 갱내 작업장 최고온도 : 37 ℃ 이하

③ 체온의 안전한계와 최고 한계온도 : 38 ℃와 41℃

④ 손가락에 영향을 주는 한계온도 : 13~15.5℃

기온 고저가 작업에 가장 큰 영향을 준다. 계속 작업의 경우 작업강도와 온도의 영향은 다음의 표와 같다.

작업강도	온 도	비 고
경작업 (RMR 0~2)	건구온도 34 ℃	상대 습도는 70 % 및 기류 0.1 m/s 의 경우
중정도 작업 (RMR 2~4)	건구온도 32 ℃	
중작업 (RMR 4 이상)	건구온도 30 ℃	

2. 습 도 (안락한계 30~35 % (정전기 제거를 위한 습기 70 % 이상 소요))

고온시 장해에 대한 예방법은 충분한 통풍, 환기 실시, 염분 공급, 비타민 B·C 공급, 방열복 및 방열용 마스크 등 보호구 착용, 작업의 기계화, 작업시간 단축, 휴식시간을 증가시키는 등이다. 과도한 냉방는 관절통을 일으키므로 바깥 기온과의 차는 5~6℃ 가 적당하다.

3. 온도의 영향

① 체내온도는 가장 큰 피로지수이다.

② 체내온도는 38.8 ℃가 되면 기진한다.

③ 체감온도가 증가할수록 육체기능은 저하한다.

④ 열압박은 정신활동에 영향을 미친다.

4. 고온으로 바뀔 때의 신체의 조절기능

① 많은 양의 혈액이 피부를 경유하게 되며 온도가 올라간다.

② 체내온도가 내려간다.

③ 발한이 시작된다.

5-2 조 명

(1) 조명의 정의

조명은 생산 안전·환경의 쾌적성은 크게 미치고 적절한 조명은 생산성을 향상시키고, 작업 및 제품에 불량이 감소되며, 피로가 경감되어 재해라 감소된다.

(2) 양호한 조명의 조건

① 적정한 밝기를 가진다.

② 밝기를 고르게 한다.

③ 빛의 방향이 눈부시지 않다.

④ 그림자가 지지 않아야 한다.

⑤ 광색이 적당해야 한다.

⑥ 창으로부터 채광과 인공조명을 변용한다.

⑦ 초정밀작업 750 lux, 정밀작업 (lux), 보통작업 150 lux 및 기타 작업 75 lux 이상의 조

도가 적절하다.

⑧ 조명시설은 6개월마다 1회 이상 정기점검을 실시한다. 일반적으로 최대조도와 최소조
도의 차는 평균조도의 30 % 이내, 전반조명에 있어서 조도는 작업면의 조도 (국부조명
에 의한 조도) 에 대해 1/10이 적당하다.

⑨ 눈이 부시게 하는 빛의 방향 : 빛의 방향이 나쁘면 손쪽이 잘 보이지 않게 된다. 전방
에 빛이 있을 경우 광원과 시야의 각도는 30° 이상이 좋다 (다음 그림 참조).

⑩ 그림자 : 작업에 있어서 손쪽으로 그림자가 지면 좋지 않다. 일반 사무실에 있어서도
조도의 10 % 이상이 그림자가 지면 좋지 않다. 금속 표면을 검사하는 등 물체를 정확하
게 살펴야 하는 경우 수은등이 좋다.

⑪ 빛의 색깔 : 일반적으로 자연의 주간 햇빛색과 같은 것이 좋다. 색의 식별이 필요한 작
업에는 천연백색 또는 천연 주간빛 색과 같은 광원이 좋다.

⑫ 채광 : 창의 면적은 바닥면적의 1/5 이상, 천장은 보통 창보다 3배가 효과가 있다.

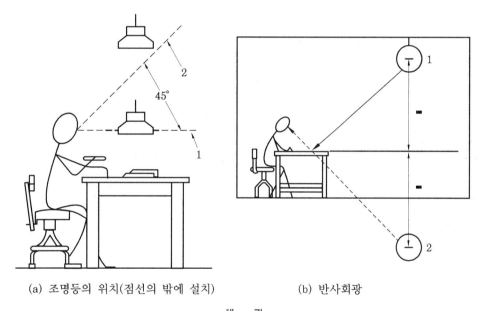

(a) 조명등의 위치(점선의 밖에 설치)   (b) 반사회광

채 광

(3) 조명단위

① fc (foot-candle) : 1촉광의 점광원으로부터 1 foot 떨어진 곡면에 비추는 광의 밀도
$$(1\,lumen/ft^2)$$

② lux (meter-candle) : 1촉광의 점광원으로부터 1 m 떨어진 공면에 비추는 광의 밀도
$$(1\,lumen/m^2)$$

$$1\,fc = 1\,lumen/ft^2 \fallingdotseq 10\,lumen/m^2 = 10\,lux$$

③ 거리가 증가할 때에 조도는 역제곱의 법칙에 따라 감소한다.

$$조도 = \frac{광도}{(거리)^2}$$

④ 반사율 (reflectance) : 표면에 도달하는 조명과 광산발산속도의 관계를 말한다. 빛을 흡수하지 못하고 완전히 발산 또는 반사시키는 표면의 반사율을 100 %라 하며 만약 1 fc로 조명한다면 어떤 각도에서 보아도 표면은 1 fc의 광속발산도를 가질 것이다.

$$반사율(\%) = \frac{광산발산속도\,(fl)}{조명\,(fc)} \times 100$$

㈎ 옥내 최적 반사율

  ㉠ 천장 : 80~90 %   ㉡ 벽 : 40~60 %

  ㉢ 가구 : 25~45 %   ㉣ 바닥 : 20~40 %

㈏ 천장과 바닥의 반사비율은 최소한 3 : 1 이상 유지해야 한다.

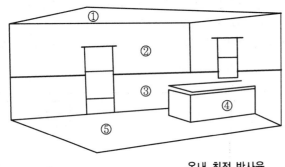

① 천　　장 : 80~90 %
② 벽면상부 : 50~60 %
③ 벽면하부 : 15~20 %
④ 가　　구 : 30~40 %
⑤ 바　　닥 : 15~30 %

옥내 최적 반사율

(4) 작업에 따른 조명도

작업의 종류	초정밀 작업	정밀작업	보통작업	기타작업
이상적인 조명도	750 lux 이상	300 lux 이상	150 lux 이상	75 lux 이상

5-3 시 각 (visual sense)

어느 범위에서는 노출시간이 클수록 식별력이 커진다.

(1) 시 각

① 정상적인 인간의 시계 범위 : 200°
② 색채를 식별할 수 있는 시계 범위 : 70°
③ 속도와 시계

  ㈎ 40 km/H : 100°   ㈏ 70 km/H : 65°   ㈐ 100 km/H : 40°

④ 색맹인 사람은 색이 회색으로 보인다.
⑤ 노화에 따라 제일 먼저 기능이 저하되는 감각기관은 시각이다.

(2) 암조응 (暗潮應, dark adaptation)

① 완전 암조응에서는 보통 30~40분이 걸리며, 어두운 곳에서 밝은 곳으로 역조응, 즉 명조응은 수초밖에 걸리지 않으며 넉넉잡아 1~2초이다.
② 같은 밝기의 불빛이라도 진홍이나 보라색보다는 백색광 또는 황색광이 암조응을 더 빨리 파괴한다.

(3) 자 극

① 자극반응시간 (reaction time)

   ㈎ 시각 : 0.20 초   ㈏ 청각 : 0.17 초

   ㈐ 촉각 : 0.18 초   ㈑ 미각 : 0.70 초

② 글자의 크기

          • 길이는 굵기의 6배

③ diopter (D) : 1/m 단위의 초점거리

④ 감각기관의 자극수용범위

감각기관의 감지강도

구 분	최소감지강도	최대감지강도
시 각	10^6 mL	10^4 mL
청 각	압력 2×10^4 dyne/cm², 주파수 20 Hz	10^3 dyne/cm²
척 각	손끝 0.04~1.1 erg, 압력 3 mg/mm²	불 명
진 동	손끝 25×10^5 mm	$25 \times 10^5 \times 30$

㈜ 1 erg : 1 mg 을 1 cm 움직이는 힘

5-4 색 각 (色覺, color sense)

물체로부터 반사되는 색채감을 유발한다.

(1) 색채와 심리

① 적색 : 공포, 열정, 애정, 활기, 용기

② 황색 : 주의, 조심, 희망, 광명, 향상

③ 청색 : 진정, 냉담, 소극, 소원

④ 녹색 : 안전, 안식, 평화, 위안

⑤ 자색 : 우미, 고취, 불안, 영원

(2) CAS 란

① 색채조절 (color conditioning)

② 공기조절 (air conditioning)

③ 음향조절 (sound conditioning)

CAS를 최량의 상태로 유지시키는 것은 재해방지 및 능률향상의 기본이다.

(3) CIE 색계

빛의 3원색인 적(X), 녹(Y), 청(Z)색의 상대적인 비율로 지정한다. 방사, 투과 혹은 반사되는 모든 가능한 색은 CIE 색계를 가지고 색도로 (chromaticity diagram) 상에 나타낼 수 있다.

① 작업장의 색의 선택

㉮ 남자 작업장 : 한색

㉯ 여자 작업장 : 난색

(4) 외 부

① 지붕은 주위의 환경과 조화를 이루도록 한다.

② 벽면은 주위 명도의 2배 이상으로 한다.

③ 창틀에는 흰빛으로 악센트를 준다. 명도나 채도를 벽보다 1~2 높게 한다.

(5) 내 부

① 천장의 색 : 천장과 머리 위는 75 % 또는 그 이상의 반사율을 가진 백색으로 한다.

② 윗벽의 색 : 손 작업에는 기계공장의 경우 8 이상의 명도를 가진 황색, 엷은 녹색이 좋으며 정밀작업은 명도 7.5~8, 색상은 회색, 녹색이 좋고 기타 벽면으로 얼굴을 향하고 있는 경우엔 명도 2~3 정도의 녹, 청, 점토색이 좋다.

(6) 기계에 대한 배색

① 기계 전체의 색 : 녹색과 회색을 혼합 사용하는 것이 좋다. 녹색 (10 G 6/2) 은 외견상 신선하고 수동적이며 여기 회색을 혼합하면 한결 차분한 느낌을 준다. 청록색 (7.5 BG 6/ 1.5) 도 사람의 피부색과 보색이므로 우수하다. 공장은 대체로 고열을 내는데 이같은 한색은 심리적으로도 시원하게 느껴져 효과적이다.

② 초점색 : 공작물의 절단, 절삭하는 작업면은 다른 부분과 확실히 구별할 필요가 있으며 작업원의 눈이 쉽게 그곳으로 유도될 수 있게 하고, 손가락 등이 물리지 않도록 능률과 안정을 함께 고려한 색을 초점색이라 한다. 예컨대, 공작물의 주물, 강철, 알루미늄 등의 경우는 엷은 노랑 (10 YR 6.5/4, 2.5 Y 8.5/3, 1 Y 3/5), 또는 황동·동일 때에는 황록 (8.5 GY 8/3.5 10 GY 8/3) 등으로 들 수 있다.

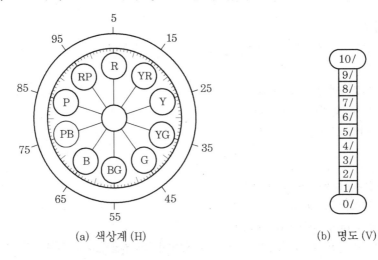

(a) 색상계 (H)　　　　　(b) 명도 (V)

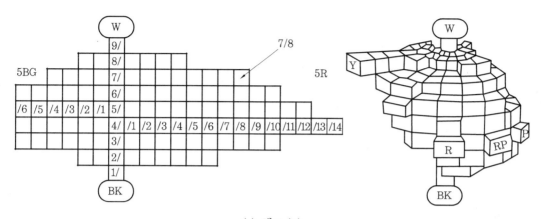

(c) 채도 (C)

색의 3속성

5-5 소 음 (음향조절 : sound conditioning)

(1) 소음 (noise) 의 정의

소음이란 원하지 않는 소리를 칭하는 것으로 정보이론의 관점에서 본 소음의 정의는 '주어진 작업의 존재나 환수와 정보적인 관련이 없는 청각적 자극'이다.

$$면적출력 = \frac{출력}{4\pi(거리)^2}$$

(2) 음의 크기와 음의 크기의 수준

① phon에 의한 음량수준 : 음의 감각적 크기의 수준을 나타내기 위해서 음압수준 (dB) 과는 다른 phon이라는 단위를 채용하는데, 어떤 음의 phon치로 표시한 음량수준은 이 음과 같은 크기로 들리는 1000 Hz 순음의 음압수준이다.

② sone에 대한 음향 : 음량 척도로서 1000 Hz · 40 dB의 음압수준을 가진 순음의 크기 (=40 phon) 를 1 sone이라 정의한다 (기준음보다 10배로 크게 들리는 음은 10 sone의 음량을 갖는다).

③ sone과 phon의 관계 : 20 phon 이상의 단순음 또는 복합음의 경우 다음 관계식이 성립되어 음량수준이 10 phon이 증가하면 음량 (sone) 은 2배로 한다.

(3) dBA (sound level : 소음수준)

소음수준 측정기에 사람의 청각과 비슷한 보정회로 (전기적) 를 장치하여 소음을 평가하는데 처음에는 3가지 보정회로 (A, B, C) 를 이용하였으나 현재에는 A회로가 가장 소음평가에 간편하고 적합하다는 것이 알려졌기 때문에 소음수준의 단위는 dB A를 사용하게 된다.

① NRN (noise rating number) : ISO에서 도입하여 장려한 소음평가방법으로 소음평가지수를 의미한다.

② 은폐 (masking) 현상 : dB의 높은 음과 낮은 음이 공존할 때 낮은 음이 강한 음에 가로막혀 숨겨져 들리지 않게 되는 현상이다.

③ 복합소음 : 3 dB 이상 증가하는 현상 (예 소음수준이 같은 2대의 기계) 이다.

【참 고】

- **소음 (noise) 의 단위**

  1. dB : sound pressure level (SPL), 음의 압력수준단위 (dyne/cm)

  $$dB = 20\log10\frac{P_1\,(측정음압)}{P_0\,(측정음압)}$$

  2. Phon : dB을 가지고 실험치 측정, 소리의 크기 단위 (독일에서 사용)

  3. ASA : american standard association (미국표준)

  4. NRN : noise rating numver (소음평가지수)

---

(4) 소음의 영향 및 허용관계

① 소음의 일반적 영향

  ㈎ 인간은 일정 강도 및 진동수 이상의 소음에 계속적으로 노출되면 점차적으로 청각기능을 상실하게 된다.

  ㈏ 소음은 불쾌감을 주고 대화, 마음집중, 수면, 휴식을 방해하며 피로를 증가시킨다.

② 소음이 작업 성능에 미치는 영향

  ㈎ 저하

  ㈏ 무관

  ㈐ 소음의 향상

③ 가청주파수 : 20~20000 Hz (CPS)

  ㈎ 저진동범위 : 20~500 Hz

  ㈏ 회화범위 : 500~2000 Hz

  ㈐ 가청범위 (audible range) : 2000~20000 Hz

  ㈑ 불가청범위 : 20000 Hz

④ 가청한계 : 2×10^{-4} dyne/cm^2 (0 dB)~10^3 dyne/cm^2(34 dB)

  ㈎ 심리적 불쾌감 : 40 dB 이상 (실내소음 안전단계)

  ㈏ 생리적 영향 : 60 dB 이상

    ㉠ 안락한계 : 45~65 dB

    ㉡ 불쾌한계 : 65~120 dB

  ㈐ 난청 (C5dip) : 90 dB 이상 (8시간)

⑤ 유해 주파수 (공장소음) : 4000 Hz (난청현상이 오는 주파수)

  ㈎ 낮은 화음 : 60 dB

  ㈏ 고전음악 : 90 dB

⑥ 음압과 허용 노출관계 (120 이상 격벽 설치)

dB 기준	90	95	100	105	110	115	120
허용 노출시간	8시간	4시간	2시간	1시간	30분	15분	5~8분

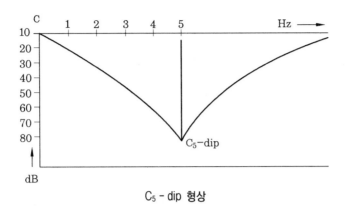

C₅ - dip 형상

(5) 소음의 관리방법 (대책)

① 소음 통제의 일반적인 방법

㉮ 기계의 적절한 방법

㉯ 적절한 장비 및 주유

㉰ 기계에 고무 받침대 (mounting) 부착

㉱ 차량에는 소음기(muffler) 사용

② 소음의 격리 : 씌우개 (enclosure), 방·장벽을 사용 (집의 창문을 닫으면 10 dB 이 감음된다.)

③ 차폐장치 (baffle) 및 흡음제로 사용

④ 음향처리재 (acoustical treatment) 사용

⑤ 적절한 배치 (layout)

⑥ 방음 보호구 사용 : 귀막이 (이전) (200 Hz 에서 20 dB, 4000 Hz 에서 25 dB차음효과

⑦ BGM (back ground music) : 배경음악(60±30 dB)

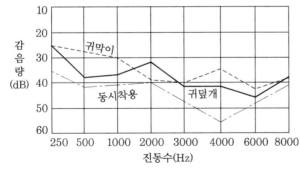

※ 일반적으로는
귀막이 : 5 dB 내외
귀덮개 : 10 dB 내외
겸용시 : 10~20 dB 내외의 감음효과
가 있다고 한다.

귀막이, 귀덮개와 이들을 동시에 이용할 때의 감음 특성

6. 작업과 인간공학

6-1 작업공간 및 배치

(1) 작업공간 (work space)

① 작업공간 포락면 (包絡面 ; envelope) : 한 장소에 앉아서 수행하는 작업활동에서 사람이 작업하는 데 사용하는 공간을 말한다.

② 파악한계 (trasping reach) : 앉은 작업자가 특정한 수작업 기능을 편히 수행할 수 있는 공간의 외곽한계를 말한다.

③ 특수 작업역 (域) : 특정 공간에서 작업하는 구역

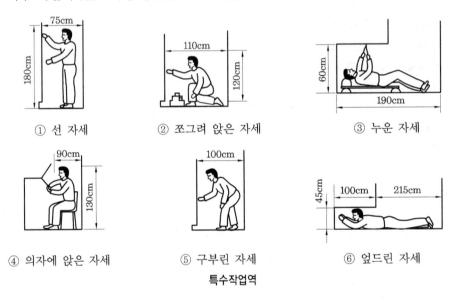

특수작업역

(2) 작업대 (work surface)

① 수평작업대

(가) 정상 작업역 : 상완 (上腕) 을 자연스럽게 수직으로 늘어뜨린 채 전완 (前腕) 만으로 편하게 뻗어 파악할 수 있는 구역 (34~45 cm)

(나) 최대 작업역 : 전완과 상완을 곧게 펴서 파악할 수 있는 구역 (55~65 cm)

(다) 어깨 중심선과 간격 : 19 cm

(라) 팔꿈치 높이 : 작업대 상방 5~10 cm

② 근전도(筋電圖, EMG, electromyogram) : 동작은 근육의 운동 (긴장, 해이) 에 의해서 생기는 것이므로 직접적으로 근육의 흥분상태를 조사하여 동작시에 어떤 근육이 얼마의 강도로 쓰였는가를 침전극을 사용하여 신경근 단위의 활동을 택하는 방법과, 피부 전극에 의한 표면 근전도를 택하는 방법으로 근전도 (근육의 전삭 저항 변화도) 를 작성하는 생리적 방법이다. 근출력이나 동작분석 등 근의 기능을 검사할 때에는 표면 근전도 방

법이 유효하다고 한다.

③ 플리커치 : 빛을 일정한 속도로 점멸시키면 '반짝반짝'하게 보이나 그 속도를 증가시키면 계속 켜져 있는 것처럼 보이게 된다. 이 때의 점멸빈도 (Hz) 를 융합빈도 (critical flicker, fusion frequency) 라 하며, 항상 일정한 값이 아니라 피로 상태에 있을 때는 이 빈도가 떨어지는 것이 명백해진다. 몇 Hz로 하면 한 점으로 보이는데 이것을 플리커치 (CFF ; flicker frequency of fusion light) 라 하며, 그 때의 대뇌의 기능을 표현해 준다.

④ GSR (정신 전류 반사 : galvanic skin reflex) : 신체의 땀줄은 두 가지가 있다.
   ㈎ 온열 자극에 의해 땀을 흘려 체온을 조절하는 경우
   ㈏ 정동 (情動) 자극으로 땀을 흘리게 하는 정신적인 고도의 긴장, 흥분으로 대뇌의 육감 신경을 개재시켜서 땀을 흘리게 하거나 정신성으로 땀을 흘리게 되는 것이나, 이것은 특히 손바닥 부분과 발바닥 부분에서 일어나기 쉽다. 땀이 나면 전기의 저항은 감소하여 전류치가 높아지고, 전류치가 높아지면 땀흘림을 알 수 있게 된다.

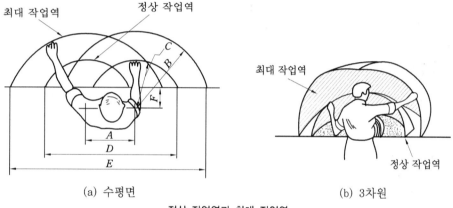

(a) 수평면　　　　　　　　　　　(b) 3차원

정상 작업역과 최대 작업역

(3) 심리학적 측정 기법

심리학적 측정 기법으로 여러 가지 기법이 있으나 보통 다음 세 가지로 지적된다.

① 자극에 대한 물리량과 관련되어 감각의 자극역, 판별역 등과 같은 여러 가지 역치 (閾値)를 측정하는 정신 물리학적인 측정기법
② 미적인 감각, 태도, 기호 등을 측정하는 평정법 (評定法)
③ 인간의 성격이나 능력, 적성을 측정하는 테스트법에 의한 정신 검사법

(4) 의자설계의 4원칙

① 체중분포
② 의자좌판의 높이
③ 의자좌판의 길이와 폭
④ 몸통의 안정

(5) 작업부하, 피로측정 및 긴장감 측정

① 작업부하, 피로 측정 : 호흡량, 근전도 (EMG), 플리커치
② 긴장감 측정 : 심박수, GSR (피부전류 반사)

이 분류는 목적 분류에 불과하며 굳이 엄격히 분류되는 것은 아니다. 양자간에는 밀접한 관계가 있을 뿐 아니라, 예를 들어 심박수는 긴장감 측정에만 쓰이고 피로 측정에는 쓰일 수 없다는 것은 아니다.

(6) 신체부위의 운동

팔, 다리 및 다른 신체 부위의 동작 중 기본적인 몇 가지는 다음과 같다.

① ┌ 굴곡(flexion) : 부위간의 각도가 감소
　 └ 신전(extension) : 부위간의 각도가 증가

② ┌ 내전(adduction) : 몸의 중심선으로의 이동
　 └ 외전(abduction) : 몸의 중심선으로부터의 이동

③ ┌ 내선(medial rotation) : 몸의 중심선으로의 회전
　 └ 외선(lateral rotation) : 몸의 중심선으로부터의 회전

④ ┌ 하향 (pronation) : 손바닥을 아래로
　 └ 상향 (supination) : 손바닥을 위로

6-2 기계설계의 개선

재해 방지를 위하여 기계설계를 인간공학적인 면에서 조작이 쉽고, 안전성이 크도록 기계설계를 해야 한다.

(1) 기계설계의 개선방법
① 구조의 개선
② 방호장치의 설치
③ 자동 정지장치 설치
④ 인체의 생리기능에 적합한 설계

(2) 시각 및 수동범위와 배치
① 번번이 모니터를 필요로 하는 수직 계기판 위의 시각을 이용하는 '디스플레이'는 바닥으로부터 높이 40"~70" 사이에 설치하여야 한다.
② 수직 계기판 위에 간결하게 판독할 수 있는 지시기는 일어서서 사용하는 판 표면 높이의 48"~64"에 설치해야 한다.
③ 수직 계기판 위의 제어기는 일어서서 사용하는 판 표면 높이는 70" 이하, 32" 이상에 설치해야 한다.
④ 수직 계기판 위의 사용빈도가 높은 제어기 또는 정밀도가 높은 것은 일어서서 사용하는 판 표면의 높이 44"~55" 사이에 설치해야 한다.
⑤ 제어기까지의 '리치' 거리는 최대 28" 이내, '디스플레이'까지의 거리는 16" 이상으로 한다.
⑥ '디스플레이'가 형성하는 목시각 (angle subtended from eve) 은 다음과 같아야 한다.

(가) 수평 ┌ 최적 조건 15° 좌우
　　　　 └ 제한 조건 95° 좌우

(나) 수직 ┌ 최적 조건 0° ~30° (하한)
　　　　 └ 제한 조건 75° (상한), 85° (하한)

⑦ 백레스트와 $0°{\sim}10°$로 앉을 때 조작자의 수동 범위(좌석 참조점(SRP)은 척추 바로 아래가 된다.)는 다음과 같다.

㉮ 최적 조건

　㉠ 좌석 참조점이 수평으로 작업 범위의 녹단에 가까이 있을 때 : 15"

　㉡ 좌석 참조점이 수직으로 작업 범위의 하부 평면에 있을 때 : 19"

　㉢ 작업 범위의 깊이 : 11" (SRP로부터 15"~26")

　㉣ 작업 범위의 폭 : 24",　평면의 높이 : 4"~11.5"

㉯ 제한 조건 : 수직 · 수평 평면에서 최대 28"

　· 허용 오차 : ±2"

【참 고】

· **일어선 자세의 작업** : 표준체격의 남자는 전방 20 cm, 높이 90 cm 위치가 근육의 활동과 RMR이 가장 적은 위치이다.

작업종류와 작업점의 높이

작업종류	작업점 높이 (cm)
눈 · 손 작업	102 (63 %)
팔 · 손 작업	95 (58 %)
팔 작업	83 (51 %)
힘을 쓰는 작업	80 (50 %)

① %는 신장에 대한 비율

② 여자의 높이는 위 표(남자 기준)에서 5 cm 정도 감함

③ 높이는 작업대와 취급 물체의 높이를 합한 수치

④ 힘을 쓰는 작업은 낮고, 눈을 쓰는 정밀작업은 높다.

제 2 장 시스템 안전공학

과학적·공학적 원리를 적용해서 시스템 내의 위험성을 적시에 식별하고 그 예방 또는 제어에 필요한 조치를 도모하기 위한 시스템공학의 한 분야로, 시스템의 안전성을 명시, 예측 또는 평가하기 위한 공학적 설계 안전해석의 원리 및 수법을 기초로 하며, 수학, 물리학 및 관련과학 분야의 전문적 지식과 특수기술을 기초로 하여서 성립한다.

1. 시스템 안전기법

1-1 설비도입 및 제품개발 안전성 평가

(1) 시스템의 의의

복수개의 요소(요소의 집합)에 의해 구성되고 시스템 상호간에 관계를 유지하면서 정해진 조건 아래에서 어떤 목적을 위하여 작용하는 집합체를 말한다.

(2) 시스템 안전(system safety)

어떤 시스템 안전에 필요한 사항의 식별(identification)에 있어서 기능시간 코스트(cost) 등의 제약 조건하에서 인원 및 설비가 당하는 상해 및 손상을 최소한으로 줄이는 것이다.

특히 시스템 안전을 달성하기 위해서는 시스템의 계획 → 설계 → 제조 → 운용 등의 단계를 통하여 시스템의 안전관리 및 시스템 안전공학을 정확히 적용시키는 것이 필요하다.

(3) 시스템의 안전 달성방법

① 재해예방
  ㈎ 위험의 소멸
  ㈏ 위험수준의 제한
  ㈐ 페일세이프(failsafe)의 설계
  ㈑ 유해위험물의 대체사용 및 완전차폐
  ㈒ 고장의 최소화
  ㈓ 중지 및 회복 등
② 피해의 최소화 및 억제
  ㈎ 격리
  ㈏ 보호구 사용
  ㈐ 탈출 및 생존
  ㈑ 구조

(4) 시스템 안전의 우선도

① 위험의 최소화를 위해 설계할 것
② 안전장치의 채택
③ 경보장치의 채택
④ 특수수단의 개발(위험제어를 위한 순서 및 훈련)

1-2 안전성 평가 (safety assessment)

(1) 어세스먼트 (assessment)의 정의

어세스먼트 (assessment)란 설비나 제품의 설비, 제조, 사용에 있어서 기술적, 관리적 측면에 대하여 종합적인 안전성을 사전에 평가하여 개선책을 제시하는 것을 말한다.

(2) 안전성 평가의 종류

① 테크놀로지 어세스먼트 (technology assessment) : 기술개발 과정에서 효율성과 위험성을 종합적으로 분석 판단함과 아울러 대체수단의 이해득실을 평가하여 의사결정에 필요한 포괄적인 자료를 체계화한 조직적인 계측과 예측의 프로세스라고 말한다. 일명 '기술개발의 종합평가'라고도 말할 수 있다.

② 세이프티 어세스먼트 (safety assessment ; risk assessment) : 설비의 전공정에 걸친 안전성 사전평가 행위

③ 리스크 어세스먼트 (risk assessment ; risk management) : 위험성 평가

④ 휴먼 어세스먼트 (human assessment) : 인간, 사고상의 평가

> **【참고】**
> • **안전성 평가** : 설비의 전 공정에 걸친 안정성의 사전평가 행위를 세이프티 어세스먼트 (safety assessment) 라 하며, 리스크 어세스먼트 (risk assessment) 라고도 한다.

(3) 안전성 평가의 기본원칙

안전성 평가는 6단계에 의하여 실시되며, 5단계와 6단계는 경우에 따라 동시에 이루어지는 경우도 있으며, 이 때의 6단계는 종합적 평가에 대한 점검이 실시된다.

① 제 1 단계 : 관계자료의 정비검토
② 제 2 단계 : 정성적 평가
③ 제 3 단계 : 정량적 평가
④ 제 4 단계 : 안전대책
⑤ 제 5 단계 : 재해정보에 의한 재평가
⑥ 제 6 단계 : FTA에 의한 재평가

(4) 안전성 평가의 4가지 기법

① 체크리스트에 의한 평가 (check list)
② 위험의 예측평가 (lay out의 검토)
③ 고장형 영향분석 (FMEA법)
④ FTA법

(5) 안전성 평가의 기본방침

① 상해예방은 가능하다.
② 상해에 의한 손실은 본인, 가족, 기업의 공통적 손실이다.
③ 관리자는 작업자의 상해방지에 대한 책임을 진다.
④ 위험부분에는 방호장치를 설치한다.

⑤ 안전에 대한 책임을 질 수 있도록 교육훈련을 의무화한다.

(6) 기술개발의 종합평가 (technology assessment) 의 5단계

① 1 단계 : 사회적 복리기여도
② 2 단계 : 실현가능성
③ 3 단계 : 위험성과 안전성
④ 4 단계 : 경제성
⑤ 5 단계 : 종합평가 (조정)

(7) 리스크 어세스먼트 (risk assessment : 위험성평가) 의 순서

① 리스크의 검출과 확인
② 리스크의 측정과 분석
③ 리스크의 처리
④ 리스크 처리방법의 선택
⑤ 계속적인 리스크의 감시

【참 고】

• **리스크 처리기술 4가지**

  1. 회피   2. 경감   3. 보유   4. 전과

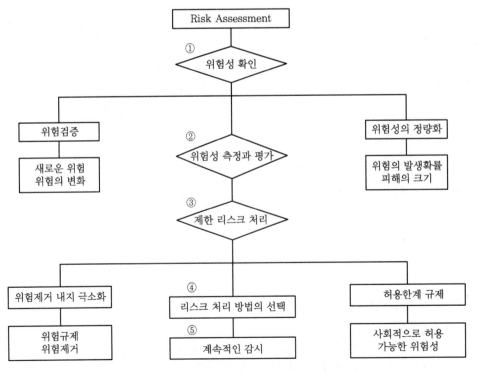

리스크 어세스먼트 (risk assessment : 위험평가) 의 순서도

(8) 위험성의 수준을 정량적으로 정하는 2가지 방법

① 코스트 유효도적 방법

② 다른 재해 위험성과의 비교

③ 시스템 안전관리상의 위험성 분류

㈎ 카테고리-Ⅰ 무시 (negligible) : 상해 또는 시스템의 손상에는 이르지 않는다.

㈏ 카테고리-Ⅱ 한계적 (marginal) : 상해 또는 주요 시스템의 손상을 일으키지 않고 배제나 억제할 수 있다 (control 가능단계).

㈐ 카테고리-Ⅲ 위험 (critical) : 상해 또는 주요 시스템의 손상을 일으키고, 인원 및 시스템의 생존을 위해 직업 시정조치를 필요로 한다.

㈑ 카테고리-Ⅳ 파국적 (catastrophic) : 사망 및 중상 또는 시스템의 상실을 일으킨다.

(9) 시스템 안전계획 (SSP) 의 작성

① 시스템 안전 프로그램의 설정 및 실시방법 기술

② 안전부분의 작업목표 및 달성방법을 기술하는 일종의 관리상 문서

③ 안전작업 진행사항 평가 기초문서

④ SSP의 기술사항

㈎ 안전성 관리조직 및 그것과 타 프로그램의 관계

㈏ 시스템에 생기는 모든 사고의 식별평가를 위한 해석법의 양식

㈐ 허용수준까지 최소 또는 제거하여야 할 사고의 종류

㈑ 작성 보존되어야 할 기록의 종류

2. 결함수 분석

2-1 시스템 안전 분석기법 및 분류방법

(1) 시스템 안전 분석의 분류

① 예비사고 (위험) 분석 (PHA ; preliminary hazards analysis)

㈎ PHA는 모든 시스템 안전 프로그램의 최초단계의 분석으로서 시스템 내의 위험요소가 얼마나 위험한 상태에 있는가를 정성적으로 평가하는 것이다.

㈏ PHA의 목적 : 시스템의 개발단계에서 시스템 고유의 위험영역을 식별하고 예상되는 재해의 위험수준을 평가하는 데 있다.

㈐ PHA의 기법 : 위험의 요소가 어느 서브 시스템에 존재하는가를 관찰하는 것으로 다음과 같은 방법이 있다.

㉠ 체크리스트에 의한 방법　　　　　　　㉡ 경험에 따른 방법

㉢ 기술적 판단에 의한 방법

② 결함사고 분석 (FHA ; fault hazards analysis)

㈎ FHA는 서브 시스템의 분석에 사용되는 분석방법이다.

㈏ 서브 시스템 : 전체 시스템을 구성하고 있는 시스템의 한 구성요소를 말한다.

(다) FHA의 기재사항

㉠ 서브 시스템의 요소 ㉡ 그 요소의 고장형

㉢ 고장형에 대한 고장률 ㉣ 요소고장시 시스템의 운용형식

㉤ 2차 고장 ㉥ 서브 시스템에 대한 고장의 영향

㉦ 고장형을 지배하는 뜻밖의 일 ㉧ 위험성의 분류

㉨ 전 시스템에 대한 고장의 영향 ㉩ 기타

(2) CA (criticality analysis)

① CA : 높은 위험도 (criticality) 를 가진 요소 또는 그 고장의 형태에 따른 분석을 CA라한다.

② 고장형 위험도 (criticality) 의 분류 (SAE : 미국자동차협회)

(가) 카테고리-Ⅰ : 생명의 상실로 이어질 염려가 있는 고장

(나) 카테고리-Ⅱ : 작업의 실패로 이어질 염려가 있는 고장

(다) 카테고리-Ⅲ : 운용의 지연 또는 손실로 이어진 고장

(라) 카테고리-Ⅳ : 극단적인 계획 외의 관리로 이어진 고장

③ FMECA (failure modes effects and criticality analysis) : FMEA와 CA가 병용한 것으로 FMECA에 위험도 평가를 위해 위험도 (CR) 를 다음 식으로 계산한다.

$$C_r = \sum_{n=1}^{j} (\beta \alpha K_E K_A \lambda_G t \times 10^6)$$

여기서, C_r : 100만 회당 손실수로 나타낸 크리티컬리티 넘버 (criticality number)

n : 특정 손해사항에 대응하는 시스템 요소의 위험한 고장의 형

j : 손해사항에 상당하는 시스템 요소의 위험한 고장형 중에서 j번째 것

β : 위험한 고장의 형이 일어났다고 할 때 그 영향이 일어날 조건이 붙을 확률

α : 위험한 고장의 훼일류 모듈, 훼일류 모듈과 λ_G 중 그 위험한 고장의 형에 기인하는 부분

G : 시간 또는 사이클당 고장수를 나타낸 것으로 그 요소의 통상 고장률

t : 1작업당 그 요소 시간단위의 운전시간 또는 운전사이클 수

K_A : λ_G가 측정되었을 때와 그 요소가 사용되었을 때의 운전강도차를 조정하기 위한 운전계수

K_E : λ_G가 측정되었을 때와 그 요소가 사용되었을 때의 환경강도차를 조정하기 위한 환경계수

(3) 디시전 트리 (decision trees)

① 디시전 트리는 요소의 신뢰도를 이용하여 시스템의 신뢰도를 나타내는 시스템 모델의 하나로 귀납적이고 정량적인 분석방법이다.

② 디시전 트리가 재해사고의 분석에 이용될 때에는 이벤트 트리 (event tree)라고 하며, 이 경우 트리는 재해사고의 발단이 된 요인에서 출발하여, 2차적 원인과 안전수단의 성부 등에 의해 분기되고, 최후에 재해사상에 도달한다.

③ 디시전 트리 작성법

(가) 시스템 다이어그램에 의해 좌에서 우로 진행한다.

(나) 각 요소를 나타내는 시점에서 성공 사상은 상방에, 실패 사상은 하방에 분기된다.

(다) 분기될 때 각각 발생확률 (신뢰도 및 비신뢰도)을 나타낸다.

(라) 최후의 신뢰도의 합이 시스템의 신뢰도이다.

㈜ 분기된 각 사상의 확률의 합은 1이다.

㈜ 디시전 트리가 재해사고의 분석에 이용되는 경우에는 ETA (event tree an alysis)로 불린다.

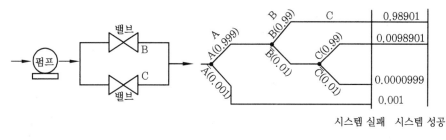

(a) 다이어그램   (b) 디시전 트리

디시전 트리의 한 예

【참 고】

1. FAFR (fatal accdient frequency rate) : 위험도를 표시하는 단위로서 108 근로시간당 사망자수를 나타낸다. 이것은 인간의 1년 근로시간을 2500시간으로 하여 일생 동안 40년 간 작업하는 것으로 했을 때 1000명당 1명 사망하는 비율에 상당한다.

2. Kletz는 FAFR을 사용해 산업과 비산업에서의 재해위험성을 비교해, 화학공업에서의 FAFR이 약 3.5이므로 화학공업의 노동자 1명당 단일위험성에 대한 FAFR이 모든 FAFR의 10%, 즉 0.35~0.4를 넘지 않도록 할 것을 권고했다.

---

(4) MORT (management oversight and risk tree)

① 미국 에너지 연구개발청 (ERDA) 의 존슨에 의해 1990년에 개발된 시스템 안전 프로그램이다.

② MORT 프로그램은 트리를 중심으로 FTA와 같은 논리기법을 이용하여 관리, 설계, 생산, 보존 등의 광범위하게 안전을 도모하는 것으로서 고도의 안전달성을 목적으로 한 것이다 (원자력 산업에 이용).

(5) THERP (technique for human error rate prediction)

① 시스템에 있어서 인간의 과오를 정량적으로 평가하기 위하여 1963년에 개발된 기법이다.

② ETA의 변형의 고리 (loop), 바이패스 (bypass) 를 가질 수가 있고, 인간-기계 시스템 (man-machine system)의 국부적인 상세한 분석에 적합하다.

③ 인간의 과오율의 추정법 등 5개의 스텝으로 되어 있다. 여기에 표시하는 것은 그 중 인간의 동작이 시스템에 미치는 영향을 나타내는 그래프적 방법이다.

　　이것은 기본적으로는 ETA의 변형이라고 볼 수 있는 바, 루프 (loop : 고리), 바이패스 (bypass) 를 가질 수가 있고, 인간-기계 시스템 (man-machine system) 의 국부적인 상세분석에 적합하다.

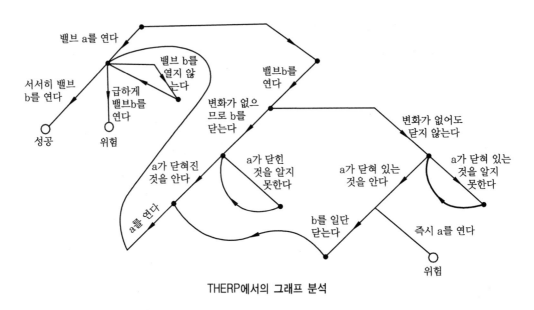

THERP에서의 그래프 분석

2-2 FTA (fault tree analysis)

우주항공 분야에서 개발되어 신형무기산업, 항공기 설계에도 적용되는 생산안전관리 기법이다.

(1) FTA의 개요

① FTA는 결함수법, 결함관련수법, 고장의 목분석법 등의 뜻을 나타내며 기계, 설비 또는 인간-기계 시스템(man-machine system)의 고장이나 재해의 발생요인을 FT도표에 의하여 분석하는 방법이다.

② FTA는 고장이나 재해요인의 정상적인 분석뿐만 아니라 개개의 요인이 발생하는 확률을 얻을 수 있으며 재해발생 후의 규명보다 재해발생 이전에 예측 기법으로서의 활용가치가 높은 유효한 방법이다.

(2) FTA의 특징

① 정상사상인 재해현상으로부터 기본사상인 재해원인을 향해 연역적인 분석을 행하므로 재해현상과 재해원인의 상호관련을 정확하게 해석하여 안전대책을 검토할 수 있다.

② 정량적 해석이 가능하므로 정량적 예측을 행할 수 있다.

(3) FTA의 작성 시기

① 기계설비를 설치 가동할 경우

② 위험 내지는 고장의 우려가 있거나 그러한 사유가 발생하였을 경우

③ 재해가 발생하였을 경우

(4) FTA의 기호

번호	기 호	명 칭	설 명
1	▭	결함사상	개별적인 결함사상

2		기본사상	더 이상 전개되지 않는 기본적인 사상
3		기본사상 (인간의 실수)	또는 발생확률이 단독으로 얻어지는 낮은 레벨의 기본적인 사상
4		통상사상	통상 발생이 예상되는 사상 (예상되는 원인)
5		생략사상	정보부족 해석기술의 불충분으로 더 이상 전개할 수 없는 사상작업 진행에 따라 해석이 가능할 때는 다시 속행한다.
6		생략사상 (인간의 실수)	
7		전이기호 (IN)	FT 도상에서 다른 부분에의 이행 또는 연결을 나타낸다. 삼각형 정상의 선은 정보의 전입루트를 뜻한다.
8		전이기호 (OUT)	FT 도상에서 다른 부분에의 이행 또는 연결을 나타낸다. 삼각형의 옆의 선은 정보의 전출을 뜻한다.
9		전이기호 (수량이 다르다.)	
10	출력 입력	AND 게이트	모든 입력사상이 공존할 때만이 출력사상이 발생한다.
11	출력 입력	OR 게이트	입력사상 중 어느 것이나 하나가 존재할 때 출력사상이 발생한다.
12	입력 출력 조건	수정 게이트	입력사상에 대하여 이 게이트로 나타내는 조건이 만족하는 경우에만 출력사상이 발생한다.
13	Ai Aj Ak	우선적 AND 게이트	입력현상 중에 어떤 현상이 다른 현상보다 먼저 일어날 때에 출력현상이 생긴다.
14	Ai Aj Ak 2개의 출력	조 합 AND 게이트	3개 이상의 입력현상 중에 언젠가 2개가 일어나면 출력이 생긴다.

| 15 | 동시발생 | 배타적
AND 게이트 | OR 게이트지만 2개 또는 그 이상의 입력이 동시에 존재하는 경우에는 출력이 생기지 않는다. |
| 16 | 위험지속
시간 | 위험 지속
AND 게이트 | 입력현상이 생겨서 어떤 일정한 기간이 지속될 때에 출력이 생긴다. 만약 2시간이 지속되지 않으면 출력은 생기지 않는다. |

(5) FTA 수순

① 해석하려고 하는 시스템의 공정과 작업내용을 파악한다 (시스템의 정상운행을 나타내는 그래프나 배치도 등도 준비).

② 예상되는 재해를 과거의 재해사태나 재해통계를 기초로 하여 광범위하게 조사한다.

③ 재해의 위험도를 검토하여 해석대상이 되는 재해를 결정한다. 필요한 경우 예비사고분석 (PHA) 을 설치한다.

④ 재해의 위험도를 고려해서 재해발생확률의 목표값을 정한다.

⑤ 재해와 관계되는 기계설비의 불량상태, 작업자의 에러에 대해 그 원인과 영향을 상세하게 조사한다. 이를 위해 필요한 경우 PHA나 FMEA를 실시한다.

⑥ FT를 작성한다.

⑦ 작성한 FT를 수식화하여 대수 (代數) 를 사용하여 간소화한다.

⑧ 재해의 원인이 되는 기계 등의 불량 상태나 작업자의 에러의 발생확률을 조사나 자료에 의해 정하고 FT에 표시한다.

⑨ 해석하는 재해의 발생확률을 계산한다.

⑩ ⑨의 값을 과거의 재해, 또는 재해에 이르는 중간사고의 발생률과 비교하고 그 결과가 떨어져 있으면 재검토한다.

⑪ 완성된 FT를 해석해서 재해의 발생확률이 목표값을 상회할 때는 가장 유효한 안전수단을 검토하고, 코스트나 기술 등 여러 조건을 고려해서 가장 효과적인 재해방지대책을 수립한다.

(6) FTA에 의한 재해사례 연구

① FTA에 의한 재해사례 연구순서

⑺ 작업장 안에서 발생할 우려가 있는 재해를 상상하여 결정한다.

⑻ 상상하여 결정된 재해와 관계되는 기계설비, 인간의 작업행동 등에 대하여 되도록 많은 정보를 수집한다.

⑼ FT를 그린다.

⑽ 작성된 FT를 수식화하고 수학적 처리에 의해서 간소화한다.

⑾ 기계부품의 고장률, 인간의 작업행동 가운데서 미스테이크 (mistake)가 일어날 수 있는 자료를 모은다.

⑿ FT를 수식화한 식에 발생확률을 대입하여 최초에 상상하여 결정된 재해의 확률을 구한다.

(사) 이 결과를 평가한다.

② D. R. Cheriton의 FTA에 의한 재해사례 연구순서

(가) 제1단계 : 톱 (top) 사상의 선정   (나) 제2단계 : 사상의 재해 원인의 규명

(다) 제3단계 : FT도의 작성   (라) 제4단계 : 개선계획의 작성

2-3   ETA (event tree analysis)

(1) 미국에서 개발된 DT (decision tree) 에서 변천해 온 것으로 설비의 설계·심사·제작·검사·보전·운전·안전대책의 과정에서 그 대응조치가 성공인가 실패인가를 확대해 가는 과정을 검토한다.

귀납적 해석방법으로서 일반적으로 성공하는 것이 보통이고, 실패가 드물게 일어나므로 실패의 확률만으로 계산하면 되게끔 되어있다. 실패가 거듭될수록 피해가 커지는 것으로서 그 발생확률을 최소로 줄이기 위해서는 어디에 중점을 둘 것인가를 읽어낼 수 있어야 한다.

(2) ETA는 FTA와 정반대의 위험해석방법으로 설비의 설계단계에서부터 사용단계에 이르기까지의 위험을 분석하는 기법이며, 귀납적이면서 정략적 해석기법이다.

2-4   FMEA (failure modes and effects analysis)

(1) FMEA란

고장형태와 영향분석이라고도 하며 이 분석기법은 각 요소의 고장유형과 그 고장이 미치는 영향을 분석하는 방법으로 귀납적이면서 정성적으로 분석하는 기법이다.

(2) FMEA의 장점 및 단점

① 장점

(가) FTA에 비해 서식이 간단하다.

(나) 적은 노력으로 특별한 훈련 없이 해석할 수 있다.

② 단점

(가) 논리적으로 빈약하다.

(나) 둘 이상의 요소가 고장나면 해석이 곤란하다.

(다) 물건에 한정되고 있어 인적 해석이 곤란하다.

③ 보완방법 : FTA와 병용할 것

(3) FMEA와 FMECA

FMEA란 시스템을 구성하는 모든 부품의 목록을 만들고, 각 부품의 고장형식과 이 고장이 시스템에 미치는 영향을 검토하는 방법으로서 시스템에 중대한 영향을 미칠 가능성이 있는 부품을 찾아내고, 개발의 초기단계에서 대책을 강구하고자 하는 것을 목적으로 하는 귀납적 해석수법이다.

① FMEA의 적용순서

(가) 대상으로 하는 시스템의 정의   (나) 논리도 (logic block diagram) 작성

(다) 고장모드와 영향을 해석한 표 작성   (라) 결과의 종합

② FMEA의 포맷

　㈎ 품목　　　　　　　　　　㈏ 기능 · 목적

　㈐ 고장 모드　　　　　　　　㈑ 고장원인

　㈒ 고장률　　　　　　　　　㈓ 고장검출방법

　㈔ 수복시간　　　　　　　　㈕ 고장의 영향

　㈖ 보상수단　　　　　　　　㈗ 치명도

2-5　결함수 분석법 (FTA) 의 순서

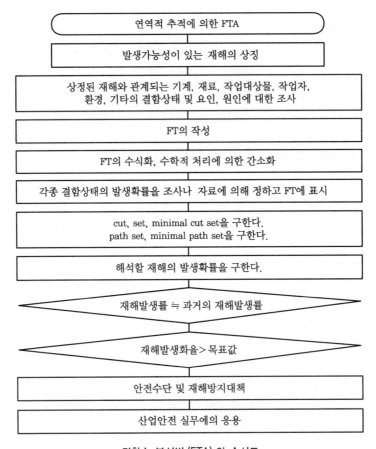

> 연역적 추적에 의한 FTA
>
> 발생가능성이 있는 재해의 상징
>
> 상정된 재해와 관계되는 기계, 재료, 작업대상물, 작업자,
> 환경, 기타의 결함상태 및 요인, 원인에 대한 조사
>
> FT의 작성
>
> FT의 수식화, 수학적 처리에 의한 간소화
>
> 각종 결함상태의 발생확률을 조사나 자료에 의해 정하고 FT에 표시
>
> cut, set, minimal cut set을 구한다.
> path set, minimal path set을 구한다.
>
> 해석할 재해의 발생확률을 구한다.
>
> 재해발생률 ≒ 과거의 재해발생률
>
> 재해발생화율 > 목표값
>
> 안전수단 및 재해방지대책
>
> 산업안전 실무에의 응용

결함수 분석법 (FTA) 의 순서도

① 재해의 위험도를 해석할 재해를 결정한다. 이 때 필요하면 예비위험분석 (PHA) 을 실시한다.

② 재해의 위험도를 고려하여 재해발생확률의 목표값을 정한다.

③ 해석하는 재해에 관계 있는 기계 · 재료 · 산업대상물의 불량상태나 작업자의 에러, 환경
　의 결함, 기타 (관리, 감독, 교육) 의 결함원인과 영향을 될 수 있으면 상세히 조사한다.
　이 때 필요가 있으면 PHA나 FMEA를 실시한다.

④ FT (fault tree) 를 작성한다.

⑤ 컷 셋, 미니멀 컷 셋 (cut set, minimal cut set) 을 구한다.

⑥ 패스 셋, 미니멀 패스 셋 (path set, minimal path set) 을 구한다.

⑦ 작성한 FT를 수식화하여 수학적 처리 (불대수 사용) 에 의해 간소화한다.

⑧ 기계, 재료, 작업대상물의 불량상태나 작업자의 에러, 환경의 결함, 기타 (관리, 감독, 교육) 의 결함상태의 발생확률을 조사나 자료에 의해 정하여 FT에 표시한다.

⑨ 해석하는 재해의 발생확률을 계산한다.

⑩ 이 결과를 과거의 재해 또는 재해에 가까운 중간사고의 발생률과 비교한다.

⑪ 그 결과가 다르면 ③ 에 돌아가서 재검토한다.

⑫ FT를 해석하여 재해의 발생확률이 예상치를 넘는 경우에는 더욱 유리한 안전수단을 검토한다.

⑬ 코스트나 기술 등의 제조건을 고려해서 가장 유효한 재해방지대책을 세운다.

⑭ 이상의 순서에 따라 결함수 분석법의 규모가 커지면 컴퓨터를 사용할 수 있게 데이터를 정리한다.

2-6 결함수 분석의 기대효과 (FTA 효과)

① 사고원인 규명의 간편화
② 사고원인 분석의 일반화
③ 사고원인 분석의 정량화
④ 노력시간 절감
⑤ 시스템 결함 진단
⑥ 안전점검 작성

【참고】

1. 시스템 안전 해석기법의 종류
 ① 적용하는 프로그램의 단계에 의한 분류
  ㈎ 예비사고 분석 　㈏ 서브 시스템사고 분석
  ㈐ 시스템사고 분석 　㈑ 운용사고 분석
 ② 해석의 수리적 방법에 의한 분류
  ㈎ 정성적 분석 　㈏ 정량적 분석
 ③ 논리적 견지에 의한 분류
  ㈎ 귀납적 분석 　㈏ 연역적 분석
 ④ 갱내작업장 최고온도 : 37℃ 이하
 ⑤ 체온의 안전한계와 최고 한계온도 : 38℃와 45℃
 ⑥ 손가락에 영향을 주는 한계온도 : 13~15.5℃

2. 시스템 안전에서의 사실 발견방법
 ① FTA (fault tree analysis) : 결함수 분석
 ② ETA (event tree analysis)
 ③ FMEA (failure mode effect analysis) : 고장형태와 영향분석
 ④ FMECA (failure mode effect and criticality analysis)
 ⑤ THERP (technique for human error rate prediction)
 ⑥ OS (operability study)
 ⑦ MORT (management oversight and risk tree)

3. FTA : FTA는 시스템의 고장상태를 먼저 상정하고 그 고장의 요인을 순차 하위레벨로 전개하여 가면서 해석을 진행하여 나가는 하향식 (top-down) 방법으로, 고장발생의 인과관계를 AND GATE나 OR GATE를 사용하여 논리표 (logic diagram) 의 형으로 나타내는 시스템 안전해석방법으로 실시 절차는 다음과 같다.

① 발생할 우려가 있는 재해의 상정
② 상정된 재해에 관계되는 기계 · 설비 · 인간작업 행동 등에 대한 정보수립
③ ET도 작성
④ 작성된 ET도를 수식화하고 수학적 처리에 의해 간소화
⑤ 기계부품의 고장률, 인간의 작업행동 가운데 잘못이 일어날 수 있는 부분에 대한 자료수집
⑥ ET를 수식화한 식에 발생확률을 대입하여 최초에 상정된 재해확률을 구한다.
⑦ 결과를 평가한다.

2-7 확률사상의 적(績) 과 화(和) 및 미니멀 컷과 패스

(1) 확률사상의 적과 화

① N개의 독립사상에 관해서

㈎ 논리적 (곱) 의 확률

$$q(A \cdot B \cdot C \cdots N) = q_A \cdot q_B \cdot q_C \cdots q_N$$

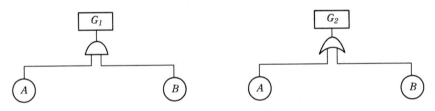

- A의 발생확률이 0.1, B의 발생확률이 0.2라고 하면

$$G_1 = A \times B = 0.1 \times 0.2 = 0.02$$

- A의 발생확률이 0.1, B의 발생확률이 0.2라고 하면 G_2의 발생확률은

$$G_2 = 1 - (1-0.1)(1-0.2) = 0.28$$

㈏ 논리화 (합)의 확률

$$q(A+B+C \cdots N) = 1 - (1-q_A)(1-q_B)(1-q_C) \cdots (1-q_N)$$

② 배타적 사상에 관해서

- 논리합의 확률

$$q(A+B+C+ \cdots N) = q_A + q_B + q_C + \cdots q_N$$

③ 독립이 아닌 2개 사상에 관해서

- 논리적의 확률

$$q(A \cdot B) = q_A \cdot (q_B/q_A) = q_B \cdot (q_A/q_B)$$

여기서, q_B/q_A : A가 일어났다는 조건하에서 B가 일어나는 확률
q_A/q_B : B가 일어나는 조건하에서 A가 일어나는 확률 (조건부 확률)

예제 1. 다음 FT도에 있어 A의 고장확률은 얼마인가?(단, ①과 ③이 일어날 확률은 0.1이고, ②와 ④가 일어날 확률은 0.2이다.)

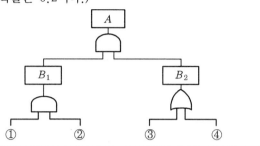

[해설] $QA = QB_1 \times QB_2$

$QB_1 = Q_1 \times Q_2$

$QB_2 = 1 - (1 - Q_3)(1 - Q_4)$ 이므로

$QA = (0.1 \times 0.2) \{1 - (1 - 0.1)(1 - 0.2)\} = 0.0058$

∴ 0.0058

(2) 미니멀 컷과 미니멀 패스

① 컷과 패스

  ㈎ 컷(cut) : 컷이란 그 속에 포함되어 있는 모든 기본사상(여기서는 통상사상, 생략결함사상 등을 포함한 기본사상)이 일어났을 때 정상사상을 일으키는 기본 사상의 집합을 말한다.

  ㈏ 미니멀 컷(minimal cut set) : 컷 중 그 부분집합만으로는 정상사상을 일으키는 일이 없는 것, 즉 정상사상을 일으키기 위한 필요 최소한의 컷을 미니멀 컷이라 한다.

  ㈐ 패스(path)와 미니멀 패스(minimal path sets) : 패스란 그 속에 포함되는 기본사상이 일어나지 않을 때 처음으로 정상사상이 일어나지 않는 기본사상의 집합으로서, 미니멀 패스는 그 필요 최소한의 것이다.

  ㈑ 미니멀 컷은 어느 고장이나 에러를 일으키면 재해가 일어나는가 하는 것, 즉 시스템의 위험성(반대로 안정성)을 나타내는 것이며, 미니멀 패스는 어느 고장이나 패스를 일으키지 않으면 재해가 일어나지 않는다는 것, 즉 시스템의 신뢰성을 나타내는 것이라 할 수 있다. 다시 말하면, 미니멀 컷은 시스템의 기능을 마비시키는 사고요인의 집합이며, 미니멀 패스는 시스템의 기능을 살리는 요인의 집합이라 할 수 있다.

② 미니멀 컷(minimal cut sets)을 구하는 법

  ㈎ 정상사상에서부터 순차로 상단의 사상을 하단의 사상으로 치환하면서 AND 게이트에서는 가로로 나열시키고 OR 게이트에서는 세로로 나열시켜 기록해 내려가 모든 기본사상에 도달하였을 때 그들 각 행이 미니멀 컷이 된다.

    다음 그림의 FT를 예로 해서 미니멀 컷을 구하면 다음과 같다.

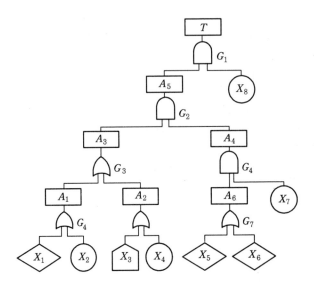

조선 발판에서의 추락재해인 FT 수정도

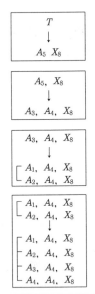

㉠ 1단계 : 그림에서 T 는 AND 게이트 G_1에서 A_5와 X_8에 연결되어 있으므로 T 밑에 나란히 A_5와 X_8을 횡(橫)으로 직렬로 기입한다.

㉡ 2단계 : A_5도 AND 게이트 G_5에서 A_3과 A_4에 연결되어 있으므로 A_5 및 X_8을 횡으로 직렬로 기입한다.

㉢ 3단계 : A_3는 OR 게이트 G_3에서 A_1과 A_2에 연결되어 있으므로 종(縱)으로 A_3, A_4, X_6 밑에 A_1 및 A_2를 쓰고 A_4 및 X_8을 병렬로 기입한다.

㉣ 4단계 : A_1도 OR 게이트 X_1과 X_2에 연결되고 A_2도 OR 게이트 G_5에서 X_3과 X_4에 연결되어 있으므로 모두 종(縱)으로 병렬로 기입한다.

㉤ 5단계 : A_4는 AND 게이트 G_6에서 A_6과 X_7에 연결되어 있으므로 횡으로 직렬 시키고 A_6는 OR 게이트 G_7에서 X_5 및 X_6와 연결되어 있으므로 종으로 병렬로 기입한다.

　이렇게 함으로써 모든 기본사상으로 치환되어 마침내 8조의 기본사상의 집합을 얻게 되는데, 그 각각이 그 FT의 미니멀 컷이다.

㈏ 이와 같이 구한 컷은 BICS Ⅱ (boolean indicated cut sets) 라 하는 것으로서 참 미니멀 컷이라 할 수 없다. 참 미니멀 컷은 이들 컷 속에 중복된 사상이나 컷을 제거하여야 한다. 위의 그림에 대해 앞과 동일하게 미니멀 컷을 구하면 아래 그림과 같다.

　이 경우 2조의 BICS를 얻는데 1행에 있는 컷은 X_1이 중복되어 있으므로 단순히 X_1, X_2가 되고 다시 2행에 있는 컷에도 X_1, X_2가 포함되어 있으므로 미니멀 컷은 X_1, X_2만이 된다.

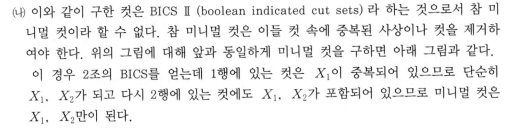

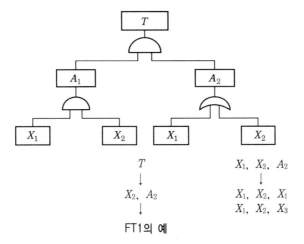

FT1의 예

③ 미니멀 패스(minimal path sets) : 미니멀 패스를 구하기 위해서는 미니멀 컷과 미니멀 패스의 쌍대성(雙對性)을 이용하여 용이하게 구할 수 있다. 즉, 대상 FT의 쌍대 FT (dual fault tree)를 구하면 된다. 쌍대 FT란 원래 FT의 논리곱을 논리합으로, 논리합을 논리곱으로 치환시켜 모든 사상이 일어나지 않게 할 경우를 상정하여 FT를 그리고, 그 쌍대 FT의 미니멀 컷을 구하면 그것이 원하는 FT의 미니멀 패스가 되는 것이다.

　FT의 미니멀 패스를 구하기 위해 쌍대 FT를 작도하면 다음과 같이 된다.

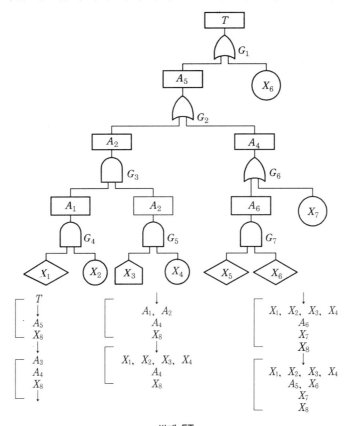

쌍대 FT

여기서 구해진 결과에 따라 원래의 FT 미니멀 패스는 다음의 4조를 얻을 수 있다.

$$
\begin{array}{l}
X_1, \ X_2, \ X_3, \ X_4 \\
\quad X_5, \ X_6 \\
\qquad X_7 \\
\qquad X_8
\end{array}
$$

3. 위험관리

화학공장의 설계상의 안전은 산업계 전문가의 경험과 지식을 기초로 한 여러 가지 설계규정이라든지 codes of practice를 적용함으로 얻어지며 이러한 규정들의 적용은 유사한 공장에서 일해왔고 그 공장의 운전에 직접적인 경험을 가진 공장 관리자들에 의해 보완된다.

(1) 검토시 4가지 요인

① 검토에 사용된 도면이나 자료들의 정확성

② 팀의 기술능력과 통찰력

③ 이 접근방법은 deviation (이상), cause (원인), consequence (결과) 들을 발견하기 위하여 상상력을 동원하는 데 보조수단으로 사용할 수 있는 팀의 능력

④ 발견된 위험의 심각성을 평가할 때 그림의 균형감각을 유지할 수 있는 능력

이 검토는 체계적이고 매우 조직적이기 때문에 참가하는 사람들은 용어의 의미를 정확하게 알고 사용하여야 한다.

(2) 용어 정리

① 의도 (intention) : 의도는 어떤 부분이 어떻게 작동될 것으로 기대된 것을 뜻한다. 이것은 서술적일 수도 있고 도면화 될 수도 있다. 많은 경우에 플로시트나 라인 다이어그램을 사용한다.

② 이상 (deviations) : 이상은 의도에서 벗어난 것을 뜻하며 유인어를 체계적으로 적용하여 얻어진다.

③ 원인 (causes) : 이상이 발생한 원인을 뜻한다. 이상이 있을 수 있거나 현실적인 원인을 가질 경우, 의미 있는 것으로 취급된다.

④ 결과 (consequences) : 이상이 발생할 경우 그의 결과이다.

⑤ 위험 (hazard) : 손상, 부상 또는 손실을 초래할 수 있는 결과를 뜻한다.

⑥ 유인어 (guide words) : 간단한 말로서 창조적 사고를 유도하고 자극하여 이상을 발견하기 위하여 의도를 한정하기 위해 사용된다.

(3) 유인어의 의미

GUIDE WORD	의 미	해 설
NO 혹은 NOT	설계의도의 완전한 부정	설계의도의 어떤 부분도 성취되지 않으며 아무 것도 일어나지 않음

MORE LESS	양의 증가 혹은 감소	'가압', '반응' 등과 같은 행위뿐만 아니라 플로레이트 (flowrate), 그리고 온도 등과 같이 양과 성질을 함께 나타냄
AS WELL AS	성질상의 증가	모든 설계의도와 운전조건이 어떤 부가적인 행위와 함께 일어남
PART OF	성질상의 감소	어떤 의도는 성취되나 어떤 의도는 성취되지 않음
REVERSE	설계의도의 논리적인 역	이것은 주로 행위로 적용됨. 예 1. 역반응이나 억류 등 물질에도 적용될 수 있음 2. 해독제 대신 독물이나 광학적인 이성체 중 'L' 대신 'D'
OTHER THAN	완전한 대체	설계의도의 어느 부분도 성취되지 않고 전혀 다른 것이 일어남

(4) 유인어의 용어해설

① 위험 및 운전성 검토(hazard and operability studies) : 각각의 장비에 대해 잠재된 위험이나 기능 저하, 운전 잘못 등과 전체로서의 시설에 결과적으로 미칠 수 있는 영향 등을 평가하기 위해서 공정이나 설계의도 등에 체계적이고 비판적인 검토를 행하는 것

② 검토목적(study definition) : 검토의 목적과 범위 등을 규정하는 진술

③ 설계 및 운전의도(design and operating intentions) : 정상 상태에서와 예상되는 비정상 상태하에서 의도된 공정이나 장비의 작동 방식

    ㈎ 모델(model) : 이러한 의도들을 검토기법 적용에 적합한 형태로 만든 것. 대부분의 경우 재래의 도면들로 충분하며 특별한 표현은 요구되지 않는다.

    ㈏ 플로 프로세스 차트(flow-process chart) : ASME 표준기호 등의 기호를 이용하여 작용의 흐름 순서를 나타내는 차트

④ 이상(deviation) : 설계 및 작동의도로부터 벗어남

⑤ 위험(hazard) : 손상, 부상 또는 기타의 손실을 초래할 수 있는 이상

⑥ 검토 팀(study team) : 검토를 수행하는 소수의 그룹 (보통 3~6명)

⑦ 검토회합(examination session) : 검토 팀이 체계적으로 설계를 분석하고 위험요인을 찾아내는 시간(보통 3시간 정도)

⑧ 유인어(guide words) : 검토회합 동안 검토 팀은 각 설계 및 운전의도로부터 모든 있을 수 있는 이상상태를 도출해 내기 위해 노력하게 된다. 넓은 의미에서 7가지의 이상상태가 있으며 각 이상상태는 서로 다른 단어나 문장과 연결시킬 수 있다. 이러한 단어나 문장을 집합적으로 유인어라 부른다. 왜냐하면 이러한 단어와 설계 및 운전의도를 결합하면 적당한 이상을 찾아낼 수 있도록 유도하고 창조적인 사고를 자극하기 때문이다.

⑨ 팀 토의(team discussion) : 검토회합의 일부로서 설계의도에 유인어를 적용하고 나서 팀구성원들이 의미 있는 이상을 찾아내고 그것이 위험한지를 확인하고 어떠한 조치가 필요한지를 결정하는 과정이다.

    • evaluation and action session : 어떤 경우에는 검토회합 중에 확고한 결론을 내리는 것이 적당하지 못하며 나중에 계속해서 검토하기 위해 일련의 의문사항들을 제기할 수도 있다. 이러한 경우 별도의 회의를 개최하여 각 의문사항들을 재검토하고 조사한 결과를 보고하고 결론을 내리게 된다.

⑩ 기술적인 팀 구성원(technical team member) : 팀 구성원들은 팀 토의 중에 그들의 지식, 경험 그리고 상상력을 사용하여 설계에 대해서 설명하고 변경에 대한 의사결정을 함으로써 검토회합에 기여하는 역할을 한다.

⑪ 검토담당자(team leader) : 위험 및 운전성 검토의 방법에 대해 훈련이 된 자로서 전반적으로 검토회합을 보조하며 특히 유인어를 사용하여 팀 토의에 자극을 가하고 빠짐없이 검토할 수 있도록 하는 역할을 한다. 서기가 없을 경우에는 회합 중에 결정된 조치사항이나 의문사항들을 기록한다.

⑫ 서기(study secretary) : 이것은 선택적인 역할이다. 회의준비에 도움을 주고 검토회합 중에 기록을 담당하여 조치사항과 의문사항들의 목록을 작성 배포하는 역할을 한다.

(5) 위험관리 검토절차

검토개시

(1) vessel을 선택한다.

(2) 그 vessel과 부속된 배관의 설계의도를 실행한다.

(3) 한 개의 배관을 선택한다.

(4) 그 배관에 대한 설계의도를 설명한다.

(5) 첫 번째 유인어(guide word)를 적용한다.

(6) 의미있는 이상(deviation)을 찾는다.

(7) 가능한 원인을 검토한다.

(8) 결과를 검토한다.

(9) 위험요인을 찾는다.

(10) 적당한 기록을 한다.

(11) 첫 번째 유인어로부터 유래된 모든 의미있는 이상에 대해서 (6)~(10)을 되풀이한다.

(12) 모든 유인어에 대해서 (5)~(11)을 되풀이 한다·

(13) 검토된 배관에 표시를 한다·

(14) 각 배관에 대해서 (3)~(13)을 되풀이한다·

(15) 한 부수장비 (예 : 가열시스템) 를 선택한다·

(16) 그 부수장비의 설계의도를 설명한다.

(17) 그 부수장비에 대해서 (5)~(12)를 되풀이 한다·

(18) 검토된 부수장비에 표시를 한다·

(19) 모든 부수장비에 대해서 (15)~(18)을 되풀이 한다·

(20) 그 vessel의 설계의도를 설명한다.

(21) (5~21)을 되풀이 한다·

(22) 완료된 vessel에 표시를 한다·

(23) 플로시트상의 모든 vessel에 대해서 (1)~(22)를 되풀이한다.

(24) 완료된 플로시트에 표시한다·

(25) 모든 플로시트에 대해서 (1)~(24)를 되풀이 한다.

검토완료

검토절차

① 목적과 범위의 결정 : 가능한 빨리 분명히 한다.

② 검토 팀의 선정 : 기술적으로 지원과 조직을 담당하는 팀이 있다.

③ 검토준비 : 일반적으로 4단계의 작업으로 이루어진다.

　㈎ 자료의 수집

　㈏ 수집된 자료를 적당한 형태로 수정

　㈐ 검토 순서 계획의 수립

　㈑ 필요한 회의 소집

④ 검토의 실행 : 검토는 검토 담당자가 미리 정해진 계획대로 토의를 통제하므로 고도로 조직적이다.

⑤ 후속조치 : 설계나 운전방법의 변경에 관련된 결론이 얻어졌을 경우 그것에 관해 책임이 있는 사람과 협의하여야 한다. 모든 해결되지 않은 문제는 보다 많은 정보의 입수와 이어지는 조치를 통하여 해결되어야 한다.

⑥ 결과의 기록 : 위험 파일 (hazard file) 은 유용한 기록양식이다.

(6) 위험 및 운전성 검토 시작 방법

① 새롭고 위험성을 내포한 공장을 설계할 때 (이것이 ICI 가 원래 의도한 것임)

② 경험 있는 기술자가 충분치 않은 상태에서 급속한 공장확장을 할 경우

③ 현재 성과가 좋더라도 안정성을 재고하고자 할 경우

④ 현재 안전성과 기대에 못 미칠 경우

⑤ 관리관청, 보험회사 등의 외부기관을 만족시키기 위하여 위험요소를 확인할 필요가 있을 경우

⑥ 심각한 사건이 일어나지 않더라도 경영층이 불안감을 느낄 때 (확인되지 않은 큰 잠재 위험이 있을 수 있음)

정량적 평가법

구 분	A(10점)	B(5점)	C(2점)	D(0점)
물 질	1. 폭발성 물질 2. 발화성 물질 중 금속리튬, 금속칼륨, 금속나트륨, 황린 3. 가연성 가스 중 1㎡ 당 2 kg 이상의 압력을 가진 아세틸렌 4. 위 1호~3호와 동일한 정도의 위험성이 있는 물질	1. 발화성의 물질 중 황화인, 적린 2. 산화성의 물질 중 염소산염류, 과염소산염, 무기과산화물 3. 인화성의 물질 중 인화점이 영하 30도 미만의 물질 4. 가연성 가스 5. 위 1호~4호와 동일한 정도의 위험성이 있는 물질	1. 발화성의 물질 중 셀룰로이드류, 탄화칼슘, 인화석회, 마그네슘분말, 알루미늄분말 2. 인화성의 물질 중 인화점이 영하 30도 이상 30도 미만의 물질 3. 위 1호~2호와 동일한 위험성이 있는 물질	A · B 및 C 어느 것에도 속하지 않는 물질
	여기서 말한 물질이란 원재료, 중간체 및 생성물 중 가장 위험성이 큰 것을 말함 폭발하한계의 10 % 미만의 물질을 미량으로 취급하는 경우는 고려하지 않음			
화 학 설비의 용 량	1000 이상	500 이상 1000 미만	100 이상 500 미만	100 미만
	100 이상	50 이상 100 미만	10 이상 50 미만	10 미만

화학 설비의 용량	○촉매 등을 충전한 반응장치 등에 관해서는 충전물을 제외한 공간체적으로 함 ○기액혼합계에 있어서의 반응장치에 관해서는 반응형태에 따라 정제장치에 관해서는 정제 형태에 따라 선택하되 화학반응이 일어나지 않는 정제장치 및 저장장치에 관해서는 1등급을 감하여 평가한다. 단, D급의 것에 대하여는 그대로 한다. 1. 기체로 취급하는 경우의 용량 (단위 : m³) 2. 액체로 취급하는 경우의 용량 (단위 : m³)			
온 도	1000℃ 이상으로 취급되는 경우에 그 취급온도가 발화온도 이상의 경우	1. 1000℃ 이상으로 취급되는 경우에 그 취급온도가 발화온도 미만의 경우 2. 250℃ 이상 1000℃ 미만에서 취급온도가 발화온도 이상인 경우	1. 250℃ 이상 1000℃ 미만에서 취급하는 경우에 그 취급온도가 발화온도 미만의 경우 2. 250℃ 미만에서 취급하는 경우에 그 취급온도가 발화온도 이상의 경우	250℃ 미만에서 취급하는 경우에 그 취급온도가 발화온도 미만의 경우
압 력 (1cm² 당 kg)	1000 이상	200 이상 1000 미만	10 이상 200 미만	10 미만
조 작	폭발범위 또는 그 부근에서의 조작	1. 온도 상승속도가 400 이상의 조작 2. 운전조건이 통상의 조건에서 25 % 변화하면 위 1호의 상태로 되는 조작 3. 운전자의 판단으로 조작이 행해지는 것 4. 설비 내에 공기 등의 불순물이 들어가 위험한 반응을 일으킬 가능성이 있는 조작 5. 분진폭발을 일으킬 염려가 있는 먼지 혹은 증기를 취급하는 조작 6. 위 1호~5호와 동일한 정도의 위험성이 있는 조작	1. 온도 상승속도가 4 이상 400 미만의 조작 2. 운전조건이 통상의 조건에서 25 % 변화하면 위 1호의 상태로 되는 조작 3. 그 조작이 미리 기계에 프로그램화되어 있는 것 4. 정제조작 중 화학반응이 따르는 것 5. 위 1호~4호와 동일한 정도의 위험성을 가진 조작	1. 온도 상승속도가 4 미만의 조작 2. 운전조건이 통상조건에서 25 % 변화하면 위 1호의 상태로 되는 조작 3. 반응용기 내에 70 % 이상의 물이 들어 있는 것 4. 정제조작 중 화학반응이 따르지 않는 것 및 저장 5. 위 1호~4호 외에 A, B 및 C의 어느 것에도 속하지 않는 조작

㊟ 온도 상승속도 (1분당 섭씨 몇 도) = $A \div (B \times C \times D)$

여기서, A : 반응에 따른 발열속도 (1분당 칼로리 : kcal/min)

B : 화학설비 내의 물질의 비열 (섭씨 1도 및 1 킬로그램당 킬로칼로리 : kcal/kg · ℃)

C : 화학설비 내의 물질의 밀도 (1 세제곱미터 당 킬로그램)

D : 화학설비 내의 용량 (세제곱미터)

제 **3** 편

기계위험 방지기술

제 1 장 기계의 안전조건

1. 기계시설의 배치 및 안전조건

기계시설의 적절한 배치는 작업능률과 안전을 위해 매우 중요하다.

안전을 확보하기 위하여 공장을 계획 (plan)·설계하는 단계에서부터 안전제일주의에 입각한 계획을 하여야 한다.

(1) 공장시설의 배치

① 제 1 단계 (지역배치) : 제품의 원료 확보로부터 제품 판매에 이르는 절차에 따라 그 과정에서 최단적 역할을 수행할 수 있는 장소
② 제 2 단계 (건물배치) : 공장, 사무실, 창고, 부대시설 등의 위치
③ 제 3 단계 (기계배치) : 직능분야별 기계배치

건물과 기계의 배치는 동선의 최소화로 운반거리를 짧게 하며, 상호 업무의 연관성을 최대화하여 안전하고 생산능률을 효율적으로 극대화시킬 수 있어야 한다.

(2) 공장설비 배치 (layout) 계획시 유의사항

① 불필요한 운반작업을 하거나 작업의 흐름에 따라서 기계배치를 한다.
② 기계설비의 주위에는 충분한 공간을 둔다.
③ 공장 내외는 안전통로를 설정하고 유효성을 유지한다.
④ 원재료나 제품의 보관장소는 충분히 설정한다.
⑤ 기계설비의 설치에 있어서는 사용 중에 보수 점검을 용이하게 행할 수 있도록 배치한다.
⑥ 압력용기, 고전압설비, 폭발재료품의 취급장치를 설계할 경우 만약 이것으로부터 설비에 이상이 있을 경우 그 피해가 최소한도로 되도록 위치를 정한다.
⑦ 장래의 확장을 고려하여 설계한다.

여기서 공장 또는 플랜트를 새로이 설계할 경우 또는 단일 기계설비에 대해 그 배치방법에 있어서 구조강도에 대한 안전 설계단계가 검토되어야 한다.

2. 기계의 방호

(1) 동력 전도장치의 방호

① 방호대책 : 방호커버, 방호망을 만들어 씌운다.

② 망책의 높이는 최저한계 1.8 m이고, 커버는 장착이 용이해야 한다 (견고할 것).

(2) 작업점의 방호

① 작업점에는 작업자가 절대로 가까이 가지 않도록 할 것
② 기계를 조작하기 위해서 작업점에서 떨어지게 할 것
③ 작업자가 위험한 지대에 떨어지지 않는 한 기계를 움직이지 못하게 할 것
④ 작업시 손을 작업점에 넣지 않도록 할 것

(3) 기계고장률의 기본 모형

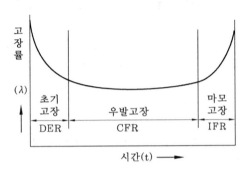

기계의 고장률

① 초기고장 : 감소형 (DFR), 디버깅 기간 (debugging), 번인 기간 (burnin) 예방대책 → 위험분석

┌─**【참 고】**──
│ **1. 디버깅 기간** : 기계의 결함을 찾아내 고장률을 안정시키는 기간
│ **2. 번인 기간** : 물품을 실제로 장시간 움직여 보고 그 동안에 고장난 것을 제거하는 기간
└──

② 우발고장 : 일정형 (CFR), 사용조건상의 고장을 말하며 고장률이 가장 낮다. CFR 기간의 길이를 내용수명 (耐用壽命) 이라 한다.
③ 마모고장 : 증가형 (IFR), 정기진단 (검사) 필요, 설비의 피로에 의해 생기는 고장

(4) 기계설비의 위험점 6가지

① 협착점 (squeeze point) : 왕복운동을 하는 동작부분과 움직임이 없는 고정부분 사이에 형성 (프레스, 전단기, 성형기, 조형기, 밴딩기) 되는 작업점
② 끼임점 (shear point) : 고정부분과 회전하는 동작부분이 함께 만드는 위험점 (연삭숫돌과 작업대, 교반기 날개와 하우스, 반복운동을 하는 링크기구)
③ 절단점 (cutting point) : 회전하는 운동부분 자체와 운동하는 기계 자체와의 위험이 형성되는 점 (밀링커터, 둥근 톱날, 목공용 띠톱날)
④ 물림점 (nip poing) : 회전하는 두 개의 회전체에는 물려 들어가는 위험성이 존재 (반드시 회전체가 서로 반대 방향으로 맞물려 회전해야 가능) 하는 작업부분
⑤ 접선 물림점 (tangential nip point) : 회전하는 부분이 접선방향으로 물려 들어갈 위험이 존재 (V-벨트, 체인벨트, 평벨트, 래크와 피니언) 하는 부분

⑥ 회전 말림점 (trapping point) : 회전하는 물체의 길이, 굵기, 속도 등의 불규칙 부위와
회전 부위에 의해 장갑이나 작업복이 말려 들어가는 위험이 존재(회전하는 축, 커플링,
보링기, 천공공구 등)

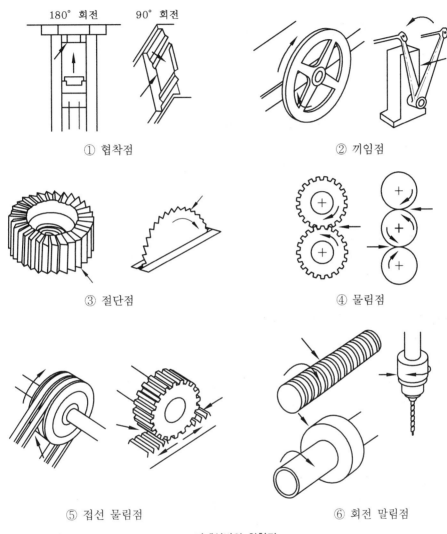

기계설비의 위험점

(5) 고정식 가드 (덮개)에 설치하는 개구부 공식

고정식 가드는 작업자를 보호하는 가장 확실한 방법이다.

① $Y = 6 + 0.15 \times (X < 160\ mm)$

② $Y = 30\ mm\,(X > 0\ mm)$

여기서, X : 개구부면에서 위험구역 근접점까지의 최단거리, Y : x에 대한 필요 개구부 높이

※ 위의 식은 가드 위치로부터 300 mm 이상 떨어진 경우 적용은 필요성이 없다.

3. 구조적 안전

(1) 외형의 안전화 (상자로 내장, 덮개, 색채조절)

① 가드 (guard, 방호장치) 설치 : 기계 외형부분

② 별실 또는 구획된 장소 격리 : 원동기 및 동력 전도장치

③ 안전 색채조절 : 기계, 장비 및 부수되는 배관

(2) 기능의 안전화 (능률적이고 재해방지를 위한 설계)

① 소극적 대책 (1차적) : 페일세이프 (failsafe)

② 적극적 대책 (2차적) : 회로의 개선으로 오조작 방지

③ 기계구입시 필요한 메커니즘 요구

> **【참 고】**
>
> • **사용상의 잘못 4가지**
>   1. 주위 환경 (온도·습도)   2. 설치방법
>   3. 과도한 부하   4. 조작방법

(3) 구조의 안전화 (재료, 설계, 가공 등의 결함)

① 재료 결함상의 유의사항

　(가) 부식   (나) 균열   (다) 강도

② 설계상의 결함 : 설계상의 가장 큰 과오는 강도 산정상의 오산이다. 최대 부하 추정의 부정 확성과 사용중 일부 재료의 강도가 열화될 것을 감안하여 안전율을 충분히 고려해야 한다.

　(가) 안전율 $= \dfrac{극한강도}{최대설계응력} = \dfrac{파괴하중}{안전하중} = \dfrac{파괴하중(극한하중)}{최대사용하중(정격하중)}$

　(나) 안전율이란 필연성에 잠재되어 있는 우연성을 감안하여 계산한 것이다.

　(다) 안전여유 = 극한강도 − 허용응력 (사용하중)

③ 가공결함 : 재료가공 중의 경화와 같은 결함이 생길 수 있으므로 열처리 등을 통하여 사전에 결함을 방지하는 것이 중요하다.

(4) 작업점의 안전화

① 가공물이 직접 가공되는 부분은 특히 위험하므로 방호장치나 자동제어 및 원격장치를 설치해야 한다.

② 작업점마다 안전덮개를 설치한다.

(5) 옥내 통로의 안전조건

① 통로면은 전도 등의 위험이 없도록 한다.

② 통로에는 구획표시를 해야 한다.

③ 통로면의 높이 2 m 이내에는 장애물이 없도록 한다.

④ 기계와 기계 사이에는 최소한 8 cm 이상 간격을 유지한다.

⑤ 일방통행시 통로폭 = 차폭 + 60 cm

⑥ 양방통행시 통로폭 = (차폭 × 2) + 90 cm

가공기계에 사용되는 주된 풀 프루프(fool proof) 기구

종 류	명칭 또는 형식	기 능
가 드 (guard)	고정 가드 (fixed guard)	개구부로부터 가공물과 공구 등을 넣어도 손은 위험영역에 머무르지 않는다.
	조절 가드 (adjustable guard)	가공물과 공구에 맞도록 형상과 크기를 조절한다.
	경고 가드 (warning guard)	손이 위험영역에 들어가기 전에 경고한다.
	인터로크 가드 (interlock guard)	기계가 작동 중에 개폐되는 경우 기계가 정지한다.
조작기구	양수 조작	양손으로 동시에 조작하지 않으면 기계가 작동하지 않고, 손을 떼면 정지 또는 역전 복귀한다.
	인터로크 가드 (interlock guard)	조작기구를 겸한 가드로서 가드를 닫으면 기계가 작동하고 열면 정지한다.
로크기구 (lock 기구)	인터로크 (interlock)	기계식, 전기식, 유공압식 또는 이들의 조합으로 2개 이상의 부분이 상호 구속된다.
	키식 인터로크 (key type interlock)	열쇠를 사용하여 한쪽을 잠그지 않으면 다른 쪽이 열리지 않는다.
	키로크 (key lock)	1개 또는 상호 다른 여러 개의 열쇠를 사용한다. 전체의 열쇠가 열리지 않으면 기계가 조작되지 않는다.
트립기구 (trip 기구)	접촉식 (contact type)	접촉판, 접촉봉 등에 신체의 일부가 접촉하면 기계가 정지 또는 역전 복귀한다.
	비접촉식 (non-contact type)	광선식, 정전용량식 등으로 신체의 일부가 위험영역에 접근하면 기계가 정지 또는 역전 복귀한다. 신체의 일부가 위험영역에 들어가면 기계는 기동하지 않는다.
오버런기구 (over-run 기구)	검출식 (detecting)	스위치를 끈 후 관성운동과 잔류전하를 검지하여 위험이 있는 동안은 가드가 열리지 않는다.
	타이밍식 (timing)	기계식 또는 타이머 등을 이용하여 스위치를 끈 후 일정시간이 지나지 않으면 가드가 열리지 않는다.
밀어내기기구(push & pull 기구)	자동가드	가드의 가동부문이 열렸을 때 자동적으로 위험영역으로부터 신체를 밀어낸다.
	손을 밀어냄 손을 끌어당김	위험한 상태가 되기 전에 손을 위험지역으로부터 밀어내거나 끌어당겨 제자리로 온다.
기동방지 기 구	안전블록	기계의 기동을 기계적으로 방해하는 스토퍼 등으로써 통상 안전블록과 같이 쓴다.
	안전플러그	제어회로 등으로 설계된 접점을 차단하는 것으로 불의의 기동을 방지한다.
	레버로크	조작레버를 중립위치에 놓으면 자동적으로 잠긴다.

(6) 공장 내의 안전한 교통계획

① 통행우선순위

⑺ 중장비

⑼ 부재운반차

⑷ 빈차

⑸ 통행인 (일반보행자)

② 노폭 : 차폭＋60 cm

③ 구내운행 제한속도 : 10 km/h

④ 구내운행·운전 안전속도 : 8 km/h

⑤ 앞뒤차 최소한의 거리 : 2 m

(7) 일반계단의 안전조건

① 각 계단의 나비와 간격을 동일하게 해야 한다.

② 견고한 구조로 한다.

③ 경사는 30° 이하로 한다.

④ 추락위험이 있는 곳에는 한쪽에 90 cm 이상의 손잡이를 설치한다.

⑤ 높이 3 m 초과시에는 3 m 이내마다 너비 1.2 m 이상의 계단참을 설치한다.

⑥ 계단 끝에는 미끄럼 방지를 위해 3 cm 이상의 폭을 가진 미끄럼 방지시설을 한다.

⑦ 계단의 최소폭

⑺ 일방통행시 : 50 cm

⑼ 양방통행시 : 120 cm

(8) 페일세이프 (failsafe) 기능 3단계

① 페일패시브 (fail-passive) : 부품 고장시 기계는 정지방향으로 이동 (일반적인 산업기계)

② 페일액티브 (fail-active) : 부품 고장시 기계는 경보를 울리나 짧은 시간 내 운전 가능

③ 페일오퍼레이셔널 (fail-operational) : 부품 고장시 추후보수까지 안전기능 유지 (병렬계통방식, 대기여분계통방식, 가장 안전한 방법)

(9) 페일세이프 (failsafe) 기구의 분류

① 구조적 페일세이프

② 기능적 페일세이프

⑺ 기계적 (기구적) 페일세이프

⑼ 전기적 (회로적) 페일세이프

(10) 방호장치의 명판 표시법

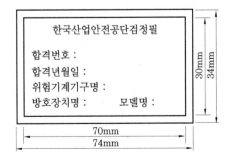

제 **2** 장 # 공작기계의 안전

생산현장에서 많이 사용하는 공작기계의 수는 많지만 이들에 있어서 발생될 수 있는 피해는 위험에서의 사고 (협착, 물림, 말림 등), 절삭칩에 의한 재해, 절삭유의 유언에 의한 공기 오염, 피부병 유발, 가공물이 중량물인 경우의 기계에 착탈시의 위험성 등이 있다.

1. 선   반 (lathe)

선반 (lathe) 은 주축으로 일감을 회전시키고 공구대에 설치된 바이트에 절삭깊이와 이송을 주어 일감을 절삭하는 공작기계이다.

(1) 선반의 종류와 가공 능력

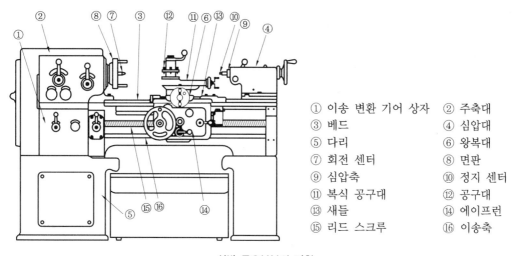

① 이송 변환 기어 상자　② 주축대
③ 베드　　　　　　　　④ 심압대
⑤ 다리　　　　　　　　⑥ 왕복대
⑦ 회전 센터　　　　　　⑧ 면판
⑨ 심압축　　　　　　　⑩ 정지 센터
⑪ 복식 공구대　　　　　⑫ 공구대
⑬ 새들　　　　　　　　⑭ 에이프런
⑮ 리드 스크루　　　　　⑯ 이송축

선반 주요부분의 명칭

① 보통 선반 (engine lathe) : 각종 선반의 기본이 되며, 강력 선반, 고속 선반으로 분류된다. 대부분의 가공을 할 수 있으며, 크기는 가공물의 최대 지름과 길이로 표시한다. 보통 선반의 기본 작업으로는 슬라이딩 (sliding), 단 절삭 (surfacing) 및 나사 절삭 (screw cutting) 을 할 수 있으므로 이를 SSS 또는 3S선반이라고 한다.

② 수직 선반 (vertical lathe) : 선반의 주축대를 수평에서 수직으로 세운 것으로 대형의 짧은 가공물을 절삭할 때 사용한다.

③ 터릿 선반 (turret lathe) : 터릿 선반은 대량 생산용 선반이며, 보통 선반과 비교해서

심압대 (tailstock) 대신에 회전 공구대를 설치하여 놓고 커터를 차례로 바꾸어가면서 절삭하는 기계이다.

④ 정면 선반 (face lathe) : 선반의 베드를 가능한 짧게 하여 주로 면 절삭에 쓰이는 것으로 길이가 짧고 지름이 큰 공작물의 가공에 쓰인다.

⑤ 모방 선반 (copying lathe) : 모방 절삭 장치를 이용하여 형판에 따라 바이트대가 자동적으로 절삭 및 이송 운동을 하여 형판과 닮은 윤곽을 절삭하는 선반이다.

⑥ 자동 선반 (automatic lathe) : 조작을 자동적으로 하는 선반을 말하며, 크기는 가공물의 최대 지름 및 최대 길이로 표시한다.

(2) 선반의 안전장치

① 실드 (shield) : 칩 (chip) 및 절삭유의 비산방지를 위한 것이며 전후, 좌우, 위쪽부분에 설치한 플라스틱 덮개이다.

② 칩 브레이크 : 칩을 짧게 절단시키는 장치를 말한다.

③ 척 커버 (chuck cover) : 척이나 척에 물린 가공물의 돌출부가 작업자와 접촉하거나 작업복이 말려 들어가는 재해 방지를 위하여 설치한다.

④ 브레이크 : 선반을 일시 정지하는 장치이다.

⑤ 방진구 : 지름에 긴 공작물 절삭시 사용 (길이가 지름의 12~20배) 한다.

(3) 선반작업시 안전순서

① 가공물을 부착하거나 풀 때에는 반드시 스위치를 끄고 바이트를 충분히 이동시킨 다음 행한다.

② 캐리어는 적당한 크기의 것을 선택하고 심압대는 스핀들을 지나치게 내놓지 않는다.

③ 공작물 장착이 끝나면 척 렌치류는 곧 풀어놓는다.

④ 무게가 편중된 가공물의 장착에는 균형추를 부착한다. 공작물은 방진구에서 사용 커버를 씌운다.

⑤ 긴 재료가 돌출되었을 때에는 빨간 천 등을 부착하여 위험표시를 하거나 커버를 씌운다.

⑥ 바이트 착탈은 기계를 정지시킨 다음에 한다.

(4) 선반작업의 안전대책

① 기계 위에 공구나 재료를 올려놓지 않는다.

② 이송을 걸은 채 기계를 정지시키지 않는다.

③ 기계 타력회전을 손이나 공구로 멈추지 않는다.

④ 가공물 절삭공구의 장착은 확실하게 한다.

⑤ 절삭공구의 장착은 짧게 하고 절삭성이 나쁘면 일찍 바꾼다.

⑥ 절삭분 비산시 보호안경을 착용하고 비산을 막는 차폐막을 설치한다.

⑦ 절삭분 제거시는 브러시나 긁기봉을 사용한다.

⑧ 절삭중이나 회전 중에 공작물을 측정하지 않으며, 장갑을 낀 손을 사용치 않는다.

⑨ 위해를 일으킬 염려가 있는 기어 회전부분 벨트 등에는 알맞은 방호장치를 한다.

⑩ 바이트는 정확하고, 견고하게 고정시켜야 한다.

⑪ 바이트는 되도록 **짧게** 장치하여야 한다.

⑫ 시동 정지장치의 조작은 정확하고 확실하게 하도록 한다.

⑬ 가공물은 정확하게 부착하고 있는가를 확인한다.

⑭ 공동으로 가공물을 부착할 때의 신호 연락은 상황을 확인하고 정확하게 전달되도록 한다.

⑮ 선반 위에 공구 재료 제품 등을 올려놓고 작업하는 일이 없도록 한다.

⑯ 긴 물건을 가공할 경우 방진구 사용 및 위험 방지조치를 강구한 후에 작업을 하여야 한다.

⑰ 철편, 철분 등이 비산되지 않도록 안전덮개장치를 한다.

⑱ 가공 중에는 기계에 대한 손질이나 주유를 하여서는 아니된다.

⑲ 가공 중에는 장갑을 착용하지 말아야 하며 보호안경은 반드시 착용하고 작업을 한다.

(5) 선반에서 발생되는 사고의 분류

① 위험점에서의 사고 (협착, 물림, 말림 등)

② 절삭 칩에 의한 재해

③ 절삭유의 유연(油煙)에 의한 공기 오염, 피부병 유발

④ 가공물이 중량물인 경우의 기계에 탈착시의 위험성 등이 있다.

2. 밀링머신 (milling machine)

밀링머신 (milling machine) 은 밀링커터라는 많은 날을 가진 공구를 회전시켜 테이블 위에 고정한 공작물을 이송하여 절삭하는 공작기계로서 평면절삭, 각종 홈절삭, 곡면절삭, 기어절삭, 나사절삭, 측면절삭, 캠절삭, 절단 등을 할 수 있어 그 이용 범위가 아주 넓다.

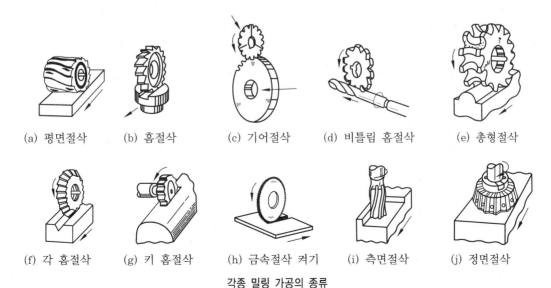

(a) 평면절삭　(b) 홈절삭　(c) 기어절삭　(d) 비틀림 홈절삭　(e) 총형절삭

(f) 각 홈절삭　(g) 키 홈절삭　(h) 금속절삭 켜기　(i) 측면절삭　(j) 정면절삭

각종 밀링 가공의 종류

(1) 밀링가공 방향

① 밀링커터의 절삭 방향 : 원주날 밀링 가공에 있어서 커터의 회전방향과 반대방향으로 일감을 이송하는 것을 상향 밀링 (up milling) 이라 하고, 또 밀링 커터의 회전 방향과 같은 방향으로 일감을 이송하는 것을 하향 밀링 (down milling) 이라 한다.

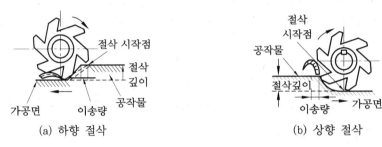

(a) 하향 절삭   (b) 상향 절삭

상향 절삭과 하향 절삭

② 백래시 제거 장치 : 상향 밀링에서는 위의 그림 (a) 와 같이 이송 나사의 백래시가 절삭 력을 받아도 절삭에 영향을 주지 않도록 되어 있다. 그러나 하향 밀링 때에는 위의 그 림 (b) 와 같이 절삭력을 받아 영향을 받게 되어 일감에 절삭력을 가하면 백래시량만큼 의 이동으로 이송량이 급격하게 크게 되어 절삭상태가 불안정하게 된다.

③ 상향 절삭과 하향 절삭의 장단점

	상향 절삭 (올려 깎기)	하향 절삭 (내려 깎기)
장점	1. 밀링커터의 날이 일감을 들어올리는 방향으로 작용하므로, 기계에 무리를 주지 않는다. 2. 절삭을 시작할 때 날에 가해지는 절삭저항이 영(0)에서 점차적으로 증가하므로, 날이 부러질 염려가 없다. 3. 칩이 날을 방해하지 않고, 절삭된 칩이 가공된 면에 쌓이지 않으므로 절삭열에 의한 치수 정밀도의 변화가 적다. 4. 커터 날의 절삭방향과 일감의 이송방향이 서로 반대이고, 따라서 서로 밀고 있으므로 이송기구의 백래시가 자연히 제거된다. 5. 절삭 동력이 적게 소비된다.	1. 밀링커터의 날이 마찰작용을 하지 않으므로, 날의 마멸이 적고 수명이 길다. 2. 커터 날이 밑으로 향하여 절삭하고, 따라서 일감을 밑으로 눌러서 절삭함으로, 일감의 고정이 간편하다. 3. 커터의 절삭방향과 이송방향이 같으므로, 날 하나마다의 절삭 자취의 피치가 짧고, 따라서 가공면이 깨끗하다. 4. 절삭된 칩이 가공된 면 위에 쌓이므로, 가공할 면을 잘 볼 수 있어 좋다.
단점	1. 커터가 일감을 들어올리는 방향으로 작용하므로, 일감 고정이 불안정하고, 떨림이 일어나기 쉽다. 2. 커터 날이 절삭을 시작할 때 재료의 변형으로 인하여 절삭이 되지 않고 마찰작용을 하므로, 날의 마멸이 심하다. 3. 커터의 절삭방향과 이송방향이 반대이므로, 절삭 자취의 피치가 길고, 마찰작용과 아울러 가공면이 거칠다. 4. 칩이 가공한 면 위에 쌓이므로, 시야가 좋지 않다.	1. 커터의 절삭작용이 일감을 누르는 방향으로 작용하므로, 기계에 무리를 주고 동력의 소비가 많다. 2. 커터의 날이 절삭을 시작할 때 절삭저항이 가장 크므로, 날이 부러지기 쉽다. 3. 가공된 면 위에 칩이 쌓이므로, 절삭열로 인한 치수 정밀도가 불량해질 염려가 있다. 4. 커터의 절삭방향과 이송방향이 같으므로, 백래시 제거장치가 없으면 곤란하다.

(2) 밀링의 안전대책

① 정면 밀링커터 절삭시에는 커터 날 끝과 같은 높이에서 절삭상태를 확인해서는 안 되며 칩의 튀어오름을 막기 위해 커터에 맞는 커버를 위쪽 암에 설치하여야 한다.

② 밀링커터에 의한 칩 (chip) 은 작고, 날카로우므로 손을 대지 않도록 하며 제거작업시에는 반드시 브러시를 사용하도록 한다.

③ 밀링커터의 날은 매우 날카로우므로 걸레 등의 천으로 감싸쥐고 다루도록 한다.

④ 절삭유의 주유는 가공부분에서 분리된 커터의 위에서 하도록 한다.

⑤ 급속 이송은 백래시 (backlash) 제거장치가 동작하지 않고 있음을 확인한 다음 행한다.

⑥ 밀링커터가 회전하고 있을 때는 작업자의 옷소매 등이 커터에 말리지 않도록 주의하고 장갑의 사용을 금한다.

3. 세이퍼와 플레이너

(1) 세이퍼 (shaper)

세이퍼 (shaper) 를 구조에 따라서 분류하면 수평식 세이퍼 (horizontal shaper) 와 직립식 세이퍼 (vertical shaper) 로 나뉜다. 일반적으로 세이퍼라 하면 수평식 세이퍼를 말하며, 직립식 세이퍼는 슬로터 (slotter) 라 한다.

① 세이퍼 : 램의 안내면을 따라 왕복운동을 하고, 테이블은 좌우로 이송되면서 평면을 절삭한다. 세이퍼의 크기는 램의 최대 행정으로 나타내는 것이 보통이다.

② 절삭속도와 램의 왕복횟수 : 세이퍼의 절삭속도는 공작물의 재질, 바이트의 재질, 절삭 깊이와 이송량, 기계강도 등에 의하여 변하며, 절삭행정시 바이트의 속도로 표시한다. 세이퍼의 절삭속도는 다음과 같이 계산한다.

$$V= \frac{NL}{a} \ \text{또는} \ N= \frac{aV}{L}$$

여기서, a : 바이트의 1왕복에 소요되는 시간에 대한 절삭 행정시간의 비 $\left(a= \frac{3}{5} \sim \frac{2}{3} \right)$

N : 1분간 바이트의 왕복횟수, L : 행정의 길이(m)

램은 활동면에서 안내되어 직선운동을 한다

링크
큰 기어
크랭크 핀의 궤적
크랭크 핀
로커 암
지점
피니언

급속 귀환운동의 원리
∠A : 절삭 행정각
∠B : 귀환 행정각
보통 ∠A : ∠B = 3:2

램의 급속 귀환기구

③ 셰이퍼의 방호장치

   (가) 방책   (나) 칩받이   (다) 칸막이

④ 셰이퍼 작업시의 안전대책

   (가) 시동 전에 기계의 점검 및 주유를 한다.

   (나) 가공 중 바이트와 부딪쳐 떨어지는 경우가 있으므로 일감은 견고하게 고정시켜야 한다.

   (다) 바이트는 잘 갈아서 사용할 것이며, 가급적 짧게 물리는 편이 좋다.

   (라) 가공중 다듬질면을 손으로 만져서는 안 된다.

   (마) 운전중 주유를 해서는 안 된다.

   (바) 반드시 재질에 따라 절삭속도를 정하도록 한다.

   (사) 보호안경을 착용하여야 한다.

   (아) 직각도와 평행도가 좋은 평행대를 사용한다.

   (자) 무거운 일감은 타인의 협조를 받도록 한다.

   (차) 램은 필요 이상 긴 행정으로 하지말고, 일감에 알맞은 행정으로 조정하도록 한다 (공작물 전 길이보다 20~30 mm 정도 길게).

   (카) 평행대는 깨끗이 닦아서 쓰고, 흠이 생기지 않도록 조심한다.

   (타) 에이프런 (apron) 을 돌리기 위하여 해머로 치지 않도록 한다.

   (파) 절삭 전에 깎아낼 길이, 깊이, 나비를 결정하도록 한다 (재질, 형상에 따라).

   (하) 작업 중에는 바이트의 운동방향에 서지 않도록 한다 (측면에 선다).

   (거) 테이블 바이스나 일감 고정용 기구를 조일 때에는 반드시 와셔를 사용하고 꼭 맞는 렌치를 써야 한다.

   (너) 작업중 기계에 기대서는 안 된다.

   (더) 시동하기 전에 행정 조정용 핸들을 빼 놓는다 (테이블 이송 핸들).

(2) 플레이너 (planer)

플레이너 (planer) 는 셰이퍼나 슬로터 (slotter) 로는 가공할 수 없는 크고 긴 공작물의 평면을 주로 절삭하는 기계로서, 공작물을 고정한 테이블을 왕복운동 시키면서 바이트를 가로 이송시켜 평면을 절삭한다.

   ① 플레이너의 구조 : 베드, 왕복 테이블, 기둥, 크로스 레일, 테이블 구동장치 등으로 구성되어 있으며, 플레이너의 크기는 테이블의 최대 행정과 가공할 수 있는 공작물의 최대 나비와 최대 높이로 표시한다 (한 쪽 벽면과 40 cm).

   ② 플레이너의 종류 : 기둥의 수에 따라 단주식 플레이너와 쌍주식 플레이너로 나눌 수 있다.

   ③ 플레이너 작업시의 안전대책

      (가) 프레임 내의 피트 (pit) 에는 뚜껑을 설치하여 재해를 방지한다.

      (나) 테이블의 이동 범위를 나타내는 안전 방호울 (安全冊) 을 세워 놓아 재해를 예방한다.

      (다) 테이블 위에는 기계작동 중에는 절대로 올라가지 않는다 (탑승 금지).

      (라) 베드 위에 다른 물건을 올려놓지 않는다.

      (마) 바이트는 되도록 짧게 나오도록 설치한다.

      (바) 일감은 견고하게 장치한다.

      (사) 일감 고정작업 중에는 반드시 동력 스위치를 꺼놓는다.

      (아) 절삭행정중 일감에 손을 대지 말아야 한다.

4. 드릴머신

드릴링 머신(drilling machine)은 드릴을 주축에 끼워 절삭회전운동과 축방향 이송을 주어 구멍을 뚫는 기계이다.

(1) 드릴작업의 종류

① 드릴링 (drilling) : 드릴로 구멍을 뚫는 작업

② 리밍 (reaming) : 드릴로 뚫은 구멍의 내면을 리머로 다듬는 작업

③ 태핑 (tapping) : 드릴로 뚫은 구멍의 내면에 탭을 사용하여 암나사를 가공하는 작업

④ 보링 (boring) : 드릴로 뚫은 구멍이나 이미 만들어져 있는 구멍을 넓히는 작업

⑤ 스폿 페이싱(spot facing) : 너트 또는 볼트 머리와 접촉하는 면을 고르게 하기 위하여 깎는 작업

⑥ 카운터 보링(counter boring) : 볼트의 머리가 일감 속에 묻히게 하기 위하여 깊게 스폿 페이싱을 하는 작업

⑦ 카운터 싱킹 (counter sinking) : 접시머리나사의 머리부분을 묻히게 하기 위하여 자리를 파는 작업

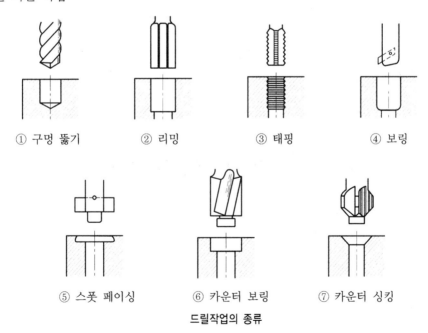

① 구멍 뚫기　　② 리밍　　③ 태핑　　④ 보링

⑤ 스폿 페이싱　　⑥ 카운터 보링　　⑦ 카운터 싱킹

드릴작업의 종류

(2) 작업시 일감 (공작물) 의 고정방법

① 바이스 사용 : 공작물이 주로 소형일 때

② 볼트와 고정구 (clamp) 사용 : 공작물이 크고 복잡할 때

③ 지그 사용 : 대량생산시

(3) 드릴작업시의 안전대책

① 옷소매가 늘어진 채로, 혹은 머리카락이 긴 채로 작업하지 않도록 한다.

② 시동 전에 드릴이 올바르게 고정되어 있는지 확인한다.

③ 장갑을 끼고 작업하지 않는다.

④ 구멍뚫기를 시작하기 전에 자동 이송장치를 써서는 안 된다.

⑤ 드릴을 회전시킨 후 테이블을 조정하지 않도록 한다.

⑥ 회전 중에 드릴과 주축에 손이나 걸레가 닿아 감겨 돌아가지 않도록 조심한다.

⑦ 드릴을 끼운 후에는 척 렌치 (chuck wrench) 를 빼도록 한다.

⑧ 드릴 회전 중에는 칩 (chip) 을 입으로 불거나 손으로 털지 않도록 한다.

⑨ 드릴로 구멍을 뚫을 대 끝까지 뚫린 것을 확인하기 위하여 밑바닥을 손으로 만져보지 않도록 한다.

⑩ 전기 드릴을 사용할 때에는 반드시 접지 (earth) 시킨다.

⑪ 드릴은 생크 (shank) 에 흠집이 없는 것을 골라 사용해야 한다.

⑫ 가공중 드릴 끝이 마모되어 이상한 소리가 나면 즉시 드릴을 연마하거나 드릴을 바꾸어 사용한다.

⑬ 큰 구멍을 뚫을 때는 먼저 작은 구멍을 뚫은 다음에 뚫도록 한다.

⑭ 이송 레버에 파이프를 끼워 걸고 무리하게 돌리지 않는다.

⑮ 자동 이송작업 중 기계를 멈추지 않도록 한다.

⑯ 칩 (chip) 이 날리기 쉬운 작업일 때에는 방진 안경을 쓰도록 한다.

⑰ 얇은 판에 구멍을 뚫을 때는 나무판을 밑에 받치고 구멍을 뚫도록 해야 한다.

⑱ 주축에서 드릴이나 척을 뗄 때는 가급적 주축을 낮추어 낙고 (落高) 를 낮게 하고 손바닥으로 받지 말고 테이블에 나뭇조각 등을 놓고서 받는다.

5. 연 삭 기 (grinding machine)

연삭기란 고속회전을 하는 연삭숫돌로 표면을 절삭함으로써 금속공업의 표면정밀도를 높이는 연삭가공을 하는 공작기계를 말한다.

(1) 재해 예방대책

① 탁상용 연삭기와 노출각도

㈎ 보통 탁상용 연삭기 덮개의 노출각도는 90° 이거나 전체 원주의 1/4을 초과하지 않아야 한다. 숫돌 주축에서 수평면 위로 이루는 원주각도는 65° 이상이 되지 않도록 하여야 한다.

㈏ 만약 숫돌의 주축에서 수평면 위로 이루는 원주각도가 65° 이상이 되면 연삭숫돌이 회전하다 파괴되었을 때 그 파편은 항상 회전하는 원주의 접선방향으로 튀어나오기 때문에 연삭기 앞에서 작업하는 작업자에게 치명상을 입힐 수 있다.

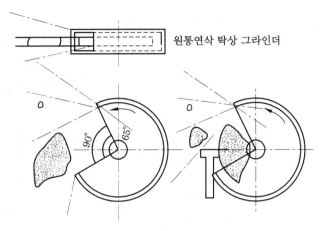

안전덮개의 개구각과 비산방향 (1)

② 휴대용 연삭기의 노출각도

(개) 수직 휴대용 연삭기 또는 직각머리 180° 까지 노출이 허용된다. 이 덮개는 작업자와 회전하는 숫돌의 중간에 위치하여 갑자기 파괴된 숫돌의 조각이 작업자에게 비산하지 않도록 한다.

(내) 만약 최대 노출각도가 180° 이상이 되면 위쪽으로 조각이 튀어 오르면서 작업자의 두부 또는 안면부를 강타하는 치명상을 입히게 된다.

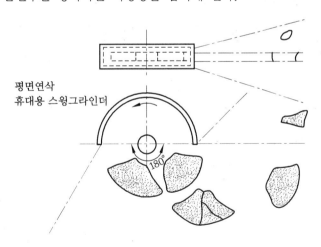

안전덮개의 개구각과 비산방향 (2)

(2) 연삭작업시 준수사항

① 숫돌 속도제한장치를 개조하거나 최고회전속도 (rpm) 를 초과하여 사용하지 않도록 한다.

② 워크레스트의 간격을 1~3 mm 정도로 유지하고 숫돌의 결정된 사용면 이외의 면은 사용하지 않는다.

③ 연삭숫돌의 파괴시 작업자는 물론 인근 근로자도 보호해야 하므로 안전덮개와 칸막이 또는 작업장을 격리시켜야 한다.

④ 연삭숫돌의 교체시는 3분 이상 시운전하고 정상작업 전에는 최소한 1분 이상 시운전하

여 이상 유무를 파악하도록 해야 하며 최고 사용
회전속도를 초과하지 않도록 한다.
⑤ 투명 비산 방지판을 설치한다.

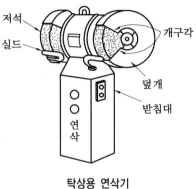

탁상용 연삭기

(3) 적용범위

① 연삭기란 연삭용 숫돌을 동력의 회전체에 부착하
여 고속으로 회전시키면서 가공재료를 연마 또는
절삭하는 기계로서 숫돌의 지름이 5 cm 이상인 것
에 한한다.

② 천연석으로 만들어진 숫돌은 포함되지 않는다.
베버프 또는 코르크버프 등을 포함한 버프연마기
또한 연삭기의 적용범위에는 포함되지 않는다.

③ 연삭기의 위험요인

㉮ 회전하던 연삭숫돌이 외력 또는 숫돌 자체의 결함에 의해 파괴되면서 파괴된 조각이
작업자의 신체부위와 충돌하여 입는 재해의 위험이 있다.

㉯ 가공재료의 비산하는 입자가 작업자의 눈에 들어가 시력장해 또는 2차적 재해를 유
발할 위험이 있다.

㉰ 회전하는 연삭숫돌과 같은 방향으로 작업자의 손이 말려들기 쉽다.

㉱ 숫돌에 작업자의 무릎 등 신체가 접촉되어 재해를 당할 위험 등이 있다.

연삭숫돌의 최고 주속도에 따른 덮개의 재료

연삭숫돌의 최고사용 주속도(m/min)	2000 이하	3000 이하	3000 초과
재 료	주철, 가단주철 또는 주강	가단주철 또는 주강	주강

(4) 연삭기 종류에 따른 숫돌의 노출각도

순 위	연삭기 용도	숫돌 노출각도 (덮개설치요령)
(1)	일반연삭작업 등에 사용하는 것을 목적으로 하는 탁상용 연삭기	125° / 65° 이내
(2)	연삭숫돌의 상부를 사용할 것을 목적으로 하는 탁상용 연삭기	60° 이상 / 60° 이상

(3)	1호~2호 이외의 탁상용 연삭기, 기타 이와 유사한 연삭기	
(4)	원통연삭기, 센터리스연삭기, 공구연삭기, 만능연삭기, 기타 이와 비슷한 연삭기	
(5)	휴대용 연삭기, 스윙연삭기, 슬래브연삭기, 기타 이와 유사한 연삭기	
(6)	평면연삭기, 절단연삭기, 기타 이와 비슷한 연삭기	

(5) 연삭숫돌의 파괴원인

① 숫돌의 속도가 너무 빠를 때 : 숫돌의 회전에 의한 원심력 $\left(F = \dfrac{mv^2}{r}\right)$ (m : 회전체의 질량, v : 원주속도, r : 회전지름) 이 숫돌의 결합력을 초과하면 파괴의 위험이 있으므로 숫돌이 허용하는 원주속도의 범위 내에서 사용해야 한다.

원주속도 $v = \pi D n \, [\mathrm{m/min}]$

여기서, D는 숫돌의 반지름 (m)

② 숫돌에 균열이 있을 때
③ 플랜지가 현저히 적을 때
④ 숫돌의 치수 (특히, 구멍지름) 가 부적당할 때
⑤ 숫돌에 과대한 충격을 줄 때
⑥ 작업에 부적당한 숫돌을 사용할 때
⑦ 숫돌의 불균형이나 베어링의 마모에 의한 진동이 있을 때
⑧ 숫돌의 측면을 사용할 때
⑨ 반지름방향의 온도변화가 심할 때

(6) 숫돌의 방호장치

연삭기의 방호장치는 덮개이며 덮개는 숫돌의 지름이 5 cm 이상인 것에만 설치해야 할 의무가 있다. 덮개는 숫돌 파괴시의 충격에 견딜 수 있는 충분한 강도를 가진 것이어야 한다.

▶ **덮개의 성능**
- 덮개는 인체의 접촉으로 인한 손상이 없어야 한다.
- 덮개에는 그 강도를 저하시키는 균열 및 기포 등이 없어야 한다.
- 탁상용 연삭기의 덮개에는 워크레스트 및 조정편을 구비하여야 하며, 워크레스트는 연삭숫돌과의 간격을 3 mm 이하로 조정할 수 있는 구조이어야 한다.

(7) 연삭기 취급시 안전대책

① 연삭숫돌의 지름이 5 cm 이상인 것은 위험방지를 위해 반드시 덮개를 설치한다.
② 연삭숫돌 작업시는 작업시작 전에 1분 이상, 숫돌 교체시 3분 이상 시운전을 한 후 이상이 없을 때 작업한다.
③ 연삭숫돌은 작업시작 전에 결함 유무를 확인 후 사용한다.
④ 연삭숫돌의 최고 사용 회전속도를 초과하여 사용하지 않아야 한다.
⑤ 측면 사용을 목적으로 하는 연삭숫돌 이외의 것은 측면을 사용하지 않도록 한다.
⑥ 숫돌속도 제한장치를 작업자 임의로 개조시키지 않도록 한다.
⑦ 연삭기의 축 회전속도(rpm)는 영구히 지워지지 않도록 표시해야 하며, 그 위치는 작업자가 쉽게 볼 수 있는 위치에 표시하도록 한다.
⑧ 연삭숫돌의 파괴시는 작업자는 물론 인근 근로자도 보호해야 하므로 칸막이나 격리된 작업으로 보호되어야 한다.
⑨ 투명 비산 방지판을 설치하여야 한다.

6. 목재가공용 둥근톱

강철 원판의 둘레에 톱니를 만들어 이것을 회전체에 부착하여 회전시키면서 목재가공작업을 하는 기계를 말하며, 톱의 노출높이가 작업면에서 100 mm 이상인 것에 한한다.

(1) 재해발생 원인

① 취급하는 재료가 길고 이송에 힘을 많이 사용한다.
② 한 대의 기계에서 여러 가지 작업을 하게 된다.
③ 기계가 고속회전을 하는 반면 가공재에 옹이나 나뭇결 등으로 재질이 고르지 않다.
④ 작업하는 사람들이 위험한 기계에 비교적 무관심하다.
⑤ 작업 중에 분진이 대량으로 발생하고 있다.
⑥ 다른 기계에 비해 고속회전이기 때문에 신체 또는 작업복 일부가 톱날에 접촉하면 치명상을 입게 된다.

(2) 방호장치의 종류

① 둥근톱 덮개 : 가동식 또는 고정식날 접촉예방장치
② 둥근톱 분할날 : 겸형식 분할날, 현수식 분할날

【참고】

• **둥근톱 분할날 길이 계산식**

$$L = \frac{\pi D}{b}$$

여기서, L : 분할날 길이, D : 톱날 지름, b : 톱날 두께

---

(3) 방호장치별 성능 · 설치 및 사용

① 가동식날 접촉예방장치

(개) 성능 : 가동식 접촉예방장치는 그 덮개의 하단이 송급되는 가공재의 상면에 항상 접하는 방식의 것이고 가공재가 절단을 하고 있지 않을 때는 덮개는 테이블 면까지 내려가므로 어떠한 경우에도 작업자의 손이 톱날에 접촉하는 것을 방지하도록 한 장치이다.

(내) 구조 : 가동식 접촉예방장치는 가공재의 절단에 필요한 날 부분 이외의 날을 항상 자동적으로 덮을 수 있는 구조이어야 한다. 이를 위해 당해 장치는 상하로 조절되는 본체 덮개와 그 전후로 움직이는 보조덮개에 의해 가공재의 두께에 따라 자동적으로 날의 방호를 하게 된다.

보조덮개는 작업자의 손이 가공재의 송급에 의해서 톱날에 접근할 때 우선 보조덮개에 닿아서 위험을 예지 시키는 것이므로 가공재의 송급시에 가공재 상면에 있는 손이 보조덮개에 닿기 전에 톱니에 닿는 일이 있어서는 안 된다.

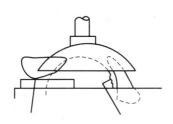

덮개의 하단이 항상 가공재
또는 테이블에 접속한다.

분할날에 대면해 있는
부분의 톱날덮개

둥근톱 기계의 가동식날 접촉예방장치

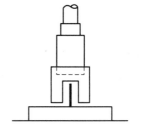

전면에 홈을 설치해서
톱날이 보이게 한다.

톱날의 절단부를 볼 수 있는 구조 예

(대) 방호장치 사용할 때 준수사항

㉠ 어떠한 경우에도 톱니를 덮고 있도록 조정하여야 한다.
㉡ 경사반의 둥근톱기계는 그때마다 모든 장치를 조정한다.
㉢ 가공재의 송급이 완료될 즈음에는 밀대를 사용한다.

② 고정식날 접촉예방장치

(개) 성능 : 고정식 접촉예방장치는 비교적 얇은 가공재의 절단용의 것이고 본체 덮개는

테이블 위의 일정한 위치에 고정해서 사용하는 것이다.

둥근톱기계 작업 중에는 가동식 접촉예방장치를 달면 송재저항이 커지거나 결이 고운 목재를 켜는 경우에 목재의 상면이 보조덮개에 닿아서 상처를 입거나 하기 때문에 그 사용이 어려운 것이다.

(내) 구조 : 고정식 접촉예방장치는 덮개 하단이 테이블면 위로 25 mm 이상 높이로 올릴 수 없게 스토퍼를 설치해야 한다.

고정식 접촉예방장치의 경우 가공재를 송급하고 있지 않을 때는 덮개 하단과 테이블면 사이의 톱날이 노출해 있고 그 부분이 너무 크면 위험성이 있다. 이 때문에 덮개와 테이블 사이의 빈틈간격의 최대값을 25 mm 로 제한하고, 또 당해 장치의 구조가 이 제한치를 넘지 않게 되어 있어야 한다.

(대) 사용상의 준수사항

　ㄱ 덮개의 하단높이는 테이블면으로부터 25 mm 로 제한한다.

　ㄴ 가공재의 두께는 25 mm 이하의 것만 가공한다.

　ㄷ 가공재의 뒷면과 덮개 하단과의 틈새는 그때마다 8 mm 이하가 되도록 조절한다.

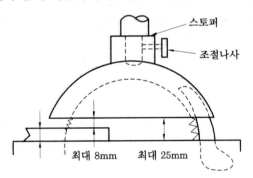

스토퍼
조절나사
최대 8mm　　최대 25mm

둥근톱기계의 고정식날 접촉예방장치

③ 반발예방장치 (분할날)

(개) 분할날은 톱의 후면톱니 아주 가까이에 설치되고 갈라진 가공재의 홈에 먹혀 들어가 가공재의 모든 두께에 걸쳐 쐐기의 작용을 한다. 즉, 가공재가 톱 그 자체를 체결하지 않게 하는 것이다. 따라서 그 높이와 두께도 충분해야 한다.

이와 같은 분할날에는 겸형식 분할날과 현수식 분할날의 2종류가 있는데 톱니지름이 610 mm 를 넘는 대형 둥근톱기계에는 현수식을 사용해야 한다.

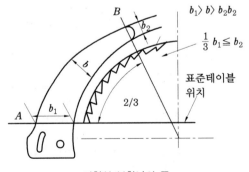

$b_1 > b > b_2 b_2$
$\frac{1}{3} b_1 \leqq b_2$
표준테이블 위치
2/3

겸형식 분할날의 폭

톱의 지름(mm)	152 이하	203	255	305	355	405	455	510	560	610
분할날의 폭(mm)	30	35	45	50	55	60	70	75	80	85

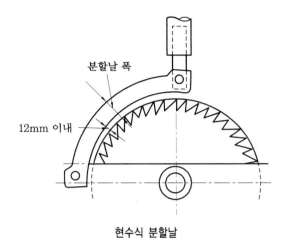

분할날 폭

12mm 이내

현수식 분할날

(나) 구조

  ⊙ 분할날은 가공재가 반발할 때 충격적으로 큰 힘을 받으므로 이에 대해 쉽게 변형하지 않을 수 있는 강도를 가져야 한다.

  ⊙ 분할날은 표준테이블면(승강반에 있어서는 테이블을 최대로 내린 때의 면) 상의 톱의 후면날의 2/3 이상을 덮고 또 톱날과의 간격이 12 mm 이내가 되는 형상의 것이어야 하며 설치부는 조절이 가능해야 한다.

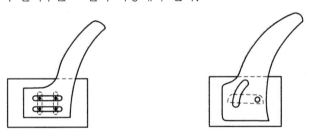

  ① 상하 및 좌우로 조절되는 것   ② 각도 및 좌우로 조절되는 것

분할날 설치부의 구조

  ⊙ 분할날의 두께는 톱 자신의 두께의 1.1배 이상이고 또 톱날의 치진폭 이하로 하여야 한다.

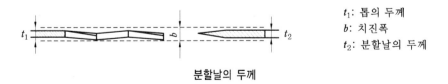

t_1: 톱의 두께
b: 치진폭
t_2: 분할날의 두께

분할날의 두께

④ 반발방지롤 : 반발방지롤은 가공재가 톱 후면에서 들뜨는 것을 누르고 반발을 방지하는 것이므로 가공재의 상면을 항상 일정한 힘으로 누르고 있어야 한다. 이 때문에 가공재의 두께에 따라서 자동적으로 그 높이를 조절할 수 있는 구조로 할 필요가 있다.

  또 반발방지롤은 보통 날접촉 예방장치의 본체에 설치되므로 가공재를 충분히 누르는 강도를 갖출 필요가 있다.

반발방지기구 및 반발방지롤러는 항상 가공재의 위에 밀착해 있어야만 효과가 있는 것이므로 설치에 있어서는 이것을 충분히 고려해야 한다. 또 이러한 것은 반발방지 힘에 제약을 받으므로 톱의 지름이 405 mm 를 넘는 둥근톱 기계에는 사용하지 말아야 한다.

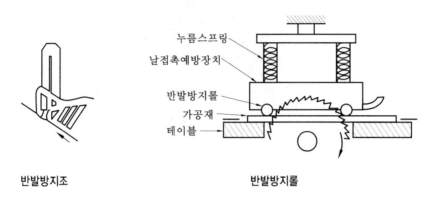

누름스프링
날접촉예방장치
반발방지롤
가공재
테이블

| 반발방지조 | 반발방지롤 |

(4) 목재가공용 둥근톱의 취급시 안전대책

① 목재가공용 둥근톱은 둥근톱을 교체할 때에 둥근톱축의 회전에 의한 위험을 방지하고, 둥근톱축을 고정하기 위한 장치를 갖추고 있어야 한다.

② 목재가공용 둥근톱은 작업자가 그 작업위치를 이탈하지 않고 조작할 수 있는 위치에 동력차단장치를 갖추고 있어야 한다. 또한 동력차단장치는 용이하게 조작할 수 있어야 하며 접촉, 진동 때문에 불의로 목재가공용 둥근톱이 기동하는 위험이 없어야 한다.

③ 둥근톱(절단에 필요한 부분 제외), 기어, 풀리, 벨트 등의 회전부분은 회전 중 접촉위험이 있는 곳에 덮개를 갖추고 있어야 한다.

④ 만능 둥근톱의 테이블 경사장치는 나선식으로 하고 기타 테이블이 불의에 경사지게 되는 위험이 없어야 한다.

⑤ 휴대용 둥근톱은 정반을 갖추고 있어야 하며 가공재를 절단하는 측 정반의 외측단과 둥근톱의 치선(톱니 끝)과의 거리는 12 mm 이상이어야 한다.

⑥ 목재가공용 둥근톱은 동력을 차단한 경우에 회전하는 둥근톱축을 제동하기 위한 브레이크를 갖추고 있어야 한다. 다만, 다음 목재가공용 둥근톱에 대해서는 예외로 한다.

⑦ 동력을 차단한 때에 10초 이내에 둥근톱축의 회전이 정지하는 것

⑧ 단상직권전동기를 사용하는 휴대용 둥근톱

⑨ 자동송급장치를 보유한 둥근톱으로서 그 본체에 둥근톱이 설치되어 있는 것

⑩ 기타 접촉의 위험성이 없는 것

제 3 장 프레스 및 전단기

프레스(press)란 동력에 의하여 금형을 사이에 두고서 금속 또는 비금속 물질을 압축, 절단 또는 조형하는 기계를 말하며 전단기란 동력전달방식이 프레스와 유사한 것으로써 원재료를 단재하기 위하여 사용하는 기계이다.

1. 프레스 재해 방지의 근본적인 대책

(1) 프레스 및 전단기 방호장치 4가지 기본기능

① 슬라이드의 작동 중에 신체의 일부가 위험 한계에 들어갈 위험성을 배제할 것
  예 가드식 방호장치

② 슬라이드 등을 작동시킬 때 누름 버튼에서 손을 떼어 손이 위험한계에까지 접근할 동안에 슬라이드가 정지되거나 또는 양손으로 누름 버튼을 누르다가 슬라이드 작동 중에 순간적으로 떼어낸 손이 위험 한계에 도달하지 않을 것
  예 양수조작식, 일행정 일정지 방호장치 또는 양수기동식

③ 슬라이드 등의 작동 중에 신체의 일부가 한계에 접근했을 때에 슬라이드 등의 작동을 정지하게 하고, 또한 슬라이드가 정지 중에 신체의 일부가 위험한계 내에 놓였을 때는 슬라이드가 작동되지 않을 것
  예 광전자식 방호장치

④ 위험한계 내에 있는 신체의 일부를 슬라이드의 작동에 연동시켜 위험한계 내에서 제거하는 것이 가능할 것
  예 수인식 방호장치, 손쳐내기식 방호장치

(2) 방호장치의 선택조건

① 양수조작식

  ㈎ SPM 120 이상의 프레스에 사용이 가능하다.

  ㈏ 캠 인하 방식에 의해 스프링식, 공기압축식, 솔레노이드 직인식 등이 있으나 솔레노이드 직인식은 특히 소형 프레스에 사용하는 것이 좋다.

② 수인식

  ㈎ SPM 120 이하, 스트로크 40 mm 이상의 프레스에 사용이 가능하다.

  ㈏ 양수조작식 기구를 병용하는 것이 좋다.

㈐ 핀 클러치 방식에 적합하다.

③ 손쳐내기식

㈎ SPM 120 이하, 스트로크 40 mm 이상의 프레스에 사용이 가능하다.

㈏ 양수조작식 기구를 병용하는 것이 좋다.

㈐ 작업에 사용되는 금형의 크기에 따라 방호판의 크기를 선택한다.

④ 게이트 가드식

㈎ 작업에 사용되는 금형의 크기에 따라 게이트의 크기를 선택한다.

㈏ 게이트의 작동방식에 따라 하강식, 상승식, 횡슬라이드식 등의 구별이 있으므로 작업에 적당한 것을 선택한다.

㈐ 양수조작식을 병용하는 것도 좋다.

⑤ 광선식

㈎ 핀 클러치 구조의 프레스에는 사용을 금한다.

㈏ 핀 클러치를 마찰 클러치로 개조하여 급정지 기능을 보완하고 사용할 수 있다.

㈐ 스트로크의 길이에 따라 광축수를 선택할 필요가 있다.

㈑ 유압프레스에 사용한다.

재해 발생시의 행동

행　　동	구 성 비(%)
• 재료 공급 추출시	41
• 형 시제품 작업중	16
• 공급한 재료의 위치 수정중	14
• 형 취부시 형 조정중	13
• 기 타	14

(3) 클러치별 방호장치 사용기준

방호장치별 ＼ 클러치별	핀 클러치		마찰 클러치	
	120 SPM 미만	120 SPM 이상	120 PM 미만	120 SPM 이상
양수조작식	×	○	○	○
광 선 식	×	×	○	○
손쳐내기식	○	×	○	×
수 인 식	○	×	○	×

(4) 방호장치의 점검과 부착요령

방호장치 점검표

종류	항　목	조　건	비 고
가 드 식	① 가드와 클러치의 연동	1. 가드가 위험부위를 차폐한 뒤 슬라이드가 작동할 것 2. 슬라이드가 작동하고 있을 때 가드는 열리지 않을 것 3. 전환키 스위치의 키의 보관이 확실할 것	

가 드 식	② 각 부의 파손·마모	1. 가드에 파손 등이 없을 것 2. 가드 하강 확인용, 인터로크용의 리밋 스위치의 고장, 캠, 핀 등의 파손, 마모가 없을 것 3. 릴레이 기타 전기부품의 고장, 이상음 등이 없을 것 4. 볼트, 핀 등의 헐거움, 빠짐이 없을 것 5. 배선에 파손, 열화가 없을 것 6. 작동표시 램프에 파손이 없을 것	게이트 가드식
양 수 조 작 식	① 1행정 1정지기구	1. 누름단추를 누른 상태에서 1행정에 슬라이드가 정지할 것	
	② 누름단추 등	1. 누름단추 등의 간격이 300 mm 이상 (최단거리)이고, 단추케이스의 표면에 돌출하지 않을 것 2. 안전거리를 확인 3. 누름단추 등에 오물을 부착, 파손이 없을 것 4. 누름단추 등을 양손으로 동시에 조작하지 않으면 슬라이드가 작동하지 않는 것 5. 누름단추 등으로부터 양손을 떼지 않으면 다음의 기동조작이 되지 않는 것 6. 전환키 스위치의 키를 확인	
	③ 가동부분 (전자 스프링 당김식)	1. 맞물림 기구의 작동 정도를 본다. 2. 캠의 마모, 클러치의 걸림, 스프링의 느슨해짐 등 와이어 로프의 손상이 없을 것	양수조작식 방호장치
	④ 가동부분 (공기실린더식)	1. 피스톤과 클러치의 연결부에 헐거움, 파손이 없을 것 2. 복귀 스프링의 손상, 훼손이 없을 것 3. O링의 변형, 오일 부족이 없을 것 4. 실린더에 공기 누설이 없을 것	
	⑤ 클러치 복귀용 스프링 (양수기동식)	1. 파손, 훼손이 없을 것	
	⑥ 공기청정장치	1. 오일이 오일러에 가득 채워져 있을 것 2. 점도가 적당할 것 3. 필터의 물을 배출할 것	
	⑦ 전기계통	1. 누름단추의 접속, 연결기, 케이블의 손상이 없을 것 2. 전자밸브, 릴레이 등의 고장·이상음이 없을 것 3. 작동표시 램프에 파손이 없을 것	
	⑧ 볼트·너트	1. 헐거움이 없을 것	

광선식	① 광선의 방호 범위	1. 위험개소에 신체의 일부가 들어갔을 때 광선을 차단하고 있는 것을 확인 2. 광선의 최상부와 최하부의 위치를 확인 3. 안전거리를 확인	광전식 방호장치
	② 안전장치의 진동	1. 광선을 1개씩 투광 쪽에서 차광하여 표시램프가 작동하는 것을 확인 2. 체크회로의 작동을 확인 3. 전자밸브, 릴레이 등의 고장, 이상음이 없을 것 4. 연결기, 케이블의 파손이 없을 것 5. 전환키 스위치의 키를 확인	
	③ 프레스와 연동	1. 차광한 채 조작단추를 눌러서 슬라이드가 작동하지 않는 것을 확인 2. 슬라이드의 작동중 차광하여 급정지하는 것을 확인	
	④ 볼트·핀 등	1. 헐거움, 빠짐이 없을 것	
수인량	① 수인량	1. 손을 끌어당기는 끈의 끌어내는 양은 작업에 맞게 조정되어 있을 것	수인식 방호장치
	② 로프 당기는 스프링	1. 수인 끈의 손상이 없을 것 2. 너트간의 손상·마모가 없을 것 3. 리스트 밴드의 손상이 없을 것, 또 기름에 녹은 것은 교환할 것	
	③ 볼트·너트	1. 헐거움이 없을 것 2. 지정개소에 급유할 것	
손쳐내기식	① 슬라이드의 연동	1. 슬라이드가 하강하여 금형이 맞물리기 전에 완전히 손을 쳐내도록 조정되어 있는가 확인 2. 제수봉이 통과한 뒤 방호판이 위험부분을 커버하고 있을 것 3. 충격 완화용 완충제 확인	손쳐내기식 방호장치
	② 볼트·너트 스프링 등	1. 부착부분, 연결부분의 풀림, 마모, 파손의 유무 확인	

(5) 방호장치 부착요령 및 점검표

① 가드식 방호장치 설치요령

㉮ 가드는 금형의 착탈이 용이하도록 설치하여야 한다.

㉯ 가드의 용접부위는 완전 용착되고 면이 미려하여야 한다.

㈐ 가드에 인체가 접촉하여 손상될 우려가 있는 곳은 부드러운 고무 등을 입혀야 한다.

㈑ 게이트 가드식 방호장치는 가드가 열린 상태에서 슬라이드를 동작시킬 수 없고 또한 슬라이드 작동 중에는 게이트 가드를 열 수 없어야 한다.

㈒ 게이트 가드식 방호장치에 설치된 슬라이드 동작용 리밋 스위치는 신체의 일부나 재료 등의 접촉을 방지할 수 있는 구조이어야 한다.

㈓ 게이트 가드식 방호장치는 게이트가 위험부분을 차단하지 않으면 작동되지 않도록 확실하게 연동할 것

㈔ 금형의 크기에 따라 게이트의 크기를 선택하여 설치할 것

구 분	부 착 요 령	급소 및 유의사항
조작누름단추	조작누름단추는 작업하기 쉽고 금형의 출입, 재료의 출입에 방해가 되지 않는 위치에 설치한다.	
조 작 반	조작반은 보기 쉽고, 조작이 용이하며 가급적 기름, 먼지, 진동의 영향이 적은 장소에서 내부의 점검과 조정이 용이한 곳에 고정한다.	전기 배선이 재료 또는 기물에 의해 손상을 받지 않도록 보호할 것
공기 필터 오일러 및 감압밸브	이들의 설치는 공기 필터의 드레인 빼기를 하게 되므로 배수 드레인을 하여도 영향이 없는 장소 또는 오일을 공급하는 데 취급이 용이한 장소를 선정하여야 한다.	일정압의 청정한 공기와 윤활유를 공기가 실린더에 공급하도록 조정할 것
클러치 조작용 공기 실린더	프레스의 클러치와 공기 실린더 사이에 엇갈림이 발생하지 않도록 부착하고 공기 실린더가 원활하게 작동하도록 한다.	클러치 연결봉이 연장방향으로 끌리도록 가급적 공기 실린더를 연장선에 따라 부착할 것
1행정 1정지장치	프레스의 클러치 핀의 위치가 시동 후 30분 정도에서 리밋 스위치가 작용하도록 한다.	클러치 핀이 클러치 작동용 캠을 통과한 후에는 가급적 빨리 클러치 작동용 캠을 복귀시킬 것
가드 본체	프레스의 프레임에 가드 본체를 부착한다. 가드를 본체 설치에 의해 프레스 조정이 힘들지 않도록 고려한다.	가드 판이 정반보다 15 mm 이내의 위치에서 보지되며, 더욱이 그 위치에 있어서 가드 하강 확인용 리밋 스위치가 작동할 것
가 드 인터로크용 리밋 스위치	크랭크샤프트와 연동하고 슬라이드의 시동 직후로부터 하사점에 이르기까지 가드가 닫혀져 있도록 한다.	접점은 상사점으로부터 하사점까지 리밋 스위치가 ON하도록 조정할 것 리밋 스위치는 외부에 의해 파손되지 않도록 할 것

② 양수조작식 방호장치 설치요령

㈎ 일행정 일정지기구에 한하여 사용할 수 있어야 한다.

㈏ 누름버튼을 양손으로 동시에 조작하지 않으면 작동시킬 수 없는 구조이어야 한다.

㈐ 일행정마다 누름버튼에서 양손을 떼지 않으면 다음 작업의 동작을 할 수 없는 구조이어야 한다.

㈑ 램의 하행정 중 버튼(레버)에서 손을 뗄 때에 정지하는 구조이어야 한다.

㈒ 누름버튼의 상호간 내측거리는 300 mm 이상이어야 하며, 쉽게 파손되지 않는 곳에

부착하여야 한다.

㈐ 누름버튼 또는 레버는 매입형으로 제작되어야 한다.

㈑ 버튼 및 레버는 작업점에서 위험한계를 벗어나게 설치해야 한다.

㈒ 사용전원전압은 ±20% 범위에서 이상이 없어야 한다.

구 분	부착요령	급소 및 유의사항
조 작 누름단추	조작 누름단추는 작업하기 쉽고, 금형의 출입에 방해가 되지 않는 위치에 부착한다.	안전거리를 확보할 것
조 작 반	조작반은 보기 쉽고, 조작이 용이하며, 가급적 기름·먼지·진동의 영향이 적은 장소이고 내부의 점검이 용이한 곳에 0부착한다.	전기배선이 재료 또는 기물에 손상을 받지 않도록 보호할 것
공기필터, 오일러 및 감압밸브	공기필터의 드레인 배기를 하여야 하므로 드레인 배수에 영향이 없는 장소, 또 오일을 공급하는 데 용이한 장소를 선정하여 부착한다.	일정한 압력의 청정한 공기와 윤활유를 공기 실린더에 공급하도록 조정을 할 것
클러치 조작용 공기실린더	프레스의 클러치와 공기 실린더 사이에 엇갈림이 발생하지 않도록 부착, 공기실린더가 원활하게 작동하도록 한다.	클러치 연결봉이 그 연장 방향으로 끌리도록 가급적 공기 실린더를 연장선에 따라서 부착할 것
1행정 1정지장치	프레스의 크랭크 핀 위치가 시동 후 30도 정도에서 리밋 스위치가 작동하도록 한다.	클러치 핀이 클러치 작동용 캠을 통과시킨 후는 가급적 빨리 클러치 작동용 캠을 복귀시킬 것

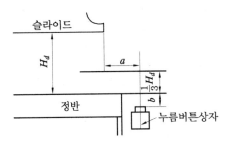

$$D < a+b+\frac{1}{3}H_d$$

여기서, D : 안전거리

　a : 누름버튼에서 슬라이드 전면까지의 수평거리

　b : 누름버튼에서 정반상면까지의 수직거리

　H_d : 대 높이

(a) C형 프레스의 경우

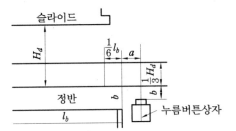

$$D < a+b+\frac{1}{3}H_d+\frac{1}{6}l_B$$

여기서, D : 안전거리

　a : 누름버튼에서 정반전면까지의 수평거리

　b : 누름버튼에서 정반상면까지의 수직거리

　H_d : 대 높이, l_B : 정반의 전후치수

(b) 스트레이트 사이드형 프레스의 경우

누름버튼의 설치위치

③ 광전자식 방호장치 : 프레스·전단기의 안전기준에 관한 기술지침을 만족시키려면 광선식 검출기구의 투광기 및 수광기는 프레스의 스트로크 길이와 슬라이드 조절량의 합계한 길이의 전장에 걸쳐서 유효하게 작용하여야 하지만, 이 합계한 길이가 400 mm 를 초과하는 경우에 유효하게 작동하는 길이가 400 mm 로 되어 있다. 또 투광기 및 수광기의 광축수는 2 이상으로 하고, 광축 상호간의 간격은 50 mm 이하이다. 그러나 안전거리가 500 mm 를 초과하는 경우에는 광축간격을 70 mm 이하로 하여도 된다.

구 분	부착요령	급소 및 유의사항
투광기, 수광기	일반 작업상태에서 슬라이드의 아래로 손을 넣을 경우, 확실하게 광선이 차단되는 위치에 설치한다.	안전거리를 확보할 것
제어반	보수·점검·조작이 쉽고, 보기 쉬운 위치로 한다. 진동·기름·먼지의 부착이 적은 장소를 선정할 것	전기배선은 재료 또는 기물에 의해 손상을 받지 않도록 보호할 것
상 승 무효장치	프레스 본체의 회전이 캠 복스 내의 리밋 스위치와 회전캠을 이용하여 슬라이드 상승시에 방호장치가 무효로 되도록 부착한다.	점검은 리밋 스위치에 캠을 대고 점검이 ON 되도록 세트하고, 캠의 위치 이탈에 주의할 것 상승무효 개시 각도는 하사점 전에서 최대 정지시간에 상당하는 각도 이상 가깝게 하여서는 안 된다.
기 타		전환키는 안전담당자 또는 책임자가 보관할 것

④ 수인식 방호장치 설치요령

구 분	부착요령	급소 및 유의사항
레 버	프레스 프레임의 상부에 지점축받이를 부착한다.	평면 위에 부착, 헐거워지지 않도록 한다.
암 파이프	프레스 베드 양쪽에 암 파이프를 부착한다.	암 파이프의 주름이나 수납기구가 방해되지 않도록 할 것
사이드 볼트부	암 파이프나 레버로부터의 와이어가 무리없이 당겨지는 위치에 부착한다.	
끌어당기는 길이의 조정	상형과 하형이 맞닿기 전에 손가락이 위험경계 밖으로 나오도록 레버의 비율을 변경시켜 조정한다. 수인끈의 끄는 양은 정반의 안길이의 1/2 이상이 되도록 플라이 휠을 돌리면서 조정한다.	플라이 휠을 회전시킬 때 손가락이 회전부나 금형에 끼이지 않도록 주의할 것 클립, 클램프는 헐겁지 않도록 확실하게 체결할 것
기 타	체결 볼트류에 풀림이 없을 것 로프, 금구 등이 프레스 프레임에 접촉되지 않도록 할 것	로프가 상하지 않도록 주의할 것

수인식 방호장치는 손이 금형 사이에 있을 때 또는 금형에 접근해 있을 때에 슬라이드 연동기구로 손을 당겨내는 장치이며, 수인기구가 슬라이드와 직결되어 있기 때문에 연속낙하로 인한 재해발생도 방지할 수 있으므로 국내 금속 가공업체에서 주로 사용하는 핀클러치 구조의 크랭크 프레스에 적합하다. 그러나 손을 당겨내는 수인줄을 반드시 작업자에게 맞게 조정해 줄 필요가 있다.

또한 이 방호장치는 손쳐내기식과 같이 행정길이(stroke)가 40 mm 이상인 구조의 것에서만 사용이 가능하다. 매 분당 행정수를 보통 120 이하로 제한하고 있는데 이는 손이 충격적으로 끌리는 것을 방지하기 위해서이고, 또 행정길이를 40 mm 이상으로 한 것은 손이 안전한 위치까지 충분히 끌리도록 하기 위해서이다.

수인줄은 사용 중에 늘어나거나 끊어지면 안 되므로 줄의 재질은 합성섬유로 하고 전단하중 150 kg에 견디는 지름 4 mm 이상의 로프를 사용해야 한다.

⑤ 손쳐내기식 방호장치

　㈎ 손쳐내기식 방호장치의 성능

　　㉠ 슬라이드 하행정 거리의 3/4 위치에서 손을 완전히 밀어내어야 한다.

　　㉡ 손쳐내기봉의 스트로크 길이를 금형의 높이에 따라 조절할 수 있고 진동폭은 금형 폭 이상이어야 한다.

　　㉢ 방호판 및 손쳐내기봉은 경량이면서 충분한 강도를 가져야 한다.

　　㉣ 방호판의 폭은 금형폭의 1/2 이상이어야 하고, 스트로크가 300 mm 이상의 프레스에는 방호판 폭을 300 mm로 하여야 한다.

　　㉤ 손쳐내기봉은 손접촉시 충격을 완화할 수 있는 완충제를 붙이는 등의 조치가 강구되어야 한다.

　㈏ 손쳐내기식 방호장치의 설치요령

　　㉠ 손쳐내기식 방호장치는 작업에 사용될 금형 크기의 절반 이상의 크기를 가진 손쳐내기판을 손쳐내기막대에 부착할 것

　　㉡ 손쳐내기막대는 그 길이 및 진폭을 조정할 수 있는 구조일 것

　　㉢ 손쳐내기막대는 작업자의 손을 강타하지 않도록 고무 등 완충물을 사용할 것

구　분	부착요령	급소 및 유의사항
손쳐내기 본체	• 제수봉이 볼스터 면보다 30 mm 정도 위치로 격리시켜 스위프 (sweep) 되도록 본체를 부착한다.	
와이어 로프 및 연결봉 고정	• 연결개소의 체결 볼트, 너트류는 확실하게 체결한다.	
전폭조정	• 제수봉은 작업자의 수지가 위험상태로 되기 전에 쳐내도록 플라이 휠을 손으로 돌려서 슬라이드를 하강시켜 조정한다. • 금형 및 작업상태에 따라서 제수봉의 길이를 조정할 것	• 제수봉 통과 후 금형 안으로 손이 들어가지 않도록 방호판이 부착되어 있을 것 • 플라이 휠을 손으로 회전시킬 때 회전부 및 금형에 손이 끼이지 않도록 주의할 것
기　타	• 와이어 로프 부착 고정구, 제수봉 작동시 프레스 기계 및 금형에 접촉되지 않도록 할 것	

⑥ 주요 방호장치의 장단점

구분	장　점	단　점
수 인 식	• 슬라이드의 2차 낙하에도 재해방지가 가능하다. • 끈의 길이를 적절히 조절하게 되면 수공구를 사용할 필요가 없다. • 가격이 저렴하다. • 설치가 용이하다.	• 작업 반경의 제한으로 행동의 제약을 받는다. • 작업자를 구속하여 사용을 기피한다. • 작업의 변경 시 마다 조정이 필요하다. • 스트로크가 짧은 프레스는 되돌리기가 불충분하다.

손처내기식	• 가격이 저렴하다. • 설치가 용이하다. • 수리 · 보수가 쉽다. • 기계적인 고장에 의한 슬라이드의 2차 낙하에도 재해 방지가 가능하다.	• 측면 방호가 불가능하다. • 작업자의 정신 집중에 혼란이 온다. • 스트로크의 끝에서 방호가 불충분하다. • 작업자의 손을 가격하였을 때 아프다. • 행정수가 빠른 기계에 사용이 곤란하다.
양수조작식	• 행정수가 빠른 기계에 사용할 수 있다. • 다른 방호장치와 병용하는 것이 좋다. • 반드시 양손을 사용하여야 하므로 정상적 인 사용에서는 완전한 방호가 가능하다.	• 행정수가 느린 기계에는 사용이 부적당하다. • 기계적 고장에 의한 2차 낙하에는 효과가 없다.
광선식	• 시계를 차단하지 않아서 작업에 지장 을 주지 않는다. • 연속 운전작업에 사용할 수 있다.	• 핀 클러치 방식에는 사용할 수 없다. • 작업중의 진동에 의해 위치 변동이 생길 우려가 있다. • 설치가 어렵다. • 기계적 고장에 의한 2차 낙하에는 효과가 없다.
가드식	• 완전한 방호를 할 수 있다. • 금형 파손에 의한 파편으로부터 작업 자를 보호한다.	• 금형의 크기에 따라 가드를 선택하여야 한다. • 금형 교환 빈도수가 적은 기계에서 사용 가능하다.

2. 금형의 안전화

프레스의 재해를 관찰하면 금형이나 페달, 클러치에 의한 것이 많다. 따라서 금형에 의한
위험방지대책은 안전상 대단히 중요하다.

(1) 본질 안전화

① 금형에 안전율 설치 : 프레스 작업자의 손가락이 울타리를 통하거나 또는 외측으로부터
  위험한계에 도달하지 않도록 한다.
② 안전금형의 사용 : 상사점에 있어서 상형과 하형 사이의 틈새, 스트리퍼를 사용하는 경
  우에는 상사점에 있어서 상형 및 하형과 스트리퍼의 틈새 및 가이드 포스트와 부시와의
  틈새가 8 mm 이하가 되도록 하며 손가락이 금형 사이에 들어가지 못하게 한다.

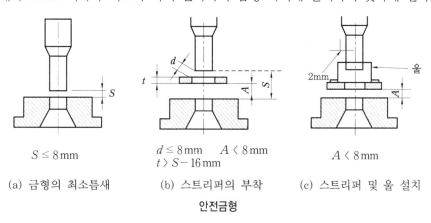

$S \leq 8\,\mathrm{mm}$
(a) 금형의 최소틈새

$d \leq 8\,\mathrm{mm} \quad A < 8\,\mathrm{mm}$
$t > S - 16\,\mathrm{mm}$
(b) 스트리퍼의 부착

$A < 8\,\mathrm{mm}$
(c) 스트리퍼 및 울 설치

안전금형

③ 전용프레스 사용 : 특정한 용도에 국한하여 사용하며, 신체의 일부가 위험한계에 들어
가지 않는 구조의 동력프레스를 사용한다.

④ 자동프레스 사용 : 자동적으로 재료의 송급, 가공 및 가공품의 배출을 할 수 있는 구조
의 동력프레스를 사용한다.

⑤ 안전프레스의 채용 : 프레스 본체에 광선식 안전장치나 양수조작식 안전장치 등의 기구
를 조립한 동력프레스를 사용한다.

3. 수공구의 활용

금형 사이에 손을 넣지 않고 작업할 수 있는 안전대책으로는 수공구의 활용을 들 수가 있다.

(1) 안전대책

① 금형의 착탈, 조정 작업시에는 안전블록 등을 사용
② 수공구의 활용(밀대, 갈고리, 핀셋류, 집게류, 자석 공구류, 진공 컵류)
③ 자체검사, 정기검사, 작업 전 점검의 철저한 이행
④ 안전담당자의 선임
⑤ 전환키 스위치의 확실한 관리

(2) 금형의 방호장치의 선택기준

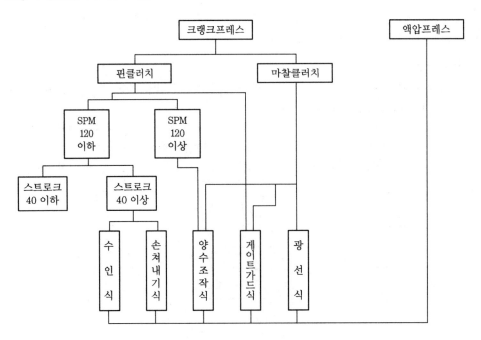

제 **4** 장 　위험기계 · 기구

1. 롤러기 (roller)

(1) 개 요

　롤러기란 원통상의 물체 2개 이상을 일조로 하여 적은 간격을 두고 각기 반대방향으로 회전하여 금속 또는 비금속 재료를 간격으로 통하게 하여 압축, 분쇄, 성형, 평활, 광택, 인쇄 또는 압연작업을 하는 기계이다.

　① 밀 (mill) 기 : 수평으로 설치되어 서로 반대방향으로 회전하는 두 개의 인접한 금속 롤로 구성되어 있는 기계로서 고무 및 플라스틱 화합물의 기계적 작업에 사용된다. 설치 시 작동 롤의 높이는 크기에 상관없이 1.3 m (50인치) 가 되도록 설치하여야 한다.

　② 캘린더 (calender) 기 : 반대방향으로 회전하는 두 개 또는 그 이상의 금속 롤이 장치된 기계로서 고무나 플라스틱 화합물을 연속적으로 판가공하거나, 고무 및 플라스틱 화합물로써 재료를 두 바퀴의 상대적 압력을 이용하거나 코팅 (coating) 하는 데 사용되는 기계이다.

(2) 방호장치의 종류 및 성능

　롤러기에는 급정지장치를 설치하여야 하는데 급정지장치란 롤러기의 전면에 위치한 작업자의 신체부위가 롤러기 사이에 말려 들어가는 상태에서 작업자의 손이나 무릎, 복부 등에 쉽게 닿을 수 있는 조작부를 건드림으로써 브레이크 계통의 작동으로 롤러가 급정지되게 되어 있는 장치를 말하며 그 종류는 다음과 같다.

　① 손으로 조작하는 로프식 : 이 장치는 롤러의 각 쌍을 가로질러 설치되며 작동자와 물림점 사이에 위치되어야 한다.

　　　이는 롤러의 앞뒤에 장치되며 롤러의 앞뒤 수직접선에 5 cm 이내로 위치해야 하며 지면에서 180 cm 이하로 설치한다.

　㈎ 비상제어 안전장치 (safety trip rod) : 신체압력감응 막대장치와는 달리 근로자가 능동적으로 작동시키는 장치이다.

　㈏ 비상안전 제어로프 (safety trip wine cable) : 비상안전 제어로프장치는 오버헤드 재료 혼합롤 (overhead stock blending rolls), 송금 및 인출 컨베이어, 슈트 (chutes) 및 호퍼 (hoppers) 등에 의하여 제한 받는 밀 (mill) 기에 설치 · 활용한다. 공학적으로 정확하게 계산하여 정상적인 작업위치에서 근로자가 쉽게 작동할 수 있도록 안전스위치 작동장치를 설치하는 것이 가능하다.

　② 복부로 조작하는 것 : 높이가 1.47 m 이상인 롤러가 있는 밀기 전후에 장치되며 작동자의 복부로 누르는 압력에 의하여 쉽게 작동되어진다.

③ 무릎으로 조작하는 것 : 이 장치는 밑면에서 0.6 m 사이에 설치되어 작업자의 상체가
   롤러 사이에 딸려 들어갈 때 자동적으로 무릎이 급정지장치와 조작부를 건드려 롤러를
   급정지시키는 장치이다.

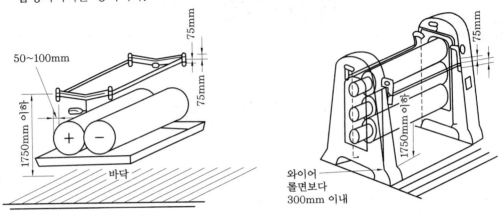

롤러기의 급정지장치

앞면 롤러의 표면속도(m/분)	30 미만	30 이상
급정지거리	앞면 롤러 원주의 1/3	앞면 롤러 원주의 1/2.5

▶ **표면속도의 산출공식**

$$V = \frac{\pi DN}{1000} \, [\text{m}/\text{분}]$$

여기서, π : 3.14159 ……, D : 롤러 원통의 지름(mm)

N : 회전수로 1분간에 롤러기가 회전되는 수(rpm)

(3) 방호장치 설치방법

① 급정지장치 중 로프식 급정지장치 조작부는 롤러기 자체가 수평으로 설치되어 있을 때
   전면 및 후면이 다함께 위험에 노출되어 있으므로 롤의 전후면 각각에 1개씩 로프를 설
   치하고 그 길이는 롤러의 길이 이상이 되어 작업자가 쉽게 조작할 수 있어야 한다. 그
   러나 두 개의 롤러가 수평이 아닌 수직으로 설치되어 있을 때는 롤러가 회전되어 물려
   들어가는 부분에만 조작부를 설치해도 된다.

② 조작부에 사용하는 줄은 사용 중에 늘어나거나 끊어지지 않는 강성이 있는 재료로 하되
   지름이 4 mm 이상이고, 또 인장강도가 300 kg 이상의 합성섬유 로프이어야 한다. 여기
   서 인장강도란 로프를 양쪽에서 물리고, 동일한 힘을 처음은 적게 주기 시작해 로프가
   파단되는 점에서 가한 하중이 300 kg 이상이 되는지의 여부를 시험하는 재료시험법이다.

③ 급정지장치의 조작부는 그 종류에 따라 다음의 표와 같은 위치에서 설치하고, 또 작업
   자가 긴급시에 쉽게 조작할 수 있어야 한다.

급정지장치 조작부의 종류	위　　치	비　　고
손으로 조작하는 것	밑면에서 1.8 m 이내	위치는 급정지 장치의 조작
작업자의 복부로 조작하는 것	밑면에서 0.8 m 이상 1.1 m 이내	부의 중심점을 기준으로 함
작업자의 무릎으로 조작하는 것	밑면에서 0.4 m 이상 0.6 m 이내	

(4) 방호장치 사용할 때 준수사항

① 롤 사이에 가공재를 송급할 때는 안내 롤의 상태를 점검한다.

② 급정지장치의 설치된 상태 (부위) 를 점검하고 기능을 정상으로 유지한다.

③ 가공재 송급 테이블과 가드와의 틈새를 정상으로 하고 기능을 유지한다.

④ 안내롤러 급정지장치는 안전색채로 도색하여 잘 나타나게 한다.

(5) 롤러기의 안전대책

① 기계의 벨트, 커플링, 플라이휠, 기어, 피니언, 축, 스프로킷, 웨버, 기타 회전운동 또는 왕복운동을 하는 부분은 상면 또는 작업상으로부터 2.6 m 이내에 있는 것은 표준방호덮개로 덮어야 한다.

② 롤러기의 청소시에는 다음의 조치를 취해야 한다.

㉮ 기계를 정지시키고 나서 청소작업을 해야 한다.

㉯ 손으로 회전시킬 수 없는 대형기계로 저속회전, 제어장치가 있는 것을 제외하고는 동력을 차단시키고 나서 청소해야 한다.

③ 롤러기 주위의 상 (床) 면은 평탄하고 돌기물 또는 장애물 등이 있어서는 안 되며 기름이 묻어 있을 경우는 이를 제거해야 한다.

④ 재료의 가공 중에 유독성 또는 자극성 물질의 분진, 흄 또는 증기를 발산하는 분쇄롤러 및 롤러밀은 다음의 요건을 구비해야 한다.

㉮ 배출장치에 연결한 집진 후드를 설치해야 한다.

㉯ 가능하면 분진이 새지 않도록 덮개로 롤러기를 싸서 유독성 또는 자극성 분진, 픔 또는 증기가 새어나오지 못하게 해야 한다.

⑤ 고무 또는 점성질을 반죽하는 롤러기, 혼합물질의 균등배합 또는 직포 등에 균일하게 입히는 롤러기는 작업자가 롤러기의 말려드는 입구에 닿지 않도록 가드를 설치해야 한다.

㉮ 작업자가 어떤 방법을 사용해서도 롤러의 물리는 입구에 닿지 않는 장치

㉯ 롤러기 작업위치에서 수평으로 설치한 급정지 롯드 또는 급정지 로프는 밀거나 당기면 동력이 차단되고 브레이크가 걸리는 장치를 해야 한다.

2. 원 심 기

2-1 원심기의 개요 및 사용방법

① 원심기에는 덮개를 설치하고 내용물을 꺼낼 때 기계의 운전이 정지되어야 한다.

② 원심기계의 최고 사용 회전수를 초과하여 사용하여서는 안 된다.

2-2 원심기의 자체 검사사항 1년 1회 이상

① 회전체의 이상 유무

② 주축의 베어링의 이상 유무

③ 브레이크 이상 유무

④ 외함 이상 유무

⑤ 제1호 내지 제4호에 규정된 부분의 볼트 너트의 풀림 유무

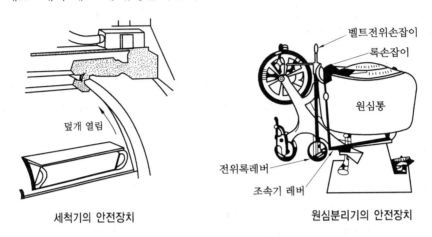

세척기의 안전장치   원심분리기의 안전장치

3. 아세틸렌 용접장치 및 가스집합 용접장치

3-1 용접장치의 위험성

① 이들 장치에 대한 잠재위험으로는 취관의 팁이 막히면 산소 또는 불꽃이 아세틸렌 도관 내로 흘러 들어가 수봉식 안전기에 유입한다. 만일 안전기가 불안전하면 아세틸렌 발생기 내에 들어가 폭발을 일으킬 위험이 존재한다.

② 도관의 파이프에 가스누설이 생겨 부근에 있는 발화원과 결합되어 화재를 일으킨다.

3-2 방호장치의 종류

아세틸렌 용접장치 및 가스집합 용접장치의 방호장치로 가스의 역화 및 역류를 방지할 수 있는 안전기를 설치하여야 한다. 안전기는 가스용접 작업중 취관에서 역화하거나, 취관 내에서 산소의 아세틸렌 통로로의 역류, 아세틸렌의 이상압력 상승 등이 발생할 경우 국부적으로 한정되도록 하여 대형사고가 되는 것을 방지하도록 되어 있는데 수봉식 안전기와 건식 안전기 (역화방지기라고도 한다.) 가 있다. 수봉식 안전기는 가스압력에 따라 저압용과 중압용으로 나누어진다.

3-3 용접장치의 구조와 특성

(1) 아세틸렌가스 발생기

아세틸렌가스 발생기는 카바이드에 물을 작용시켜 아세틸렌가스를 발생시키고 또 아세틸렌가스를 저장하는 장치를 말하며, 아세틸렌가스를 발생시킬 때 화학반응에 따른 열이 생기는데 카바이드 1 kg에 대해서 약 470 kcal의 열이 발생된다. 순수한 카바이드 1 kg으로 348

L 의 아세틸렌이 발생되나 불순물이 포함된 시판제품은 230~300 L 가 발생된다.

$$CaC_2 + 2H_2O \rightarrow C_2H_2 + Ca(OH)_2 + 29950 \text{ kcal}$$

이 때 발생된 아세틸렌가스는 대단히 불안정한 가스이기 때문에 발화폭발의 위험성이 있으므로 주의해야 하며 발생기 내의 물의 양이 충분하지 않아도 발생기가 과열되어 아세틸렌을 분해폭발시키게 되므로 물의 온도는 60℃를 넘지 않도록 하여야 한다.

또한 아세틸렌의 압력에 대한 위험성으로는 순수 아세틸렌인 경우는 2 kg/cm^2 이상이면 분해폭발을 하고 아세틸렌에 불순물이 포함된 경우는 1.5 kg/cm^2에서도 폭발할 위험이 있다. 따라서 아세틸렌가스를 사용할 때에는 안전상 1.3 kg/cm^2 이하로 사용해야 한다.

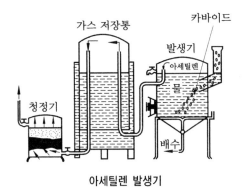

아세틸렌 발생기

(2) 용해 아세틸렌

용해 아세틸렌은 강제인발 (seamless drawn steel) 실린더 내에 규조토, 목탄, 석면 등과 같은 다공질 (多孔質) 의 물질을 넣어서 이것에 아세톤을 흡수시켜서 아세틸렌을 충전하면 아세톤에 용해되어 저장하게 된다. 보통 15℃에서 15기압이 되도록 C_2H_2를 충전하고 실린더의 밸브를 조절하여 압력을 낮추어 주면 C_2H_2는 자유로이 소요압력을 가지고 나오게 된다. 실린더 병은 15l, 30l, 50l가 있으며 철판의 두께는 4.5 mm, 지름은 310 mm 로 병의 내압시험은 90 기압으로 시험한다. 용해 아세틸렌의 취급에는 다음과 같은 사항에 주의해야 한다.

① 저장장소는 통풍이 양호할 것

② 저장소에는 화기를 엄금하여 휴대용 전등 이외의 등화는 갖지 말 것

③ 저장실의 전기스위치, 전등 등은 방폭구조일 것

④ 용기는 아세톤의 유출을 방지하기 위해 저장중이나 사용중 반드시 세워둘 것. 만약 옆으로 누이게 되면 아세톤이 아세틸렌 가스와 같이 분출하게 된다.

⑤ 운반시 용기의 온도를 40℃ 이하로 유지하며 반드시 캡을 씌울 것. 용기는 전락, 전도, 충격을 가하지 말고 신중히 취급할 것. 용기의 두께는 4.5 mm 로서 얇은 재료로 되어 있다.

⑥ 용기 저장시 온도는 40℃ 이하로 유지하고 저장실은 불연성 재료를 사용할 것

⑦ 동결 부분은 35℃ 이하의 온수로 녹일 것

⑧ 용기를 사용할 때는 직사광선을 피하며, 용기밸브를 열 때는 전용 핸들로 1/4~1/2회전만 시키고 핸들은 밸브에 끼워놓은 상태에서 작업할 것

⑨ 가스 누설검사는 비눗물을 사용하여 검사하며 사용 후에는 반드시 약간의 잔압 (0.1 kg/cm^2) 을 남겨둘 것

⑩ 용기의 가용 안전밸브는 70℃에서 녹게 되므로 끓는 물을 붓거나 증기를 쐬거나 난로

가까이에 두지 말 것

(3) 청정기

카바이드에서 발생한 아세틸렌에는 인화수소 (PH_3), 황화수소 (H_2S), 암모니아(NH_3) 등의 불순물이 포함되어 있으며, 이 불순물들은 용착금속의 성질을 나쁘게 할 뿐만 아니라, 강도에도 해롭고 인화수소는 폭발의 위험성이 있으므로 불순물을 제거시켜야 한다. 이 때 사용하는 장치가 청정기이다.

청정기는 강판으로 만든 용기 속에 청정제, 목탄, 코크스 등으로 채워 밀폐하고, 아세틸렌 가스는 아래로 들어와 위의 출구로 나오게 한다. 또 불순물 중에서 폭발의 위험성이 있는 것은 PH_3이다.

(4) 산소용기

산소는 산소용기에 35℃, 150 kg/cm² 의 고압으로 충전되어 필요한 때에 사용되며 보통 산소병 또는 봄베 (bombe)라 한다. 산소병은 에르하르트법 또는 만네스만법으로 제조되며, 인장강도 57 kg/mm² 이상, 연신율 18 % 이상의 강재가 사용된다. 산소는 -81.2℃에서 액화되어 액체산소가 된다.

산소용기의 크기는 보통 충전된 산소를 대기 중에서 환산한 호칭 용적으로 5000 L, 6000 L, 7000 L 등으로 부르고 있다.

▸ **충전가스용기의 도색** : 충전가스용기는 다음 표와 같이 도색하여 구분한다.

충전가스용기의 도색

가스의 명칭	도 색	가스의 명칭	도 색
산 소	녹 색	암모니아	백 색
수 소	주황색	아세틸렌	황 색
탄산가스	청 색	프 로 판	회 색
염 소	갈 색	아 르 곤	회 색

3-4 안전기 사용시 준수사항

① 수봉식 안전기는 1일 1회 이상 점검하고 항상 지정된 수위를 유지한다.

② 수봉부의 물이 얼었을 때는 더운물로 용해하고 자주 얼 경우에는 에틸렌글리콜이나 글리세린 등과 같은 부동액을 첨가한다.

③ 중압용 안전기의 파열판은 상황에 따라 적어도 연 1회 이상은 정기적으로 교환하는 것이 바람직하다. 이 작업은 휴일 또는 작업중지시에 행하고 완전히 공기빼기를 하고 나서 한다.

④ 수봉식 안전기는 지면에 대해 수직으로 설치한다.

⑤ 건식 안전기는 아무나 함부로 분해하거나 수리하지 않도록 한다.

⑥ 방호장치의 설치방법

　㈎ 아세틸렌 용접장치 : 매 취관마다 1개 이상

　㈏ 가스집합 용접장치 : 주관 1개 이상, 취관에 1개 이상 도합 2개 이상 (분기관마다 안전기를 설치할 경우에는 취관에는 생략 가능하다.)

3-5 가스 용접작업시 안전대책

① 용접 착수 전에는 소화기 및 방화사 등을 준비하도록 한다.

② 작업하기 전에 안전기와 산소 조정기의 상태를 점검한다.

③ 기름 묻은 옷은 인화의 위험이 있으므로 절대 입지 않도록 한다.

④ 역화(逆火) 하였을 때는 산소 밸브를 먼저 잠그도록 한다.

⑤ 역화의 위험을 방지하기 위하여 안전기를 사용하도록 한다.

⑥ 밸브를 열 때에는 용기 앞에서 몸을 피하도록 한다.

⑦ 아세틸렌의 사용 압력을 $1 \, kg/cm^2$ 이하로 한다 (법정 압력 $1.3 \, kg/cm^2$ 이하, $2 \, kg/cm^2$ 이상이면 폭발).

⑧ 호스는 아세틸렌에 대하여 $2 \, kg/cm^2$, 산소는 절단용이 $15 \, kg/cm^2$의 내압에 합격한 것을 사용하여야 한다.

⑨ 산소 용기는 산소가 $120 \, kg/cm^2$ 이상의 고압으로 충전되어 있는 것이므로 용기가 파열되거나 폭발되지 않도록 용기에 심한 충격, 마찰을 주지 않도록 한다.

⑩ 발생기에서 5 m 이내 또는 발생기실에서 3 m 이내의 장소에서 담배를 피우거나 불꽃이 일어날 행위는 엄금하도록 한다.

⑪ 토치 점화시는 조정기의 압력을 조정하고, 먼저 토치의 아세틸렌 밸브를 열고 점화한 후 산소 밸브를 열며, 작업 완료 후에는 산소 밸브를 먼저 닫은 후에 아세틸렌 밸브를 닫도록 한다.

⑫ 가스의 누설 검사는 비눗물을 사용하도록 한다.

⑬ 유해가스, 연기, 분진 등의 발생이 심할 때에는 방진마스크를 착용하도록 한다.

⑭ 작업 후 화기나 가스의 누설 여부를 살핀다.

⑮ 이동작업이나 출장 작업시에는 용기에 충격을 주지 않도록 주의한다.

⑯ 작업하기 전에 주위에 가연물 등 위험물이 없는지 살펴보도록 한다.

⑰ 압력 조정기를 산소 용기에 바꾸어 달 경우에는 반드시 조정핸들을 풀도록 한다.

⑱ 작업장은 환기가 잘 되게 한다.

⑲ 용접 이외의 목적, 즉 통풍이나 조연(助然) 등에 산소를 사용해서는 안 된다.

⑳ 충전된 산소병에는 햇빛이 직사되면 압력이 상승되어 위험하므로 산소병을 햇빛이 들지 않는 장소에 두도록 한다.

㉑ 산소병을 뉘어 놓지 않도록 하며, 부득이한 경우에는 감압 밸브에 나무를 받쳐 놓도록 한다.

㉒ 토치는 작업의 규모와 성질에 따라서 선택한다.

㉓ 용기의 밸브는 천천히 열고 닫도록 한다.

㉔ 토치 내에서 소리가 날 때나 과열되었을 때는 역화에 주의하도록 한다.

㉕ 충전 용기는 빈 용기와 구별하여 안전한 장소에 저장하도록 한다.

㉖ 고무 호스와 아세틸렌병의 조임쇠는 황동 재료를 사용하고 구리는 절대로 사용하지 않도록 한다.

㉗ 산소용 호스와 아세틸렌 호스는 색이 구별된 것을 사용하도록 하며 고무 호스를 사람이 밟거나 차가 그 위를 지나가지 않도록 한다 (산소 호스 : 흑색, 아세틸렌 호스 : 적색).

4. 보일러 (boiler)

(1) 보일러의 구성 부품

① 연소장치와 연소실 : 연료를 연소시켜 열을 발생시키기 위한 장치

② 보일러 본체 : 내부에 물을 넣어 두고 외부에서 연소열을 이용하여 가열 소정압력의 증기를 발생시키는 본체

③ 과열기 : 보일러 본체에서 발생된 포화증기를 다시 포화온도 이상까지 가열하여 과열증기로 만드는 장치

④ 이코노마이저 (절탄기) : 보일러 본체에 넣어지는 물을 연동에서 버려지는 연소가스가 갖고 있는 여열 (餘熱) 로 가열하기 위한 장치

⑤ 공기예열기 : 연소실로 보내지는 연소용 공기를 연통에서 버려지는 연소가스가 갖고 있는 여열로 가열하여 온도를 올리기 위한 장치

⑥ 통풍장치 : 연소장치에 연소용 공기를 보내고 또 배기 연소가스를 보일러 본체, 과열기, 절탄기, 공기예열기 등에 유통시켜 연동으로 방출될 때까지의 사이에 받는 유체의 저항에 이겨낼 수 있는 압력차를 공기나 연소가스에 주기 위한 장치

⑦ 자동제어장치 : 보일러 내부에 압력을 일정하게 유지해 주거나 보일러 부하에 따라 연료의 양이나 통풍을 가감하기 위한 장치

⑧ 급수장치 : 보일러에 급수하기 위한 급수펌프나 배관, 밸브를 포함한 장치. 기타 부속장치와 부속품이 있다.

(2) 보일러의 장해 및 사고원인

① 플라이밍 : 보일러 부하의 급변 수위의 과승 (過昇) 등에 의해 수분이 증기와 분리되지 않아 보일러 수면이 심하게 솟아올라 올바른 수위를 판단하지 못하는 현상

② 포밍 : 보일러 수중에 유지류, 용해고형물, 부유물 등에 의해 보일러 수면에 거품이 생겨 올바른 수위를 판단하지 못함

③ 캐리오버 : 보일러 수중에 용해고형분이나 수분이 발생 증기 중에 다량 함유되어 증기의 순도를 저하시킴으로써 관내 응축수가 생겨 워터헤머의 원인이 되고 증기 과열기나 터빈 등의 고장의 원인이 된다.

【참 고】

•보일러의 파열원인
 1. 구조상의 결함 : 설계불량, 공작불량, 재료불량
 2. 취급불량 : 이상 감수, 과열, 압력 초과, 부식 등

▶ **캐리오버의 발생원인**
  • 보일러의 구조상 공기실이 적고 증기수면이 좁을 때
  • 기수 (氣水) 분리장치가 불완전할 경우

- 보일러 수면이 너무 높을 때
- 주(主) 증기를 멈추는 밸브를 급히 열었을 경우
- 보일러 부하가 과대한 경우

⑤ 불완전 연소 : 연료의 연소상태가 현저하게 불완전하거나 진동연소할 경우에 일어나는 현상을 말한다.

⑥ 불완전 연소의 원인

　㈎ 연소용 공기량이 부족할 경우

　㈏ 압입, 흡입통풍에 과부족이 있어 불균형할 경우

　㈐ 연료에 수분이 함유된 경우

　㈑ 버너 팁(tip)이 더러워져 있는 경우

　㈒ 연료의 공급이 불안전한 경우

　㈓ 연료의 온도가 너무 높던가 낮은 경우

　㈔ 연료밸브가 너무 조여져 있는 경우

⑦ 역화 : 아궁이에서 화염이 갑자기 노(爐) 밖으로 나오는 현상을 말한다.

⑧ 역화의 원인

　㈎ 댐퍼를 너무 조여 흡입통풍이 부족할 경우

　㈏ 압입통풍이 너무 강할 경우

　㈐ 점화할 때 착화가 너무 늦어졌을 경우

　㈑ 연료밸브를 급히 열었을 경우

　㈒ 공기보다 먼저 연료를 공급했을 경우

　㈓ 연소 중 화염이 갑자기 꺼져 노의 여열로 다시 착화했을 경우

⑨ 2차 연소 : 불완전 연소에 의해 발생한 미연소 가스가 연소실 내에서 다시 연소하는 것을 말하며 미연소 그을음이 연도 내에 다량으로 축적되어 있다가 연소하는 현상을 말한다.

⑩ 2차 연소원인

　㈎ 연료가 노 내에서 불완전 연소할 경우

　㈏ 연도에 가스포켓(gas pocket) 부분이 있어 미연소분이 축적될 경우

　㈐ 배플 등의 손상으로 연소가스가 단락될 경우

　㈑ 공기의 누설이 있을 경우

⑪ 연소가스의 누설 : 가압연소방식 보일러에서 노벽의 기밀이 파열되어 연소가스가 새어 나오는 현상을 말한다.

⑫ 연소가스의 누설원인

　㈎ 부식　　　　　　　　　　　　　㈏ 과열 변형

⑬ 노의 진동음 : 연소중 화로나 연도 내에서 연속적으로 가스의 과류에 의해 공명음을 발하는 현상을 말한다.

⑭ 노의 진동음 원인

　㈎ 연도 내에 칸막이가 없거나 부적당한 경우

　㈏ 연도 내에 와류를 발생케 하는 포켓이 있을 경우

　㈐ 통풍력이 부적당한 경우

　㈑ 연소부하가 크고 연소상태가 불완전할 경우

(3) 보일러 안전대책

① 가동중인 보일러에는 작업자가 항상 정위치를 떠나지 아니할 것

② 압력방출장치·압력제한 스위치를 매일 작동시험하여 정상작동 여부를 점검할 것

③ 압력방출장치는 1년에 1회 이상씩 표준압력계를 이용하여 토출압력을 시험한 후 납으로 봉인하여 사용할 것

④ 압력방출장치는 봉인된 상태에서 정상 작동되도록 하고 1일 1회 이상 작동시험을 할 것

⑤ 고저수위 조절장치와 급수펌프와의 상호기능 상태를 점검할 것

⑥ 보일러의 각종 부속장치와 누설상태를 점검할 것

⑦ 노 (爐) 내의 환기 및 통풍장치를 점검할 것

⑧ 급격한 부하의 변동을 주지 않는다. 즉, 급열, 급랭하면 본체 각 부에 열응력이 발생한다.

⑨ 적정한 블로를 실시하여 보일러물의 농축과 슬래그 퇴적에 의한 장애를 막는다.

⑩ 결수 (結水) 수질 및 보일러물의 수질의 감시를 철저히 하고 약액 주입량의 조절 등을 올바르게 한다.

⑪ 보일러의 방호장치기능 등을 충분히 이해하고 있어야 한다.

⑫ 급수 중의 Ca, Mg의 화합물은 보일러 내에서 스케일이 되는데 이를 막기 위해서는 급수처리를 해야 한다.

⑬ 정기검사 때의 부식 정도, 스케일 분석, 피트 (pit) 등을 철저히 분석 검사한다.

⑭ 증기관, 급수관은 다른 보일러와의 연락을 확실히 차단하도록 한다.

⑮ 보일러수의 온도가 90℃ 이하로 된 다음 분출 밸브를 열어 아침 가동 전에 보일러수를 배출시킨다 (자동 분출 장치시 제외).

⑯ 맨홀의 뚜껑을 벗길 경우에는 내부에 압력이 남아 있는 경우도 있고, 또 부압으로 되어 있는 경우도 있으므로 이 점에 주의하지 않으면 안 된다.

⑰ 뚜껑을 열고 나서 몸체의 내부에 충분히 공기가 유통하도록 구멍이나 관 스탠드 부분을 개방하여 환기한다.

⑱ 보일러 내에 사람이 들어갈 경우에는 반드시 충분히 식힌 다음에 들어가야 하고, 감시인을 밖에 배치하며 증기 정지 밸브 등에는 조작 금지표시를 한다.

⑲ 보일러 내에 사람이 없는가의 여부를 소리를 내어 확인하고 난 뒤 맨홀 등의 뚜껑을 닫는다.

⑳ 보일러의 연도가 다른 보일러와 연락하고 있는 경우는 댐퍼를 닫고 연소가스의 역류를 방지한다.

㉑ 연도 내에서는 가스 중독의 위험이 많으므로 외부에 감시인을 둔다.

㉒ 높은 곳의 배플 (baffle) 등에 고여 있는 뜨거운 재의 낙하에 의한 화상이 없도록 조치한다.

㉓ 보일러실의 출입문은 2개 이상 (불변성 재료로 된) 밖으로 여는 문을 단다.

㉔ 점화시에는 미연소 가스를 배출 (프리퍼지) 시키고 측면에서 점화한다.

5. 압력용기 및 공기압축기

5-1 압력용기

대기압보다 높은 압력에서 중전 또는 사용되는 용기이다.

(1) 용어의 정의

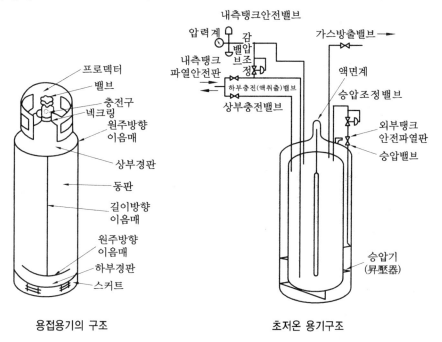

용접용기의 구조   초저온 용기구조

① 최고사용압력 : 강도상 허용되는 최고의 사용압력
② 용기의 최고사용압력 : 용기의 각 부분에 대해서 적용 계산식에 의하여 산출한 최고사
   용압력의 최고치 이하로, 안전하게 사용된다고 정해진 압력을 말하며, 용기 상부의 압
   력으로 나타낸다. 용기가 2개 이상의 부분으로 되어 각각의 부분에 적용하는 압력이 다
   를 때에는 최고사용압력은 각각의 부분에 대해서 나타낸다.
   ㉑ 진공의 경우에는 음 (−) 의 압력을 받는 것으로 취급한다.
③ 강재 : 달리 지정이 없을 때에는 탄소강 강재를 뜻한다.

5-2 공기압축기

(1) 공기압축기의 정의

공기압축기란 임펠러나 회전자의 회전운동 및 피스톤의 왕복운동으로 기체압송의 압력비
가 입구측의 압력 이상이거나 토출공기압력이 $1\,kg/cm^2$ 이상인 기계를 말한다. 이를 간단히
말하면 공기발생장치는 공기압축기나 송풍기로 대기를 흡입하여 외부에서 기계적 에너지를

가해 압축한 후 반대쪽 토출구로 공기를 공급하는 것이다.

공기압축기란 토출공기압력이 $1\,\text{kg}/\text{cm}^2$ 이상의 것을 말하며, 그 미만의 것을 송풍기라 한다.

(2) 운전방법

① 관리, 점검, 청소 전에는 반드시 공기압축기의 전원스위치를 OFF로 한다. 흡입필터 등의 점검은 시동 전에 끝내고, 공기압축기 운전 중에는 어떤 작은 부동이라도 건드려서는 안 된다.

② 분해는 공기압축기, 공기탱크, 관로 안의 압축공기를 완전히 배출한 뒤에 해야 한다.

③ 공기압축기 사양에 정해진 최대공기압력을 초과한 공기압력으로는 절대 운전하지 않는다.

④ 회전부분의 철망 부근에 안전밸브를 설치할 때에는 멈춤 밸브의 상류 쪽에 안전밸브를 끼워서, 최대공기압력 이상이 되지 않도록 한다.

⑤ 정지할 때에는 언로드 밸브를 조작하고 나서 정지시킨다.

(3) 공기압축기의 안전대책

① 다단형 압축기 또는 직결로 접속된 공기압축기에는 과압방지 압력방출장치를 각 단마다 설치하여야 한다.

② 압력방출장치가 압력용기의 최고사용압력 이전에 작동되도록 설치해야 한다.

③ 압력방출장치 등은 설치 후에는 1일 1회 이상 작동시험을 하는 등 성능이 유지될 수 있도록 항상 점검·보수하여야 한다.

④ 압력방출장치는 1년에 1회 이상 표준압력계를 이용하여 토출압력을 시험한 후 납으로 봉인하여 사용하여야 한다.

⑤ 토출압력을 임의로 조정해서는 안 된다.

⑥ 공기압축기를 운전할 때에는 최대공기압력을 초과하여 사용하지 않는다.

⑦ 공기압축기를 정지시킬 때에는 언로드 밸브를 조작한 후 정지시킨다.

⑧ 공기압축기의 분해시에는 공기압축기, 공기탱크, 관로 안의 압축공기를 완전히 제거한 후 실시한다.

⑨ 회전부분의 철망 부근에 안전밸브를 설치한 때에는 멈춤 밸브의 상류 쪽에 안전밸브를 끼워서 최대공기압력 이상이 되지 않도록 한다.

⑩ 공기압축기를 점검 또는 청소를 할 경우에는 반드시 전원스위치를 끄고 한다.

6. 산업용 로봇

설비자동화 추진을 적극적으로 하는데 있어 산업용 로봇은 조립, 용접, 검사기능을 다방면에 걸쳐 효과적으로 활용되고 있으며 사용의 증가에 따라서 특유의 산업재해 형태가 나타나고 있으며 이에 대한 대책이 시급하다.

6-1 공장 자동화와 로봇

공장 자동화(FA ; factory automation)는 진척되는 단계에 따라 3단계로 구분된다. 제1단계가 기계적인 의미에서의 자동화(fixed automation), 제2단계가 산업용 로봇을 활용하는 FMS(flexible manufacturing system), 제3단계가 하드웨어를 직접 효율적으로 관리·

조작할 수 있는 소프트웨어 개발 단계로 구성된다.

유연성이 없던 종래의 자동화 방식에 비해 로봇을 포함한 FMS 방식은 다량 소품종 업종뿐 아니라 소량 다품종 업종에까지 적용되어 그 효용성을 입증하고 있다.

로봇은 FA 생산구조의 일부를 형성하고 있기 때문에 완전한 FA 시스템을 통하여 그 역할이 확인된다. FMS가 CAM (computer aided manufacturing), CAD (computer aided design), MRP (manufacturing resources planning) 의 세 분야로 이루어져 있는데, 로봇은 CAM 부문에서 대부분 이용되고 있다. 구체적으로는 제조과정에서 조립, 용접, 검사 기능 등을 가장 효과적으로 수행하고 있는 것으로 평가되고 있다.

6-2 로봇기술 발달과정

구 분	제1세대 로봇	제2세대 로봇	제3세대 로봇
형 식	운반조작 로봇	지각 로봇	학습 로봇
기 능	머니퓰레이터, 플레이백 일반적 이동형	센서, 피드백형 감각, 시각 전방향 이동형	학습 기능 보행형
용 도	PICK & PLACE, SPOT	ARC 용접, 도장, 조립 및 의료	가정용, 자동조립, 자동작업
1960년	1980년	1990년	

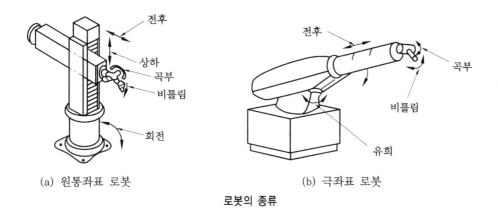

(a) 원통좌표 로봇   (b) 극좌표 로봇

로봇의 종류

6-3 용어 정의

(1) 산업용 로봇

머니퓰레이터 및 기억장치 (가변 시퀀스 제어장치 및 고정 시퀀스 제어장치를 포함) 를 가지고, 기억장치의 정보에 따라 머니퓰레이터의 신축, 굴신 (屈伸), 상하 이동, 좌우 이동, 선회동작 또는 이들의 복합동작을 자동적으로 할 수 있는 기계

(2) 머니퓰레이터

인간의 팔과 유사한 기능을 가지고 다음 작업을 할 수 있는 것

① 그 선단부에 해당하는 미케니컬 핸드 (인간의 손에 해당하는 부분), 흡착기 등에 의해 물체를 파지 (把持) 하고 공간적으로 이동시키는 작업

② 그 선단부에 부착시킨 도장용 스프레이건, 용접용 토치 등의 공구에 의한 도장, 용접
  등의 작업

(3) 가동범위

기억장치의 정보에 따라 머니퓰레이터, 기타 산업용 로봇의 각 부 (머니퓰레이터의 선단부
에 부착된 공구를 포함) 가 구조상 움직이는 최대의 범위를 말한다. 단 이 구조상 움직일 수
있는 최대의 범위 내에 전기적 또는 기계적 스토퍼 (stopper) 가 있는 경우는 해당 스토퍼에
의해 머니퓰레이터, 기타 산업용 로봇의 각 부가 작동할 수 없는 범위를 제외한다.

(4) 교시등 (敎示等)

산업용 로봇의 머니퓰레이터의 동작순서, 위치 또는 속도의 설정, 변경 또는 확인을 말한다.

(5) 검사등

산업용 로봇의 검사, 수리, 조정 (교시 등에 해당하는 것을 제외), 청소 또는 급유와 이들
의 결과를 확인하는 것을 말한다.

6-4 산업용 로봇의 안전대책

(1) 머니퓰레이터와 가동범위

산업용 로봇의 큰 특징 중 한 가지는 인간의 팔에 해당하는 암 (arm) 이 기계 본체의 외부
에 조립되어 암의 끝부분 (인간이라면 손) 으로 물건을 잡기도 하고 도구를 잡고 작업을 행하
기도 한다. 이와 같은 기능을 갖는 암을 머니퓰레이터 (manipulator) 라 한다. 산업용 로봇
에 의한 재해는 주로 이 머니퓰레이터에서 발생하고 있다. 머니퓰레이터가 움직이는 영역을
가동범위라 하고, 이 때 머니퓰레이터가 동작하여 사람과 접촉할 수 있는 범위를 위험범위
라 한다. 그러므로 프로그램을 짤 때 산업용 로봇의 고장으로 인한 이상 상태에서 움직일
경우에 가동범위를 중심으로 한 위험지역 전체를 예측하지 않으면 안 된다.

① 페일세이프 기능 : 로봇은 다음의 페일세이프 기능을 가져야 한다.
  ㈎ 오동작에 의한 위험을 방지하기 위하여 제어장치의 이상을 검출하여 로봇을 자동적
    으로 정지시키는 기능
  ㈏ 유압, 공압 또는 전압의 변동에 의해 오조작의 우려가 생긴 경우, 그리고 정전 등에
    의해 구동원이 차단된 경우에는 로봇을 자동적으로 정지시키는 기능
  ㈐ 관련기기에 고장이 발생한 경우에는 로봇을 자동적으로 정지시키는 기능
② 기타의 기본적인 안전기능
  ㈎ 작업자가 가동범위 내로 침입한 것을 검출하여 로봇을 자동적으로 정지시키는 기능
  ㈏ 로봇 및 관련기기의 이상에 의해 로봇을 정지시킨 경우는 원칙적으로 외부에 알리는
    기능을 가질 것
  ㈐ 로봇에는 동력차단장치 및 비상정지 기능을 가질 것
  ㈑ 사용상 필요한 부분을 제외한 로봇에는 협착, 전단, 말림, 절단 등의 우려가 있는 위
    험부분이 없도록 할 것
  ㈒ 운전상태를 교시의 상태로 교체한 경우에 머니퓰레이터의 작동속도가 자동적으로 저

하할 것

㉲ 머니퓰레이터의 출력을 조정할 수 있는 것으로 되어 있는 경우에는 운전상태를 교시 상태로 교체한 경우에 해당 출력이 자동적으로 저하할 것

㉳ 특수한 환경하에서 사용되는 로봇에는 그 환경에 적응하는 재료, 구조 및 기능을 가질 것

㉴ 근로자 등이 접촉하는 것에 의해 머니퓰레이터에 충격력이 가해진 경우에 자동적으로 운전을 정지하는 기능을 가지는 것이 바람직하다.

(2) 로봇의 안전방호에 관한 기본적 사항

① 로봇의 안전방호를 확보하기 위하여 로봇 자신이 가지고 있는 안전방호 기능과 그 사용·관리에 있어서의 안전방호를 양립시킬 것

② 로봇이 자동의 상태에 있는 동안은 사람이 위험영역에 침입하는 것을 저지하는 안전방호 울타리 등을 설치하거나, 또는 위험영역 내에 침입한 사람이 상해를 입기 전에 로봇을 정지시키는 등의 기능을 가지게 할 것

③ 작업자에 대해서 뿐만 아니라 타인에 대하여도 상해를 방지할 것

④ 안전방호에 관한 모든 설비 및 대책은 원칙으로 페일세이프로 하고, 또한 신뢰성을 높일 것

⑤ 로봇 및 그 주변에 부수시킨 안전방호설비 및 안전방호대책의 효력을 정당한 이유 없이 저감시키거나 잃게 하지 않을 것

⑥ 개조·개선을 하였을 경우에는 새로운 위험을 수반하는 우려가 있으므로, 필요하면 이에 대한 안전방호설비 또는 안전방호대책을 강구할 것

6-5 로봇 작업시의 방호대책

① 로봇의 사용조건에 따라 위험영역을 명확히 함과 동시에, 안전방호 울타리 등을 설치하여, 로봇이 작동의 상태로 운전 또는 대기하고 있는 동안 사람이 쉽게 위험영역에 들어갈 수 없도록 할 것

② 로봇이 자동의 상태로 운전 또는 대기하고 있는 동안은 그 상태에 있다는 것을 광학적 수단 등에 의하여 주위에 명시할 것

③ 높이가 2 m 이상인 곳에서 로봇, 그 밖의 설정, 조정, 보전 등의 작업을 실시할 필요가 있는 경우에도 플랫폼을 설치할 것

④ 위험영역 안에 작업자가 있는 경우에는, 자동의 상태로 사용하지 않을 것. 또한 교시 등의 경우에는 안전한 속도로 억제하여 실시할 것

제 5 장 운반기계 및 양중기

1. 지게차 (forklift)

지게차는 비교적 좁은 통로를 이용하여 하역 및 운반을 할 수 있는 편리한 기계이다.
저속이지만 차량중량이나 동력이 크므로 부주의한 운전이나 난폭한 운전은 중대재해를 유발
시키기 쉽다. 따라서 운전자의 유도자는 주위의 상황, 보행자, 높이 쌓인 물건 등에 대하여
주의하여야 한다.

(1) 지게차 작업에 따른 위험 요인

위 험 성	위험유발 요인
물체의 낙하	1. 물체적재의 불안정 2. 부적합한 보조구(attachment) 선정 3. 미숙한 훈련조작 4. 급출발 · 급정지
보행자 등과의 접촉	1. 구조상 피할 수 없는 시야의 악조건 2. 후륜주행에 따른 후부의 선회반경
차량의 전도	1. 미정된 요철바닥 2. 취급화물에 비해 소형의 차량 3. 물체의 과적재 4. 고속 급회전

(2) 포크리프트의 방호조치

① 헤드가드 : 화물이 낙하할 때 운전자를 보호하기 위한 가드로 다음의 조건을 만족해야 한다.
  ㈎ 강도는 포크리프트의 최대하중의 2배값 (그 값이 4톤을 넘는 것에 대하여서는 4톤으
     로 한다.) 의 등분포 정하중에 견딜 수 있는 것일 것
  ㈏ 상부들의 각 개구의 폭 또는 길이가 16 cm 미만일 것
  ㈐ 운전자가 앉아서 조작하는 방식의 지게차에 있어서는 운전자의 좌석의 상면에서 헤
     드 가드의 상부들의 하면까지의 높이가 1 m 이상일 것
  ㈑ 운전자가 서서 조작하는 방식의 지게차에 있어서는 운전석의 바닥면에서 헤드 가드
     의 상부들의 하면까지의 높이가 2 m 이상일 것
② 백레스트 : 마스트의 후방에서 화물이 낙하함으로써 근로자에게 미치는 위험을 방지하
   기 위한 것
③ 낙하방지장치 : 고장에 의한 포크의 낙하방지

④ 과부하시의 경보장치

⑤ 모멘트 리밋

⑥ 재해예방대책 : 지게차의 안정성을 유지하기 위해서는 그림과 같은 경우는

$$W \cdot a < G \cdot b$$

여기서, W : 화물중량, G : 지게차 자체중량,

a : 앞바퀴로부터 화물의 중심까지의 거리

b : 앞바퀴로부터 차의 중심까지의 거리

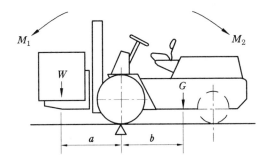

$M_1 : W \times a$ (화물의 모멘트)

$M_2 : G \times b$ (차의 모멘트)

포크리프트의 안전

⑦ 독일과 일본의 규격에서 정하고 있는 기준

지게차의 안정조건

안 정 도	지게차의 상태	
하역작업시 전후 안정도 4% (5톤 이상의 것은 5.3%)		위에서 본 상태
주행시의 전후 안정도 18%		
하역작업시의 좌우 안정도 6%		
주행시의 좌우 안정도 $(15+1.1V)\%$ ∴ V는 최고속도(km/h)		위에서 본 상태

$$안정도 = \frac{l}{h} \times 100\%$$

(3) 운전시 준수사항

① 자격이 있고 지명된 자 이외는 운전금지

② 기기의 점검정비는 반드시 실시하고 또한 보전에 노력할 것

③ 취급하는 물체에 적합한 팔렛(pallet), 스키드(받침대) 또는 부착물을 사용할 것

④ 작업계획에 따른 작업지시를 순서대로 준수할 것

⑤ 항상 주변의 근로자나 물체에 주의하고 신중한 운전을 할 것

⑥ 이동 중에는 항시 제한속도를 지킬 것

⑦ 급속한 선회는 피할 것

⑧ 물체를 올린 채 주행이나 선회는 피할 것

⑨ 대형물을 운반할 때는 백(back) 운전을 원칙으로 할 것

⑩ 이동 중에 고장을 발견한 때는 즉시 운전을 정지하고 관리자에게 보고할 것

⑪ 안전한 보조석이 있는 경우를 제외하고 운전자 이외의 근로자를 포크에 지지된 팔렛(pallet), 스키드(받침대) 또는 밸런스 웨이트(valance weight), 기타 어떠한 부분에도 승차하게 해서는 안 된다.

(4) 포크리프트 작업시 안전대책

① 화물을 적재한 상태에서 주행할 때는 속도를 줄인다.

② 비포장도로, 좁은 통로, 언덕 등에서의 급출발이나 급브레이크는 가능한 한 피한다.

③ 항상 전후 좌우에 주의한다.

④ 선회는 속도를 줄이고 화물의 안정과 후부차체가 주변에 접촉되지 않도록 주의하고 천천히 운행한다.

⑤ 적재화물이 크고 현저하게 시계를 방해할 때에는 다음 방법으로 운행한다.

　㈎ 하차하고 주변의 안전을 확인한다.

　㈏ 유도차를 붙여 차를 유도시킨다.

　㈐ 후진으로 진행한다.

　㈑ 경적을 울리면서 서행한다.

⑥ 창고 등의 출입구 또는 상방틈새가 작은 장소를 통과할 때는 노면의 요철, 경사, 연약지반 등에 따라 마스트를 상방에 밀어 올릴 경우 예기하지 않은 사고가 발생되므로, 특히 노면에 세심한 주의를 한다.

⑦ 포크를 지상 30 cm 이상 올린 상태로 주행하지 말 것

⑧ 마스트를 수직 또는 앞쪽으로 기운 상태로 주행하지 말 것

⑨ 최대 하중에 가깝게 화물을 적재하여 뒷바퀴가 뜨는 듯한 상태로 주행하지 말 것

⑩ 포크에 의해 지지되고 있는 화물 아래로 근로자를 출입시키지 말 것

⑪ 포크 또는 포크에 지지된 팔렛(pallet)이나 스키드(skid) 혹은 밸런스웨이트(balance

weight) 등에 사람을 태우는 장치가 없는 곳에 사람을 태우지 말 것

⑫ 주행 중에 뛰어 올라타거나 뛰어 내리지 말 것

⑬ 경사면을 주행할 때는 특히 다음의 사항에 유의할 것

　㈎ 경사면을 오를 때는 포크의 선단 또는 팔렛의 아랫부분이 노면에 접촉되지 않는 범위에서 될 수 있는 한 지면 가까이 놓고 주행한다.

　㈏ 경사면에 따라서 횡방향으로 주행하거나 방향 변환을 하지 말 것

　㈐ 경사면을 내려올 때는 후진 운전을 하고 엔진 브레이크를 이용한다.

2. 컨베이어 (conveyer)

(1) 화물을 연속적으로 운반하는 기계를 총칭하여 컨베이어라 한다. 그 중 가장 널리 사용되고 있는 것이 벨트 컨베이어이다.

　컨베이어는 물품을 연속적으로 옮기기 때문에 효율적인 운반방법으로서 각 방면에 널리 쓰이고 있으나, 때로는 작업자에게 스트레스도 크고, 또 위험한 기계이기도 하기 때문에, 노무관리나 안전관리 측면에서 특별한 주의가 요망된다.

(2) **작업시작 전 점검사항**

　① 원동기 및 풀리 기능의 이상 유무

　② 이탈 등의 방지장치 기능의 이상 유무

　③ 비상정지장치 기능의 이상 유무

　④ 원동기 · 회전축 · 기어 · 풀리 등의 덮개 또는 울의 이상 유무

3. 리 프 트 (lift)

　리프트는 승강기 중 토목, 건축공사용에 사용되는 화물전용기구로서, 반기와 이것을 승강시키는 권상기, 로프, 가이드레일로 구성되어 있다.

(1) **용도에 따른 리프트의 분류**

　① 건설용 리프트

　　㈎ 건설공사용 리프트 : 화물운반을 전용으로 함

　　㈏ 인하공용 리프트 : 운반구 내에 조작스위치, 비상정지장치 등 탑승설비가 설치되어 있음

　② 간이 리프트 : 간이 리프트란 동력을 사용하여 가이드 레일을 따라 움직이는 운반구를 매달아 소형화물 운반만을 전용으로 하는 승강기와 유사한 구조로서 운반구의 바닥면적이 $1 \, m^2$ 이하이거나 천장높이가 1.2 m 이하인 리프트를 말한다.

　③ 케이블 리프트 : 케이블을 따라 움직이는 운반구 또는 카를 매달아 사람이나 화물을 운반하는 리프트를 말한다.

④ 경사 리프트 : 동력을 사용하여 경사진 가이드 레일을 따라 움직이는 운반구 또는 카를 매달아 사람이나 화물을 운반하는 리프트를 말한다.

⑤ 유압 리프트 : 유압 실린더를 이용하여 테이블이 상하로 승강하면서 화물을 운반하는 리프트를 말한다.

(2) 건설용 리프트의 방호장치

① 권과 방지장치

② 인하공용 리프트인 경우 운반구의 출입구 문이 닫히지 않을 때는 운반구가 승강되지 않는 장치

③ 운반구가 승강로의 출입구 문 위치에 정지하지 않을 때에는 특수장치를 쓰지 않으면 외부로부터의 출입구 문이 열리지 않는 장치

④ 조종장치를 조정하는 자가 조작을 중지하였을 때는 조종장치가 운반구를 정지시키는 상태로 자동적으로 돌아가는 장치

⑤ 운반구의 속도가 정격속도에 상당하는 속도의 1.3배를 넘지 않는 범위에서 동력을 자동적으로 차단하는 장치

⑥ 운반구의 강하하는 속도가 정격속도의 1.3배를 넘었을 때에는 속도가 정격속도에 상당하는 속도의 1.4배를 넘지 않는 범위에서 운반구의 강하를 자동적으로 제지하는 장치 (비상정지장치)

⑦ 리프트의 운반구가 승강로의 상하부에 있는 바닥 등에 충돌하거나 이탈하는 것을 방지하기 위한 장치. 단, 수압이나 유압을 동력으로 사용하는 것은 예외로 한다.

⑧ 운반구는 균형추가 정격속도 1.4배에 해당하는 속도로 승강로의 바닥에 충돌하였을 때에도 상당부분 충격을 완화시킬 수 있는 장치 (완충기)

(3) 리프트 사용상의 안전대책

① 임의로 구조를 변경하지 말 것

② 방호장치를 제거하거나 기능을 정지시킨 후 사용하지 말 것

③ 리프트의 조작을 운반구 밖에서 하는 경우 윈치의 조작자를 지정하여 아무나 조작하지 못하게 할 것

④ 리프트의 안전관리는 해당 사업장의 책임자가 월 1회 이상 확인할 것

⑤ 리프트의 정격하중, 정격속도 등을 쉽게 볼 수 있는 것에 마멸되지 않도록 부착할 것

⑥ 리프트의 상태와 현장 실정에 적합한 정비 및 관리가 이루어지도록 할 것

(4) 건설용 리프트 조립, 해체작업시 안전대책

① 작업을 지휘하는 자를 선임하여 그 자의 지휘 하에 작업을 실시할 것

② 작업을 할 구역에 관계근로자 외의 자의 출입을 금지하고 그 취지를 보기 쉬운 장소에 표시할 것

③ 폭풍·폭우·폭설 등의 악천후 작업에 있어서 근로자에게 위험을 미칠 우려가 있는 때에는 작업을 중지시킬 것

4. 크 레 인 (crane)

크레인을 기중기라고 하며 동력을 이용하여 화물을 감아 올리던가 내리고 주행, 선회, 부앙운동하는 단거리 수송기이다.

(1) 크레인 (crane) 의 종류

종 류	용도 및 특성
① 천장 크레인	고속, 고빈도, 중(重)작업용, 하중지지 브레이크, 기계 브레이크, 전기 또는 유압 브레이크
② 특수 천장 크레인	고빈도, 중작업용, 공장 내 연기, 분진 등을 고려 운전성능 · 보수 점검 등에 유의할 것
③ 벽 크레인 (wall crane)	건물벽 등에 장착, 소형물 하역용 360° 회전 가능 (지브 (jib) 부착)
④ 데릭 (derrick)	재료가 적게 들며 각 부재의 각주는 해체, 조립이 용이
⑤ 해머형 크레인 (hammer crane)	경사진 지브 (jib) 가 없어 높은 양정과 긴 반경을 갖는다. 주로 조선소에서 사용
⑥ 탑형 지브(jib) 크레인	경미한 인입운동이 가능, 빈도가 많은 하역작업에 적합
⑦ 로고 모티브 크레인	증기, 디젤동력, 레일대차 위에 지브 크레인을 장치
⑧ 모빌 크레인	원동기가 있어 자유로이 작업현장을 바꿀 수 있는 이점이 있음
⑨ 교량 (가교) 형 크레인	교량식 크레인을 문 (門) 형 크레인이라고도 함
⑩ 케이블 크레인 (cable crane)	산간의 교량, 수문 등의 조립시 사용 원목 운반에 사용
⑪ 언더 로더	석탄, 광석 등을 선반에서 양육식으로 사용
⑫ 크롤러 크레인 (crawler crane)	주행차가 복대식 (crawler) 의 이동식 등

(2) 크레인의 재해 유형

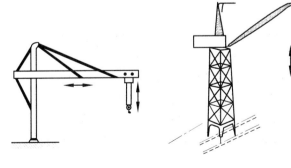

(a) 지브 크레인   (b) 타워 크레인   (c) 천장 크레인

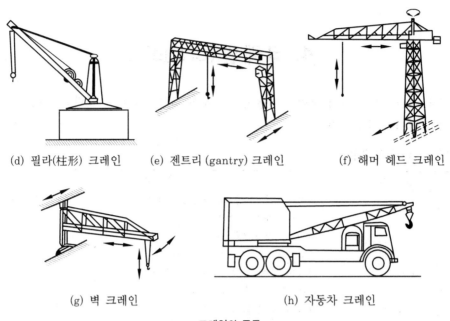

(d) 필라(柱形) 크레인   (e) 젠트리 (gantry) 크레인   (f) 해머 헤드 크레인

(g) 벽 크레인   (h) 자동차 크레인

크레인의 종류

(3) 크레인의 방호장치 선택

과부하 방지장치의 종류 및 특성

과부하 방지 장치의 종류	주요 용도	특 성
기 계 식	크레인, 호이스트, 승강기	스프링의 처짐량을 이용하여 하중감지, 적재와 동시 과 적 여부 감지
전 기 식	호이스트, 크레인	변류기를 사용하여 모터의 과부하를 감지하므로 정확성 은 적으나 가격이 저렴, 모터기동 후 과부하를 검출하는 단점을 가짐
전 자 식	호이스트, 크레인	로드셀을 사용하여 하중을 감지하기 때문에 정확성이 우 수하나 가격이 고가이며 고온 작업에서 성능적인 현상

(4) 용어 해설

① 권상하중 : 크레인의 구조와 재료에 따라 부하하는 것이 가능한 최대하중의 것으로, 이 가운데에는 후크, 그랩, 버킷 등 달아 올리는 기구의 중량이 포함된다.

② 적재하중 : 적재하중이란 짐을 싣고 상승할 수 있는 최대의 하중을 말한다.

③ 정격하중 : 정격하중이란 크레인으로서 지브가 없는 것은 매다는 하중에서, 지브가 있는 크레인에서는 지브의 경사각 및 길이와 지브 위의 도르래 위치에 따라 부하할 수 있는 최대의 하중에서 각각 후크, 그랩, 버킷 등의 달기기구의 중량에 상당하는 하중을 공제한 하중을 말한다.

④ 정격속도 : 정격속도란 크레인에 정격하중에 상당하는 짐을 싣고 주행, 선회, 승강 또는 트롤리의 수평이동시의 최고 속도를 말한다.

(5) 크레인 등의 표준신호

① 크레인의 손에 의한 공통적인 표준신호방법

운전구분	1. 운전자 호출	2. 운전방향지시	3. 주권사용
몸짓	호각 등을 사용하여 운전자와 신호자의 주의를 집중시킨다.		
방법		집게손가락으로 운전방향을 가리킨다.	주먹을 머리에 대고 떼었다 붙였다 한다.
호각	아주 길게 아주 길게	짧게 길게	짧게 길게
운전구분	4. 보권사용	5. 위로 올리기	6. 천천히 조금씩 위로 올리기
몸짓			
방법	팔꿈치에 손바닥을 떼었다 붙였다 한다.	한 손을 들어올려 손목을 중심으로 작은 원을 그린다.	한 손을 들어올려 손목을 중심으로 작은 원을 그린다.
호각	짧게 길게	아주 길게 아주 길게	짧게 길게
운전구분	7. 아래로 내리기	8. 천천히 조금씩 아래로 내리기	9. 수평이동
몸짓			
방법	팔을 아래로 뻗고 집게손가락을 아래로 향해서 수평원을 그린다.	한 손을 지면과 수평하게 들고 손바닥을 지면쪽으로 하여 2~3회 적게 흔든다.	손바닥을 움직이고자 하는 방향의 정면으로 하여 움직인다.
호각	짧게 길게	짧게 길게	강하게 짧게

운전 구분	10. 물건 걸기		11. 정 지		12. 비상정지	
몸짓						
방법	양쪽 손을 몸 앞에다 대고 두 손을 깍지 낀다.		한 손을 들어올려 주먹을 쥔다.		양손을 들어올려 크게 2~3회 좌우로 흔든다.	
호각	짧게	길게	아주	길게	아주 길게	아주 길게
운전 구분	13. 작업완료		14. 뒤집기		15. 천천히 이동	
몸짓						
방법	거수경례 또는 양손을 머리 위에 교차시킨다.		양손을 마주보게 들어서 뒤집으려는 방향으로 2~3회 절도 있게 역전시킨다.		방향을 가리키는 손바닥 밑에 집게손가락을 위로해서 원을 그린다.	
호각	아주 길게		짧게	길게	길게	짧게
운전 구분	16. 기다려라		17. 신호불명		18. 기중기의 이상 발생	
몸짓						
방법	오른손으로 왼손을 감싸 2~3회 적게 흔든다.		운전자는 손바닥을 안으로 하여 얼굴 앞에서 2~3회 흔든다.		운전자는 사이렌을 울리거나 한쪽 손의 주먹을 다른 손의 손바닥으로 2~3회 두드린다.	
호각	길게		짧게	짧게	강하고	짧게

② 데릭을 이용한 작업시의 신호방법

운전 구분	1. 붐 위로 올리기	2. 붐 아래로 내리기	3. 붐을 올려서 짐을 아래로 내리기
몸짓			
방법	팔을 펴 엄지손가락을 위로 향하게 한다.	팔을 펴 엄지손가락을 아래로 향하게 한다.	엄지손가락을 위로 해 손바닥을 폈다 오므렸다 한다.
호각	짧게 짧게 길게	짧게 짧게	짧게 길게
운전 구분	4. 붐을 내리고 짐은 올리기	5. 붐을 늘리기	6. 붐을 줄이기
몸짓			
방법	팔을 수평으로 뻗고 엄지손가락을 밑으로 해서 손바닥을 폈다 오므렸다 한다.	두 주먹을 몸허리에 놓고 두 엄지손가락을 밖으로 향한다.	두 주먹을 몸허리에 놓고 두 엄지손가락을 서로 안으로 마주 보게 한다.
호각	짧게 길게	강하고 짧게	길게 길게

③ 마그네틱 크레인 사용 작업시의 신호방법

운전 구분	1. 마그넷 붙이기	2. 마그넷 떼기
몸짓		
방법	양쪽 손을 몸 앞에다 대고 꽉 낀다.	양손을 몸 앞에 측면으로 벌린다(손바닥은 지면으로 향하도록 한다).
호각	길게 짧게	길게

MEMO

제 **4** 편

전기위험 방지기술

제1장 전격재해 및 방지대책

감전과 동시에 쇼크를 받아서 주위 물건에 부딪치거나 넘어져서 상처를 입게 되는 것을 전격재해라 하고 전기회상은 인체에 전류가 흘러 들어가거나 인체에서 흘러나간 것이 된다.

1. 통전전류의 크기와 인체에 미치는 영향

1-1 인체의 생리적 현상 (통전전류의 크기와 생리적 현상)

(1) 최소 감지전류

인체에 전압을 가하여 전류값을 증가시켜 일정한 값에 도달하면 전격을 느끼게 되며, 이 때를 최소감지전류라 한다. 60Hz 교류에서 성인 남자의 경우는 1 mA 정도이다.

(2) 고통한계전류 (이탈전류)

전류의 값을 더욱 증가시키면 차차 고통을 느끼게 되며 생명에는 위험이 없으나 고통을 참을 수 있는 한계의 전류치를 말한다. 교류에서 약 7~8 mA 정도이다.

(3) 마비한계전류 (freezing current)

고통한계전류를 초과하여 전류의 값을 더욱 증가시키게 되면 인체 각 부의 근육이 수축현상을 일으키고 신경이 마비되어 신체를 자유로이 움직일 수 없게 되는 경우이다. 이 때는 타인의 구조로 전격이 중지되지 않으면 장시간 전류가 흐르게 되어 의식을 잃고, 호흡이 곤란하게 되어 마침내 사망하게 된다. 상용 주파수 교류에서 성인 남자의 경우 10~15 mA 정도가 된다.

(4) 심실세동전류 (치사전류)

인체에 흐르는 전류가 더욱 증가되면 심장부를 흐르게 되어 정상적인 맥동을 하지 못하고 불규칙적으로 세동하여 혈액순환이 곤란해지고 그대로 방치하면 사망하게 된다.

일례로서 전압 200 V라면 인체에 흐르는 전류는 40 mA 정도로 대단히 위험하다. 100 V의 경우도 신발이 젖어 있거나 손에 물이 젖어 있으면 100 V에서도 3초 이내에 사망할 수 있다.

심실세동을 일으키는 전류값은 여러 종류의 동물을 실험하여 그 결과로부터 사람의 경우에 대한 전류치를 추정하고 있으며 통전시간과 관계식은 다음과 같다.

$$I = \frac{165}{\sqrt{T}} \, [\text{mA}]$$

여기서, I : 심실세동 전류 (mA), T : 통전시간 (s)

이 때, 전류 I는 1000명 중 5명 정도가 심실세동을 일으킬 수 있는 값을 말한다. 또한 인체의 전기저항을 500Ω 이라 볼 때 심실세동을 일으키는 위험한계의 에너지는 다음과 같이 계산된다.

$$W = I^2 RT = \left(\frac{165}{\sqrt{T}} \times 10^{-3} \right)^2 = 500 \times T = 13.5\, Ws$$

$$13.5\,\text{J} = 13.5 \times 0.24 = 3.3\text{cal} \ (\text{에너지를 열량으로 환산한 것임})$$

1-2 전압의 종별 구분 및 이격거리(직류, 교류 전압구분)

전압의 종류	교 류	직 류	이격거리
저 압	600 V 이하의 것	750 V 이하의 것	1 m
고 압	600 V를 초과 7000 V 이하의 것	750 V를 초과 7000 V 이하의 것	1.2 m
특별고압	7000 V를 초과하는 것	7000 V를 초과하는 것	2 m

1-3 전압의 용어 정의

(1) 저전압

저압선로에 고압선과의 혼촉이나 변압기의 이상 등으로 고전압이 직접 유입되게 된다면 대단히 위험하며, 전기재해의 발생확률이 매우 높아지므로 저압선은 변압기의 중성점에서 제2종 접지공사를 한다.

(2) 고압 (특고압) 전로

고압이나 특고압 전로에서는 감전의 위험성이 높은데다가 아크복사에 의한 이중피해를 받게 되므로 저압전로와는 달리, 접지축 전선 등의 방식을 사용하지 않고 모든 전선이 대지전위를 가지게 한다.

(3) 미크로 쇼크

체내조직에 직접 전류가 유입되고 체외로 유출되는 경우를 미크로 쇼크라 하며, 현재 미크로 쇼크에 있어서 안전전류는 10μ A로 간주하는 것이 일반적인 추세이다.

전류의 인체에 대한 작용

전격의 영향		직류 (mA)		교류 (실효치)(mA)			
				60Hz		10000Hz	
		남	여	남	여	남	여
최소 감지전류		5.2	3.5	1.1	0.7	12	8
고통을 받지 않는 감전전류		9	6	1.8	1.2	17	11
고통을 받는 감전전류		62	41	9	6	55	37
고통을 받는 전격, 전원에서 자력으로 이탈할 수 없는 전류		74	50	16	10.5	75	50
교착전류 (근육강직, 호흡곤란)		90	60	23	15	94	63
심실세동의 가능성	전격시간 : 0.03초	1300	1300	1000	1000	1100	1100
	전격시간 : 3초	500	500	100	100	500	500
심실세동이 확실하게 발생		위 값의 2.75배 한 것					

2. 전격에 영향을 주는 요인

2-1 감전 (전격) 에 영향을 미치는 요인

(1) 전격 위험도 결정 조건 (1차적 감전 위험요소)

① 통전전류의 크기
② 통전시간
③ 통전경로
④ 전원의 종류 (직류보다 상용주파수의 교류전원이 더 위험)

(2) 2차적 감전 위험요소

① 인체의 조건
② 전압
③ 계절
④ 저항

(3) 인체의 전기저항 위험성 표시척도

① 남녀별
② 개인차
③ 연령
④ 건강상태

(4) 인체의 전기저항

① 피부의 전기저항 : 2500Ω (내부 조직 저항 : 500Ω)
② 피부에 땀이 나 있을 경우 : 1/12 정도로 감소
③ 피부가 물에 젖어 있을 경우 : 1/25 정도로 감소
④ 습기가 많을 경우 : 1/10 정도로 감소
⑤ 발과 신발 사이의 저항 : 1500Ω
⑥ 신발과 대지 사이의 저항 : 500Ω

2-2 인체에 대한 전류의 영향 및 최소 전류치

종 류	감전의 현상 (인체에 대한 전류의 영향)	전 류 치
최소 감지전류	짜릿함을 느끼는 정도	1~2 mA
고 통 전 류	참을 수는 있으나 고통을 느낀다.	2~8 mA
이탈 가능전류	안전하게 스스로 접촉된 전원으로부터 떨어질 수 있는 최대한도의 전류, 참을 수 없을 정도로 고통스럽다.	8~15 mA
이탈 불능전류	전격을 받았음을 느끼면서도 스스로 그 전원으로부터 떨어질 수 없는 전류, 근육의 수축이 격렬하다.	15~50 mA
심실세동전류	심장의 기능을 잃게 되어 전원으로부터 떨어져도 수분 이내에 사망한다.	50~100 mA

2-3 각 나라별 안전전압

(1) 안전전압의 정의

① 안전전압이란 회로의 정격전압이 일정 수준 이하의 낮은 전압으로 절연파괴 등의 사고 시에도 인체에 위험을 주지 않게 되는 전압을 말하며, 이 전압 이하를 사용하는 기기들은 제반안전대책을 강구하지 않아도 된다.

② 안전전압은 주위의 작업환경과 밀접한 관련이 있다. 예를 들면, 일반사업장과 농경작업장 또는 목욕탕 등의 수중에서의 안전전압은 각각 다를 수밖에 없으며, 일반사업장의 안전전압은 국제적으로 42 V 로 채택하고 있다.

(2) 각 국의 안전전압(V)

국 명	안전전압 (V)	국 명	안전전압(V)
체 코	20	스 위 스	36
독 일	24	프 랑 스	24 AC, 50 DC
영 국	24	네덜란드	50
일 본	24~30	한 국	30
벨 기 에	35	오스트리아	60(0.5초)
			110~130(0.2초)

(3) 옴(Ohm)의 법칙

$$E = IR \qquad I = \frac{V}{R}$$

여기서, I : 전류, E : 전압, R : 저항

(4) 통전경로별 저항값(팔과 다리의 저항은 500Ω)

① 세로방향으로 통전되는 경우

(가) 손-발 R ≒ 1000 Ω

(나) 손-양발 R ≒ 750 Ω

(다) 양손-양발 R ≒ 500 Ω

심실세동전류의 종류

심실세동전류의 종 류(mA)	체중 (kg)	심실세동 발생률 (%)	통전시간(s)				인가되는 전기에너지(J) (인체저항 500Ω)
			0.005	0.03	1	3	
위 험 전 류		0.5	2340	955	165.4	95.5	13.7
위험한계전류	70	50	6440	2630	455	263	103.5
치 사 전 류		99.5	10530	4300	744	430	277
위 험 전 류		0.5	1950	796	137.8	79.6	9.5
위험한계전류	57.4	50	5380	2190	380	219	72
치 사 전 류		99.5	8800	3580	622	358	193

② 수평방향으로 통전되는 경우

   ㉮ 손－손　R ≒ 1000 Ω

③ 부분적으로 통전되는 경우

   ㉮ 손－가슴　R ≒ 500 Ω　　　　　　　㉯ 양손－가슴　R ≒ 250 Ω

(5) 허용접촉전압

① 정의 : 인체를 통과하는 전류와 인체저항의 곱이 인체에 가해지는 전압이 되고, 이를 접촉전압이라 한다.

② 우리나라 접촉전압 허용치

종 별	접 촉 상 태	허용접촉전압 (V)
제1종	• 인체의 대부분이 수중에 있는 상태	2.5V 이하
제2종	• 인체가 많이 젖어 있는 상태 • 금속제 전기기계장치나 구조물에 인체의 일부가 상시 접속되어 있는 상태	25V 이하
제3종	• 제1종, 제2종 이외의 경우로서 통상적인 인체 상태에 있어서 접촉전압이 가해지면 위험성이 높은 상태	50V 이하
제4종	• 제1종, 제2종 이외의 경우로서 통상적인 인체 상태에 있어서 접촉전압이 가해져도 위험성이 낮은 상태 • 접촉전압이 가해질 우려가 없는 경우	제한 무

3. 감전사고의 방지대책

(1) 전기기계ㆍ기구의 충전부에 대한 방지대책

① 충전부가 노출되지 아니하도록 폐쇄형 외함이 있는 구조로 할 것

② 충전부에 충분한 절연효과가 있는 방호망 또는 절연덮개를 설치할 것

③ 발전소, 변전소 및 개폐소 등 구획되어 있는 장소로서 관계근로자 외의 자의 출입이 금지되는 장소에 설치할 것

④ 전주 위 및 철탑 위 등 격리되어 있는 장소로서 관계근로자 외의 자가 접근할 우려가 없는 장소에 설치할 것

⑤ 충전부는 내구성이 있는 절연물로 완전히 덮어 감쌀 것

(2) 접지시설을 해야 할 전기기계ㆍ기구 또는 금속체에 대한 방지 대책

① 폭발위험이 있는 장소에서의 전기기계ㆍ기구

② 접지된 전기기계ㆍ기구 또는 금속체 등으로부터 수직 2.4 m, 수평 1.5 m 이내의 고정식 금속체

③ 크레인 등 유사한 장비의 고정식 궤도 및 프레임

④ 고압의 전기를 취급하는 변전소, 개폐소 등 기타 이와 유사한 장소를 구획하기 위한 방호망

⑤ 전기기계ㆍ기구의 금속제 외함, 금속제 외피 및 철대

(3) 직접접촉에 의한 감전방지방법

① 충전부 전체를 절연하는 방법이다.

② 기기구조상 안전조치로서 노출형 배전설비 등은 폐쇄배전반형으로 하고 전동기 등에는 적절한 방호구조의 형식을 사용하고 있는데 이들 기기들이 고가가 되는 단점이 있다.

③ 설치장소의 제한, 즉 별도의 실내 또는 울타리를 설치한 지역으로 평소에 열쇠가 잠겨 있어야 한다.

④ 교류아크 용접기, 도금장치, 용해로 등의 충전부의 절연은 원리상 또는 작업상 불가능 하므로 보호절연, 즉 작업장 주위의 바닥이거나 기타 도전성 물체를 절연물로 도포하고 작업자는 절연화, 절연공구 등 보호장구를 사용하는 방법을 이용하여야 한다.

⑤ 덮개, 방호망 등으로 충전부를 방호한다.

⑥ 안전전압 이하의 기기를 사용한다.

(4) 간접접촉에 의한 감전방지방법

① 보호절연

② 안전전압 이하의 기기 사용

③ 보호접지 (기기접지)

④ 사고회로의 신속한 차단

⑤ 회로의 전기적 격리

통전경로별 위험도

통 전 경 로	위 험 도
왼 손-가슴	1.5
오른손-가슴	1.3
왼 손-한발 또는 양발	1.0
양 손-양발	1.0
오른손-한발 또는 양발	0.8
왼 손-등	0.7
한손 또는 양손-앉아 있는 자리	0.7
왼 손-오른손	0.4
오른손-등	0.3

(5) 설치상의 안전대책

① 전기기계류의 구조는 그 사용장소의 환경에 적합한 형식을 설치하여야 한다.

　　예 방진형, 방수형, 옥외형, 방폭형 등

② 운전, 보수 등을 위한 충분한 작업공간 및 냉각이 잘 이루어질 수 있는 장소에 설치한다.

③ 리드선의 접속은 기계의 진동 등에 의한 스트레스를 받지 않도록 한다.

④ 전동기류의 가동부에 의한 재해 우려가 있는 기계의 조작부는 작업자의 위치에서 쉽게 조작 가능한 위치에 있어야 한다.

4. 배선 등에 대한 방지대책

(1) 전로의 절연(저압전도의 절연저항)

사용 전 압		절연 저항치
400V 이하	대지전압(접지식 전로에 있어서는 전선과 대지간의 전압, 비접지식 전로에 있어서는 전선간의 전압)이 150V 이하인 경우	0.1MΩ
	150V를 넘고 400V 이하인 경우	0.2MΩ
400V를 넘는 것		0.4MΩ

(2) 배선 등의 절연피복 및 접속

① 절연전선에는 전기용품 안전관리법의 적용을 받는 것을 제외하고는 규격에 적합한 고압절연전선 600V, 비닐절연전선 600V, 폴리에틸렌절연전선 600V, 불소수지절연전선 600V, 고무절연전선 또는 옥외용 비닐절연전선 등을 사용하여야 한다.

② 전선을 서로 접속하는 경우에는 당해 전선의 절연성능 이상으로 절연될 수 있는 것으로 충분히 피복하거나 적합한 접속기구를 사용하여야 한다.

이 접속상태가 불량한 경우에는 접속부분이 과열되어 화재나 감전사고가 나는 경우가 있으므로 저항이 증가되지 않도록 주의하고 전선 상호간은 슬래브와 같은 접속관을 상용하고, 코드 및 케이블 상호간의 접속은 커넥터, 접속함, 기타의 기구를 사용해야 한다.

(3) 누전차단기를 설치해야 할 장소

① 전동기계·기구 중 대지전압이 150V를 초과하는 이동식 또는 가반식의 것

② 물 등 도전성이 높은 액체에 의한 습윤장소

③ 철판, 철골 위 등 도전성이 높은 장소

④ 임시배선의 전로가 설치되는 장소

(4) 누전차단기가 갖추어야 할 성능

① 부하에 적합한 정격전류를 갖출 것

② 전로에 적합한 차단용량을 갖출 것

③ 누전차단기와 접속되어 있는 각각의 전동기계·기구에 대한 정격감도전류가 30 mA 이하이며 동작시간은 0.03초 이내일 것. 다만, 정격부하전류가 50암페어(A) 이상인 전기기계·기구에 접속되는 누전차단기는 오작동을 방지하기 위하여 정격감도전류는 20 mA 이하로, 작동시간은 0.1초 이내로 할 수 있다.

④ 정격부동작전류가 정격감도전류의 50% 이상이어야 하고 이들의 전류치가 가능한 한 작을 것

⑤ 절연저항이 5MΩ 이상일 것

(5) 누전차단기의 설치방법

① 전동기계·기구의 금속제 외함, 금속제 외피 등 금속부분은 누전차단기를 접속한 경우에도 가능한 한 접지 할 것

② 누전차단기는 분기회로 또는 전동기계·기구마다 설치를 원칙으로 할 것. 다만, 평상시 누설전류가 미소한 소용량 부하의 전로에는 분기회로에 일괄하여 설치할 수 있다.

③ 누전차단기는 배전반 또는 분전반에 설치하는 것을 원칙으로 할 것. 다만, 꽂음접속기형 누전차단기는 콘센트에 연결 또는 부착하여 사용할 수 있다.

④ 지락보호전용 누전차단기는 반드시 과전류를 차단하는 퓨즈 또는 차단기 등과 조합하여 설치할 것

⑤ 누전차단기의 영상변류기에 접지선을 관통하지 않도록 할 것

⑥ 누전차단기의 영상변류기에 서로 다른 2회 이상의 배선을 일괄하여 관통하지 않도록 할 것

⑦ 서로 다른 누전차단기의 중성선이 누전차단기 부하측에서 공유되지 않도록 할 것

⑧ 중성선은 누전차단기 전원측에 접지시키고, 부하측에는 접지 되지 않도록 할 것

⑨ 누전차단기의 부하측에는 전로의 부하측이 연결되고 누전차단기의 전원측에는 전로의 전원측에 연결되도록 설치할 것

⑩ 설치 전에는 반드시 누전차단기를 개로시키고 설치 완료 후에는 누전차단기를 폐로시킨 후 동작 위치로 할 것

(6) 누전차단기를 설치하지 않아도 되는 경우

① 이중절연구조의 전동기계·기구

② 비접지식 전로에 접속하여 사용하는 전동기계·기구

③ 절연대 위에서 사용하는 전동기계·기구

(7) 꽂음접속기의 설치시 주의사항

① 서로 다른 전압의 꽂음접속기는 상호 접속되지 아니한 구조의 것을 사용할 것

② 습윤한 장소에 사용되는 꽂음접속기를 방수형 등 당해 장소에 적합한 것을 사용할 것

③ 근로자가 꽂음접속기를 접속시킬 경우, 땀 등에 의하여 젖은 손으로 취급하지 아니하도록 할 것

④ 꽂음접속기에 잠금장치가 있는 때에는 접속 후 잠그고 사용할 것

(8) 직류감전 및 교류감전의 위험성 차이

① 직류감전 : 화상위험 발생

② 교류감전 : 근육마비현상 발생

5. 감전사고시의 응급조치

(1) 응급조치 방법

① 감전쇼크에 의하여 호흡이 정지되었을 경우 혈액 중의 산소 함유량이 약 1분 이내에 감소하기 시작하여 산소결핍현상이 나타나기 시작한다.

② 단시간 내에 인공호흡 등 응급조치를 실시할 경우 아래 그림에서 알 수 있는 것과 같이 감전사망자의 95% 이상을 소생시킬 수 있다.

③ 서독 등 선진국의 경우에는 근로자 20명당 1명을 응급조치가 가능하도록 교육시켜 사업장에 배치하고, 단위 작업장별로 응급조치 요령, 응급조치 용구, 응급조치 가능자의 연락처 등을 비치 및 게시하도록 명문화하고 있다 (%는 분당 소생률).

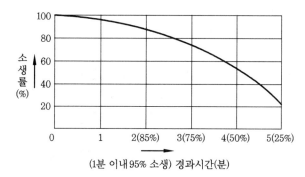

(1분 이내 95% 소생) 경과시간(분)

감전사고 후의 응급조치시 소생률

(2) 감전시 응급조치 요령

중요 관찰사항은 다음과 같다.

① 의식의 상태

② 호흡의 상태

③ 맥박의 상태 (높은 곳에서 추락한 경우)

④ 출혈의 상태

⑤ 골절의 이상 유무 등을 확인하고 관찰 겨로가 의식이 없거나 호흡 및 심장이 정지해 있거나 출혈을 많이 하였을 때에는 관찰을 중지하고, 곧 필요한 응급조치를 하여야 한다.

(3) 심장마비

전류가 심장을 통과하여 심장근육을 긴축시켜 마비상태가 되는 것이며, 따라서 감전에 의하여 심장마비나 인사불성이 되는 것은 반드시 전류가 심장을 통과하기 때문이다.

손발만 통과했을 때는 국부마비나 전기화상의 증상이 된다.

제 2 장 전기설비 및 작업안전

1. 전기설비 및 기기

1-1 가공전선로의 충전부 근접작업시 안전대책

(1) 충전전로의 근접작업시 안전조치사항

① 공사개시 전에 작업계획을 수립한다.

② 작업방법 및 순서를 숙지시킨다.

③ 해당 충전전로를 이설한다.

④ 충전전로와 비계 또는 지붕과의 사이에는 방호벽 등을 설치한다.

⑤ 당해 충전전로에 절연용 방호구를 설치하고 작업자에게는 보호구를 착용토록 한다.

⑥ 가공전선로 주위에 '경고표지' 등 안전표지를 설치한다.

⑦ 위험장소 주위에 울타리를 설치한다.

⑧ 작업원에 대해 감전사고의 심각성과 이의 방지에 대한 교육, 지도를 철저히 한다.

⑨ 감시, 감독을 철저히 한다.

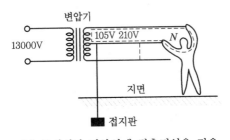

(a) 중성선과 전압선에 접촉되었을 경우

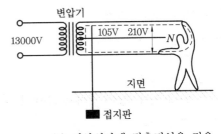

(b) 전압선간에 접촉되었을 경우

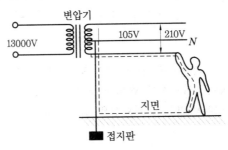

(c) 전압선에 접촉되었을 경우

감전회로

(2) 충전전로의 방호조치시 주의사항

① 절연용 방호구는 항상 수리 및 정비를 하여야 하고 사용 전에는 홈, 파손된 부분이 없는지 점검하여야 한다.

② 방호조치를 행하는 작업자는 먼저 절연용 보호구를 착용하여야 하며 작업지휘자는 보호구의 착용상태를 점검하여야 한다.

③ 주상에서 방호조치를 할 때에는 원칙상 2인이 1조가 되어 작업하고 단독작업은 피한다.

④ 방호조치를 할 때는 비계 등 받침대를 이용하여 안전한 자세로 작업한다.

⑤ 방호구의 부착 순서는 먼저 신체에 근접한 충전전로부터 부착하고 제거시에는 그 반대로 멀리 떨어진 곳부터 제거한다.

⑥ 방호구는 작업중 이동, 탈락하지 않도록 고무끈 등으로 확실히 고정시킨다.

1-2 안전장치의 설치

(1) 누전차단기의 설치 기준

① 사람이 용이하게 접촉할 우려가 있는 장소에 시설하는 사용전압이 60V를 초과하는 저압의 금속제 외함을 갖는 기계 · 기구에 지기가 생겼을 경우

② 특별고압 또는 고압의 전로가 변압기에 의하여 결합되는 300V를 초과하는 저압전선에 지기가 생겼을 경우

③ 플로어 히팅(floor heating) 및 로드 히팅(road heating) 등 난방 또는 빙결방지 등을 위한 발열선을 사용하는 경우

④ 풀용 수중조명 등 기타 이에 준하는 시설에 절연변압기로 전기를 공급하는 경우로서 절연변압기 2차측 전로의 사용전압이 30V를 초과하는 경우 등

(2) 누전차단기의 종류 및 특징

구 분		정격감도전류 (mA)	동작시간
고감도형	고 속 형	30 mA 이하	• 정격감도전류에서 0.1초 이내
	시 연 형		• 정격감도전류에서 0.1초를 초과하고 2초 이내
	반한시형		• 정격감도전류에서 0.2초를 초과하고 1초 이내 • 정격감도전류에서 1.4배의 전류에서 0.1초를 초과하고 0.5초 이내 • 정격감도전류의 4.4배의 전류에서 0.05초 이내
중감도형	고 속 형	30 mA 초과	• 정격감도전류에서 0.1초 이내
	시 연 형	1000 mA 이하	• 정격감도전류에서 0.1초를 초과하고 2초 이내
저감도형		1000 mA 초과 20 A 이하	

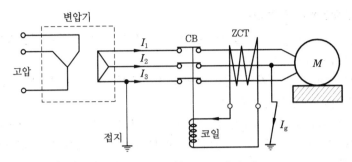

3상회로에서 누전차단기의 동작 예

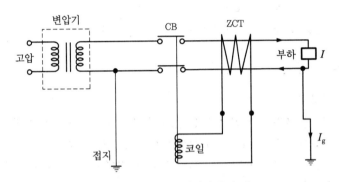

단상회로에서 누전차단기의 동작 예

2. 전기작업안전

2-1 전기작업시 기본적 안전수칙

① 전기업무 종사자 이외 사람은 전기회로나 전기기구의 수리를 하여서는 안 된다.

② 전기수리작업시는 안전모, 안전화, 절연장갑 등의 필요한 보호구를 착용하여야 한다.

③ 고장을 발견하거나 위험을 느꼈을 때에는 전기취급 담당부서에 연락을 하여야 한다.

④ 전기수리작업은 반드시 전원을 차단시키고 작업하여야 한다.

⑤ 저전압 (100 V 미만) 이라도 방심하여서는 안 된다.

⑥ 고전압 설비에는 접근하여서는 안 된다.

⑦ 스위치, 전동기, 배전판 등의 가까이에는 타기 쉬운 물건이나 폭발하기 쉬운 물건을 방치하여서는 안 된다.

⑧ 스위치 조작은 반드시 신속, 정확하게 오른손으로 조작하여야 한다.

⑨ 퓨즈는 용량에 맞는 것을 사용하여야 한다.

⑩ 고장 수리 및 촉수 엄금, 위험 표시 등의 표찰이 걸려 있는 스위치는 절대로 접촉하여서는 안 된다.

⑪ 스위치 박스 표면에 스위치 개폐 취급책임자를 선정하여 명찰을 부착시킨다.

⑫ 배선은 용량에 맞는 것을 사용하여야 한다.

⑬ 배전판의 각 스위치에는 용도를 구분하여 기입하여야 한다.

⑭ 전기 점검 순찰을 실시하여 각종 전기시설의 파손 및 노후부분을 보수·정비하여 전기 사고를 미연에 방지하여야 한다.

⑮ 땀이나 물에 젖은 몸과 의복을 착용하고 전기취급작업을 하여서는 안 된다.

⑯ 습기가 있는 부분에 애자, 개폐기, 코드 등의 오손, 파손 등 손상 여부를 확인하여야 한다.

⑰ 정전 및 작업이 끝난 후에는 반드시 스위치를 꺼야 한다.

⑱ 소켓에 전기를 연결할 때에는 나선 사용을 금지하여야 하며, 반드시 플러그를 사용하여 연결하여야 한다.

⑲ 감전한 사람을 보았을 때에는 스위치를 끊든지 마른 나무나 부도체를 사용하여 피재자를 끌어내려 병원으로 후송시켜야 한다.

⑳ 감전한 사람을 절대로 손으로 접촉하여서는 안 된다.

┌─ **【참고】** ┄┄┄
· **전기작업안전의 기본 대책**
　1. 전기설비의 품질향상　　2. 전기시설의 안전관리 확립　　　3. 취급자의 자세
└┄┄┄

2-2 정전작업시 안전조치사항

(1) 정전작업요령 작성시 포함사항

① 작업 책임자의 임명, 정전범위 및 절연용 보호구, 작업 시작 전 점검 등 작업 시작 전에 필요한 사항

② 전로 또는 설비의 정전순서에 관한 사항

③ 개폐기 관리 및 표지판 부착에 관한 사항

④ 정전확인 순서에 관한 사항

⑤ 단락접지 실시에 관한 사항

⑥ 전원 재투입 순서에 관한 사항

⑦ 점검 또는 시운전을 위한 일시운전에 관한 사항

⑧ 교대 근무시 근무인계에 필요한 사항

(2) 정전작업 전 조치사항

① 전로를 개로시킨 개폐기에 시건장치 및 통전금지표지판 설치

② 전력케이블, 전력콘덴서 등의 잔류전하의 방전

③ 검전기구로 충전 여부 확인

④ 단락접지기구로 단락접지

(3) 정전작업 절차 (정전작업의 5대 안전수칙)

① 작업 전 전원차단

② 전원 투입의 방지

③ 작업장소의 무전압 확인

④ 단락접지 시행
⑤ 주위 충전부의 방호장치 부착

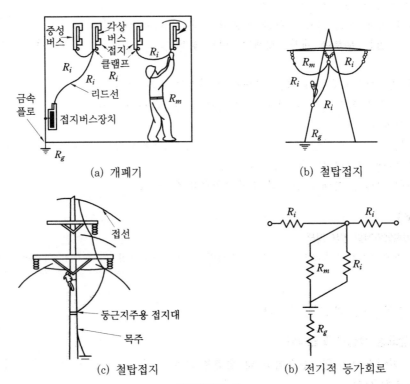

(a) 개폐기　　　　　　　(b) 철탑접지

(c) 철탑접지　　　　　　(b) 전기적 등가회로

단락접지의 예

(4) 정전작업 중 조치사항

① 작업지휘자에 의한 작업지휘
② 개폐기의 관리
③ 단락접지의 수시 확인
④ 근접활선에 대한 방호상태의 관리

(5) 정전작업 후 조치사항

① 단락접지기구의 철거
② 표지판 철거
③ 작업자에 대한 위험이 없는 것을 확인
④ 개폐기 투입으로 송전 재개

2-3 활선 및 활선 근접작업시 안전기술

(1) 저압활선 및 활선 근접작업시 조치사항

① 절연용 보호구 착용
② 활선접근 경보기 착용
③ 절연용 방호구의 설치 또는 해체작업시는 활선작업용 기구 사용

(2) 고압활선 및 활선 근접작업시 조치사항

① 절연용 보호구 착용 및 절연용 방호구 설치

② 활선작업용 기구 사용

③ 활선작업용 장치 사용

④ 충전전로에서 머리 위로 30 cm 이상, 신체 또는 발 아래로는 60 cm 이상 이격시킬 것

(3) 특별 고압활선 및 활선 근접작업시 조치사항

① 활선작업용 기구 사용

② 활선작업 장치 사용

③ 접근 한계거리 이상을 유지할 것

④ 충전전로에 대한 접근 한계거리가 유지되도록 보기 쉬운 곳에 표지판을 설치하거나 감시인 배치

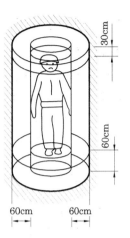

접근 한계거리

충전전로의 접근 한계거리

충전전로의 사용전압(kV)	충전전로에 대한 접근 한계거리(cm)	충전전로의 사용전압(kV)	충전전로에 대한 접근 한계거리(cm)
20 이하	20	110 초과 154 이하	120
22 초과 33 이하	30	154 초과 187 이하	140
33 초과 66 이하	50	187 초과 220 이하	160
66 초과 77 이하	60	220 초과	220
77 이하 110 이하	90		

(4) 활선 근접작업시 안전작업 이격거리

① 150V 이상의 전기설비에는 충전부를 절연처리하는 것이 이상적이나 그렇지 못한 경우에는 접근한계거리 이상을 유지해야 작업자가 안전하다.

② 안전작업 이격거리란 이러한 접근 한계거리를 유지하기 위한 기준으로서 활선 근접작업시 작업자가 충전부로부터 어느 정도 거리를 확보하여 작업해야 하는 것을 나타낸 것이다.

안전작업 이격거리(NESC-1990)

전 압(V)	수직 이격거리(m)	수평 이격거리(m)	전 압(V)	수직 이격거리(m)	수평 이격거리(m)
151~600	2.6	1.0	46000	3.0	1.32
2400	2.7	1.0	69000	3.2	1.50
7200	2.7	1.0	115000	3.5	1.85
13800	2.7	1.07	138000	3.7	2.00
23000	2.8	1.14	161000	3.9	2.25
34000	2.9	1.20	230000	4.5	2.80

2-4 시험장치 및 시험방법

(1) 시험장치

시험장치는 보호용구, 방호용구, 검출용구 및 활선작업용 공구 등의 기능적 조건의 보전을 확인하기 위한 장치로서 그 종류는 다음과 같다.

① 고무활선장구 시험장치
② 안전허리띠 시험장치
③ 검전기 시험기
④ 활선스틱 시험기

(2) 시험방법

① 고무 장구류는 장구시험장치를 사용하여 시험 기준에 따라 시험한다.
② 안전허리띠는 다음과 같이 모의동체와 모의주체간에 부착하여 시메라 등으로 인장하중을 가한다. 로프도 이에 준한다.

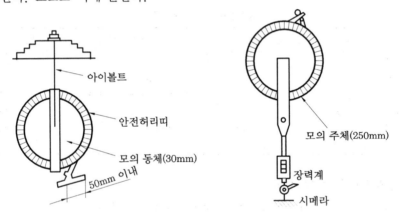

아이볼트
안전허리띠
모의 동체(30mm)
50mm 이내
모의 주체(250mm)
장력계
시메라

보호용구 시험장치

③ 검전기는 다음 그림과 같이 접촉편과 접지용구 또는 손을 쥐는 부분에 감은 금박간에 전압을 인가한다.

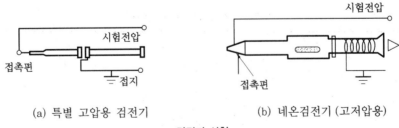

시험전압
접촉편
접지

시험전압
접촉편

(a) 특별 고압용 검전기   (b) 네온검전기 (고저압용)

검전기 시험

④ 커트아웃 스위치 조작봉 : 금속부와 하단부에 감은 금박간에 가압한다.
⑤ 디스콘 스위치 조작봉
  (가) 절연저항시험 : 300 mm 간격으로 구분하고 양단에 밀착하여 감은 금박간에서 절연저항을 측정한 경우 2000 MΩ 이상이어야 한다.

(나) 내전압시험

㉠ 혹부와 하단부간에 사용전로 전압의 2배를 5분간 방치하여 섬락, 발열 등이 발생하지 아니하여야 한다.

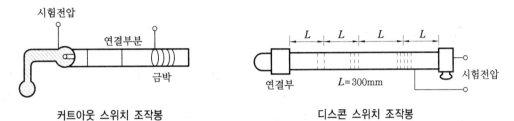

커트아웃 스위치 조작봉   디스콘 스위치 조작봉

㉡ 시험전압이 50000V 를 초과할 때에는 시험구간을 300 mm 이상으로 분할하여 시험한다. 이 경우에 시험전압은 $\dfrac{사용전로\ 전압 \times 2}{분할수}$ 이상이어야 한다.

㉢ 표시선과 혹 간에 가압시험 한다.

㉣ 인장시험 : 디스콘 스위치의 조작봉의 측방향에 200 kg의 정하중을 가하고 1분간 방치하여 이상이 없어야 한다.

㉤ 만곡시험 : 조작봉의 하단을 고정하고 수평으로 보지 하였을 때 선단에서 만곡도가 다음 표 이내이어야 한다.

종 류	1 m	1.5 m	2 m	3 m	4 m	5 m
만곡정도	30 mm 이하	45 mm 이하	60 mm 이하	90 mm 이하	100 mm 이하	300 mm 이하

⑥ 커넥터 : 커넥터는 조작봉의 말단부분에 금박을 감고 금박과 본체 금구간의 절연저항을 측정하고 이 부분에 소정의 전압을 가하고 시험한다.

⑦ 점퍼선 : 점퍼선은 점퍼선의 피복부분에 1m 정도의 간격으로 금박을 감아 정기적으로 연결하여 심선간에 전압을 인가한다.

⑧ 전기 안전모 : 전기모는 머리의 감전사고 및 물체의 낙하에 의한 머리의 상해를 방지하기 위하여 사용하는 것이다.

KS규격 (한국공업규격) 에는 KSE 4901 안전모 (safety helmets), KSG 7001 승차용 안전모 (protective helmets for vehicular user) 등 2가지가 있다.

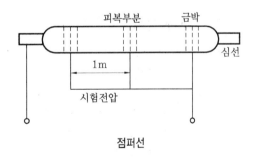

점퍼선

3. 접지설비

3-1 접지의 목적

① 설비의 절연물이 열화 또는 손상시 흐르게 되는 누설전류에 의한 감전방지
② 고전압의 혼촉사고시 인체에 위험을 주는 전류를 대지로 흘려보내 감전을 방지

③ 낙뢰에 의한 피해방지

④ 송배전선, 고저압모선 등에서 지락사고 발생시 보호계전기를 신속하게 동작시킴

⑤ 송배전선로의 지락사고시 대지전위의 상승을 억제하고 절연강도를 경감시킴

3-2 접지공사의 방법

① 접지극은 지하 75 cm 이상의 깊이에 묻을 것

② 접지극은 지표 위 60 cm 까지의 접지선 부분에는 옥내용 절연전선, 케이블을 사용할 것

③ 지하 75 cm 로부터 지표 위 2 m 까지의 접지선 부분은 합성 수지관, 몰드로 덮을 것

④ 접지선은 캡 타이어 케이블, 절연전선, 통신용 케이블 외의 케이블을 사용할 것

⑤ 접지선을 철주, 기타 금속제에 연하여 시설하는 경우에는 접지극을 지중에서 그 금속 제로부터 1 m 이상 띄워 매설할 것

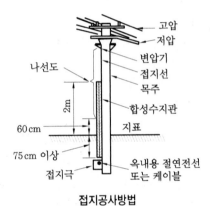

접지공사방법

3-3 접지공사시 고려할 사항

① 각 접지계통은 가급적 10Ω 이하로 되게 함과 동시에 충격성의 전압과 같은 급격한 변화를 하는 전압에 대해서도 낮은 임피던스를 유지할 것

② 피뢰기의 동작, 1선지락고장 및 기타의 여하한 상태에서도 다음의 조건을 만족할 것

　(가) 구내의 대지면, 건물의 바닥면에 위험한 전위경도가 발생하지 않을 것

　(나) 기기의 외함, 철골 등과 부근의 대지면과의 전위차가 작을 것

　(다) 계기, 보호계전기 등의 저압기구 및 배선에 위해가 미치지 않도록 할 것

　(라) 연계되는 전력선, 전화선 등에 위험한 전압이 발생되지 않도록 할 것

③ 접지도체는 구내에서 발생하는 이상지락 고장전류에 의해서 용단되지 않을 것

④ 화학적으로 부식하지 않을 것

⑤ 피뢰기

　(가) 피뢰기의 접지는 가급적 매설전극과 최단거리가 되도록 각 접속점을 연결한다.

　(나) 일반기계의 접지선, 제어용 케이블, 철골, 기기의 외함 등과는 최소한 2 m 이상을 유지해야 한다.

　(다) 연접접지로 할 경우에는 일반기기의 접지선과 망상으로 연결한다.

　(라) 피뢰기 접지단자의 길이가 최소가 되도록 하여야 한다.

3-4 접지공사의 종류 및 접지선의 굵기

접지 종별	공작물 또는 기기의 종별	접지선의 굵기	접지저항
제 1 종	① 피뢰기 및 피뢰침 ② 고압 또는 특별 고압을 기기의 철대 및 금속제 외함 ③ 주상에 설치하는 3상 4선식 접지 계통 변압기 및 기기 외함	지름 2.6 mm 이상의 연동선	10 Ω 이하
제 2 종	주상에 설치하는 비접지 계통의 고압 주상 변압기의 저압쪽 중성점, 또는 저압쪽의 한 단자와 그 변압기의 외함	지름 4 mm (고압 전로 또는 15000 V 이하의 특별 고압 가공 전선로의 전로와 저압전로를 변압기에 의하여 결합하는 경우는 지름 2.6 mm 이상	$\dfrac{150}{1선지락전류}$Ω 이하
제 3 종	① 철주, 철탑 등 ② 교류 전차선과 교차하는 고압 전선로의 완금 ③ 주상에서 시설하는 고압 콘덴서, 고압 전압 조정기 및 고압개폐기 등 기기의 외함 ④ 옥내 또는 지상에 시설하는 400 V 이하 저압기기의 외함	지름 1.6 mm 이상	100 Ω 이하
특 별 제 3 종	옥내 또는 지상에 시설하는 400 V를 넘는 저압기기의 외함	지름 1.6 mm 이상	10 Ω 이하

3-5 접지공사방법

(1) 일반적인 사항

① 접지선은 외부손상을 받을 우려가 있는 경우 또는 화재 발생의 위험이 있는 경우에는 금속관 공사로 시행할 것

② 접지선에는 퓨즈나 차단기 등을 설치하지 말 것

③ 대지와의 사이에 전기 저항치가 3Ω 이하의 수치를 갖고 있는 수도관은 접지전극으로서 사용이 가능하다.

④ 제3종 접지공사의 접지 저항치는 대지와의 사이에 100Ω 이하가 되도록 할 것

(2) 배 선

① 접지선으로는 지름 1.6 mm 이상의 접지용 비닐선 또는 600V 절연전선을 사용할 것

② 접지선의 연결은 선과 선의 경우와 선과 금속체의 경우의 양쪽을 다 점검할 수 있는 장소에다 할 것

③ 접지선과 접지극 및 접지선과 금속체와의 접속연결은 납땜에 의하는 외에 접지 부싱, 접지 클램프 등의 접지용 금속기구를 사용하여 전기적인 면에서 그리고 기계적으로 확실히 하고 접지선 자체에 손상이 가지 않도록 보호할 것

3-6 접지공사의 계획

(1) 접지 형식

① 접지극의 종류

㈎ 접지판의 매설

㈏ 접지봉 박기

㈐ 나전선의 매설

㈑ 앞의 것들을 병용하는 경우

② 전기설비와 접지계통간의 접속

㈎ 기기, 피뢰기 및 철골 등을 단독의 접지계통에 각각 접속하는 경우

㈏ 전기설비를 한 접지계통에 연계하여 접속하는 경우. 단, 전기설비와 접지계통을 접속하는 데 있어서 가능한 한 피뢰침의 접지는 단독으로 분리하여 접속하는 것이 권장되고 있는데, 이것은 낙뢰시 역전압이 전기설비에 영향을 주는 것을 방지하기 위함이다.

③ 구내가 방대한 면적인 경우 : 이 때는 국부적으로 낮은 접지저항을 얻기가 곤란한 경우가 많으므로 다음과 같은 방법을 많이 사용한다.

㈎ 망상의 매설지선을 사용하던가, 또 기기에 접지봉을 적당히 병용해서 규정된 접지저항을 얻어낸다.

㈏ 전 구조물을 연접접지한다.

(2) 접지저항 측정시의 주의점

① 가능하면 각 접지군을 분리하여 각기 단독으로 측정할 것

② 전 접지계통을 일괄해서 접지저항을 측정할 때는 보조전극의 접지점에 주의하여서, 보조전극이 피측정접지계통이 약 20 m 이상 떨어지도록 할 것

4. 교류아크 용접기의 안전

4-1 용접기의 구비조건

① 구조 및 취급방법이 간단해야 한다.

② 전류 조정이 용이하고 일정하게 전류가 흘러야 한다.

③ 아크발생이 용이할 정도의 무부하전압이 유지되어야 한다 (교류 70~80V, 직류 50~60V).

④ 필요 이상으로 무부하전압이 높지 말아야 하고 용접기의 미절연부분이 없어야 하며, 위험성이 적어야 한다.

⑤ 아크발생 및 유지가 용이하고 아크가 안정되어야 한다.

⑥ 사용 중에도 온도 상승이 작아야 한다.

⑦ 가격이 저렴하고 사용 유지비가 적게 들어야 한다.

⑧ 역률 및 효율이 좋아야 한다.

4-2 교류아크 용접기의 안전장치 및 부속장치

(1) 전격 방지기 (자동전격 방지장치)

① 자동전격 방지장치 : 교류아크 용접기에는 무부하시 2차측 홀더와 어스에 약 65V~
90V의 높은 전압이 걸려 작업자에 대한 위험도가 높으므로 용접기가 아크발생을 중단
시킬 때 단시간 내에 당해 용접기의 2차 무부하전압을 안전전압 25V 이하로 내려줄 수
있는 전기적 안전장치이다 (시간은 반드시 1초 이내).

② 전격 방지장치의 동작원리 : 전격 방지장치는 부착한 용접기의 주회로를 제어하는 장치
를 가지고 있어 용접봉의 조작에 따라 용접할 때에만 용접기의 주회로를 형성하고 그
외에는 용접기의 출력측의 무부하전압을 저하시키도록 동작하는 장치로 그 원리와 구조
는 다음 그림과 같다.

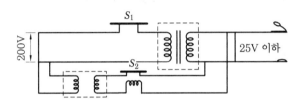

자동전격 방지장치의 동작원리

(2) 자동전격 방지기 설치장소

① 주위온도가 섭씨 −10도 이상 40도 이하일 것
② 습기가 많지 않을 것
③ 비나 강풍에 노출되지 않도록 할 것
④ 분진, 유해, 부식성 가스, 다량의 염분을 포함한 공기 및 폭발성 가스가 없을 것
⑤ 이상진동이나 충격이 가해질 위험이 없을 것

(3) 자동 전격방지기 부착 요령

① 직각으로 부착할 것. 다만, 직각으로 하기 어려울 때는 직각에 대하여 기울기가 20도
를 넘지 않을 것
② 용접기의 이동, 진동, 충격으로 이완되지 않도록 이완방지조치를 취할 것
③ 전격방지장치의 작동 상태를 알기 위한 표시등은 보기 쉬운 곳에 설치할 것
④ 전격방지장치의 작동 상태를 시험하기 위한 테스트 스위치는 조작하기 쉬운 위치에 설
치할 것

아크를 발생하는 기구와 목재의 벽 또는 천장과의 이격거리

아크를 발생하는 기구	이 격 거 리
개폐기, 차단기	고압용의 것은 1 m 이상
피뢰기, 기타 유사한 기구	특별고압용의 것은 2 m 이상

제3장 전기화재 및 정전기 재해

1. 전기재해의 발생원인과 대책

1-1 전기화재 폭발의 원인 (발화원, 경로, 착화물)

(1) 발화원(기기별)의 원인

① 이동 가능한 전열기 : 35%

② 전기, 전화 등의 배선 : 27%

③ 전기기기 : 14%

④ 전기장치 : 9%

⑤ 배선기구 : 5%

⑥ 고정된 전열기 : 5%

(2) 경로별 원인

① 단락 : 25%

② 스파크 : 24%

③ 누전 : 15%

④ 접촉부의 과열 : 12%

(3) 전기기기 원인별의 화재

절연재료의 최고 허용온도

절연재료	최고허용온도(℃)	구 성 재 료
A 종	105	무명, 명주, 종이 등의 재료를 니스 또는 기름 속에 담근 것
B 종	130	운모, 석면, 유리섬유재료
C 종	180 초과	생운모, 석면, 자기 등의 단독사용 또는 접착제와 사용
E 종	120	폴리에틸렌계 절연물
F 종	155	운모, 석면, 유리섬유재료에 실리콘 알킬수지 접착제 사용
H 종	180	고무모양 및 고체모양 수지
Y 종	90	무명, 명주, 종이재료

① 변압기의 화재원인 : 접지부의 과열, 과전류, 단락, 지락, 절연노화, 스파크 열해, 조정 불량 등

② 전동기의 화재원인 : 과전류, 스파크, 단락, 절연노화, 접속부 과열, 마찰고장, 스위치 의 잘못 투입, 가연물의 낙하 접촉, 스위치 개방 망각

1-2 전기화재의 발생원인

(1) 발화원

전기화재는 발화원, 출화의 경과 (발생기구), 착화물의 3요건으로 구성된다.

① 이동 가능한 전열기 : 전기 곤로, 전기 난로, 전기 다리미, 전기 이불, 소독기, 살균기, 용접기 등

② 고정된 전열기 : 전기 항온기, 전기 부화기, 오븐, 전기 건조기, 전기로 등

③ 전기장치 : 배전용 변압기, 전동기, 발전기, 정류기, 충전기, 유입 차단기, 단권 변압기

④ 배선 : 배전선, 인입선, 옥내선, 옥외선, 코드, 배전접속부 등

⑤ 배선기구 : 스위치, 칼형 개폐기, 자동개폐기, 접속기, 전기측정기 등

⑥ 누전에 의하여 발화하기 쉬운 부분 : 함석판의 이은 곳, 벽에 박은 못, 빗물받이 받침 못, 금속판 또는 파이프의 접속부, 고압선과 접촉한 목재 등

⑦ 정전기 스파크 : 고무피막기의 스파크, 롤러의 스파크, 관로중의 유동액체에 의한 스파크, 분체마찰에 의한 스파크 등

(2) 출화의 경과

① 과전류에 의한 발화 : 전선에 전류가 흐르면 줄의 법칙에 의하여 $H = I^2 RT$ 로 주어지는 줄열이 발생하는데 발열과 방열이 평형되는 정상상태에서는 이 발열이 화재의 원인이 되지 않으나, 과부하가 걸리거나 전기회로 일부에 전기사고가 발생하여 회로가 비정상적으로 되면 그때의 과전류로 인한 발열이 발화원으로 진전될 수 있다. 즉 전선·코일·저항기 등에서 열의 방열조건이 나쁜 곳 또는 그 부근에 인화점이 낮은 가연물이 있으면 그곳에서 발화하게 되는데 실험에 의하면 온도, 장소 (개방 또는 밀폐장소) 등에 따라 현저한 차이가 있으나 일반적으로 화재 발생의 가능성은 비닐 절연전선이 고무 절연전선보다 더 큰데 비닐전선의 경우 2~3 배의 과전류에서 피복이 변질·변형·탈락되고, 5~6배 정도에서 전선이 적열된 후 용융되는 결과가 나왔다.

② 단락에 의한 발화

③ 누전 또는 지락에 의한 발화

④ 접속부의 과열에 의한 발화

⑤ 열적경화에 의한 화재

⑥ 전기스파크에 의한 발화

⑦ 절연열화 또는 탄화에 의한 발화

⑧ 정전기 스파크에 의한 발화

⑨ 낙뢰에 의한 발화

(3) 정전기 스파크에 의한 발화 만족조건

① 가연성 가스 및 증기가 폭발한계 내에 있을 것

② 정전스파크의 에너지가 가연성 가스 및 증기의 최소착화에너지 이상일 것

③ 방전하기에 충분한 전위가 나타나 있을 것

(4) 절연전선과 과대전류

① 인화단계 : 허용전류의 3배 정도가 흐르는 경우 발화원을 근접시키면 절연물이 인화하는 단계

② 착화단계 : 큰 전류가 흐르는 경우 절연물에 발화원이 없더라도 착화·연소하는 단계이며 절연물은 탄화하고 적열된 심선이 노출된다.

③ 발화단계 : 더 큰 전류가 흐르는 경우 절연물에 도화선이 없더라도 자연히 발화하고 심선이 용단된다.

④ 순간 용단단계 : 대전류를 순간적으로 흘리면 심선이 용단되어 피복을 뚫고 나와 동이 비산한다 (도선 폭발).

절연전선과 과대전류

과대전류 단 계	인 화 단 계	착 화 단 계	발화단계		순간 용단단계
			발화 후 용단	용단과 동시 발화	
전선전류밀도 (A/mm²)	40~43	43~60	60~70	75~120	120 이상

1-3 전기화재 방지대책

(1) 절연이나 노화의 방지, 과열, 습기부식의 방지, 충전부와 절연체가 되는 금속 조영제, 수도관, 가스관 등과 떨어져 있어야 한다. 그러나 절연저하 측정, 절연내력을 하고 있으나 절대적인 방법은 안되므로 접지공사를 할 것

(2) 퓨즈, 누전차단기를 설치하는 것이 유효하나 동작이 안될 것을 고려하여 경보설비를 설치할 것

(3) 단락과 혼촉 방지대책

① 단락은 퓨즈, 누전차단기를 설치하여 전원을 차단한다.

② 혼촉은 전기설비 기술기준에 합격한 변압기의 저압측 중성점에 제2종 접지공사를 시행해야 한다 (변압기 1, 2차측 전선간에 금속제의 혼촉방지판을 두고 제2종 접지공사를 실시할 것).

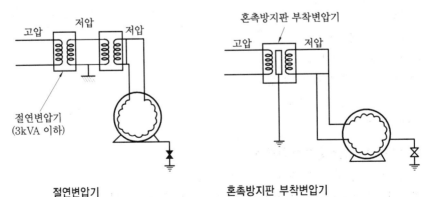

절연변압기   혼촉방지판 부착변압기

(4) 전기화재경보기 (누전경보기) 설치

　필요한 장소에 화재경보기를 설치하여야 하며 경보기는 50 mA 정도의 누전전류에서 경보를 발해야 한다. 누전경보기의 누전전류 검출방법은 다음 그림과 같다.

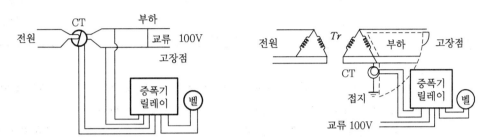

단상과 3상의 누전전류 검출방법

(5) 개폐기

① 개폐기를 설치할 경우 목재벽이나 천장으로부터 고압용은 1 m 이상, 특고압용 2 m 이상 떨어져야 한다.

② 가연성 증기 및 분진 등 위험한 물질이 있는 곳에서는 방폭형 개폐기를 사용한다.

③ 개폐기를 불연성 함 내에 내장하거나 통퓨즈를 사용한다.

④ 접촉부분의 변형이나 산화 또는 나사풀림으로 접촉저항이 증가하는 것을 방지한다.

(6) 전열기의 재해방지대책

① 열판 밑에는 차열판이 있는 것을 사용할 것

② 파일럿 (pilot) 등이 부착된 것을 사용하여 점멸을 확실히 할 것

③ 인조석, 석면, 벽돌 등 단열성 불연재료 받침대를 만들 것

④ 주위 30~50 cm, 위로 1~1.5 m 이내에 가연성 물질을 접근시키지 말 것

⑤ 배선 및 코드의 용량은 충분한 것을 사용할 것

(7) 퓨즈의 정상작동상태와 접촉과열방지

① 퓨즈의 정격 : 저압전로에 사용되는 퓨즈는 수평으로 부착하였을 경우 (판상퓨즈는 판면을 수평으로 부착하였을 경우) 다음 각 호에 적합한 것이어야 한다.

A종 퓨즈와 B종 퓨즈의 특성

정격전류(A)	용단시간(분)의 한도	
	A종은 정격전류의 1.35배(135%) B종은 정격전류의 1.6배(160%)	정격전류의 2배(200%)
30 이하	60	2
30 초과 60 이하	60	4
60 초과 100 이하	120	6
100 초과 200 이하	120	8
200 초과 400 이하	120	10
400 초과 600 이하	120	12
600 초과 1000 이하	180	20
A종은 정격전류의 1.1배(110%), B종은 정격전류의 1.3배(113%)의 전류로는 용단되지 아니할 것		

전동기용 퓨즈의 특성

정격전류 (A)	용단시간의 한도		
	정격전류의 1.35배(135%)	정격전류의 2배(200%)	정격전류의 5배(500%)
60 이하	120분	4분	3초 이상 45초 이하
60 초과	180분	8분	3초 이상 45초 이하
정격전류의 1.1배(110%)의 전류로는 용단되지 아니할 것			

② 고압퓨즈의 정격

   (개) 과전류차단기로 시설한 퓨즈 중 고압전로에 사용되는 포장퓨즈는 정격전류의 1.3배 의 전류에 견디고, 2배의 전류에는 120분 이내에 용단되어야 한다.

   (내) 과전류차단기로 시설한 퓨즈 중 고압전로에 사용되는 비포장퓨즈는 정격전류의 1.25 배 전류에 견디고, 2배 전류에서는 2분 이내에 용단되어야 한다.

③ 전선을 보호하는 과전류차단기의 정격전류 : 과전류차단기를 사용하여 과부하전류 및 단 락전류로부터 전선을 보호하는 경우 과전류차단기의 정격전류는 그 전선의 허용전류 이하 의 것을 선택하여야 한다. 다만, 주로 전동기회로에 전기를 공급하는 간선 또는 전동기 분기회로에만 전기를 공급하는 전선의 과부하차단기의 정격전류는 그러하지 아니하다.

④ 기계·기구를 보호하는 과전류차단기의 정격전류 : 50A를 초과하는 분기회로 (전동기 회로를 제외한다.) 에서 기계·기구를 보호하는 과전류차단기의 정격은 다음의 각 호에 의하는 것을 원칙으로 한다.

   (개) 퓨즈를 사용하는 경우에는 기계·기구의 정격전류의 130% 이상 150% 이하의 것일 것

   (내) 배선용 차단기를 사용하는 경우에는 기계·기구의 정격전류의 130% 이상 180% 이 하의 것일 것

⑤ 개폐기 등의 정격전류 : 개폐기·컷아웃 스위치 등의 기구에 삽입하는 퓨즈의 정격은 기구의 정격전류를 초과하여서는 안 된다.

1-4 낙뢰에 의한 재해방지대책

(1) 인명 재해방지대책

① 집, 큰 빌딩 또는 완전히 금속체로 둘러싸인 운반물 등으로 들어갈 것

② 집안에 있을 경우 비상시가 아니면 전화 등을 받지 말 것

③ 옥외에 있을 경우

   (개) 자연적인 피뢰침 (공터의 큰 나무 등) 밑에 있지 말 것 : 최소한 2 m 이상 떨어질 것

   (내) 주위 경관에서 인체가 돌출 되지 않도록 할 것

   (대) 물가 또는 주위의 도체로부터 멀리 떨어질 것

   (래) 울타리, 금속제 배관, 철길 등 낙뢰전류의 방전경로가 될 수 있는 금속체로부터 멀 리 떨어질 것

   (매) 공터에서 고립된 작은 구조물 안에 있지 말 것

   (배) 만약 공터에서 고립되어 머리칼이 곤두서고 막 낙뢰가 떨어질 것 같은 느낌을 받을 때에는 무릎을 꿇어야 하고 바닥에 납작 엎드리는 것은 인체의 많은 면적이 땅과 접 촉되어 더욱 위험하다.

(2) 건축물 및 구조물의 손상방지대책

① 피뢰설비(피뢰침)

㈎ 피뢰침 : 돌침부, 피뢰도선 및 접지극 등으로 구성되는 피뢰설비

㈏ 돌침 : 뇌격의 단자로 공중에 돌출된 금속제로서 그 선단은 가연물보다 30 cm 이상 (1.5 m 정도가 좋다.) 돌출시키고 그 지름은 12 mm 이상의 동, 철 등을 사용할 것

㈐ 피뢰도선 : 뇌전류를 흘리기 위하여 돌침, 독립피뢰침, 독립가공지선 등과 접지극을 접속하는 도선으로 2조 이상으로 하고 동의 경우 30 mm² 이상의 단선, 연선, 파이프 등으로 규정하고 있다.

㈑ 접지극 : 피뢰도선과 대지를 전기적으로 접속하기 위하여 지중 매설하며 이 접지극은 동판, 아연도금강판, 철 파이프 등의 도체를 사용한다.

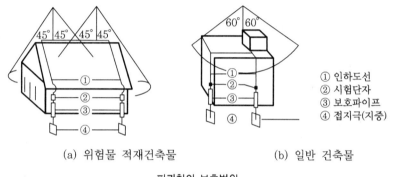

① 인하도선
② 시험단자
③ 보호파이프
④ 접지극(지중)

(a) 위험물 적재건축물   (b) 일반 건축물

피뢰침의 보호범위

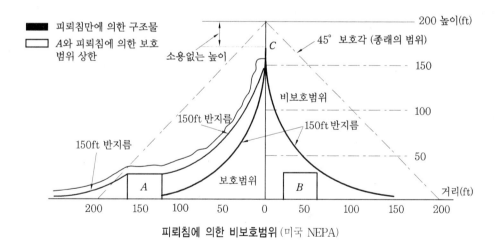

피뢰침에 의한 비보호범위 (미국 NEPA)

② 보호범위 (보호각) : 프랭클린 이래로 피뢰침에 의한 보호범위는 45° 직선(건축물에 의한 일반건축물은 60°) 이하 부분으로 생각되어 왔으나 최근에 축조된 고층빌딩 등에 낙뢰 가 빈번하게 떨어지는 관계로 좀 더 정교한 이론을 바탕으로 한 보호범위의 예시가 미국의 NEPA와 독일의 FGH의 보호범위이다.

피뢰침의 보호범위에 따르면 150ft 이상으로 피뢰침을 높여도 보호범위는 증가되지 않고 피뢰침의 설치높이까지 150ft 반지름의 커다란 공을 굴려서 닿게 했을 때 그 아랫부

분만이 보호되며 99.5% 보호확률로 150ft, 99.9%의 보호확률로 125ft 반지름을 사용하는데 이와 비슷한 결과로 독일의 고전압연구소 (FGH) 의 경우도 피뢰침 설치높이 (H) 의 2배 반지름을 가진 구면과 접촉되는 아랫부분이 보호범위로 되어있다.

③ 피뢰침과 타설비의 관계

  (카) 피뢰도선은 전등선, 전화선 또는 가스관에서 1.5 m 이상 이격시킨다.

  (나) 피뢰도선에서 1.5 m 이내에 있는 전선관, 철사다리, 철관 등의 금속제는 접지 시킨다.

  (다) 피뢰침은 가연성 가스가 발산할 우려가 있는 밸브, 게이지, 배기공 등으로부터 1.5 m 이상 이격시킨다.

  (라) 접지극의 저항은 10Ω 이하로 하며, 접지극 또는 매설도선은 가스관에서 1.5 m 이상 이격시킨다.

④ 피뢰침의 보수 관리 : 피뢰침은 연 1회 이상 검사하여 적합여부를 확인하고 이상시, 즉시 보수하여야 한다. 그 요령은 다음과 같으며 검사기록은 3년간 보존해야 한다.

  (카) 접지저항의 측정

  (나) 지상 각 접속부의 검사

  (다) 지상에서의 다선용 : 기타 손상부분 유무 점검

(3) 전기설비의 손상방지대책

낙뢰에 의한 충격파는 전선로에 연결된 각종 전기기기의 절연을 파괴 또는 폭발시켜 2차 재해를 일으키는 원인이 되고 가공 전선로는 직격뢰 뿐만 아니라, 근방에 낙뢰가 떨어져도 일종의 정전유도에 의한 유도뢰가 생성되어 진행파가 선로를 따라 전파되어 전기기기에 손상을 주게 되므로 이를 방지하기 위해 선로에 침입한 충격성 진행파를 전기설비에 영향을 주지 않도록 사전에 대지로 방전시키는 역할을 하는 것이 피뢰기이지만 피뢰기의 기능은 이상전압의 침입으로 그 단자전압이 일정 레벨 이상으로 올라갔을 때 신속히 동작하여 이상전압을 억제하고 처리 후 신속하게 선로를 원상회복시키는 기능을 가지고 있다.

다음은 전기기술기준령에 관한 규칙에 의해 피뢰기를 시설하도록 규정되어 있는 개소에 대한 그림의 예이다.

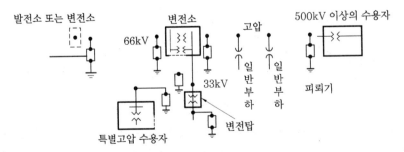

피뢰기의 설치가 의무화되어 있는 장소의 예

(4) 피뢰침의 보호 여유도

$$여유도(\%) = \frac{충격절연강도 - 제한전압}{제한전압} \times 100$$

예제 1. 피뢰침의 제한전압이 750 V 이고, 충격절연강도가 1000 kV 라고 할 경우에 보호여유도는 얼마인가?

[해설] $\dfrac{1000 - 750}{750} \times 100 = 33\%$

1-5   피뢰장치

(1) 피뢰기의 작동원리

변압기의 선로측에 접속되는데 평상시에는 전류가 흐르지 않으나 방전 개시전압보다 높은 이상전압이 내습해 오면 피뢰기는 이 전압을 대지로 방전하여 그 단자전압을 기기의 내전압 이하의 낮은 값으로 떨어뜨린다.

(2) 피뢰기의 구성요소

① 직렬 갭
② 특성 요소

(3) 피뢰기의 설치목적

직류 및 교류의 전기설비 등을 뇌해로부터 보호하여 사고를 경감시키고, 전력 공급 및 사용의 안전성을 증가시켜 신뢰성을 향상시키는 데 있다.

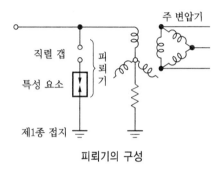

피뢰기의 구성

(4) 피뢰기의 설치장소

① 발전소, 변전소 또는 이에 준하는 장소의 가공 전선 인입구 및 인출구
② 가공전선로에 접속되는 배전용 변압기의 고압측 및 특별 고압측
③ 고압 가공전선로로부터 공급을 받는 수전전력의 용량이 50kW 이상의 수용장소의 인입구
④ 특고압 가공전선로로부터 공급을 받는 수용장소의 인입구
⑤ 배전선로 차단기, 개폐기의 전원측 및 부하측
⑥ 콘덴서의 전원측

(5) 피뢰기의 성능

① 반복동작이 가능할 것
② 구조가 견고하며 특성이 변화하지 않을 것
③ 점검, 보수가 간단할 것
④ 충격방전 개시전압과 제한전압이 낮을 것
⑤ 뇌전류의 방전능력이 클 것
⑥ 속류의 차단이 확실하게 될 것

(6) 피뢰기 용어의 정의

① 충격방전 개시전압 : 극성의 충격파와 소정의 파형을 피뢰기의 선로단자와 접지단자간에 인가했을 때 방전전류가 흐르기 이전에 도달할 수 있는 최고 전압이다.

② 피뢰기의 충격방전 개시전압 : 공칭전압의 4.5배
③ 제한전압 : 방전 도중에 피뢰기의 선로단자와 접지단자간에 나타나는 충격전압을 말한다.
④ 속류 : 방전전류 통과에 이어 전력계통으로부터 피뢰기에 흐르는 전류를 말한다.

(7) 피뢰기의 종류
① 밸브형 피뢰기
② 저항형 피뢰기
③ 저항형 밸브 피뢰기
④ 방출 통형 피뢰기
⑤ 종이 피뢰기 (p-valve)

제 4 장 정전기의 재해방지

1. 정전기의 발생원인

(1) 물질의 특성
① 두 물질이 접촉, 분리 상호 작용
② 대전서열에서 두 물질이 가까운 위치에 있는데 정전기의 발생량이 적고 먼 위치에 있으며 정전기의 발생량이 커진다.

(2) 물질의 이력
① 정전기의 발생을 처음 접촉, 분리가 일어날 때 최대가 된다.
② 점차 분리, 접촉이 반복됨에 따라 적어진다.

(3) 물질의 표면
① 물질의 표면이 원활하며 정전기 발생이 적다.
② 수분, 기름 등에 오염된 표면일 경우 정전기 발생이 커진다.

(4) 분리속도
① 분리속도가 빠르면 정전기의 발생량이 커진다.
② 전하의 완화시간이 길면 전화분리 에너지도 커져서 발생량이 증가한다.

(5) 접촉면적 및 압력
접촉면적이 크고 접촉압력이 증가할수록 정전기의 발생량이 크다.

2. 정전기의 영향

2-1 정전기의 축적

① 생성된 정전기는 지면이나 기타 다른 물체로부터 절연되어 있을 경우 축적하게 된다.
② 실험에 의하면 절연저항이 10Ω 이상이면 정전기가 잘 흐르지 못하여 축적되며 석유류 제품에 생성된 정전기는 석유류 제품의 전기전도도가 $10^4 \, PS/m$ 이하이면 다음의 표에서와 같이 정전기가 축적되는 것으로 나타나 있다.

JP-4의 전기전도도

제 품	전도도(picosiemens/meter)	half-value 시간(초)	저항(ohm/cm)
고순도제품	0.01	1500	10^{16}
경 질 유	0.01~10	1.5~1500	10^{10}~10^{13}
중 질 유	1000~100000	0.00015~0.015	10^{11}~10^{9}
증 류 수	100000000	4×10^{6}	10^{6}

③ 전도도가 10^4 PS/m 이상이면 정전기가 생성되자마자 다시 결합하게 되므로 축적은 일어나지 않는다고 한다.

2-2 정전기의 소멸과 완화시간 (relaxation time)

일반적으로 절연체에 발생하는 정전기는 일정장소에 축적되었다가 점차 소멸되는데 처음값의 36.8%로 감소되는 시간을 그 물체에 대한 시정수 또는 완화시간이라고 한다.

이 값은 대전체의 저항 R [Ω]과 정전용량 C [F] 혹은 고유저항 ρ [m]와 유전율 ε [F/m]의 곱으로 ($RC = \varepsilon \rho$) 정해진다.

따라서, 고유저항 또는 유전율이 큰 물질일수록 대전상태가 오래 지속된다. 일반적으로 완화시간은 영전위 소요시간의 1/4~1/5 정도이다.

2-3 정전기의 방전

① 전위차가 있는 2개의 대전체가 특정거리에 접근하게 되면 등전위가 되기 위하여 전하가 절연공간을 깨고 순간적으로 흘러가면서 빛과 열을 발생하는데 이 현상을 방전 (스파크) 이라 한다.

② 방전이 발생하기 위해서는 두 대전체간의 거리가 가까울수록, 갭의 전도도가 클수록 낮은 전위차가 필요하며 방전갭 (spark gap) 의 기하학적 형상에 의해서도 영향을 받는다.

2-4 방전의 분류

(1) 코로나 방전

① 대전된 부도체가 가는 선상의 도체 또는 뾰족한 선단을 가진 도체와의 사이에서 발생하는 미약한 발광과 소리를 수반하는 방전이다.

② 코로나 방전은 방전에너지가 작기 때문에 재해나 장해의 원인이 되는 경우는 적다.

(2) 스트리머 방전

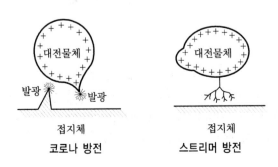

코로나 방전

스트리머 방전

① 대전량이 많은 부도체와 비교적 곡률 반지름이 큰 선단을 가진 도체와의 사이에서 발생하는 수지상(樹枝狀)의 발광과 펄스상의 파괴음을 수반하는 방전이다.

② 스트리머 방전은 코로나 방전보다 방전에너지가 크고 재해나 장해의 원인이 될 가능성도 크다.

(3) 불꽃 방전

① 도체나 대전되었을 때에 접지된 도체와의 사이에서 발생하는 강한 발광과 파괴음을 수반하는 방전이다.

② 불꽃 방전은 방전에너지의 밀도가 높아 재해나 장해의 원인이 된다.

불꽃 방전

(4) 연면 방전

① 대전이 큰 엷은 층상의 부도체를 박리할 때 또는 엷은 층상의 대전된 부도체의 뒷면에 밀접한 접지체가 있을 때 표면에 연한 복수의 수지상의 발광을 수반하여 발생하는 방전이다.

② 연면 방전은 불꽃 방전과 마찬가지로 재해나 장해의 원인이 된다.

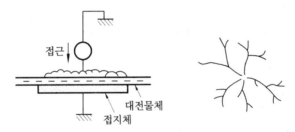

연면 방전과 스타체크마크

(5) 뇌상 방전

공기 중에 뇌상으로 부유하는 대전입자의 규모가 커졌을 때에 대전운에서 번개형의 발광을 수반하여 발생하는 방전이다.

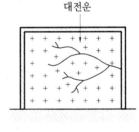

뇌상 방전

3. 정전기 재해의 방지대책

3-1 재해방지대책

(1) 정전기 재해 기본적인 예방 3단계

① 정전기 발생억제가 되어야 한다.

② 발생전하의 다량 축적방지가 가능해야 한다.

③ 축전전하의 조건하에서의 방전방지가 가능해야 한다.

(2) 예방조건

① 발생전하량을 예속한다.

② 대전물체의 전하 축적의 가능성을 연구한다.

③ 위험성 방전을 생기게 하는 물리적 조건이 있는지 검토한다.

3-2 일반적인 정전기 방지대책

(1) 접지방법

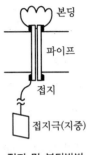

접지 및 본딩방법

① 접지저항값 : 정전기 대전에 의한 누설전류의 대부분은 수 μA 정도의 미소전류이므로 정전기용 접지로는 접지저항 값이 106Ω 이하이면 충분하나, 전기설비의 누전이나 낙뢰 시의 위험방지를 위한 접지극 (수 Ω ∼100Ω 정도) 이 있을 경우 공용으로 사용해도 무방해서 접지는 설치 후 최소한 연 1회 이상 정기적으로 접지저항을 측정해야 하며 본딩접 속시험도 회로시험계를 이용하며 또한 측정, 유지, 관리하 는 것이 중요하다.

② 제전접지저항 (106∼108) : 대전체에 접지체가 접근하게 되면 불꽃 방전이 일어나기 쉬 운데 이를 방지하기 위해서 접지체에 큰 직렬저항을 접속하여 방전전류를 누설시키는데 이를 제전접지저항이라 한다.

③ 구체적인 접지방법

   (가) 고정용 설비 및 기기의 접지   (나) 이동식 기기 및 가동부품의 접지

   (다) 액체취급시의 접지   (라) 인체의 접지

(2) 도전성 향상

① 외부용 일시성 대전방지제 : 아이온형 활성제, 바이온 활성제, 양성제 활성제 등

② 외부용 내구용 대전방지제 : 아크릴산 유도체, 폴리에틸렌글리콜 등

③ 내부용 대전방지제 등

(3) 도전성 재료의 활용방법

① 구조적인 분류

   (가) 분산계 도전재료 : 도전원리는 입자상, 섬유상의 도전성 분산체가 상호접촉에 의해 전류가 흐르는 경우와 도전성 분산체의 접촉만이 아닌 절연박만간의 터널효과에 의해 서도 전류가 흐르는 두 가지로 카본블랙 분산계와 금속 분산계가 있다.

   (나) 대전하고 있는 물체에 지름 30 mm 이상의 접근된 금속구를 접근시켰을 때 파괴음 및 발광을 동반하는 방전을 발생시키는 대전 상태

   (다) 적층계 도전재료 : 플라스틱 코팅법은 표면을 에칭한 후에 Au, Pb, Pt, Ag 등의 귀 금속 촉매액을 주어 화학환원제를 포함한 무전해 코팅액 중에 침투시키는 것으로 니 켈, 은, 동 등의 무전해 코팅이 섬유대전 등에 일부 사용한다.

② 이용법의 분류

   (가) 누설에 의한 대전방지법   (나) 공기중의 방전에 의한 대전방지법

작업의 및 인체의 대전전위, 전하량

작 업 의	대전동작	의 복		인 체	
		대전전위 (kV)	대전전하량 (µC)	대전전위 (kY)	대전전하량 (µC)
폴리에스테르/레이온 65/35	팔을 사용하여 하의를 마찰조정	+57 ~ +55	+2.0 ~ +3.0	-23 ~ -24	-2.3 ~ -2.4
제전복(日本)	팔을 사용하여 하의를 마찰한다				
폴리에스테르/레이온 65/35 메탈리언 5 간 격혼입		+3 ~ +4	+0.5 ~ +0.4	-2 ~ -3	-0.2 ~ -0.3

(4) 습도증가에 의한 도전성 향상방법

① 플라스틱제품 등은 습도증가에 따라 전기저항값이 저하되므로 공장설비 등은 가습에 의한 대전방지법이 이용된다.

② 공기중의 상대습도를 60~70% 정도를 유지하기 위해서 가습방법이 많이 이용된다.

③ 가습방법

   ⑺ 물의 분무법   ⑷ 증발법   ⒟ 습기 분무법

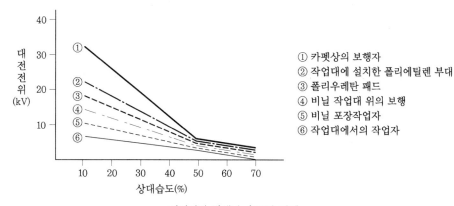

① 카펫상의 보행자
② 작업대에 설치한 폴리에틸렌 부대
③ 폴리우레탄 패드
④ 비닐 작업대 위의 보행
⑤ 비닐 포장작업자
⑥ 작업대에서의 작업자

정전기의 발생과 습도의 관계

(5) 제전방법

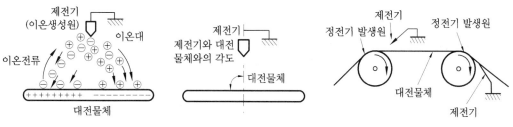

(a) 제전기의 원리 개요   (b) 제전기의 취부각도   (c) 제전기를 정전기 발생원의 가까운 곳에 설치하는 경우의 취부각도

제전기의 원리 및 설치방법

3-3　제전기의 종류

(1) 전압인가식 제전기

　방전침에 7000V의 전압을 인가하면 공기가 전리되어 코로나 방전을 일으킴으로써 발생한 이온으로 대전체의 정전기를 중화시키는 방법으로 직류도 사용되며 제로 (0) 가까이 제전된다.

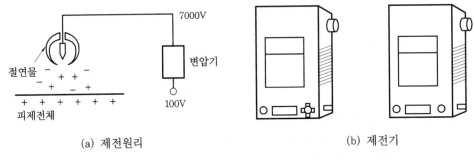

(a) 제전원리　　　　　　　　(b) 제전기

전압인가식 제전기

(2) 자기방전식 제전기

　스테인리스 (5 μm), 카본 (7 μm), 도전성 섬유 (50 μm) 등에 의해 작은 코로나 방전을 일으켜 제전하며, 고전압의 제전도 가능하나 약간의 대전이 남는 단점이 있다.

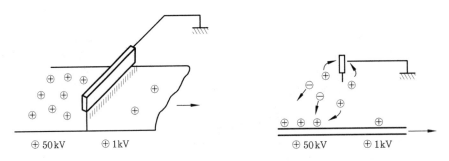

자기방전식 제전기의 원리

(3) 이온 스프레이식 제전기

　7000V의 교류전압이 인가된 침을 배치하고 코로나 방전에 의해 발생한 이온을 블로어 (blower) 로 대전체에 내뿜는 방식이다.

(4) 이온식 제전기 (방사선식 제전기)

　방사선 동위원소 (폴로늄) 의 전리작용에 의해 제전이 필요한 이온 α 입자, β 입자를 만드는 제전기로서, 방사선장해로 인한 취급에 주위를 요하며 제전능력이 작고 이동하는 물체 등에는 부적합하다.

제5장 전기설비의 방폭

1. 방폭 전기설비의 필요성

1-1 폭발성 가스

① 폭발성 가스란 모든 가연성 가스와 인화점이 40℃ 이하인 가연성 액체의 증기를 말하며, 이 가스가 공기 또는 산소와 혼합하여 폭발 가능한 농도 범위로 되는 위험분위기가 조성되고 그 장소에 최소발화에너지 이상의 에너지를 가지는 점화원이 존재하여 연소하는 현상을 혼합가스 폭발이라 한다.

② 전기설비 사용장소의 폭발의 위험성은 그 장소에 있는 폭발성 가스의 종류에 따라 다르기 때문에, 이 가스의 위험도를 발화도 및 폭발 등급으로 분류하여 적합한 방폭구조 및 대책을 마련하여야 한다.

③ 폭발성 가스 발화도의 등급

발화도 등급		가스 발화점 (℃)	설비의 허용 최대표면온도 (℃)	
KSC 9060	IEC 79-7		KSC	IEC
G1	T1	450 초과	320	450
G2	T2	300~450	200	300
G3	T3	200~300	120	200
G4	T4	135~200	70	135
G5	T5	100~135	40	100
	T6	85~100	30	85

㊀ 설비의 허용 최대표면온도는 기준 주위온도를 40℃로 하여 측정한 값으로 한다.

1-2 용어의 정의

① 방폭지역 : 인화성 또는 가연성 물질이 화재·폭발을 발생시킬 수 있는 농도로 대기 중에 존재하거나 존재할 수 있는 장소를 말한다.

② 위험 분위기 : 대기 중의 인화성 또는 가연성 물질이 화재·폭발을 발생시킬 수 있는 농도로 공기와 혼합되어 있는 상태를 말한다.

③ 위험 발생원 : 인화성 또는 가연성 물질의 누출 등으로 인하여 주위에 위험 분위기를 생성시킬 수 있는 지점을 말한다. 각종 용기, 장치, 배관 등의 연결부, 봉인부, 개구부 등을 주요 위험 발생원으로 볼 수 있다.

1-3 방폭구역 구분의 절차

(1) 방폭지역 여부 결정

다음 각 호의 장소는 방폭지역으로 구분하여야 한다.

① 인화성 또는 가연성 가스가 쉽게 존재할 가능성이 있는 지역

② 인화점 40℃ 미만의 액체가 저장·취급되고 있는 지역

③ 인화점 100℃ 미만 액체의 경우 해당 액체의 인화점 이상으로 저장·취급되고 있는 지역

(2) 방폭지역의 종별 결정

① 다음 장소는 0종 장소로 결정한다.

  ㈎ 인화성 또는 가연성 물질을 취급하는 설비의 내부

  ㈏ 인화성 또는 가연성 액체가 존재하는 피트 (pit) 등의 내부

  ㈐ 인화성 또는 가연성의 가스나 증기가 지속적으로 또는 장기간 체류하는 곳

② 설비의 크기 및 운전조건은 가장 넓은 방폭지역을 보유하게 되는 도표를 선정한다. 예를 들어 용기의 크기가 '소'이고 최대운전압력이 '대'에 해당될 경우 양자 중 방폭지역이 넓은 쪽을 선정한다.

③ 조건에 따라 적합한 도표가 둘 이상일 경우는 어느 것이라도 임의로 선정한다.

2. 전기설비의 방폭

2-1 폭발성 및 가스 증기의 방폭구조

(1) 내압 (耐壓) 방폭구조 (explosion proof ; d)

① 내압 방폭구조란 용기의 내부에 폭발성 가스의 폭발이 일어날 경우에 용기가 폭발압력에 견디고 또한 외부의 폭발성 분위기에의 불꽃의 전파를 방지하도록 한 방폭구조를 말한다.

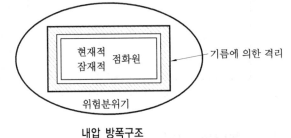

내압 방폭구조

② 기기의 케이스는 전폐구조로 하고, 이 용기 내에 외부의 폭발성 가스가 침입하여 내부에서 폭발하더라도 용기는 그 압력에 견디어야 하고, 또 폭발한 고열가스가 용기의 틈으로부터 누설되어도 틈의 냉각효과로 외부의 폭발성 가스에 착화될 우려가 없도록 만들어진 것이다.

③ 용기의 견딜 수 있는 압력은 규정으로 정해져 있는데 예를 들면 내부용적이 100 cm² 를 초과하는 것은 폭발등급 1, 2의 가스에 대해서 압력이 10kg/cm² 이상으로 규정되어 있다.

④ 위의 그림은 내압 방폭구조를 도면화한 것이며 스위치기어 제어 및 지시장치의 제어판, 모터, 변압기, 조명기구 기타의 불꽃 생성부분을 나타낸 것이다.

(2) 안전증 방폭구조 (increased safety ; e)

① 안전증 방폭구조란 정상인 사용상태에서는 폭발성 분위기의 점화원으로 될 수 있는 전기불꽃, 고온부를 발생하지 않는 전기기기에 대하여, 이들이 발생할 염려가 없도록 전기적, 기기적 및 온도적으로 안전도를 높이는 방폭구조로 정상적으로 운전되고 있을 때 내부에서 불꽃이 발생하지 않도록 절연 성능을 강화하고, 또 고온으로 인해 외부 가스에 착화되지 않도록 표면온도 상승을 더 낮게 설계한 구조를 말하며, 단자 및 접속함·농형유도전동기·조명기구 등에 많이 이용된다.

② 내압(耐壓) 방폭구조보다 용량이 적어진다는 장점이 있으나, 내부에서 불꽃이 발생하여 폭발이 일어난 경우에는 파열이나 외부로 화염이 나오지 않는다는 보증이 없으므로 사용장소를 선정할 때는 주의해야 한다.

③ 잠재적 점화원 위험분위기 안전도 증감에 의해 현재적 점화원으로 발전하는 것을 억제하는 방폭구조이다.

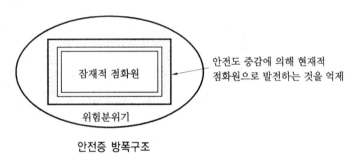

안전증 방폭구조

(3) 압력 방폭구조 (pressurized ; f)

① 다음 그림의 구조와 같이 점화원이 될 우려가 있는 부분을 용기 안에 넣고 보호기체(신선한 공기 또는 불활성 기체)를 용기 안에 압입함으로써 폭발성 가스가 침입하는 것을 방지하도록 되어 있는 구조이다.

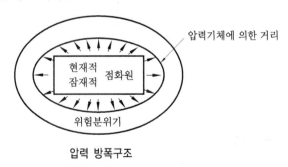

압력 방폭구조

② 종류

  ⑺ 통풍식   ⑻ 봉입식   ⑼ 밀봉식

③ 통풍식과 봉입식의 경우는 그 내압 방폭성을 확보하기 위하여 기기의 시동 및 운전 중에 용기 내의 모든 점의 압력을 주위의 대기압보다 수주 5 mm 이상 높게 유지하여야 한다.

④ 밀봉식의 경우는 용기 내부의 압력을 확실하게 지시하는 장치를 시설하도록 되어 있고 대형기에서 불꽃이나 아크를 발생하는 기기는 압력 방폭형이 보다 확실하고 경제적이다.

(4) 본질안전 방폭구조 (intrinsic safety ; i)

① 본질안전 방폭구조란 정상상태 및 판정된 이상상태에서 전기회로에 발생하는 전기불꽃이 규정된 시험조건에서 소정의 시험가스에 점화하지 않고, 또한 고온에 의해 폭발성 분위기에 점화할 염려가 없게 한 방폭구조로 열전대와 같이 지락·단락 또는 단선이 있을 때 일어나는 불꽃이나 아크·과열에 의해 생기는 열에너지 등이 대단히 적고, 폭발성 가스에도 착화되지 않는 구조이다.

② 온도·압력·액면유량 등을 검출하는 측정기를 이용한 자동장치에 사용되며 전자공학의 발달에 의해 널리 사용하게 되었다.

③ 그 구조의 예는 다음의 회로도와 같으며 비위험장소에는 고장시 최소 착화에너지 이상의 불꽃을 발생할 가능성이 있는 측정 및 제어장비의 저압전원도 사용되고 있다.

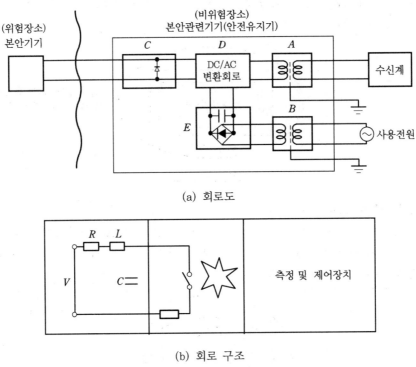

(a) 회로도

(b) 회로 구조

본질안전 방폭구조

(5) 유입(油入) 방폭구조

① 유입 방폭구조란 용기 내에서의 전기불꽃을 발생하는 부분을 유중에 내장하여 유면상 및 용기의 외부에 존재하는 폭발성 분위기에 점화할 염려가 없게 한 방폭구조로서 다음 그림과 같이 불꽃이나 아크 등이 발생하는 부분을 기름

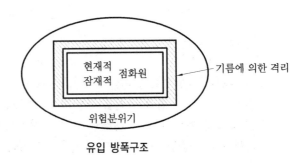

유입 방폭구조

속에 넣은 것으로서 탄광에서 방폭기기로 사용되기 시작한 구조이다.

② 유입 방폭구조에서 주의해야 할 점은 기름이 필요한 양만큼 들어 있어야 하고 과전류가 흐르지 않는 것이 확실하게 보증되어야 한다.

③ 오늘날에는 거의 사용되지 않고 있다.

(6) 특수 방폭구조 (special ; s)

(1) ~ (5) 이외의 방폭구조로서 모래를 삽입한 사입 방폭구조와 밀폐 방폭구조가 있으며 폭발성 가스의 인화를 방지할 수 있는 특수한 방폭구조이다.

폭발성 가스의 분류

발화도 / 폭발등급	G1	G2	G3	G4	G5	G6
1	아 세 톤 암 모 니 아 일 산 화 탄 소 에 탄 초 산 초 산 에 틸 톨 루 엔 프 로 판 벤 젠 메 탄 올 메 탄	에 탄 올 초산인펜틸 1- 부 탄 올 부 탄 무 수 초 산	가 솔 린 헥 산 가 솔 린	아세트알데히드 에 틸 에 테 르		
2	석 탄 가 스	에 틸 렌 에틸렌옥시드				
3	수 성 가 스 수 소	아 세 틸 렌		이황화탄소		

2-2 방폭구조의 기호 분류

(1) 주요 국가 방폭구조의 기호

방폭구조 / 나라명	내 압	유 입	압 력	안전증	본질안전	특 수	사 입
한 국	d	o	f	e	i	s	−
영 국	FLP				ELP		
독 일	Exd	Exo	Exf	Exe	Exi	Exs	Exq
오스트리아	Exd	Exo	Exe	Exi	Exs	Exq	
프 랑 스	−	−	−	−	−	−	−
이 탈 리 아	Exd	Exo	Exp	Exe	Exi		Exq
스 위 스	Exd	Exo	Exf	Exe		Exs	
스 웨 덴	Xt	Xo	Xy	Xh	Xi	Xs	

(2) 폭발등급 및 발화도의 기호 (KS C 0906)

구 분		기 호
폭발등급	폭발등급 1 폭발등급 2	1 2
	폭발등급 3	3 { 3 a 3 b 3 c 3 n
발 화 도	발화도 G 1 발화도 G 2 발화도 G 3	G 1 G 2 G 3
발 화 도	발화도 G 4 발화도 G 5	G 4 G 5

㊟ 폭발등급 3에 있어서 3a는 수성가스 및 수소를, 3b는 이황화탄소를, 3c는 아세틸렌을 대상으로 하고, 3n은 폭발등급 3의 모든 가스를 대상으로 하는 것을 나타낸 것이다.

(3) 가연성 물질의 그룹별 분류

class	group	대기환경조건	적 요
I (gases, vapors)	A	아세틸렌	• 정유공장 • 석유화학 설비 • 세탁소 • 도장공장 • 가스설비
	B	부타디엔, 에틸렌 산화물, 프로필렌 산화물, 아크로린, 수소 등	
	C	사이크로프로판, 에틸렌, 디에틴에테르, 하이드로겐설파이드 등	
	D	아세톤, 알코올, 암모니아, 벤젠, 부탄, 가솔린, 헥산, 래커, 나프타 솔벤트증기, 천연가스, 프로판 및 이와 동등 위험 정도의 가스와 증기가 함유된 대기환경조건	
II (combustible dusts)	E	금속분진(알루미늄 분진, 마그네슘 및 이와 동등 위험정도의 금속분진)	• 곡물창고 • 전분취급장소 • 방앗간 • 석탄제조품 • 제과공장
	F	카본블랙, 석탄분진, 코르크분진(휘발분이 8%인 것)	
	G	밀가루, 전분가루, 곡물분진 등 비전도성 분진	
III (easily ignitible fibers and flyings)	—	인조견사, 솜, 황마, 가연성 섬유, 톱밥, 작은 나뭇조각 및 이와 동등 이상의 가연성이고 비산성 물질	• 목재가공공장 • 직물공장 • 조면기 • 방적공장 • 아마제품

(4) IEC 규격에 의한 방폭구조의 종류, 폭발등급 및 발화도의 기호

구　분		기　호
방폭구조	내압 방폭구조	d
	유입 방폭구조	o
	압력 방폭구조	p
	안전증 방폭구조	e
	본질안전 방폭구조	ia 또는 ib
	특수 방폭구조	s
폭발등급	폭발등급 IIA	IIA
	폭발등급 IIB	IIB
	폭발등급 IIC	IIC
발 화 도	발화도 T1	T1
	발화도 T2	T2
	발화도 T3	T3
	발화도 T4	T4
	발화도 T5	T5
	발화도 T6	T6

㊟ 본질안전 방폭구조 중 ia는 정상상태 및 1개의 고장 가정시 또는 임의의 2개 고장시 점화
하지 않는 안전율을 1.0으로 잡는 것이고, ib는 정상상태 및 1개의 고장 가정시에 안전율을
1.5로 잡는 것이다.

2-3 방폭구조의 선정조건

① 0종 장소 : 본질안전 방폭구조 중에서 ia 기기를 선정해야 한다.

② 1종 장소 : 내압 방폭구조, 압력 방폭구조, 본질안전 방폭구조(ia 또는 ib) 및 유입 방
폭구조 중에서 적합한 것을 선정한다.

③ 2종 장소 : 1종 장소에서 사용할 수 있는 방폭구조 및 특수, 안전증 방폭구조,2종 장소
에서 사용하도록 표시된 방폭구조 중에서 적합한 것을 선정한다.

발화도의 분류

발 화 도	발화온도
11	270℃를 넘을 것
12	200℃를 넘고 270℃ 이하일 것
13	150℃를 넘고 200℃ 이하일 것

㊟ 발화도를 결정할 때 공기중 부유한 상태의 발화온도와 쌓였을 때 발화온도 중 낮은 쪽을
채택해야 한다.

분진의 분류

발화도 \ 분진	폭연성 분진	가연성 분진	
		전 도 성	비전도성
11	마그네슘 · 알루미늄 · 알루미늄 브론즈	아연 · 코크스 · 카본블랙	소액 · 고무 · 염료 · 페놀수지 · 폴리에틸렌
12	알루미늄 (수지)	철 · 석탄	코코아 · 리그닌 · 쌀겨
13			유황

㊟ 가연성 분진 중 도전성, 비도전성을 구분한 것은 도전성의 가연성 분진이 전기설비에 절연 열화, 단락 등의 악영향을 주기 때문에 분진 방폭구조의 선정상 분리한 것이다.

분진 방폭구조의 기호

구 분		기 호
방폭구조	특수 방진 방폭구조	SDR
	보통 방진 방폭구조	DP
	분진 특수 방폭구조	XDP
발 화 도	발화도 11	11
	발화도 12	12
	발화도 13	13

제 5 편

화학설비 및
위험방지기술

제1장 위험물 및 기초화학

1. 위험물의 기초화학

1-1 위험물의 정의

위험물은 어떤 물질이 인체 또는 설비에 어떠한 영향을 주는가를 기준으로 정의한다. 즉 취급시 특별한 주의를 요하지 않으면 인체 또는 설비에 손해 내지는 위해를 줄 염려가 있는 물질이다. 위험물은 나라, 기관, 업종에 따라서 그 정의를 달리 한다.

(1) 위험물

위험물은 어떤 물질의 특성을 기준으로 정의한다. 즉, 상온 20℃ 상압 (1기압) 에서 대기중의 산소 또는 수분 등과 쉽게 격렬히 반응하면서 수 초 이내에 방출되는 막대한 에너지로 인해 화재 및 폭발을 유발시키는 물질이 위험물이다.

(2) 위험물의 특징

화재나 폭발을 일으킬 위험성이 있는 물질이다.

① 자연계에 흔히 존재하는 물 또는 산소와의 반응이 용이하다.
② 반응속도가 급격히 진행한다.
③ 반응시 수반되는 발열량이 크다.
④ 수소와 같은 가연성 가스를 발생시킨다.
⑤ 화학적 구조 및 결합력이 대단히 불안정하다.

2. 위험물의 종류, 성질, 저장위험성

2-1 산업안전보건의 위험물의 종류

(1) 폭발성 물질

가열·마찰·충격 또는 다른 화학물질과의 접촉 등으로 인하여 산소나 산화제의 공급이 없더라도 폭발 등 격렬한 반응을 일으킬 수 있는 고체나 액체로서 다음 각 목에 해당하는 물질을 말한다.

　　㈎ 질산에스테르류
　　㈏ 니트로화합물

    (다) 니트로소화합물

    (라) 아조화합물

    (마) 디아조화합물

    (바) 히드라진 및 그 유도체

    (사) 유기과산화물

    (아) 기타 (가) 내지 (사)의 물질과 동등한 정도의 폭발의 위험이 있는 물질, (사)나 (가) 내지 (아)의 물질을 함유하는 물질

(2) 발화성 물질

  스스로 발화하거나 발화가 용이하거나, 물과 접촉하여 발화하고 가연성 가스를 발생할 수 있는 물질로서 다음 각 목에 해당하는 물질

  ① 가연성 고체

    (가) 황화인

    (나) 석면

    (다) 황

    (라) 철분

    (마) 금속분

    (바) 마그네슘

    (사) 인화성 고체

    (아) 기타 (가) 내지 (사)의 물질과 동등한 정도로 발화할 위험이 있는 물질

    (자) (가) 내지 (아)의 물질을 함유한 물질

  ② 자연발화성 및 금수성 물질

    (가) 칼슘

    (나) 나트륨

    (다) 알킬알루미늄

    (라) 알킬리튬

    (마) 황인

    (바) 알칼리금속 (칼륨 및 나트륨을 제외한다.) 및 알칼리토류금속

    (사) 유기금속화합물 (알킬알루미늄 및 알킬리튬을 제외한다.)

    (아) 금속의 수소화물

    (자) 금속의 인화물

    (차) 칼슘 또는 알루미늄의 탄화물

    (카) 기타 (가) 내지 (사)의 물질과 동등한 정도로 발화할 위험이 있는 물질

    (타) (가) 내지 (사)의 물질을 함유한 물질

  ③ 산화성 물질 : 산화력이 강하고 가열·충격 및 다른 화학물질과 접촉 등으로 인하여 격렬히 분해되거나 반응하는 고체 및 액체로서 다음 각 목에 해당하는 물질

    (가) 염소산 및 그 염류

    (나) 과염소산 및 그 염류

    (다) 과산화수소 및 무기 과산화물

　　⒭ 아염소산 및 그 염류

　　⒮ 불소산염류

　　⒰ 질산 및 그 염류

　　⒯ 요오드산염류

　　⒱ 과망간산염류

　　⒲ 중크롬산 및 그 염류

　　⒳ 기타 ⒜ 내지 ⒲의 물질과 동등한 정도의 위험이 있는 물질

　　⒴ ⒜ 내지 ⒳의 물질을 함유한 물질

④ 인화성 물질 : 대기압 (1기압) 하에서 인화점이 섭씨 65도 이하인 가연성 액체

　　⒜ 에틸에테르·가솔린·아세톤·산화프로필렌·이황화탄소 기타 인화점이 섭씨 영하 30도 미만인 물질

　　⒝ 노르말헥산·산화에틸렌·아세톤·메틸에틸케톤 기타 인화점이 섭씨 영하 30도 이상 0도 미만인 물질

　　⒞ 등유·경유·테레핀유·이소벤젤알코올 (이소아밀알코올)·아세트산 기타 인화점이 섭씨 30도 내지 65도 이하인 물질

⑤ 가연성 가스 : 폭발한계농도의 하한이 10% 이하 또는 상하한의 차가 20% 이상의 가스로서 다음 각 목에 해당하는 가스

　　⒜ 수소

　　⒝ 아세틸렌

　　⒞ 에틸렌

　　⒭ 메탄

　　⒮ 에탄

　　⒰ 프로판

　　⒯ 부탄

　　⒱ 기타 섭씨 15도 1기압 하에서 기체상태인 가연성 가스

⑥ 부식성 물질 : 금속 등을 부식시키고 인체에 접촉하면 심한 상해 (화상) 을 입히는 물질로서 다음 각 목에 해당하는 물질

　　⒜ 부식성 산류

　　　㉠ 농도가 20% 이상인 염산·황산·질산 기타 이와 동등 이상의 부식성을 가지는 물질

　　　㉡ 농도가 60% 이상인 인산·아세트산·불산 기타 이와 동등 이상의 부식성을 가지는 물질

　　⒝ 부식성 염기류 : 농도가 40% 이상인 수산화나트륨·수산화칼륨 기타 이와 동등 이상의 부식성을 가지는 염기류

⑦ 독성 물질 : 다음 각 목에 해당하는 물질

　　⒜ 쥐에 대한 경구투입실험에 의하여 실험동물의 50%를 사망시킬 수 있는 물질의 양, 즉 LD 50 (경구, 쥐) 이 kg 당 200 mg (체중) 이하인 화학물질

　　⒝ 쥐 또는 토끼에 대한 경피흡수실험에 의하여 실험동물의 50%를 사망시킬 수 있는 물질의 양, 즉 LD 50 (경피, 토끼 또는 쥐)이 kg 당 400 mg (체중) 이하인 화학물질

㈜ 쥐에 대한 4시간 동안의 흡입실험에 의하여 실험동물의 50% 사망시킬 수 있는 물질의 농도, 즉 LC 50 (쥐, 4시간 흡입) 이 2000 ppm 이하인 화학물질

3. 소화약제

3-1   소화약제의 종류 및 특성

① 물 : 가장 많이 사용되며, 특히 분무상태로 사용하였을 때에는 화재에 대한 적용범위가 넓다.

② 강화액 : 물에 K_2CO_3를 용해시킨 소화제로서 물보다 좋은 소화제가 된다. 분무로 사용되면 B, C급 화재에도 적용이 가능하다.

③ 포말 : 탄산수소나트륨과 황산알루미늄의 수용액을 혼합하여 반응을 일으켜 이산화탄소가 발생하며, 그 때 피막이 생성되어 포말을 이루게 된다. A, B급 화재에 적용된다.

④ 이산화탄소 : 이산화탄소를 가압 액화시켜 봄베에 충전하여서 화재 때 방출하여 소화에 사용한다. 전기기기, 통신기 등의 화재에 꼭 필요하다. B, C급 화재에 적용된다.

⑤ 할로겐화물 (증발성 액체) : 4염화탄소 (CCl_4), 일염화일브롬화메탄 (CH_2BrCl), 이취화사브롬화에탄 ($CBrF_2 \cdot CBrF_2$) 등이 사용되고, 소화작용으로는 산소와의 차단 및 산소농도를 감소시키며, 연쇄반응을 중단시키는 역할을 한다. A, B, C급 화재에 적용된다.

⑥ 분말 소화제
   ㈎ 1종분말 : 중탄산나트륨 ($NaHCO_3$)
   ㈏ 2종분말 : 중탄산칼륨 ($KHCO_3$)
   ㈐ 3종분말 : 인산암모늄 ($NH_4H_2PO_4$)
   ㈎, ㈏는 B, C급 화재에 적용되고, ㈐는 A, B, C급 화재에 적용된다.

3-2   화재구분 및 소화방법

구 분	화재의 종류	표시색상	소 화 제
A급 화재	일반 가연물의 화재	백 색	주수, 산알칼리
B급 화재	가연성 액체화재	황 색	CO_2, 포말, 할로겐화물, 분말
C급 화재	전기화재	청 색	CO_2, 할로겐화물, 분말
D급 화재	금속화재		건조사, 불연성 기체

제 2 장 폭발방지 안전대책 및 방호

1. 화재 및 폭발원리

1-1 화 재

(1) 연소(화재)의 3요소

① 가연물 (fuel) : 가연물이란 산화되기 쉬운 물질로서 대부분의 물질들은 탄소 (C), 수소 (H), 산소 (O) 등을 혼합적으로 포함하고 있다.

② 가연물의 구비조건

(가) 산소와 화합할 때 생기는 연소열이 많을 것

(나) 열전도율이 작을 것

(다) 산소와 화학반응을 일으키는 데 필요한 활성에너지가 작을 것

연소의 삼각형

③ 가연물의 분류

(가) 가연성 고체 : 목재, 종이, 석탄 등

(나) 가연성 액체 : 벤젠, 알코올 등

(다) 인화성 액체 : 아세톤, 톨루엔, 경유, 등유 등

(라) 인화성 가스 : 아세틸렌, 메탄, 프로판, 부탄 등

④ 발열·흡열반응 : 산소와 화합하더라도 발열반응이 수반되지 않으면 가연물이 될 수 없다. 예를 들어 산소와 질소는 화합하여 일산화질소 (NO) 및 이산화질소 (NO$_2$) 등의 질소산화물을 생성하지만 반응시 열을 필요로 하는 흡열반응이기 때문에 가연물이 될 수 없다.

(가) $C_3H_8 + 5O_2 \rightarrow 3CO_2 + 4H_2O + 530 \text{ kcal/mol}$ (가연성)

(나) $\frac{1}{2}N_2 + \frac{1}{2}O_2 \rightarrow NO - 21.6 \text{ kcal/mol}$

(다) $\frac{1}{2}N_2 + O_2 \rightarrow NO_2 - 9.1 \text{ kcal/mol}$ } (불가연성)

⑤ 가연물 온도와 색깔

(가) 500℃ 부근 : 적열상태

(나) 700℃ : 암적색

(다) 850℃ : 적색

(라) 950℃ : 휘적색

(마) 1000℃ 이상 : 백열상태

(바) 1100℃ : 황적색

(사) 1300℃ : 백적색

(아) 1500℃ : 휘백색

(2) 산소 공급원

공기 중에는 질소가 79%, 산소가 21% 정도의 용량비율로 혼합되어 있다. 가연성 물질의 연소에는 반드시 산소를 필요로 하게 되는데 이것을 산화작용이라 한다. 산소 공급원으로는 염소산염류, 과산화물, 질산염 및 니트로글리세린, 니트로셀룰로오스, 피크린산 등이 있다.

(3) 점화원

점화원이란 연소하는 데 필요한 활성에너지를 주는 것으로 불꽃, 정전기, 스파크, 단열압축, 충격, 마찰 등이 있다.

(4) 연소의 정의

연소란 열과 빛을 수반하는 급격한 산화현상을 말하며, 탄소와 산소가 결합하여 연소반응이 일어나는 경우 반응식은 다음과 같다.

① 완전연소의 경우

$$C + O_2 \rightarrow CO_2 + 94.1 \, kcal/mol$$

② 불완전연소의 경우

$$C + \frac{1}{2}O_2 \rightarrow CO + 26.4 \, kcal/mol$$

③ 탄화수소 (C_mH_n) 의 연소시 완전연소의 경우에는 탄산가스 (CO_2) 와 수증기 (H_2O) 가 생성되고, 불완전연소시에는 일산화탄 (CO) 와 수소 (H_2) 가 생성된다.

④ 연구의 구비조건

  (가) 연소는 발열반응이어야 한다.

  (나) 반응열에 의해서 연소물과 연소생성물은 온도가 상승되어야 한다.

  (다) 발생하는 열복사선의 파장과 강도는 가시범위 내에 달하며 빛을 발생시킬 수 있어야 한다.

⑤ 연소의 난이성

  (가) 산화되기 쉬운 것일수록 타기 쉽다.

  (나) 산소와의 접촉면이 클수록 타기 쉽다.

  (다) 발열량이 큰 것일수록 타기 쉽다.

  (라) 열전도율이 작을수록 타기 쉽다.

  (마) 건조도가 좋을수록 타기 쉽다.

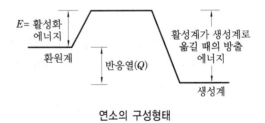

연소의 구성형태

(5) 연소가스의 종류

① 가연성 가스 : 수소, 일산화탄소, 암모니아, 메탄, 에탄, 에틸렌, 아세틸렌, 프로판, 이황화탄소, 황화수소, 에테르, 시안화수소 등 폭발한계의 하한이 10% 이하의 것과 폭발한계의 상한과 하한의 차가 20% 이상의 것

② 지연성 가스 : 산소, 염소, 불소, 일산화질소, 오존 등으로 가연성가스를 연소시키도록 도와주는 가스

③ 불연성 가스 : 질소, 아르곤, 헬륨, 이산화탄소 등으로 연소하지도 않고 연소하는 것을 돕지도 않는 가스

(6) 독성이 있는 화합물 연소의 종류

① Cl_2 (염소) : 독성이 있으나 (허용농도 1 ppm) 공기 중에서 연소하지 않는다.

② HCN (시안화수소) : 독성이 있고 (허용농도 10 ppm) 가연성이다.

③ $CHClF_2$ (프레온 22) : 독성이 없고 연소성도 없다.

④ C_2H_4O (산화에틸렌) : 독성이 있고 (허용농도 50 ppm) 가연성이 있다.

⑤ H_2S (황화수소) : 독성이 있고 (허용농도 10 ppm) 가연성이 있다.

가연물의 연소 형태

구 분	연소의 분류	연소의 형태	연소 보기
고체연소	표면연소	고체가 표면의 고온을 유지하면서 연소하는 것	목탄, 코크스, 금속가루
	분해연소	고체가 가열되어 열분해가 일어나고 가연성 가스가 공기중의 산소와 연소하는 것	목재, 석탄류, 종이
	자기연소	공기중의 산소를 필요로 하지 않고 자신이 분해되면서 연소하는 것	화약, 폭약
	증발연소	고체가 가열되어 가연성 가스를 발생하며 연소하는 것	나프탈렌
액체연소	증발연소	액체표면에서 증발하는 가연성 증기가 공기와 혼합연소 범위 내에 있을 때 열원에 의하여 연소하는 것	가솔린, 알코올
기체연소	혼합연소	먼저 가연성 공기와 혼합하여 연소하는 것	아세틸렌, 수소, 메탄
	확산연소	가연성 기체가 대기 중에 분출하여 연소하는 것	
	폭발연소	가연성 기체와 공기의 혼합가스가 밀폐용기 중에 있을 때 점화하면 폭발적으로 연소하는 것	

(7) 연소의 확대현상

① 전도 : 전도란 열이 고온에서 저온으로 물질을 통하여 전하는 현상이다.

② 대류 : 기체 또는 액체의 온도가 상승되면 비중이 가벼워지므로 이러한 상승현상에 의해 열을 전하게 되는 것이다.

③ 복사 : 난로 주위에 있을 때 복사열에 의해 따뜻함을 느낄 수 있으며, 화재 발생시 주위의 건물을 연소시키는 것도 복사열에 기인하는 것이다.

④ 비화 : 불티가 기류를 타고 타 건물의 가연성 물질에 착화되는 현상을 말한다.

(8) 연소 위험물 취급시 안전대책

① 기름기 묻은 걸레는 사용한 뒤 뚜껑이 있는 철재 또는 불연성 재료로 만든 용기에 넣을 것

② 아연, 알루미늄, 마그네슘 등의 금속가루는 통풍이 잘 되는 장소를 선택하여 습기를 흡수하지 않도록 할 것

③ 카바이드, 인화칼슘, 발연황산, 가성알칼리, 생석회 기타 물과 작용하여 발열 또는 발화할 우려가 있는 것은 습기가 침투되지 않도록 용기에 넣어 지정된 장소에 저장할 것

④ 상호 화학반응에 의하여 발열, 발화할 위험이 있는 것은 완전한 용기에 넣어 상호간에 충분한 거리를 두고 지정된 장소에 저장할 것

⑤ 나뭇가루, 털가루, 코르크가루, 종이조각, 섬유류, 기타 불붙기 쉬운 물질은 화기, 기

타 인화의 위험이 있는 장소에 직접 저장하지 말 것

⑥ 불을 사용할 때 사용방법이나 위치에 대하여 충분히 검토하고, 특히 흡연관리를 엄중히 할 것

⑦ 화재의 발화원인

  (개) 작업장에서 작업중 용접 토치의 스파크에 의한 발화

  (내) 작업 외에 스토브, 성냥, 흡연에 의한 발화

  (대) 전기로, 보일러에 의한 발화

  (래) 전기, 스위치, 화로, 모터에 의한 발화

  (매) 취급 부주의에 의한 충격폭발로 인한 발화

  (배) 반응기 내의 분해 산화 중합으로 폭발, 수분 및 공기 등과 접촉반응에 의한 발화

  (새) 역류방지기, 역화방지기, 안전밸브, 긴급차단기, 작동불량계에 의한 발화

⑧ 점화에너지

  (개) 1급 점화원의 종류

    ㉠ 뜨거운 표면   ㉡ 불꽃   ㉢ 기계적 충격

    ㉣ 용접 및 절단   ㉤ 전기설비   ㉥ 정전기

    ㉦ 화학반응 에너지

  (내) 2급 점화원의 종류

    ㉠ 과도전류   ㉡ 번개   ㉢ 전자파

    ㉣ 전리복사선   ㉤ 초음파   ㉥ 단열압축

1-2 폭발 원리

(1) 폭발의 성립 조건

① 가연성 가스, 증기 및 분진이 공기 또는 산소와 접촉, 혼합되어 있을 때

② 혼합되어 있는 가스 및 분진이 어떤 구획되고 있는 방이나 용기 같은 공간에 존재하고 있을 때

③ 혼합된 물질의 일부에 점화원이 존재하고, 그것이 매개로 되어 어떤 한도 이상의 에너지를 줄 때

(2) 폭발성 물질의 종류

가연성 물질로서 가열, 충격, 마찰에 의해 다량의 열과 가스가 발생하여 순간적으로 체적이 급팽창하여 심한 폭발을 일으키는 물질로서 종류는 다음과 같다.

① 니트로 글리콜, 니트로 글리세린, 니트로 셀룰로오스, 기타 폭발성의 질산에스테르류

② 트리니트로톨루엔, 피크린산, 기타 폭발성의 니트로 화합물류

③ 메틸에틸케톤퍼옥사이드, 과산화벤조일, 기타 유기과산화물

(3) 폭발 발생의 필수인자

① 가연성 물질의 온도

② 가연성 물질의 농도 범위

③ 용기의 크기와 모양

④ 압력의 방향

(4) 폭발의 거동에 영향을 주는 변수

① 주위의 온도

② 주위의 압력

③ 폭발성 물질의 조성

④ 폭발성 물질의 물리적 성질

⑤ 착화원의 성질, 형태, 에너지, 지속시간

⑥ 주위의 기하학적 조건(개방 또는 밀폐 등)

⑦ 가연성 물질의 양

⑧ 가연성 물질의 난류(유동상태)

⑨ 착화지연시간

⑩ 가연성 물질이 방출되는 속도

(5) 용어의 정의

① 발화점 (착화점) : 가스 온도 또는 액체로부터의 증기가 공기와 혼합한 계 (系) 를 가열할 때 발화하는 온도를 발화점 (또는 자연 발화온도) 이라 하며 발화점은 가열시간과 함수관계 (쌍곡선형)에 있고, 장시간 가열의 한계를 최저 발화점, 단시간 가열의 한계를 순간 발화점, 4초 후에 발화하는 온도를 4초 발화점이라 한다.

② 폭굉 (detonation) : 가스중의 음속보다 화염 전파속도가 큰 경우로서 충격파라고 하는 솟구치는 압력파가 생겨 격렬한 파괴작용을 일으키는 원인을 말하며 폭굉이 전하는 속도를 폭속이라 하는데 폭굉이 음속보다 빠르다 (폭굉시 : 1000~3500 m/s, 정상연속시 : 0.03~10 m/s).

③ 최소 발화에너지 : 정전기 방전, 마찰에 의한 불꽃의 발생, 전기 개폐기의 방전 불꽃, 온도조절용 스위치의 불꽃 등이 발화원이 되는 일이 많고 그 의미에서 상기의 불꽃이 최소 발화에너지 이하에 있도록 할 필요가 있지만 실제에 있어서는 매우 곤란하고 점화원의 배제를 고려해야 한다.

2. 가스, 증기, 분진폭발

2-1 폭발의 분류

(1) 기상폭발

분해, 분진, 분무, 산화, 혼합가스 폭발 등이 있다.

(2) 응상폭발

폭발의 종류	설 명	보 기
혼합가스 폭 발	가연성 가스와 지연성 가스의 일정 비율의 혼합가스가 발화원인 (연소파나 폭연파의 전파) 에 의해 생기는 폭발	공기, 프로판가스, 수소가스, 에테르 증기 등의 혼합가스의 폭발

가스의 분해 폭발	가스 분자의 분해시에 발열하는 가스는 발화원으로부터 착화	아세틸렌, 에틸렌 등의 분해에 의한 가 스 폭발
분진폭발	가연성 고체의 분진 또는 가연성 액체 의 분무 또는 어느 농도 이상으로 공기 또는 가연성 가스에 분산되어 있는 분 진은 발화원으로부터 착화	공기중의 유황가루, 플라스틱, 식품, 사 료, 석탄의 가루 및 마그네슘, 알루미 늄, 칼슘, 규소가루 등의 분진폭발
혼합위험에 의한 폭발	산화성 물질과 환원성 물질과의 혼합물 이 혼합 직후 발화하는 것, 또는 후에 충격, 가열 등으로 폭발	액체 청선, 무수 마레인산과 가성소다, 액체산소와 탄소가루 등의 혼합에 의한 폭발
혼합위험에 의한 폭발	산화성 물질과 환원성 물질과의 혼합물 이 혼합 직후 발화하는 것, 또는 후에 충격, 가열 등으로 폭발	액체 청선, 무수 마레인산과 가성소다, 액체산소와 탄소가루 등의 혼합에 의한 폭발
폭발성 화합 물의 폭발	화합 폭약의 제조, 가공 공정 또는 사 용중에 일어난다. 또는 반응 중에 생긴 예민한 부산물이 반응조에 축적되어 생 기는 폭발	메틸에틸케톤퍼옥사이드, 트리니트로 톨 루엔, 아세틸렌 등 아지화연의 폭발
증기폭발	물, 유기액체, 액화가스 등의 액체류가 과열상태로 되었을 때 순간적으로 증기 화하여 일어나는 폭발	물이 괸 곳에 용융 카바이드나 철이 낙 하하는 경우 종합열이나 외부로부터의 열로 증기압이 상승하여 용기 파괴
도선폭발	금속전선에 큰 전류를 흘려 보냈을 때 금속의 급속한 변화에 따른 폭발	알루미늄 도선이 전류에 의한 폭발
고상전이에 의한 폭발	고상간의 전이열이 따른 공기 팽창으로 인한 폭발	무정형 안티몬이 결정형 안티몬으로 바 뀌면서 폭발

(3) 폭발을 일으키는 물질

폭발을 일으키는 물질은 주로 고체의 극히 폭발하기 쉬운 물질로서 단독 또는 가연성 물질과 혼합된 상태로서 여기에 타격이나 마찰을 가하던가 가열하면 심한 폭발을 일으킬 우려가 있으며 방향족 (芳香族), 니트로화합물 (피크리산, TNT), 초산에스테르 (니트로글리세린), 초산염, 염소산염, 과산화물질 등이 여기에 속한다.

(4) 점화원의 종류

① 충격
② 나화
③ 마찰
④ 단열압축
⑤ 전기불꽃

(5) 분진폭발

① 작은 입자가 많이 포함된 분진일수록 폭발성이 높다.
② 시멘트는 분진폭발을 일으키지 않는다.
③ 화학적 폭발 : 폭발성 혼합가스에 점화 (산화폭발), 화약의 폭발 등 분해·연소 등의 반응에 의한 것

④ 압력의 폭발 : 보일러의 폭발, 고압가스 용기의 폭발에 의한 것

⑤ 분해폭발 : 가압하에서 아세틸렌가스의 분해폭발 등 단일가스의 폭발로서 분해하여 폭발하는 것으로 가압시 아세틸렌가스나 산화에틸렌의 분해폭발이 있다.

⑥ 중합폭발 : 시안화수소 등 중합열에 의해 일어나는 폭발

⑦ 촉매폭발 : 수소염소의 혼합가스에 직사일광이 비추었을 때 염소 폭명기에서 일어나는 폭발

(6) 분진폭발을 일으키는 물질의 종류

① 금속 : 알루미늄, 마그네슘, 철, 망간, 규소, 주석

② 분말 : 티탄, 바나듐, 아연, 지르코늄, DOW 합금, 페로실리콘

③ 플라스틱 : 아릴알코올레진, 카세인, 질산 및 초산셀룰로오스, 크마론인덴레진, 리그닌 레진, 메틸메타아크레드, 펜타엘리슬리톨, 페놀레진, 프탈산무수물, 헥사메틸렌데트라민, 폴리에틸렌, 폴리스틸렌, 쉐라크, 합성고무, 요소성형수지, 비닐브틸탈

④ 농산물 : 밀가루, 전분, 솜, 가리트, 쌀, 콩, 땅콩, 코코아, 커리, 담배

⑤ 기타 : 스테아린산알루미늄, 석탄, 콜타르피치, 황, 비누, 목분, 매연

폭발성이 있는 물질의 분류

구 분	보 기	설 명
가연성 분진	소맥분, 점분, 곡분, 유황, 석탄가루, 알루미늄 가루, 마그네슘 가루, 에보나이트 가루, 사탕가루, 나뭇가루	공기 중에 떠 있는 상태로 여기에 점화하면 폭발하는 분진으로 이들 분진은 입도 등에 의한 차이는 있지만 공기 중에 일정량 이상 떠 있는 상태에서 점화되면 폭발적으로 연소된다.
발화성 물질	• 공기와 접촉하여 발화하는 것 황린 (발화점 34℃), 적린 (260℃), 이황화탄소 (100℃) • 물과 접촉하여 발화하는 것 알칼리금속 (칼륨, 나트륨), 금속가루 (마그네슘, 알루미늄, 아연), 카바이드, 인화석회	발화성 물질은 보통의 환경에서는 일반 물질보다 극히 발화하기 쉬운 성질을 가지고 물과 쉽게 반응하여 발열, 발화하던가 공기중의 산소와 접촉하여 발화하는 위험성이 있다.

(7) 예민한 폭발물질의 종류

아질화은 (AgN_2), 질화수은 (HgN_6), 탄화은 (Ag_2C_2), 질화수소산 및 할로겐치환체 (N_3H, N_3Cl, N_3I), 염화질소 (NCl_3), 옥화질소 (NI_3), 특히 아세틸렌은 동아세틸라이트를 발생하므로 동합금 62% 미만의 것을 사용해야 한다.

(8) 폭발등급 구분

① 1등급 : 안전간격이 0.6 mm 이상 – 일산화탄소, 메탄, 에테르, 가솔린, n-부탄, 프로판, 암모니아, 아세톤

② 2등급 : 안전간격이 0.6~0.4 mm – 에틸렌, 석탄가스

③ 3등급 : 안전간격이 0.4 mm 이하 – 수소, 아세틸렌, 이황화탄소, 수성가스

▶**안전간격**: 8L 정도의 구형용기 안에 폭발성 혼합
가스를 채우고 점화시켜 가스가 발화될 때 화염
이 용기 외부의 폭발성 혼합가스에 전달되는가
의 여부를 보아 화염을 전달시킬 수 없는 한계
의 틈을 안전간격이라 한다. 틈새는 8개, 게이

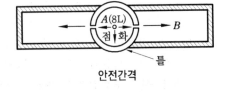

안전간격

지 폭은 10 mm, 길이는 30 mm, 틈새의 깊이는 25 mm로 내부 A의 화염이 틈새롤의 블록
게이지를 끼워서 조정하며 통하고 외부로의 이동여부를 압력계 또는 들창으로 본다.

3. 폭 발 범 위

연소범위 또는 가연범위라 하며 가연물에서 연소가 생기고, 그 연소가 계속되기 위해서는
필요한 산소의 한계가 있다. 가연성 가스와 공기 또는 산소의 혼합기에는 거의 정해진 연소
범위가 있는데 이 한계 농도에서 저농도 쪽을 하한계라 하고, 고농도쪽을 상한계라 한다.

3-1 폭발의 발생

① 발생원인 : 온도, 조성, 압력, 용기의 크기와 형태 등 4가지가 중요한 역할을 한다.

② 발생온도 ┌ 발화온도
          ├ 착화온도 ┤ 가연성 가스가 발화하는 최저온도
          └ 발 화 점 ┘

③ 가연성 가스의 발화점에 영향을 주는 인자
  ㈎ 가연성 가스와 공기의 혼합비
  ㈏ 발화가 생기는 공간의 형태의 크기
  ㈐ 가열속도와 지속시간
  ㈑ 기벽의 재질과 촉매효과
  ㈒ 점화원의 종류와 에너지 투여법
  ㈓ 반응속도 및 반응열 대소
④ 폭발 발생과정 : 착화 (발화) → 폭발 → 폭굉
⑤ 폭발 발생에 영향을 주는 인자
  ㈎ 온도
  ㈏ 폭발범위 조성
    ㉠ 가스 단독으로 폭발이 일어나는 물질 : C_2H_2 (아세틸렌), C_2H_4O (산화에틸렌), O_3 (오존)
    ㉡ 그 외의 가스는 모두 가스의 조성에 의해서 폭발이 발생한다.

3-2 폭 굉 (detonation)

폭발 중에서도 격렬한 폭발로서 화염 전파 속도가 음속보다 빠른 경우로 이 때 파면 선단에
충격파라고 하는 압력파가 솟구치는 현상이다. 이 때 폭속은 1000~3500 m/s 정도로 빨라진다.

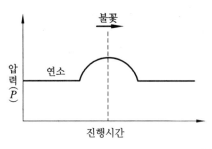 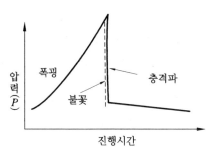

폭발과 폭굉

3-3 반 응 열

(1) 연소열

물질 1g 분자 (1 mol) 또는 1 g이 완전히 연소하였을 때 발생하는 열량이다.

$$C + O_2 \rightarrow CO_2 + 94.4 \text{ kcal}$$

(2) 생성열

화합물의 1g 분자 (1 mol) 가 그 성분원소의 단체로부터 생성될 때 발생 또는 흡수되는 열량이므로 생성열은 성분원소의 단체의 상태 및 생성물의 상태에 따라서 값이 달라지므로 그 상태를 표시할 필요가 있다.

$$2C \,(고체) + 2H_2 \,(기체) = C_2H_4 \,(기체) - 22 \text{ kcal}$$

$$H_2 \,(기체) + \frac{1}{2} O_2 \,(기체) = H_2O \,(액체) + 68 \text{kcal}$$

(3) 분해열

화합물의 1 g 분자 (1 mol) 가 그 성분원소로 분해할 때 발생 또는 흡수되는 열량이므로 생성열과 분해열은 그 값은 같으나 부호가 다르다.

$$C_2H_4 \,(기체) = 2C \,(고체) + 2H_2 \,(기체) + 22 \text{kcal}$$

$$H_2O \,(액체) = H_2 \,(기체) + \frac{1}{2} O_2 \,(기체) - 68 \text{kcal}$$

(4) 용해열

물질의 1 g 분자 (1 mol) 를 다량의 용매에 용해할 때 반응하여 발생 또는 흡수되는 열량, 용해열 중 진한 용액을 희석할 때 발생하는 열을 희석열, 용해할 때 발생하는 열을 용해열이라고 한다.

$$진한 H_2SO_4 + H_2O \rightleftharpoons 묽은 H_2SOS + 19\text{kcal}$$

(5) 중화열

산과 염기가 1g당 양의 비율로 중화할 때 발생되는 열량이다.

$$HCl + NaOH \rightleftharpoons NaCl + H_2O + 13.7 \text{ kcal}$$

① 가연성 가스 : 가연성 액체의 증기는 공기나 산소와의 어느 범위 안에서 혼합되어 있을 때에 한하여 폭발하는 용량이므로 이 범위를 그 증기의 폭발한계라고 하며, 최저농도를

폭발하한, 최고농도를 폭발상한이라고 하는데 대체로 폭발하한계는 인화점에 가깝다.

② 완전연소 조성농도 (화학 양론농도) : 가연성 물질의 발열량의 최대이고 폭발 파괴력이 가장 강한 농도이며 $C_nH_mOCl_f$ 분자식에서 다음과 같은 식으로 계산한다.

$$C = \frac{100}{1 + 4.773 \left(n + \dfrac{m - f - 2\lambda}{4} \right)} \%$$

(6) 위험도

$$H = \frac{U - L}{L}$$

여기서, H : 위험도, L : 폭발하한, U : 폭발상한

예제 1. 아세틸렌 (C_2H_2)의 연소범위는 2.5~81 % 이다. 이때 위험도를 구하시오

[해설] $H = \dfrac{U - L}{L} = \dfrac{81 - 2.5}{2.5} = 31.4$

① 폭발범위에 영향을 미치는 인자 : 온도와 압력
② 압력상승시 : 하한계는 불변, 상한계는 상승
③ 폭발범위가 넓고 폭발하한선이 낮을수록 위험성이 커진다.
④ C_2H_2의 위험도 $= \dfrac{81 - 2.5}{2.5} \fallingdotseq 31.4$
⑤ 가연성 기체의 검지기로 읽을 수 있는 수치의 내용 : 실제 (實際) 하고 있는 증기의 최저폭발 한계용량 (%)

(7) 르 샤틀리에 (Le Chatelier) 법칙

가연성 물질이 혼합되었을 때 혼합폭발 한계값은 르 샤틀리에 법칙에 의하여 다음과 같이 계산된다.

$$\frac{100}{L} = \frac{V_1}{L_1} + \frac{V_2}{L_2} + \frac{V_3}{L_3} + \cdots \cdots + + \frac{V_n}{L_n} \, [\text{vol\%}]$$

여기서 L : 혼합가스의 폭발한계 (%)
$L_1,\ L_2,\ L_3,\ \cdots\cdots,\ L_n$: 성분가스의 폭발한계 (%)
$V_1,\ V_2,\ V_3,\ \cdots\cdots,\ V_n$: 성분가스의 용량 (%)

예제 2. 메탄 50%, 에탄 30%, 프로판 20% 혼합가스의 공기중 폭발하한계는 얼마인가 ? (단, 메탄, 에탄, 프로판의 폭발하한계는 각각 5%, 3%, 2%이다.)

[해설] $\dfrac{100}{L} = \dfrac{V_1}{L_1} + \dfrac{V_2}{L_2} + \dfrac{V_3}{L_3} \cdots,$ \qquad $\dfrac{100}{L} = \dfrac{50}{5} + \dfrac{30}{3} + \dfrac{20}{2}$

$\therefore L = \dfrac{100}{30} = 3.33\%$

(8) 가스의 폭굉한계

① 공기중의 폭굉한계 (1atm, 상온)

가스의 종류	하한계	상한계	가스의 종류	하한계	상한계
수 소	18	59	아 세 틸 렌	4.2	50
일 산 화 탄 소 (습)	15	70	에 테 르	2.8	4.5
메 탄	6.5	12			

② 산소중의 폭굉한계 [( ) 은 다른 측정치]

가스의 종류	하한계	상한계	가스의 종류	하한계	상한계
수 소	15.5 (18.20)	92.6	i - 부 탄	2.8	31.
일 산 화 탄 소 (습)	38	90.	프 로 필 렌	2.5	50.
메 탄	6.3 (8.2)	53(55.8)	시 안	0.14	76.
아 세 틸 렌	3.5	92.	중 수 소	15.5	90.7
프 로 판	2.5	42.5	에 테 르	2.6	>40
n - 부 탄	2.1	38.	암 모 니 아	25.4	75

③ 공기중의 폭발한계 (1 atm, 상온, 화염 상방전파)

가스의 종류	하한계	상한계	가스의 종류	하한계	상한계
아 세 틸 렌	2.5	81.0	이 황 화 탄 소	1.2	44.0
벤 젠	1.4	7.1	황 화 수 소	4.3	45.0
톨 루 엔	1.4	6.7	수 소	4.0	75.0
시 클 로 프 로 판	2.4	10.4	일산화탄소(습)	12.5	74.0
시 클 로 헥 산	1.3	8.0	메 탄	5.0	15.0
메 틸 알 코 올	7.3	36.0	에 탄	3.0	12.4
에 틸 알 코 올	4.3	19.0	프 로 판	2.1	9.5
이소프로필알코올	2.0	12.0	부 탄	1.8	8.4
아 세 트 알 데 히 드	4.1	57.0	펜 탄	1.4	7.8
에 테 르 (제 틸)	1.9	48.0	헥 산	1.2	7.4
아 세 톤	3.0	13.0	에 틸 렌	2.7	36.0
산 화 에 틸 렌	3.0	80.0	프 로 필 렌	2.4	11.0
산 화 프 로 필 렌	2.0	22.0	부 텐 - 1	1.7	9.7
염 화 비 닐 (모노마)	4.0	22.0	이 소 부 틸 렌	1.8	9.6
암 모 니 아	15.0	28.0	1.3 부타티엔	2.0	12.0

④ 산소중의 폭발한계

가스의 종류	하한계	상한계	가스의 종류	하한계	상한계
수 소	4.0	94	시 클 로 프 로 판	2.5	60
일 산 화 탄 소 (습)	12.5	94	에 테 르 (제 틸)	2.0	82
메 탄	5.1	59	디 비 닐 에 테 르	1.8	85
에 탄	3.0	66	암 모 니 아	15.0	79
에 틸 렌	2.7	80	아 세 틸 렌	2.5	93
프 로 필 렌	2.1	53			

⑤ 아세틸렌이나 산화에틸렌, 히드라진 등은 조건에 따라서 100%라도 폭발한다.

4. 발 화 원 (자연발화)

4-1 자연발화 (auto oxidation)

(1) 정 의

① 자연발화는 발생한 에너지가 그 계에서 제거되지 않을 때는 발생한 열이 축적되어 발화온도에 도달하게 됨으로써 스스로 발화를 일으키는, 열의 방출을 동반하는 느린 산화공정이다.

② 휘발성이 낮은 액체가 특히 이러한 문제를 야기하기 쉽다.

③ 휘발성이 큰 액체는 증발될 때 증발열을 빼앗기어 스스로 냉각되기 때문에 자연발화가 덜 일어난다.

(2) 자연적인 발화의 위험성이 있는 물질

① 기온이 높은 저장소 안에 있는 기름걸레

② 어떤 폴리머로 포화된 스팀파이프의 단열재

③ 어떤 폴리머로 포화된 여과 보조재

4-2 발화원

(1) 종 류

① 기계적 발화원 : 충격, 마찰, 단열압축

② 전기적 발화원 : 전기적 실수, 정전기

③ 열적 발화원 : 나화, 고열표면, 용융물, 용접불똥

④ 자연발화

(2) 주요 화재의 발화원

① 전기적 (모터의 배선) ·· 23%

② 담 뱃 불 ··· 18%

③ 마찰 (베어링 또는 파손부품) ·· 10%

④ 과열물질(비정상적인 고온) ··· 8%

⑤ 고열표면 (보일러, 램프 등으로부터의 열) ··· 7%

⑥ 버너화염 (토치의 오용 등) ··· 7%

⑦ 연소스파크 (스파크 및 타다 남은 불) ·· 5%

⑧ 자연발화 (쓰레기 등) ·· 4%

⑨ 절삭 및 용접 (스파크, 아크, 열 등) ··· 4%

⑩ 노즐 (새로운 지역으로 불똥의 튐) ·· 3%

⑪ 방화 (방화화재) ··· 3%

⑫ 기계적 스파크 (그라인더, 분쇄기 등) ·· 2%

⑬ 용융물질 (뜨거운 용융물 누출) ··· 2%

⑭ 화학작용 (공정이 제어되지 못함) ··· 1%

⑮ 정전기방전 (축적된 에너지 방출) ··· 1%

⑯ 조명기구 ··· 1%

⑰ 기   타 ··· 1%

4-3 발화에너지

① 최소 발화에너지 (MIE) : 제일 처음 연소에 필요한 최소에너지를 말한다.

② 최소 발화에너지에 영향을 주는 물질

　㈎ 혼합물　　　　　　　　　　　㈏ 농도

　㈐ 압력　　　　　　　　　　　　㈑ 온도

③ MIE는 압력의 증가에 따라 감소한다.

④ 일반적으로 분진의 MIE는 가연성 가스보다 큰 에너지 준위를 가진다.

⑤ 질소농도의 증가는 MIE를 증가시킨다.

최소 발화에너지

가 연 물	압력 (atm)	최소 발화에너지 (mj)
메　　탄	1	0.29
프 로 판	1	0.26
헵　　탄	1	0.25
수　　소	1	0.03
프로판 (mol%) [O$_2$/(O$_2$+N$_2$)] [100]		
1.0	1	0.004
0.5	1	0.012
0.21	1	0.150
1.0	0.5	0.01
전분, 분진		0.3
철 분진		0.12

4-4 발화온도 (AIT)

① 증기발화온도 (자연발화) 는 증기가 주위의 에너지로부터 자발적으로 발화되는 온도를 말한다.

② 발화온도에 영향을 주는 물질

　㈎ 증기의 농도　　　　　　　　㈏ 증기기 부피

　㈐ 계의 압력　　　　　　　　　㈑ 촉매물질의 종류

　㈒ 발화지연시간

　㈓ 혼합물 중 가연물의 농도가 크거나 작아도 높은 AIT 값을 가진다.

③ 부피가 큰 계일수록 AIT 값은 감소하며, 압력이 감소함에 따라 증가한다.

④ 산소농도의 증가는 AIT 값을 감소하게 한다.

4-5 단열압축 및 인화점

(1) 단열압축

이상기체에 대한 단열온도 상승은 열역학 단열압축식

$$T_f = T_i \left(\frac{P_f}{P_i} \right)^{(t-1)/t}$$

여기서, T_f =최종 절대온도, T_i =처음 절대온도
P_f =최종 절대압력, P_i =처음 절대압력

(2) 인화점 (flash point)

① 가연성 액체의 인화점은 가연성 액체가 공기 중에서 액체표면 부근에서 인화하는 데 충분한 농도의 증기를 발생하는 최저온도이다.

② 가연성 액체의 온도가 그 인화점보다 높을 때에는 언제나 착화원과의 접촉에 의하여 인화할 위험이 있다.

③ 인화점이 낮을수록 위험성은 증가하게 된다.

④ 인화점을 측정하는 방법은 closed cup (pensky martens : ASTM D93-61, tagliabue : ASTM D56-61) 방식과 open cup (cleveland : ASTM D92-57) 방식이 있으며 open cup 방식이 통상 몇 ℃ 정도 높게 나타난다.

(3) 폭발에너지의 분류

① 에너지 형태의 분류
  (가) 물리적 에너지   (나) 화학적 에너지   (다) 원자에너지

② 폭연 (deflagration) 및 폭굉 (detonation)
  (가) 폭발은 그 현상에 의해 폭연과 폭굉으로 구분된다. 폭연은 가연성 혼합기체가 상대적으로 서서히 연소되는 것을 의미한다. 탄화수소·공기 혼합가스의 폭연속도는 약 1 m/s 정도이다.
  (나) 폭굉은 화염 전파속도가 음속(0℃에서 340 m/s) 이상의 것을 의미하며, 탄화수소, 공기 혼합가스의 경우는 2000~3000 m/s 정도에 달한다.

③ 폭발에너지의 3종류
  (가) 화학에너지   (나) 유체 팽창에너지   (다) 용기 변형에너지

예제 3. 아세틸렌 가스의 연소당량식이 다음과 같을 때 아세틸렌 가스의 연소시 발생하는 에너지 얼마인가?

[해설] $\Delta A = \Delta H$이므로

$\Delta H = (\Delta H_f^\circ)_p - (\Delta H_f^\circ)_r$
   $= \{[2 \times (-94.052)] + [1 \times (-57.798)]\} - [(1 \times 54.194) + (2.5 \times 0)]$
   $= -300.096$ kcal/mol

이는 실제값 -300.915 kcal/mol 과 유사하다.

$C_2H_2 + 2.5O_2 \rightarrow 2CO_2 + H_2O$

※ 이에 대한 열역학적 자료는 다음과 같다.

가스의 종류	ΔH_f [kcal/mol]	가스의 종류	ΔH_f [kcal/mol]
C_2H_2	54.194	CO_2	96.052
O_2	0	$H_2O(g)$	57.798

(4) 유체의 팽창에너지 (물리적 에너지)

유체의 상태 (온도, 압력, 부피) 변화에 의해 폭발이 발생하는 경우가 흔히 있다. 이는 다음과 같은 열역학적 식으로 계산되어질 수 있다.

$$W_e = \int_1^2 P dV = T \Delta S = RT \ln (P_1/P_2)$$

여기서, W_e : 유체팽창에 따른 일 (work) 양

(5) 용기 변형에너지

용기의 탄성변형에 대해서는 다음과 같은 실험식이 유용하다.

$$U_m = \frac{P^2 V}{2E} \left(\frac{3(1-2\nu) + 2k^2(1+\nu)}{k^2-1} \right)$$

여기서, E : Yong's modulus, k : 지름비, U_m : 금속재질의 변형에너지, ν : 푸아송비

용기의 변형에 의한 폭발은 흔하지 않지만 간과할 수는 없으므로 사용압력에 대한 적절한 에너지를 선택하여야 한다.

① 밀폐계 폭발의 특성
　㈎ 폭발한계는 안전지역의 농도를 제어하는데 요구되는 불활성 물질의 양이나 안전조작을 위한 안전농도를 결정하는데 사용된다.
　㈏ 최대압력 상승속도는 폭발의 강도를 암시한다. 그러므로 이것은 여러 가지 물질의 폭발거동을 비교할 수 있는 상대적인 기준이 될 수 있다.
② 분진 폭발이 일어나기 위한 특성
　㈎ 입자들이 어떤 최소 크기 이하이어야 한다.
　㈏ 부유된 입자의 농도가 어떤 한계 사이에 있어야 한다.
　㈐ 부유된 분진은 거의 균일하여야 한다.
　㈑ 분진에 대하여 폭발하한은 $20\sim60\,g/m^3$이고, 상한은 $2\sim6\,kg/m^3$ 정도이다.
③ 폭발의 성장 원인
　㈎ 폭굉한계 내의 가스가 어느 정도 다량으로 존재할 때
　㈏ 존재된 잔여가스에 방전이나 화염, 충격 등 점화원이 작용할 때
　㈐ ㈏ 조건에서 소규모의 폭발이라 하여도 이 충격으로 인한 파이프 파열로 2차적 폭발이 일어날 때

4-6 폭 굉

(1) 폭굉 유도거리 (DID)

완만한 연소가 격렬한 폭굉으로 발전할 때 거리를 DID (폭굉 유도거리) 라 한다.

(2) 폭굉 유도거리가 짧아지는 이유

① 정상 연소속도가 큰 혼합가스일수록

② 관속에 방해물이 있거나 관지름이 가늘수록

③ 고압일수록

④ 점화원의 에너지가 강할수록

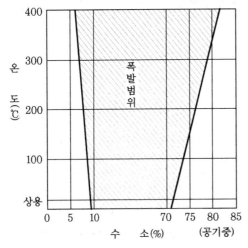

수소 - 공기 혼합가스의 화염하 방전파의
한계통도에 대한 초기온도의 영향

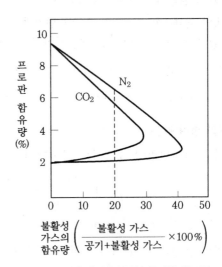

1atm 상온에서 프로판 - 공기를 N_2 또는
CO_2로 희석했을 때의 폭발한계

(3) 증기운 폭발(VCE) 단계

① 다량의 가연성 증기의 급격한 방출, 일반적으로 이러한 현상은 과열로 압축된 액체의 용기가 파열할 때 일어난다.

② 공장에서 증기가 분산되어 공기와 혼합

③ 증기운의 점화

(4) VCE에 영향을 주는 인자

① 방출된 물질의 양

② 증발된 물질의 분율

③ 증기운의 점화확률

④ 점화되기 전 증기운이 움직인 거리

⑤ 폭발의 확률 (화재라기보다)

⑥ 증기운이 점화되기까지의 시간지연

⑦ 폭발효율

⑧ 물질이 폭발할 수 있는 한계량 이상 존재

⑨ 방출에 관련한 점화원의 위치

(5) Lee 등에 의한 VCE에 관한 연구결과

① 증기운의 크기가 증가되면 점화확률이 증가한다.

② 증기운에 의한 재해는 폭발보다는 화재가 보통이다.

③ 폭발효율이 적다. 즉, 연소에너지의 약 20%가 폭풍파로 전환된다.

④ 증기와 공기의 난류혼합, 방출점으로부터 먼저점에서 증기운의 점화는 폭발의 충격을 증가시킨다.

(6) 비등액체의 팽창으로 인한 증기폭발(BLEVE)의 화재단계

① 액체가 들어 있는 탱크의 주위에서 화재가 발생한다.

② 화재에 의한 열에 의하여 탱크의 벽이 가열된다.

③ 액위 이하의 탱크 벽은 액에 의하여 냉각되나, 액의 온도는 올라가고, 탱크 내의 압력이 증가된다.

④ 화염이 열을 제거시킬 액이 없고 증기만 존재하는 탱크의 벽이나 천장(roof)에 도달하면 화염과 접촉하는 부위의 탱크금속의 온도는 상승하여 그의 구조적 강도를 잃게 된다.

⑤ 탱크는 파열되고 그 내용물은 폭발적으로 증발한다.

5. 화재 및 폭발방호

5-1 화재예방대책

(1) 예방대책

폭발이나 화재를 일으킬 위험성을 미리 찾아내어 확실하게 예방할 수 있는 페일세이프 (fail safe)의 원칙을 적용하여 대책을 세우는 것이다.

(2) 국한대책

폭발이나 화재가 발생하더라도 피해를 될 수 있는 한 경감시키려고 하는 대책으로 가연물 설비에 부착시키는 안전장치, 긴급차단밸브, 과류방지밸브 등이 좋은 예가 된다.

① 가연물의 집적 방지

② 건물설비의 불연화

③ 방화벽, 방유제, 방액제 등의 정비

④ 공한지의 확보

⑤ 위험물시설의 지하매설

(3) 소화대책

화재 발생시 적절한 소화방법과 소화기를 동원하여 최대한으로 신속히 소화를 시켜 피해를 줄이는 대책이다.

① 초기 소화

② 본격적 소화

(4) 피난대책

화재 발생시 인명이나 재산의 손실을 보호하기 위하여 비상구 등을 통하여 대피하는 대책이다.

① 플래시 오버 (flash over) : 플라스틱 기구가 많은 실내와 가연재에 화재가 발생할 경우, 실내 전체가 단숨에 타오르고 온도도 급격히 상승하는 현상으로 연기에 의한 위험 상태가 증가하게 된다.

② 화재 사망의 주요 원인 : 일산화탄소 (CO)

③ 공기중 탄산가스 농도에 따른 현상 : 3~4% (호흡곤란), 15% 이상 (심한 두통), 30% 이상 (질식 사망)

④ 갱내 작업장 CO_2 농도 : 1.5% 이하 유지

⑤ 피부에 화상을 입었을 때의 화상 정도 분류

  (가) 1도 : 피부가 빨갛다.

  (나) 2도 : 물집이 생긴다.

  (다) 3도 : 검게 탄다.

5-2 소화의 원리

연소를 하는 데는 가연물, 산소, 온도의 3요소가 필요한데, 이 3요소 중 어느 하나만 없애면 자연히 소화가 된다. 소화작업이란 가연물의 제거, 산소의 차단, 발화온도 이하로 냉각시켜 연소반응을 없애는 작업이다.

① 가연물의 제거 (제거소화) : 연소반응 중에 있는 가연물을 제거함으로써 연소화대를 막아 소화시키는 것이다.

② 산소의 차단 (질식소화) : 산소공급을 차단하여 질식소화를 하는 것으로 유효한 산소농도는 10~15% 정도이다.

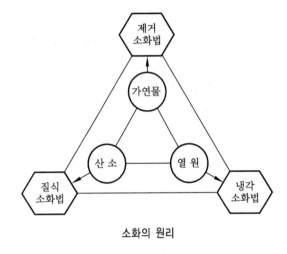

소화의 원리

③ 화점의 냉각 (냉각소화) : 가연물에 물을 뿌려 기화잠열을 이용, 열을 빼앗아 발화점 이하로 온도를 낮추어 소화하는 것이다.

5-3 폭발방지대책

(1) 방폭전기설비를 선정할 경우 고려할 사항

① 발화도

② 위험장소의 종류

③ 폭발성 가스의 폭발등급

(2) 위험장소의 구분

① 0종 장소 : 폭발성 가스가 항상 존재하는 장소로 점화원이 있으며 바로 폭발할 수 있고 위험도가 가장 큰 장소이다.

② 1종 장소 : 통상 상태에서 폭발성 가스가 가끔 누출되어 위험이 존재하는 장소이다.

③ 2종 장소 : 작업자의 조작실수나 이상운전으로 가스가 누출되는 장소로 통상 상태에서는 가스가 존재하지 않는다.

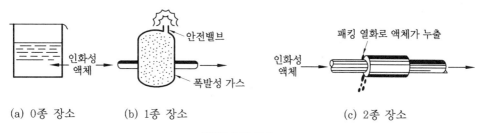

| | | |
| (a) 0종 장소 | (b) 1종 장소 | (c) 2종 장소 |

위험장소의 구분

(3) 발화도 및 폭발등급

① 내압방폭구조로 된 전동기의 너트, 나사산 : 5산 정도가 적당

② 전폐형 방폭구조 : 내압 (耐壓), 내압 (內壓), 유입 (油入)

③ 내압방폭구조의 안전자극값을 작게하는 이유 : 최소 점화에너지 이하로 열을 떨어뜨리기 위해서

④ 내압방폭구조에 반드시 설치해야 할 것 : 접지단자를 설치

발화도 폭발등급	G₁ 450℃ 이상	G₂ 300~450	G₃ 200~300	G₄ 135~200	G₅ 100~135
1	아 세 톤 암 모 니 아 일 산 화 탄 소 에 탄 초 산 초 산 에 틸 톨 루 엔 프 로 판 벤 젠 메 탄 올 메 탄	에 탄 올 초 산 인 페 닐 1 - 부 탄 올 부 탄 무 수 초 산	가 솔 린 헥 산	아세트알데히드 에 틸 에 테 르	
2	석 탄 가 스	에 틸 렌 에 틸 렌 옥 시 드			
3	수 성 가 스 수 소	아 세 틸 렌			이황화탄소

(4) 전기설비 방폭구조의 구비조건

① 퓨즈를 사용할 것

② 접지를 할 것

③ 시건장치를 할 것

④ 도선의 인입방식을 정확히 채택할 것

(5) 폭발재해의 형태

I. 발화원을 필요로 하는 폭발	A : 착화파괴형 폭발－용기 내의 위험물이 착화하여 압력상승에 의한 파열 B : 누설착화형 폭발－용기에서 위험물이 누출되어 착화하여 일어나는 폭발
II. 반응열의 축적에 의한 폭발	A : 자연발화형 폭발－반응열의 축적에 의한 자연발화 폭발 B : 반응폭주형 폭발－반응개시 후 반응열에 의한 반응폭주로 인한 폭발
III. 과열액체의 증기 폭발	A : 열이동형 증기폭발－저비점액체가 고열물과 접하여 증발로 인한 폭발 B : 평형파탄형 폭발－액체가 들어 있는 고압용기 등이 파손하여 고압액체의 증발로 인한 폭발

(6) 예방대책

폭발의 종류	폭발 예방 대책	
착화파괴형	① 불활성 가스 치환 ③ 발화원 관리	② 혼합가스의 조성관리 ④ 열에 민감한 물질의 생성저지
누설발화형	① 위험물질의 누설방지 ③ 누설물질의 검지경보	② 밸브의 오조작방지 ④ 발화원 관리
자연발화형	① 물질의 자연발화성 조사 ③ 온도계측관리 ⑤ 혼합위험방지	② 물질의 단열특성조사 ④ 분산·냉각·소각
반응폭주형	① 발열반응특성조사 ③ 냉각, 교반조작시설	② 반응속도계측관리 ④ 반응폭주시의 처치
열 이 동 형	① 작업대의 건조 ③ 고온폐기물의 처지 ⑤ 저온냉각액화가스취급	② 물침입저지 ④ 수주파쇄설비설계
평형파탄형	① 용기강도유지 ③ 화재에 의한 용기의 가열방지	② 외부하중에 의한 파괴방지 ④ 반응폭주에 의한 압력상승방지

5-4 폭발방지설계

① 불활성화 (inerting)
  ㈎ 진공퍼지 (저압퍼지)
  ㈏ 압력퍼지
  ㈐ 스위프 퍼지 (sweep-through purging)
② 정전기 제어
③ 환기
④ 장치 및 계장의 방폭
⑤ 소화설비 (sprinkler system)
⑥ 기타 화재 및 폭발방지를 위한 설계

제 3 장　화학설비 등의 안전

1. 반응기, 압력용기

1-1　반응기의 정의

반응기는 화학반응을 하는 기기이며 물질, 농도, 온도, 압력, 시간, 촉매 등에 이용되는 기기로서 공업장치에 있어서 물질이동이나, 열이동에도 영향을 끼치기 때문에 구조형식이나 조작할 수 있는 반응기를 선정하는 것이 중요하다.

1-2　반응기 분류

(1) 조작방법에 의한 분류

① 회분식 균일상 반응기 : 여러 액체와 가스를 가지고 진행시켜 가스를 만들고, 이것을 회수하여 1회의 조작이 끝나는 경우에 사용되는 반응기이다.
② 반 회분식 반응기
③ 연속식 반응기 : 반응기의 한쪽에 연속적으로 원료액체를 유입시키고 다른 쪽에서 연속적으로 반응성 액체를 유출하는 형식이며 농도, 압력, 온도 등은 시간적인 변화가 없다.

(2) 구조방식에 의한 분류

① 관형 반응기
② 탑형 반응기
③ 교반조형 반응기
④ 유동종형 반응기

1-3　화학설비 및 부속설비

(1) 화학설비의 종류

① 반응기, 혼합조 등 화학물질 반응 또는 혼합장치
② 증류탑, 흡수탑, 추출탑, 감압탑 등 화학물질 분리장치
③ 저장탱크, 계량탱크, 호퍼, 사일로 등 화학물질 저장 또는 계량설비
④ 응축기, 냉각기, 가열비, 증발기 등 열교환기류
⑤ 고로 등 접화기를 직접 사용하는 열교환기류
⑥ 캘린더, 혼합기, 발포기, 인쇄기, 압출기 등 화학제품 가공설비

⑦ 분쇄기, 분체분리기, 용융기 등 분체화학물질 취급장치
⑧ 결정조, 유동탑, 탈습기, 건조기 등 분체화학물질 분리장치
⑨ 펌프류, 압축기, 이젝터 등의 화학물질 이송 또는 압축설비

(2) 화학설비의 부속설비 종류

① 배관, 밸브, 관, 부속류 등 화학물질 이송관련설비
② 온도, 압력, 유량 등을 지시·기록하는 자동제어 관련설비
③ 안전밸브, 안전판, 긴급차단 또는 방출밸브 등 비상조치 관련설비
④ 가스누출감지 및 경보관련설비
⑤ 세정기, 응축기, 벤트스택, 플레어스택 등 폐가스처리설비
⑥ 사이클론, 백필터, 전기집진기 등 분진처리설비
⑦ ①목 내지 ⑥목의 설비를 운전하기 위하여 부속된 전기관련설비
⑧ 정전기 제거장치, 긴급샤워설비 등 안전관리설비

(3) 특수화학설비의 종류

① 발열반응이 행하여지는 반응장치
② 증류·정류·증발·추출 등 분리를 행하는 장치 (이하 '분리장치'라 한다.) 중 분리되는 위험물질에 의한 폭발위험이 있는 농도에 달할 우려가 있는 상태에서 운전되는 분리장치
③ 가열매체 등의 온도가 가열하려고 하는 위험물의 분해온도 또는 발화점보다 높은 상태에서 운전되는 설비
④ 반응폭주 등 이상 화학반응 등에 의하여 위험물질이 발생할 위험이 있는 설비
⑤ 섭씨 350도 이상의 온도 (이하 '고온'이라 한다.) 또는 게이지압력이 매 m^3 당 10 kg 이상 (이하 '고압'이라 한다.) 인 상태에서 운전하는 설비 또는 고온과 고압상태로 운전될 우려가 있는 설비
⑥ 고온유지용 가열기 : 2가지 이상의 위험물을 제조, 취급, 사용 또는 저장하는 상기 각 호의 설비에 대해서는 당해 위험물질 각각의 사용량을 구한 후 다음 공식에 의해 산출된 값 R이 1 이상인 경우 특수화학설비로 본다.

$$R = \frac{C_1}{T_1} + \frac{C_2}{T_2} + \cdots\cdots + \frac{C_n}{T_n}$$

여기서, C_n : 위험물질 각각의 사용량, T_n : 위험물질 각각의 기준량

반면에 하나의 위험물질이 2가지 이상으로 분류가 가능한 경우에는 위험물질의 기준량은 2가지 중 적은 쪽을 적용하여 사용량은 순도가 100%로 환산하고 가연성 가스의 경우는 운전온도·압력조건에서의 양을 사용량으로 한다.

(4) 기타 화학설비

반응기, 증류탑, 흡수탑, 유출기, 혼합기, 침전분리기, 열교환기, 계량탱크, 저장탱크 등의 용기본체 또는 이들 용기본체에 부속하는 밸브 및 콕 등 이들 용기의 내부에 설치되어 있는 관, 선반, 재킷 등의 부분을 말한다.

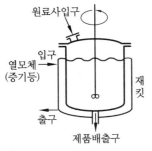

(a) 교반조형 반응기

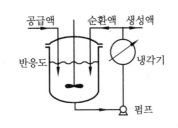

(b) 외부순환식 연속 반응장치

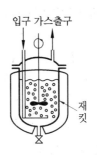

(c) 교반조 (뒤섞는 기계조) 형 가스흡입 반응장치

화학설비의 종류

1-4 압력용기

(1) 용기의 종류 및 색채

가스의 종류	몸체도색		글자색상		띠의 색상 (의료용)
	공 업 용	의 료 용	공 업 용	의 료 용	
산 소	녹 색	백 색	백 색	녹 색	녹 색
수 소	주황색	–	백 색	–	–
액화탄산가스	청 색	회 색	백 색	백 색	백 색
액화석유가스	회 색	–	적 색	–	–
아 세 틸 렌	황 색	–	흑 색	–	–
암 모 니 아	백 색	–	흑 색	–	–
액 화 염 소	갈 색	–	백 색	–	–
질 소	회 색	흑 색	백 색	백 색	백 색
아 산 화 질 소	회 색	청 색	백 색	백 색	백 색
헬 륨	회 색	갈 색	백 색	백 색	백 색
에 틸 렌	회 색	자 색	백 색	백 색	백 색
시클로프로판	회 색	주황색	백 색	백 색	백 색
기 타 의 가 스	회 색	–	백 색		

(a) 산소   (b) 액화염소   (c) 아세틸렌   (d) LPG

압력용기의 형태

(2) 공업 압력용기의 구비조건

① 내식성, 내마모성을 가질 것

② 가공성, 용접성이 좋고 결함이 생기지 않을 것

③ 가공성이 풍부할 것

④ 경량이고 충분한 강도를 가질 것

⑤ 저온 및 사용중의 충격에 견디는 연성, 점성 강도를 가질 것

(3) 압력용기 내용적 계산법

① 압축가스용기의 내용적

$$V = \frac{M}{P}$$

여기서, V : 용기 내용적 (L), M : 대기압 상태에서의 가스의 용적 (L)

P : 35℃에서의 최고 충전압력 (kg/cm²)

② 액화가스용기의 내용적

$$G = \frac{V}{C}$$

여기서, G : 액화가스의 질량 (kg), V : 용기의 내용적 (L), C : 가스 정수

2. 증류장치

2-1 증류탑

증류탑은 증기압의 다른 액체 혼합물로부터 증발하기 용이한 차이를 이용하여 어떤 성분을 분리하는 것을 목적으로 한 장치를 말한다.

※ 종류 : 혼압액을 분리시키는 조작방법

2-2 정류, 환류

(1) 정류 및 환류

① 정류 : 응축한 액의 일부를 비기 (still)로 되돌아가게 하여 응축기로 가는 증기와 충분한 향류식 접촉을 하는 조작을 정류라 한다.

② 환류 : 응축한 액을 다시 비기로 되돌리는 조작을 말한다.

(2) 정류탑의 종류

① 단탑 : 특정한 구조의 여러 개 또는 수십 개의 단 (plate, tray) 으로 성립되어 있으며 개개의 분단의 단위로 하여 증기와 액체의 접촉이 행해지고 있다.

㈎ 체판탑 (sieve plate column)

㈏ 다공판탑 (perforated plate column)

㈐ 포종탑 (bubble-cap column)

(라) 니플트레이

(마) 밸러스트 트레이

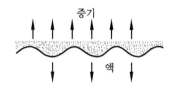 

밸러스트 트레이

② 충진탑

(가) 충진탑 : 기압접촉도가 유화액의 양에 비례
하여 흡입된 것을 사용한다.

(나) 포종탑 : 액량에는 무관하며 증기의 압력강
하가 크다.

충전물

(다) 탑지름이 작은 증류탑 혹은 부식성이 과격한 물질의 증류 등에 이용된다.

(라) 충전물 중에서 가장 일반적으로 사용되고 있는 것으로 라시히링이 있으며 이것은 지름
1/2~3B, 높이 1~11/2B 정도의 원통상의 것이며 자기재, 카본재, 철재 등이 있다.

2-3 증류탑의 조작 및 안전기술

(1) 일상 점검항목 및 개방시 점검항목

① 일상 점검항목 (운전 중에 점검 가능한 항목)

(가) 보온재, 보냉재의 파손상황은 어떤가 ?

(나) 도장의 열화상은 어떤가 ?

(다) 플랜지부, 맨홀부, 용접부로부터 외부로의 누출은 없는가 ?

(라) 기초 볼트의 헐거움은 없는가 ?

(마) 증기배관의 열팽창에 의해 무리한 힘이 가해지고 있지 않는가, 부식 등으로 인하여
살 두께가 얇아지고 있지 않는가 ?

② 개방시 점검해야 할 항목

(가) tray의 부식상태는 어떤가, 정도와 범위는 어떤가 ?

(나) polymer 등 생성물, 녹 등으로 인하여 포종 (泡鍾) 이 막히지 않는가, 다공판의 loa-
ding은 없는가, balast unit은 고착해 있지 않는가 ?

(다) 익류댐의 높이는 설계와 같은가 ?

(라) 용접선의 상황은 어떤가, 포종은 단위에 고정되어 있는가 ?

(마) 누출의 원인이 되는 균열, 손상은 없는가 ?

(바) lining, coating 상황은 어떤가 ?

③ 운전시 및 시운전시 점검항목

(가) 필요한 line, lineup을 확인한다.

(나) 응축기에 냉각수를 통수한다.

㈐ 증류탑으로 원료액의 공급을 개시한다. 이 때 유량은 최대규정량의 반분 이하로 한다.

㈑ 액이 탑저에 고이면 리보일러에 스팀을 통기하여 가열을 개시한다. 단, 다음 그림과
같은 리보일러에 액이 고이는 시간이 다소 지연되기
때문에 리보일러의 가열에 주의한다.

리보일러 설치의 예

㈒ 증발이 개시되면 환류조에 액이 고인다. 액면이 5
0~70% 정도가 되면 환류펌프를 스타트하여 환류량
은 탑정제품의 목적에 조성되기까지 규정량보다 많
게 한다.

㈓ 증류탑의 운전이 안정되었으면 공급량을 규정까지
서서히 증량한다. 리보일러의 스팀, 탑정 및 탑저의
반출량, 환류량도 증량하여야 할 필요가 있다.

㈔ 제품규격이 peack로 되면 환류량을 규정하는 비율까지 떨어뜨리고, 거기에 비례하
여 리보일러 스팀량도 감소시킨다.

㈕ 대개의 증류탑은 원료공급량, 탑정 및 탑저의 빼내는 양, 환류량, 리보일러 스팀량
등 모두 자동제어조작에 따르도록 되어 있으므로 운전이 안정된 뒤에는 자동제어장치
로 전환하여 운전을 하는 것이 바람직하다.

3. 열 교환기

3-1 정 의

저온유체와 고온유체 사이의 열이동장치를 열교환기라 한다.

3-2 분류방법 및 원리

(1) 분류방법

① 사용목적에 의한 분류

㈎ 열교환기 : 폐열의 회수를 목적으로 한다.

㈏ 냉각기 (cooler) : 고온측 유체의 냉각을 목적으로 한다.

㈐ 가열기 (heater) : 저온측 유체의 가열을 목적으로 한다.

㈑ 응축기 (condenser) : 증기의 응축을 목적으로 한다.

㈒ 증발기 (vaporizer) : 저온측 유체의 증발을 목적으로 한다.

② 구조에 의한 분류

㈎ 이중관식 열교환기

㈏ 코일식 열교환기

㈐ 다관식 열교환기 (투광형 열교환기)

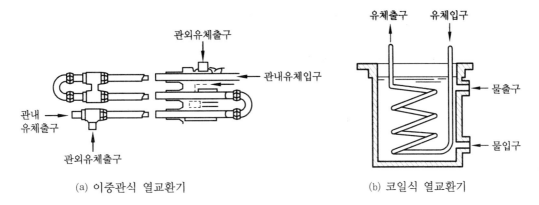

(a) 이중관식 열교환기   (b) 코일식 열교환기

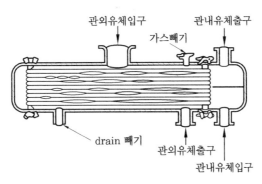

(c) 다관식 열교환기

열교환기

③ 열교환기의 원리 : 다음 그림과 같이 2가지로 분할된 용기 내에서, 한쪽에서 200℃의 수증기를 송입하고, 다른 쪽에서 40℃의 공기를 송입하면 공기는 수증기에서 열을 빼앗아 40℃ 이상의 고온공기가 되어서 배출되며, 반대로 증기는 냉각되어 나온다. 이것은 고온유체로부터 저온유체로 열이 이동하였기 때문이다.

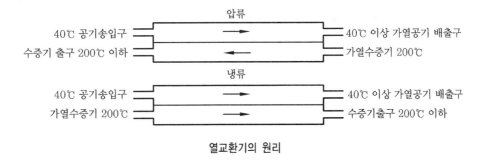

열교환기의 원리

(2) 열교환기 점검항목

① 일상점검항목 (운전 중에도 점검 가능한 항목)

㈎ 보온재 및 보냉재의 파손상황은 어떤가?

㈏ 도장의 열화상황은 어떤가?

⒟ 플랜지부, 용접부 등에서 외부로의 누출은 없는가?

⒧ 기초 볼트는 헐거워지지 않았나?

⒨ 기초 (특히 콘크리트 기초) 에 파손은 없는가?

② 정기적 개방점검항목

㉮ 부식 및 polymer 등의 생성물 상황, 혹은 부착물에 의한 오염상황은 어떤가?

㉯ 부식의 형태, 정도, 범위는 어떤가?

㉰ 누출의 원인이 되는 균열, 흠집은 없는가?

㉱ 라이닝 및 코팅상태 확인

4. 건조설비

습윤상태에 있는 재료를 처리하여 수분을 제거하는 조작을 건조 (drying) 라 하며, 건조는 액상으로 존재하는 수분을 증발시켜 증기를 만드는 증발과정과 증기로 된 것을 제거하는 확산과정이 필요하다.

(1) 건조방법

① 통기건조

㉮ 수분의 증발에 필요한 열량을 열풍에 의해 대류전열로 주어 재료와 직접 접촉시키는 방법이다 (직접가열방식).

㉯ 재료가 가열가스와 접촉하여도 지장이 없는 경우에는 가스의 온도를 재료의 허용최 고온도로 높일 수 있고, 재료와의 온도차도 작게 할 수 있게 때문에 능률적인 방법이라고 한다.

② 외열 (外熱) 건조

㉮ 재료를 장치벽의 금속면을 통해 가열하는 이른바 간접가열방식이다.

㉯ 건조하려는 시료가 고온에서 공기와 접촉을 피하거나, 건조과정에서 배출되는 가스와 공기의 혼합을 피해야 하는 경우에 사용한다.

㉰ 일반적으로 가열원은 증기를 사용한다.

③ 진공건조 : 진공상태에서 재료를 건조하는 방법

④ 냉동건조 : 수분이 많은 재료를 동결시킨 다음 1 mmHg 정도의 진공상태에서 가열하여 건조하는 방법

(2) 건조설비의 구조

① 본체 : 주로 몸체 (철골부, 보온관, 셸부 등) 및 내부구조를 말한다. 또 이들의 내부에 있는 구동장치도 포함한다.

② 가열장치 : 열원장치, 순환용 송풍기 등 열을 발생하고 이것을 이동하는 부분을 총괄한 것을 말한다. 본체의 내부에 설치된 경우도 있고, 외부에 설치된 경우도 있다.

③ 부속설비 : 본체에 부속되어 있는 설비 전반을 말한다. 환기장치, 온도조절장치, 온도측정장치, 안전장치, 화학장치, 집진장치 등이 포함된다.

(3) 건조장치의 종류

재료의 특성, 처리량, 건조의 목적 등의 조건에 합치한 최적의 것을 선정할 필요가 있다.

① 상자형 건조기 (compartment dryer)

② 터널건조기 (tunnel dryer)

③ 회전건조기 (rotary dryer)

④ 밴드건조기 (band dryer)

⑤ 기류건조기 (pneumatic dryer)

⑥ 드럼건조기 (drum dryer)

⑦ 분무기건조기 (spray dryer)

⑧ 유동층건조기 (fluidized bed dryer)

⑨ 적외선건조기

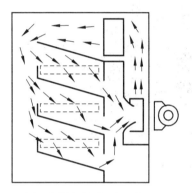

(a) 상자형 통기 건조기

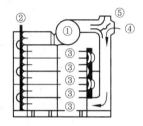

① 송풍기   ② 공기가열기
③ 선반   ④ 배기구
⑤ 댐퍼

(b) 상자형 평행류 건조기

(c) 터널형 건조기

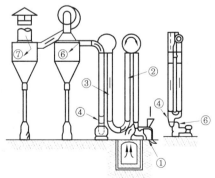

① 피더
② 앞 건조통
③ 마무리건조통
④ 분리기
⑤ 분쇄기
⑥ 사이클론

(d) 기류 건조장치

건조장치의 종류

5. 송풍기 및 압축기

5-1   압축기

(1) 압축기의 정의

압력과 속도를 줄이기 위해 기계적 에너지를 기체 (가스) 에 전달하는 것으로 토출압력이 1 kg/cm² 이상을 압축기 (compressor) 라 한다.

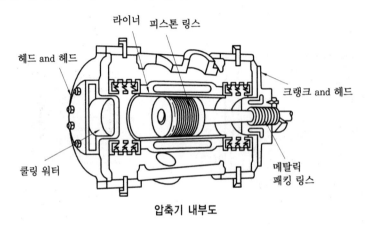

압축기 내부도

(2) 압축기 용량 비교

① 통풍기 (팬) : 토출압력이 1000 mm H₂O

② 송풍기 (블로어) : 토출압력이 1000 mm H₂O ~1 kg/cm² 이하이며, 공기 기타 기체를 압송하는 장치이며, 수기압 이하의 저압공기를 다량으로 요구하는 경우에 사용한다.

③ 압축기 : 토출압력이 1 kg/cm² 이상

(3) 압축기의 분류

① 용적형 (부피) 압축기

　㉮ 왕복식 압축기 : 횡형, 입형, 고속 다기통형

　㉯ 회전식 압축기 : 고정익형 압축기

　㉰ 회전익형 압축기

　㉱ 스크루식 압축기

　㉲ 다이어프램식 압축기

② 터보형 압축기

　㉮ 원심식 압축기

　㉯ (원심식 압축기) 축류식 압축기

　㉰ 혼류식 압축기

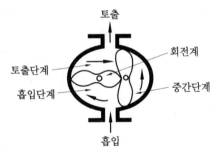

(a) roots 형

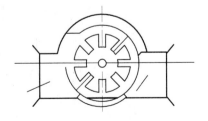

(b) 가동익형 (可動翼型)

회전식 송풍기의 작동

5-2 압축기의 운전 및 보수

(1) 왕복식 압축기의 운전 및 이동

① 기동

(가) 크랭크 케이스 내의 기름수위를 체크하고 필요하면 주유한다. 기름의 수위가 너무 높으면 기름 거품이 일어나 유압저하를 초래한다.

(나) 베어링 (bearing) 유 펌프·윤활유 펌프 등의 보기 (補機) 펌프를 기동하여 유압을 규정압력으로 한다.

(다) 계기바퀴는 1~2회전 손으로 회전시켜 이상이 없나를 확인한다.

(라) 바이패스 밸브를 열거나 언로더나 타임밸브를 작용시켜 실린더를 무부하로 한다.

(마) 중간냉각기, 최종냉각기, 실린더 냉각벽에 냉각수를 통과시킨다.

(바) 구동기를 기동하여 부하를 걸기 전에 압축기가 이상음이 없이 정상으로 회전하는 것을 확인한다.

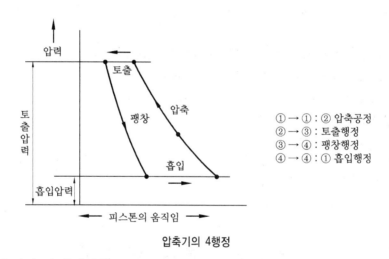

압축기의 4행정

② 운전시 감시 및 확인사항

(가) 가스의 흡입, 토출압력 및 온도에 이상이 없는가?

(나) 실린더 윤활유, 베어링유, 냉각수의 압력과 온도에 이상은 없는가?

(다) 전동기의 전류, 전압, 전력 등에 이상은 없는가?

(라) 밸브 작동음, 활동부의 슬라이드 음에 이상은 없는가?

(마) 큰 진동은 없는가?

(바) 가스누출은 없는가?

(2) 압축기의 주요 이상 원인

① 실린더 주위의 이상음

(가) 흡입·토출밸브의 불량, 밸브 체결부품의 헐거움이 있는 것

(나) 피스톤과 실린더 헤드와의 틈새가 없는 것

(다) 피스톤과 실린더 헤드와의 틈새가 너무 많은 것

㈑ 피스톤 링의 마모, 파손 (압력변동을 초래한다.)

㈒ 실린더 내에 물 기타 이물 (異物) 이 들어가 있는 경우

② 크랭크 주위의 이상음

㈎ 주 베어링의 마모와 헐거움

㈏ 연접봉 베어링의 마모와 헐거움

㈐ 크로스 헤드의 마모와 헐거움

③ 흡입토출밸브의 불량

㈎ 가스압력에 변화를 초래한다.

㈏ 가스온도가 상승한다.

㈐ 밸브 작동음에 이상을 초래한다.

(3) 왕복식 압축기의 정비방법

① 밸브를 검사하고 이상이 있는 것을 교체한다.

② 실린더 내면의 검사와 지수측정 및 피스톤의 피스톤 링의 마모도 검사하고, 이상 유무를 확인한다.

③ 주 베어링, 연접봉 베어링의 틈새를 측정하고 필요에 따라 교체한다.

④ 패킹박스의 패킹을 검사하고 필요에 따라 교체한다.

⑤ 압축기 부품체결 볼트, 너트의 헐거움을 점검하고 조정한다.

⑥ 베어링유를 교체한다.

⑦ 압축기 부품을 청소한다.

⑧ 압축기 부속의 냉각기, 보기 (補機) 펌프류, 구동기 등도 점검해서 언제나 압축기운전에 지장을 초래하지 않도록 한다.

6. 배관 및 피팅 (pitting) 류

화학장치의 관, 관이음 및 밸브는 액체, 기체 등의 이송경로에 사용이 된다.

6-1 관

(1) 관재료 및 용도

재 료	주 요 용 도
주 철 관	수도관
강 관	증기관, 압력기체용관
가 스 관	잡용
동 관	급유관, 증류기의 전열부분관
황 동 관	복수기 (steam condenser), 증류기의 관
연 관	상수, 산액체, 오수용의 관

(2) 배관재료의 규격

압 력 구 분	재 료 명		인 장 강 도	용 도
고압 (LP가스의 경우는 2 kg/cm² 이상)	KS D 3562 (압력배관용 탄소강관)의 제3종	SPSS	38 kg/cm² 이상 (제2종) 42 kg/cm² 이상 (제3종)	일반적으로 지름 350mm 이하의 배관에 사용
중압	KS D 3507 (배관용 탄소강관)	SPP	30 kg/cm² 이상	일반적으로 지름 400mm 이하의 배관에 사용
저압 (LP가스의 경우는 2 kg/cm² 미만)	KS D 32583 (배관용 아크용접 탄소강관)	SPW	41 kg/cm² 이상	일반적으로 지름 400mm 이하의 배관에 사용

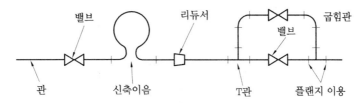

관이음 및 밸브의 예

6-2 펌   프 (pump)

(1) 고장원인 및 대책

① cavitation (공동현상)

㈎ 초기에는 약간의 기포 (bubble) 가 발생하고 소리가 약간 들릴 뿐, 그 외에 변하는 것은 없다.

㈏ cavitation이 다소 진전하면 기포의 발생, 붕괴가 많아지며 으드득으드득하는 소리가 들리고, 펌프의 양수량, 양정, 효율 등에 다소의 변화가 나타나며 부식작용도 시작된다.

㈐ cavitation이 다시 진행하면 기포가 찌부러질 때의 과격한 충격작용으로 으드득으드득 하는 소리가 커지며, 물의 유동은 점점 불안정하게 된다. 거기에 따라서 특정 곡선은 극단적인 변화가 나타나거나 과격한 음향진동이 발생하거나 하여 부식의 진행도 빨라 운전불가능이 되는 경우도 있다. 캐비테이션을 방지하려면 다음 사항이 필요하다.

㉠ 펌프의 설치위치를 되도록 낮추고, 유효흡인 헤드를 크게 한다.

㉡ 펌프의 회전수를 낮추고 흡입비 속도를 작게 한다.

㉢ 펌프의 흡입관의 두 손실을 줄인다.

② surging (맥동현상) : 펌프나 기타 유체기계를 운전하고 있을 때 숨을 쉬는 상태가 되어서 펌프출구, 입구에 부착한 압력계 및 진공계의 바늘이 흔들리거나 또 동시에 토출량이 변화하는 현상을 서징 (surging) 이라 한다. 만약 서징현상이 발생하면 토출밸브의 개도 (開度) 를 변경하는 등으로 해서 인위적으로 운전상태를 변경하지 않는 한 그 상태가 계속된다는 것이 통상이다.

서징은 다음과 같은 원인에서 일어난다.

㈎ 펌프 양정곡선이 우상 구배인 것

㈏ 토출배관 중에 수조 (水曹) 또는 공기고임이 있는 것

㈐ 토출량을 조정하는 밸브의 위치가 수조 또는 공기고임의 뒤쪽에 있는 것 (하류측)

이와 같은 서징은 펌프 자체의 특성에 의한 것만 아니고 배관, 조(曹), 밸브 등을 포함한 배관 전체의 특성에 의해 일어날 가능성이 있으므로 펌프, 배관 전체의 설계시 이와 같은 원인이 일어나지 않도록 유의할 필요가 있다.

(2) 펌프의 종류

구 분	펌프의 종류
왕복형 펌프	piston pump, plunger pump
회전형 펌프	centrifugal pump, impeller or propeller pump, rotary pump, turbine pump, diagonal pump, axial (flow) pump, gear pump
특 수 펌 프	jet pump 등

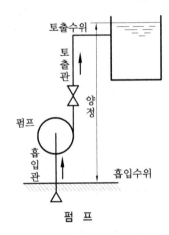

펌 프

6-3 공 식 (pitting)

(1) 공식의 개요

공식은 금속에 구멍을 내는 아주 국부적인 부식이지만 일단 시작되면 부식이 내부적으로 계속 진행되므로 가장 파괴적이고 깊숙한 부식의 형태 중 하나이다. 일반적으로 구멍(pit)은 입구가 깊이보다 작거나 같은 경우를 말하며 또한 크기가 작으면 부식성 생물로 덮여 있기 때문에 구멍을 발견하는 것은 어려울 때가 많다.

(2) pitting (공식)의 영향

▸ **유속** : 공식은 원래 정체된 용액 내에서 발생하는 것이기 때문에 유속이 증가하면 공식이 많이 완화된다.

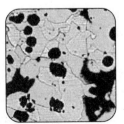

금속에서 공식의 발생모양

(3) 부식의 형태

금속의 부식에는 산화, 질화 또는 수소취화와 같은 건조상태에서 생기는 건식 (乾蝕, dry corrosion) 과 습윤상태에서 생기는 습식 (濕蝕, wet corrosion) 이 있다. 보통 열교환기에서 문제가 되는 부식은 대부분이 습식이며 원인이나 부식의 양상은 사용유체, 사용조건 또는 발생조건에 따라 달라져 매우 복잡하다.

① 전면부식 : 관찰면적의 95% 이상이 연속적으로 부식 당하고 있으며 하나의 부식의 크기가 95 cm² 이상이라고 할 수 있는 경우를 말한다.

② 부분부식 : 전면이라고는 할 수 없으나 관찰기준면 중의 약 40~94% 정도가 연속적으로 부식 당하고 있는 경우를 말한다.

③ 국부부식 : 부분부식에 비해 더욱 국부적인 부식이며 하나의 부식부의 크기가 관찰기준면의 40% 미만의 넓이가 작은 부식이 한 개 또는 몇 개 있는 경우이며 더욱이 부식부 한 개의 넓이가 침식깊이의 약 6배 이상인 경우를 말한다.

④ 식공 (蝕孔) 부식 : 부식부의 단위가 더욱 작아져서 부식부 한 개의 넓이가 침식깊이의 6배 미만인 소위 구멍이라고 하는 부식공이 한 개 또는 수백 개 있는 경우를 말한다.

⑤ 균열부식 : 재료표면의 개구부가 아주 좁고 소위 균열이라고 하는 평면적으로는 선상으로 뻗는 부식을 말한다.

⑥ 박리부식 : 금속표면이 산화 등에 의해 취화되어 충상으로 박리되어 가는 부식이다.

(4) 용액의 조성

실제로 거의 모든 공식은 염소이온 (−) 과 염소를 함유하는 이온 (hypochloride) 에 의하여 발생하고 특히 염화구리 ($CuCl_2$), 염화철 ($FeCl_2$), 염화수은 ($HgCl_2$) 같은 산화성 금속이온의 염화물 내에서는 공식이 심하게 발생하므로 수산화물, 크롬산염, 규산염 등이 용액 내에 용존되어 있으면 많은 경우에 공식이 완화될 수 있으나 소량 존재하면 오히려 공식을 촉진하는 경향이 있으므로 주의해야 한다.

(5) 금속학적 요인

스테인리스강 합금들은 다른 금속재료에 비하여 공식에 민감하므로 스테인리스강의 공식 저항성을 개선하기 위한 합금설계 연구가 많이 이루어져 왔다. 보통강은 스테인리스강보다 공식에 대한 저항선이 크다. 응축관 (condenser tube) 을 보통 강판으로 대치하면 보통강은 일반 부식이 스테인리스강보다 심하게 발생하지만 공식방지에는 보다 효과적이다.

6-4 밸브와 콕

밸브 (valve) 와 콕 (cock) 은 유체 흐름의 단속, 방향 전환, 유량 및 압력조정에 사용한다. 밸브는 밸브의 본체와 밸브 개폐부분으로 구성되어 있으며, 밸브 본체는 소형으로 저압인 경우에는 청동제, 고온·고압용으로는 주강제를 사용한다. 밸브와 밸브가 접촉하는 밸브 시트 (valve seat) 의 재질은 기계적 성질이 좋아야 한다.

(1) 밸브의 종류

① 리프트 밸브 (lift valve) : 흐름의 방향과 평행하게 개폐되는 것으로 글로브 (glove) 밸브, 앵글 밸브, 니들 밸브, 볼 밸브, 체크 밸브가 있다.

② 슬라이드 밸브(slide valve) : 밸브가 흐름에 직각인 방향으로 개폐되며 슬루스 밸브 (sluice valve) 또는 게이트 밸브(gate valve) 라고도 한다. 고압·고속의 유체에서는 압력손실이 적으며 전개하는 데 시간이 걸리고 밸브자리가 마멸되기 쉽다. 증기, 공기, 가스용으로 사용한다.

③ 버터플라이 밸브(butterfly valve) : 평면 밸브를 흐름과 직각방향으로 회전시켜서 밸브자리 사이와의 경사각을 바꾸어 유량을 조절한다.

④ 특수 밸브 : 특수 목적으로 사용하는 것으로 고압용기 내의 압력이 일정압력 이상이 되면 자동적으로 유량을 조절한다.

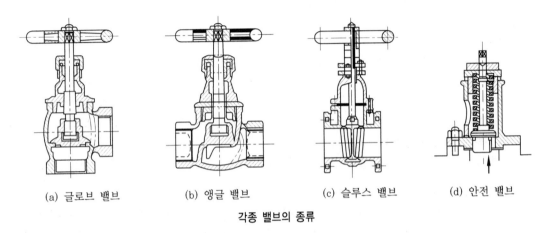

| (a) 글로브 밸브 | (b) 앵글 밸브 | (c) 슬루스 밸브 | (d) 안전 밸브 |

각종 밸브의 종류

7. 제 어 장 치

최근에는 자동화가 현저하게 진행되어서 운전자 판단에 의해서 조작하고 있는 부분에 한정되고 자동화할 수 있는 부분은 모두 교체되고 있다.

7-1 자동제어

기계장치의 운전을 인간 대신에 기계에 의해서 하게 한다는 기술이다.

(1) 시스템의 작동

① 어떠한 원인 때문에 프로세스의 상태 (예를 들면 온도, 액위, 기타) 가 변화하여 그것을 정정하도록 출력신호를 낸다.

② 조절계가 검출치와 설정치를 비교하고 차이가 있으면 그것을 정정하도록 출력신호를 낸다.

③ 밸브가 출력신호에 의해서 작동한다.

④ 따라서 프로세스의 상태 (유량, 온도 등) 가 바뀐다.

⑤ 그 변화가 또 검출되어 조절에 들어간다.

⑥ 다시 조절계가 설정치와 비교하여 출력신호를 바꾼다.

⑦ 밸브가 작동한다.

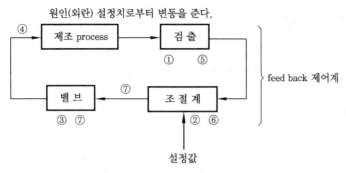

자동제어 시스템의 작동

(2) 피드백 제어법의 예

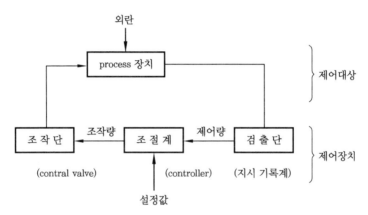

자동제어 시스템의 작동

(3) 증류탑 자동제어의 예

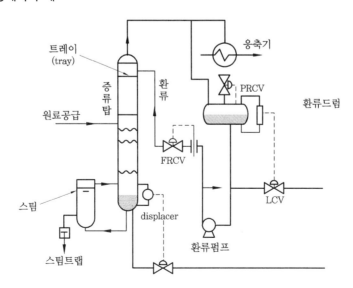

7-2 계측장치의 종류

① 압력, 온도, 유량 등의 계측장치는 여러 가지가 있다.

   (가) 측정대상 (무엇을 측정하는가) 에 의한 종류 : 온도계, 압력계, 유량계, 액면계, 분석계 등

   (나) 기능 (어떻게 동작하는가) 에 의한 종류 : 지시계, 기록계, 조절계, 발신기, 경보기 등

   (다) (가), (나)를 합한 것 : 압력기록계, 온도지시조절계 등

② 장치의 계통도 등 계기는 기호로 나타내지만 그 주된 것은 다음과 같다.

   (가) 측정대상에 의한 종류의 계기 : 온도 T, 압력 P, 유량 F, 레벨 L

   (나) 기능에 의한 종류의 계기 : 지시 I, 기록 R, 조절 C, 경보 A, 적산 Q

   (다) (가), (나)를 합한 것 : 온도기록 조절계 TRC, 압력지시 조절계 PIC

제 4 장　　소 화 설 비

1. 소화설비

1-1　물분무 소화설비

(1) 물분무 소화설비의 효과

① 연소물의 온도를 인화점 이하로 냉각시키는 효과
② 방사열 (放射熱) 차폐에 의해 미연소 물질의 표면으로부터 열전달을 저하시키는 효과
③ 발생된 수증기에 의한 질식효과
④ 연소물의 물에 의한 희석효과

(2) 설비의 대상

① 화재의 억제를 목적으로 한 대상
　㈎ 인화점 70℃ 이상의 가연성 액체를 저장 또는 작업용으로 사용하는 개방된 저장조
　㈏ 석유정제 또는 유지공업 등의 제반장치 또는 각종 유압 조작기계
　㈐ 주차장, 엔진실 등의 액체연료의 사용장소
　㈑ 위험물을 취급하는 화학공장의 제반장치
　㈒ 분진화재의 위험이 있는 장소
　㈓ 전기기기, 특히 변압기 또는 유입식 (油入式) 차단기 등
　㈔ 면화 (棉花), 고무, 합성수지 등 특수가연물의 저장소
② 화재의 억제를 목적으로 하는 경우
③ 화재의 연장을 방지하기 위한 경우
④ 화재발생의 예방을 목적으로 하는 경우

(3) 물분무 소화설비의 구성 및 계통도

① 필요한 물의 양을 필요시간 내에 수송할 수 있는 물 공급원 (A)
② 필요한 물의 양을 필요압력으로 수송할 수 있는 가압송수장치 (B)
③ 화재를 초기단계에 발견하거나 이상 온도에서 경보하면서 가압송수장치 (B) 및 물분무 기동장치 (D) 를 제어하는 화재감지장치 (C) 또는 이상온도 검출장치
④ 상기 감지장치 또는 검출장치의 신호, 사람의 조작에 의해 방수대상구역의 물분무 헤드를 일제히 방수시키는 물분무 방수기동장치 (D)
⑤ 물 공급원 (A) 또는 상기 기동장치의 일체식 개방밸브 ⑫ 를 통과하여 물분무 헤드에 균일한 압력의 물을 공급하는 배관 및 밸브류
⑥ 대상물을 물분무로 완전히 덮을 수 있도록 배치된 물분무 방출구 (E)

A : 물 공급원	① 저수지
B : 가압송수 장치	② 펌프
	③ 마중물 (water of fetching a pump)
	④ 펌프가동용 압력공기조
	⑤ 펌프제어판
	⑥ 펌프운전온도 상습방지배관
	⑦ 펌프성능시험장치 (점검시 사용)
C : 화재감지장치	⑧ 화재감지기
	⑨ 화재감지용 폐쇄형 스프링클러
	⑩ 화재수신판
	⑪ 유수경보 밸브
D : 물분무 방수기동장치	⑫ 개방밸브 (일체식)
	⑬ 전자밸브
	⑭ 수동식 개방밸브
E : 물분무 방출구	⑮ 분무헤드
E : 기타	⑯ 스트레이너 (strainer)
	⑰ 쌍구 송수구 (소방차에 의해 송수)

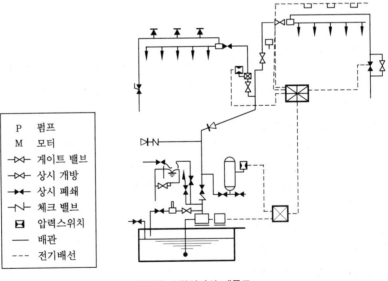

물분무 소화설비의 계통도

1-2 포말소화설비

(1) 설비 대상

① 옥외에 다량의 가연성 액체를 저장하는 밀폐 탱크

② 옥내의 뚜껑이 없는 개방형 가연물 탱크

③ 다량의 액체 가연물을 저장하는 건물, 창고 등

④ 가솔린, 중유 등의 가연성 액체가 마루 위에 누출될 위험이 많은 작업장, 예컨대 도장 공장, 기름충전소, 탱크하역장 등

⑤ 작업의 성질상 발화위험성이 매우 높은 기계 또는 화학장치, 예컨대 석유정제장치, 화학기계장치, 위험물가공장치

⑥ 유조선 및 액체원료를 원동력으로 하는 선박 등의 엔진룸 등

⑦ 기계의 고장 또는 충돌 등의 사고에 의해 유류화재의 발생이 용이한 장소, 예컨대 화학공장, 주차장, 공항 등

(2) 설비의 기본 구성도

① 필요수량 및 압력으로 필요시간 급수 가능한 물 공급원 및 가압송수장치

② 포말약제를 규정된 농도(3% 또는 6%)로 물과 혼합시킬 수 있는 혼합장치 및 필요시간 동안 공급 가능한 포말약제의 저장탱크

③ 포말방출구로 포말약제 수송액을 수송시킬 수 있는 배관 및 수송액을 제어할 수 있는 컨트롤 밸브

④ 가압송수장치를 가동시키거나 포말방출 지역의 컨트롤 밸브를 개폐에 조작시킬 수 있는 제어판

⑤ 포말약제 수용액과 공기를 교반 혼합시켜 포말을 생성방출시키는 포말방출구

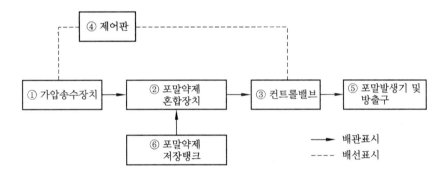

1-3 설비에 사용되는 기기

(1) 포말 소화약제 혼합장치 (proportioner)

포말약제를 일정한 농도로 물과 혼합시켜 포말수용액을 만든다. 일반적으로 다음과 같은 4종류의 방식이 있다.

① 압력차 혼합장치 (pressure proportioner)

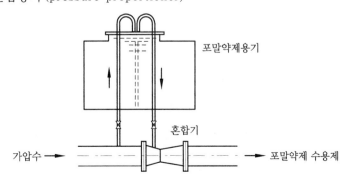

② 관로 혼합장치 (liner proportioner)

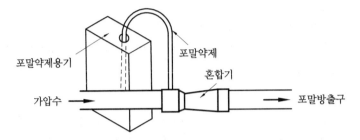

③ 펌프 혼합장치 (around-the-pump proportioner)

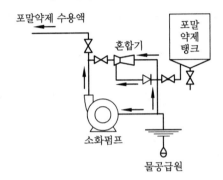

④ 압력 혼합장치 (pressure side proportioner)

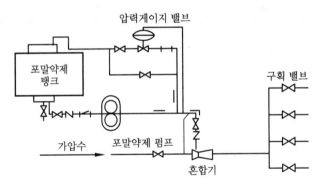

(2) 포말방출구

① 포말헤드방식

② 고정식 방출방식

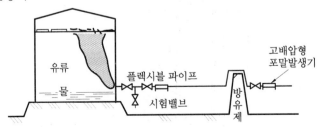

sub-surface injection system (SSI 방식)

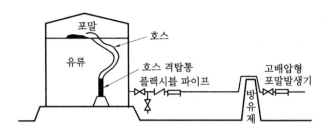

semi-sub-surface injection system (SSSI 방식)

(3) 고발포 포말소화기

(4) 포말노즐

1-4 분말소화설비

(1) 설비의 대상

① 액체연료 저장탱크, 도료 반응용 가마, 도장 부스, 자동차 주차장, 보일러실, 엔진룸, 주유소, 위험물창고, 탱크하역장 등 인화성 액체를 취급하는 장소

② 유류수송관, 반응탑, 가스플랜트 등 인화성 액체 또는 가스 등의 분출에 의해 화재발생 위험이 있는 장소

③ 옥내외 트랜스, 유압차단기 등의 전기설비 화재

④ 종이 또는 직물류의 일반 가연물로 통상연소가 표면에서 이루어져 내부로 화염이 침투하지 않는 것

(2) 설비의 구성

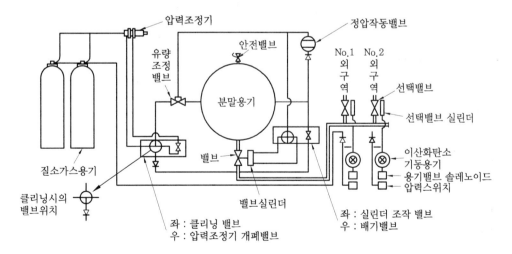

분말소화설비의 구성

(3) 분말소화약제의 종류

종 류	주 성 분		분말의 색	적용화재
	품 명	화 학 식		
제1종	탄산수소나트륨	$NaHCO_3$	백 색	B, C급 화재
제2종	탄산수소칼륨	$KHCO_3$	황 색	B, C급 화재
제3종	인산 암모늄	$NH_4H_2PO_4$	담 홍 색	A, B, C급 화재
제4종	탄산수소칼륨과 요소와의 반응물	$KC_2N_2H_3O_3$	회 백 색	B, C급 화재

(4) 분말소화설비의 소화약제설계 방출량에 분말약제 성능비교

종 류	전지역 방출방식 (kg / m³)	국소 방수방식 (kg / m³)	이동식(1노즐의 방출량, kg)	제 2, 3종 분말을 100으로 했을 때의 성능비교
제1종	0.60	8.8	50	60
제2종	0.36	5.2	30	100
제3종	0.36	5.2	30	100
제4종	0.24	3.6	20	150

1-5 이산화탄소 및 할로겐화합물 소화설비

(1) 일반적인 특징

① 소화속도가 빠르다.
② 전기절연성이 크기 때문에 전기기기류의 화재에 사용한다.
③ 저장에 따른 변질이 없어 장기간 저장이 가능하다.
④ 소화시 대상물 또는 주위 기물에 대해 오염을 주지 않아 부식성이 없다.
⑤ 소화설비의 보수 관리가 용이하다.

(2) 소화약제의 물리적 성질

항 목 \ 소화제 명칭	이산화탄소	할론 1301	할론 1211	할론 2402
화 학 식	CO_2	CF_3Br	CF_2ClBr	$C_2F_4Br_2$
분 자 량	44.01	148.91	165.4	259.8
녹는점 (℃)	−56.6 (5.2 atm)	168.0	160.5	10.5
끓는점 (℃)	−78.5 (승화)	57.75	3.4	47.3
액체비중 (g/cm³ at 25℃)	−	1.538	1.808	2.162
액체밀도 (공기 1)	1.529	5.1	5.7	9.0
임계온도 (℃)	31.35	67.0	153.8	214.5
임계압력 (atm)	73.0	39.1	40.4	34.0
임계밀도 (g/cm³)	0.46	0.745	0.713	0.790
증발잠열 (cal/g, 끓는점)	137.8	28.38	32.3	25 (추정)

(3) 소화약제의 종류

현재 시판되고 있는 할로겐화합물은 브로모 트리플루오르 메탄 (bromo tri-fluoro methane : 할론 1301), 브로모 클로로 디플루오르 메탄 (bromo chloro-di fluoro methane : 할론 1211), 디브로모 테트라플루오르 에탄 (di-bromo tetra-fluoro ethane : 할론 2402) 3종류가 있다. 그러나 할론 2402는 다른 두 종류보다 독성이 강하기 때문에 거의 사용되지 않고 있다.

(4) 설비의 대상

① 보일러실, 유류펌프실, 엔진, 유류 피트 (pit), 도장부스 등 가연성 액체 또는 가연성 가스를 취급하는 장소
② 변압기, 유압차단기, 발전기, 케이블 덕트 등의 전기설비
③ 전자계산기실, 통신기기실 등의 전자기기설비
④ 위험물 대상이 되는 제품 등의 저장창고

MEMO

제 **6** 편

건설안전기술

제1장 건설공사 안전의 개요

건설공사의 시공과정에서의 발생에 되는 재해를 최소한으로 줄이기 위한 안전사고 예방대책의 강구는 참으로 절실한 문제이다. 특히 공사의 규모가 대형화됨에 따라서 기계화시공이 일반화되고 공정이 복잡해짐에 따라서 재해발생의 요소는 더욱 다양화 되어가고 있으며 발생이 되는 재해는 인적 또는 경제적인 면에서 막대한 손실을 야기하고 있음을 볼 수 있다.

이와 같은 현장 재해의 발생과 그 위험도의 심각성에 비추어서 인명 또는 재산상의 피해를 어떠한 책임 없이 감수할 것이 아니라 최대한의 안전 대책을 마련하여서 사전에 방지하고 진단하여서 재배발생의 요인을 제거함으로써 근로자 개인의 행복과 기업의 발전을 추구한다.

1. 지반의 안전성

1-1 건설공사의 안전관리

(1) 안전관리의 의의 및 대책

① 건설공사 재해의 원인
  (가) 작업환경의 특성
  (나) 작업 자체의 위험성
  (다) 공사계약의 유무성
  (라) 근로자의 유동성
  (마) 고용의 불안정
  (바) 신공법, 신기술의 안전기술 부족
  (사) 근로자의 안전의식 부족
  (아) 하도급에서 발생되는 문제점
② 근본적인 건설재해 방지대책 (설계, 적산 등의 안전대책)
  (가) 공기, 공정의 적정화
  (나) 안전보건경비의 적정기준 설정
  (다) 적정한 시공업자 선정
  (라) 하도급계약의 적정화
  (마) 설계사, 적산담당기술사, 안전보건교육 실시

(2) 기계설비, 공법 등의 안전 확보

① 연구개발의 추진

② 공법 등에 관계되는 사전심사제도의 정착
③ 신개발공사용 설비의 안전성 확보
④ 재래공법의 재검토

(3) 안전관리체계의 정비

① 계획단계에서 안전성 심사제도 확립
② 공사현장의 안전보건관리체제 강화

(4) 안전기준의 보완개선

① 공사용 설비의 안전성 확보
② 표준안전작업기준의 보완

(5) 안전보건교육의 강화

① 교육체계의 확립
② 교육대상의 확대
③ 교육내용의 충실화
④ 학교교육에서 산업안전보건교육 실시

(6) 건강재해대책의 강화

1-2 건설지반의 안전성

▶ **건설공사 착수 전 점검사항**

① 지　형
　(개) 지형의 형태 및 비배수의 처리　　(내) 토취장 및 토사장의 지형 및 위치
　(대) 공사용 가건물의 위치　　　　　　(래) 플랜트 및 적치장의 위치
② 기　상
　(개) 온도 및 강우, 강설시기와 양　　　(내) 바람, 먼지, 안개
③ 지　질
　(개) 피복층 및 하층토의 상태　　　　　(내) 지하수위, 우물, 동굴의 상태 및 위치
　(대) 단층의 유무　　　　　　　　　　　(래) 물리적 성질 및 용해성 성질
④ 유　량
　(개) 하천의 평수위, 평수량 및 시기　　(내) 저수위, 저수량 및 시기
　(대) 홍수위, 홍수량 및 시기
⑤ 주변시설
　(개) 최단거리의 도시 및 부락　　　　　(내) 공사용 가주택
　(대) 병원, 소방서 및 경찰서
⑥ 토지 및 시설물
　(개) 작업장의 경계　　　　　　　　　　(내) 통로 및 출입구
　(대) 작업장 주변의 토지 시설물의 규모 및 소유자

⑦ 인 력

　㈎ 노무규정　　　　　　　　　　㈏ 직종 및 인원

　㈐ 숙련 및 미숙련

⑧ 수송시설

　㈎ 도로 및 쾌도의 노면상태, 곡선부 및 속도

　㈏ 각 시설물의 건축한계, 교량, 수로, 갑문 및 홀수

　㈐ 적재, 하역시설 및 장비

⑨ 안전관리체제

　㈎ 감독자 및 근로자의 안전제일원칙 확립자세

　㈏ 근로자의 안전작업 요령 숙지

　㈐ 안전교육계획

　㈑ 안전작업용구의 준비

⑩ 동력, 연료 및 급수

　㈎ 종류 및 원천　　　　　　　　㈏ 소요량 및 용량

2. 공사계획의 안전성

2-1　건설공사의 안전계획

(1) 안전계획 작성

① 안전계획의 수립원칙

　㈎ 회사방침과 일관성이 있을 것

　㈏ 해당 공사 현장의 특성에 적합하고 독자적이며 구체적일 것

　㈐ 실천 가능할 것

　㈑ 전원이 참가하여 추진하는 계획일 것

　㈒ 시공기술, 기계 · 자재 등 제관리계획과 균형을 이룰 것

② 안전관리조직의 필수요소

　㈎ 작업관리 자체가 안전관리를 추진하는 체제로 할 것

　㈏ 구체적인 계획을 수립하고 추진을 지도 · 평가하여 다음의 발전대책의 원동력은 스태프에서 하나 라인의 협조로 안전관리의 순환되는 체제가 확립 유지되도록 할 것

　㈐ 공사현장의 안전관리는 착공 초기에 정착이 중요하고 공사 중간에 체제를 세우기는 쉽지 않다 (특히 착공시 직반장 · 작업원의 소집단활동의 습관화와 자신의 안전은 자신이 세우고 지킨다는 체제와 협력업자의 자율적인 계획적 관리를 중시해야 한다).

　㈑ 동일 현장에서 혼재된 각 직종간의 협조체제 확립은 대단히 중요하다.

(2) 건설안전계획서 작성지침

① 입지 및 환경조건 : 주변의 교통, 통행인 (거주인), 부자상황, 매설물, 유해물, 지역특성 등의 현황을 기술

② 안전관리 중점목표

    ㈎ 전공기에 해당되는 목표 달성

    ㈏ 착공에서 준공까지 각 단계의 중점목표를 결정

    ㈐ 각 공정별 중점목표를 결정

    ㈑ 구체적이고 실천 가능한 목표를 설정

    ㈒ 긴급성과 경제성을 고려한 목표를 설정

③ 공종·공정별 위험요소와 재해를 예측 : 주요 공사 공정을 근거로 공정별 위험요소와 재해를 예측하여 이들 항목을 기록하고 배치해야 할 유자격자 등을 명시한다.

④ 사고예방을 위한 구체적 실시계획 : 공사구분 및 재해항목(위험요소 포함)을 근거로 사고예방을 위한 구체적인 실시 내용과 교육계획을 수립한다.

⑤ 안전행사 계획 : 일일계획, 주간계획, 월간계획, 수시계획을 구분하여 개최예정일시 요일들을 명시한다.

⑥ 안전업무 분담표 : 업무추진의 역할분담을 명확히 하여 책임자, 정부 및 보조자를 결정하여 책임을 분담시킨다.

⑦ 긴급연락망 : 사내, 감독관서, 경찰서, 소방서, 병원, 전력, 수도, 가스 등 각각에 대한 연락처의 일람표를 작성하여 공사현장, 사무실, 협력업자 사무소 등에 게시

⑧ 긴급시 업무분담 : 재해, 화재, 도난 등의 예측 불능한 사태 발생시 업무에 대한 분담을 명확히 하여 공사현장 실정에 맞게 규정으로 설정 담당책임자에게 각각의 임무를 이해시키고 만일의 경우에 대비한 훈련을 실시한다.

(3) 재해발생 원인별 안전대책

① 공사별, 작업별로 잠재위험을 찾아내어 가능성 있는 사고 및 재해를 예측한다.

② 공사별 공법에 관한 법규, 구조규격, 기준, 기술기준·지침 등의 위반 유무를 확인하고 설계상의 결함 유무도 확인한다.

③ 가설비에 대해서도 사용기간에 적합하도록 강도, 안전장치 등 구조상의 결함을 확인한다.

④ 공정계획은 무리하지 않는지 확인하고 공정 중 위험하거나 주의를 요하는 중점사항을 확인한다.

⑤ 관계법규 및 기준 등은 최저기준을 전제로 한 안전공법을 고려

⑥ 유해 및 가연성 가스, 유기용제, 산소결핍, 고기압장해, 방사성물질 등 유해위험이 예측되는 경우 전문가의 협조를 얻어 특별한 대책을 세운다.

⑦ 공중재해 예방대책을 세운다.

제 2 장   건설공구 및 장비

1. 수공구

1-1   수공구의 안전대책

(1) 일반적 수공구 안전대책

① 공구는 잘 손질하고 정돈해 두고 본래의 목적 이외에 사용하여서는 안 된다.

② 이상이 있는 공구는 수리할 때까지 사용하지 말아야 한다.

③ 높은 곳에서 일할 때 쓰지 않는 공구는 공구주머니에 넣어 떨어지지 않게 두며, 쓰지 않는 공구는 높은 작업장에 두지 않으며, 공구를 던지거나 떨어뜨려서는 안 된다.

④ 끝이 뾰족한 공구를 주머니에 넣고 다니지 말 것이며 불에 달구고, 두드리고, 날을 세우는 등의 작업은 그 작업에 숙련된 사람에게만 시켜야 한다.

⑤ 동력공구는 쓰기 전에 또 가끔 검사하여 안전한 상태에 있는가 확인하고, 지정된 사람 외에 사용하지 못하게 하여야 한다.

(2) 동력이 필요한 수공구 안전대책

① 연삭공구

㈎ 동력 그라인더 숫돌은 그 둘레의 3/4 이상이 안전덮개로 덮여 있어야 한다.

㈏ 회전중일 때 그 작업대나 공구대를 조정하거나 수리하지 않는다.

㈐ 금이 갔거나 홈이 있는 그라인더 바퀴는 사용하지 않는다.

㈑ 제작회사 규격의 안전속도 이상으로 회전하지 않는다.

② 동력톱

㈎ 둥근 동력톱의 기계는 반드시 안전덮개로 덮는 등 방호장치를 하여야 한다.

㈏ 금이 갔거나 굽었거나 깨어진 날을 사용하여서는 안 된다.

㈐ 사용하지 않을 때에는 정지시켜 두어야 한다.

③ 압축공기 사용공구

㈎ 압축공기 사용공구는 그 사용법에 익숙한 기능공이 사용토록 하여야 한다.

㈏ 공구는 언제나 잘 손질해 두고 사용 전에 검사하고 조절밸브, 배기밸브, 호스의 이음부, 함마의 다이즈 끼우개 등을 잘 조사하여야 한다.

㈐ 송기호스는 공구로부터 떼기 전에 배출밸브를 잠그고 호스 내의 공기를 먼저 빼어 버리며 공구와 호스 연결부는 끈으로 잘 잡아매어야 한다.

㈑ 공기호스는 제작자의 허용압력 이상 가해지지 않도록 하여야 하고 터진 호스, 파손

된 호스는 쓰지 말아야 한다.

㈜ 호스를 사다리, 계단, 통로상에 놓아 걸려 넘어지는 일이 없도록 하여야 한다.

㈐ 손, 얼굴 또는 옷에 묻은 먼지를 털기 위해 압축공기를 쓰는 일이 없도록 하여야 한다.

2. 굴착기계

2-1 굴착기계의 안전기술

(1) 굴착작업 및 일반적인 안전

① 굴착기계가 불안전한 상태

㈎ 시공방법의 불량

㈏ 작업환경의 물리적 불안정 상태

㈐ 정비점검의 불량

② 운전자의 기술 및 안전수칙

㈎ 운전자는 강건한 훈련된 자격자를 선정하고, 운전작업에 일어나는 위험에 대하여 교육시키고 안전한 작업방법을 보여야만 한다.

㈏ 운전자는 항시 안전제일을 염두에 두게 하여 기계의 이상을 감각적으로 알 수 있도록 한다.

㈐ 기계의 점검 · 정비를 소홀히 하지 않도록 해야 한다.

㈑ 운전 중에 각 기계의 작동에 주의하여 엔진의 배기 색 · 소리 등으로 엔진의 이상을 알도록 마음을 쓰며 기름이 샌다든지, 회전부의 이음이라든지, 전기계통의 냄새 · 열 등으로부터 양부에 대해 항상 관심을 두어야 한다.

㈒ 시공중 여하한 작동에 있어서도 기계의 진행방향에 늘 주시하며 비래 (飛來), 붕괴위험은 사전에 제거하여 사토 위에 타는 것은 가능한 피하며 움직이고 있는 기계에 뛰어들어 타거나, 뛰어내리는 것은 금한다.

㈓ 유도자를 필요로 하는 장해물 가까이 통과할 때, 시계 (視界) 불량한 도로, 불안정한 자세에서 후진할 때는 신호수를 두어 운전자는 신호에 따른다.

㈔ 야간작업 : 작업장 전체를 조명하되, 위험한 장소에서의 작업에는 반드시 유도자를 배치시키고 신호용 회전등을 상비한다. 기계는 가능한 한 야간에는 도로로부터 완전히 벗어나 운행해야 한다. 기계의 어느 부분이라도 도로에 나와 있을 경우는 빨간 램프 또는 야광을 표시해야 한다.

2-2 굴착기계의 종류

(1) 도 저 (dozer)

① 도저 : 트랙터에 삽을 설치하여 견인하면서 작업을 수행하는 기계를 말하며 크롤러형 트랙터에 삽을 설치하면 크롤러형 도저가 되고 타이어 트랙터에 설치하면 타이어 도저가 된다.

② 불도저 (bull dozer)

    ㈎ 크롤러형 (crawler type) : 연약한 지역이나 습지지역의 작업에 용이하며, 암석지에서도 마모에 강하고 등판능력과 견인력이 크다 (무한궤도식).

    ㈏ 타이어형 (휠형) : 고무타이어식은 크롤러식에 비하여 기동성과 이동성이 양호하며 평탄한 지면이나 포장도로에서 작업하기가 좋다 (휠식).

    ㈐ 기관의 회전력 : 주클러치 (main clutch) → 변속기 (transmission) → 횡축조향장치 → 증감속장치

    ㈑ 불도저는 10 km/h의 속도로 작업, 주행한다.

    ㈒ 작업조건에 따라 피치조정을 10°씩 할 수 있으나 삽을 변경할 수는 없다.

    ㈓ 직선송토작업, 벌개, 압토 등에 사용된다.

    ㈔ 불도저에 장착하는 블레이드 치수는 나비 × 높이로 표시한다.

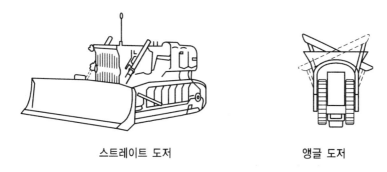

스트레이트 도저   앵글 도저

(2) 스크레이퍼 (scraper)

① 용 도

    ㈎ 무른 토사나 토괴 (土塊) 로 된 평탄한 지형의 지표면을 얇게 깎거나 일정한 두께로 할 수 있으며 일부는 적재할 수 있다.

    ㈏ 불도저보다 운반거리가 크고 캐리올 (carry all) 이라고 부른다.

② 종 류

    ▶ **견인식 스크레이퍼**

        • 작업거리는 100~500 m 가 경제적이며 트랙터의 작업조정장치 (PCU) 로 조정한다.

        • 주로 굴착 (채굴), 적재, 운반에 사용한다.

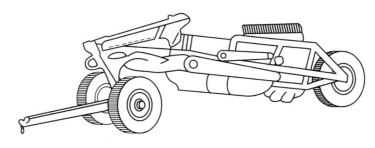

견인식 스크레이퍼

(3) 그레이더 (motor grader)

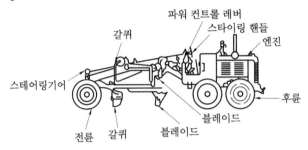

모터 그레이더의 각 부 명칭

① 구조 및 기능

  (가) 지면을 절삭하여 평활하게 다듬는 것이 목적이다.

  (나) 동력전달은 엔진 → 플라이 휠 → 변속기 → 감속기어 → 배벨기어 → 최종구동기어 → 탠덤장치 → 휠로 구성되었다.

  (다) 트랙터와 스크레이퍼 부분으로 구분 (견인식과 자주식) 이 있다.

② 작업방법

  (가) 측구작업 : 배수로 작업에 적합

  (나) 제설작업 : 삽이나 제설기를 설치하여 눈을 제거하는 일

  (다) 산토작업 : 골재나 아스팔트 등을 깔아주는 작업

  (라) 제방경사작업 : 경사진 곳의 절토작업

  (마) 매몰작업 : 삽의 각도를 조절하여 배수로 송유관 등의 매물작업을 할 수 있다.

(4) 셔블계 굴착기

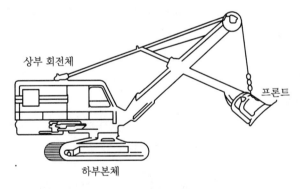

파워셔블

① 정의 : 셔블계 굴착기는 가장 오래 전부터 사용한 적재기계로서 굴착기계로 사용하는 외에 프론트 어태치먼트 (front attachment) 를 설치하여 많은 작업을 할 수 있는 다목적 기계이다. 본체는 하부기구에 대하여 360° 선회할 수 있다.

② 기구상의 분류

  (가) 버킷용량 : 굴착하는 부분을 버킷 (bucket), 또는 디퍼 (dipper) 라 하고 용량을 m^3 로 표시한다.

   (나) 동력전달방식 : 기계 로프식과 유압식으로 분류되는데 기계 로프식은 권상기와 와이
      어로프에 의한 것으로 대형 기종이고, 유압식은 구조가 간단하고 주행 굴착에 있어서
      마찰력을 흡수하여 과부하에 대해 안전하다.

   (다) 원동기의 종류 : 가솔린 엔진식, 디젤 엔진식, 전동기식이 있다.

③ 프론트 어태치먼트 (front attachment) 의 종류 (전부장치)

   (가) 셔블 (power shovel) : 원형으로 작업위치보다 높은 굴착에 적합하며 산, 절벽 굴착
      에 쓰인다 (삽).

   (나) 백호(back hoe shovel) : 작업 위치보다 낮은 굴착에 쓰이고 하천, 건축의 기초 굴착
      에 사용된다 (도랑파기).

   (다) 드래그라인 (drag line) : 긁어파기

      ㉠ 작업반경이 크며, 수중 굴착에도 용이하다.

      ㉡ 지면보다 낮은 곳을 넓게 굴삭하는데 사용

   (라) 어스드릴 (earth drill) : 무소음으로 대구경의 깊은 구멍을 굴착하여 현장박기 조성
      에 사용된다.

   (마) 크레인 (crane) : 중량물의 하역, 고양정의 건축공사에 쓰인다.

   (바) 파일 드라이버 (pile driver) : 콘크리트 말뚝이나 시트 파일을 박는데 쓰인다 (기둥박기).

   (사) 클램 셸 (clamshell) : 수중 굴착, 폭발작업 등 일정 장소의 굴착에 적합 (조개장치).

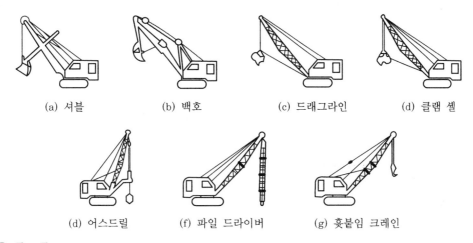

(a) 셔블   (b) 백호   (c) 드래그라인   (d) 클램 셸

(d) 어스드릴   (f) 파일 드라이버   (g) 훗붙임 크레인

④ 종 류

   (가) 트랜처 (trencher)

      ㉠ 굴착장치는 벨트컨베이어로 흙을 옆으로 방출하는 롤러식과 휠식이 있다.

      ㉡ 수도관, 배수관 등을 매설하기 위한 도랑파기, 기초 굴착, 매립공사 등에 사용한다.

      ㉢ 대개 홈의 나비와 깊이로 표시한다.

   (나) 리퍼와 루터 (ripper and rooter)

      ㉠ 대형 불도저의 뒤에 접지 시켜 차체의 중량으로 긁도록 하여 사용한다.

      ㉡ 지반이 단단하여 굴착이 곤란한 경우에 사용된다.

      ㉢ 발파가 곤란한 암석의 파쇄, 옥석류의 제거, 노반의 파쇄, 아스팔트 포장 파괴작
        업 등에 사용된다.

㈐ 타워 굴착기

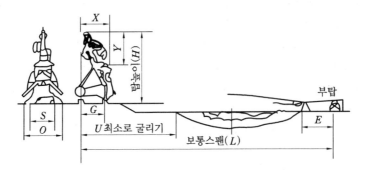

㉠ 구조 및 기능
- 하천지소(池沼), 운하 등에서 자갈채취 토사이동작업에 이용 (수중일 때도 싼 공사비로 선박에 대신하여 작업)
- 주탑, 부탑, 원동기, 원천, 운전실, 버킷 케이블, 조작 케이블 등으로 구성 (슬래그라인 케이블웨이 (slackline-cableway) 굴착기, 혹은 고가식 굴착기라고도 한다.)
- 제방에 레일을 설치하여 타워를 이동하는 작업
㉡ 용도
- 하상 정리용은 공사의 성질상 주탑이 하안 가까이에서 주행되는 형식
- 골재 취재용은 댐 공사 등의 가설기계로서 사용
㈑ 크롤러식, 스키머, 휠식, 유압셔블 등

3. 토공기계

3-1 토공장비의 안전기술

(1) 구 조
① 장비는 다음을 표시하는 판이나 이와 유사한 것을 갖추어야 한다.
   ㈎ 총 적재중량　　　　　　　　　　㈏ 차체중량
   ㈐ 최대 축중량이나 무한궤도장비의 경우에 지압
② 토공장비 구비조건
   ㈎ 전기로 작동하는 청각신호기　　　㈏ 전후 이동을 살피는 탐조등
   ㈐ 핸드브레이크와 동력브레이크　　　㈑ 꼬리등
   ㈒ 소음기
③ 토공장비의 작동자는 적당히 운전석이나 바람막이 지붕 등 기타 효과적 수단으로 바람에 대하여 보호토록 해야 한다.
④ 운전석을 갖춘 땅 고르기 기계의 구비조건
   ㈎ 방향계　　　　　　　　　　　　㈏ 어느 한쪽의 백미러

⑤ 드래그라인이나 윈치로프를 가진 장비의 작동자는 끊긴 로프에 의해 다치지 않도록 적당히 보호하여야 한다.
⑥ 위험을 방지할 필요가 있다면 덤핑장비의 작동자는 일부 짐에 의해 받는 충격에 대해서 보호되도록 한다.

(2) 작동 (operation) 방법

① 토공장비는 모든 작동자들이 없어질 때까지 작동해서는 안 된다.
② 토공장비의 운전석은 굴착 정면으로부터 최소한 1 m 를 유지토록 한다.
③ 크레인과 삽이 이동할 때 붐은 이동방향에 있도록 하고 스쿠프와 버킷을 들어올리도록 한다.
④ 삽과 크레인의 스쿠프와 버킷은 장비가 이동할 때 적재해서는 안 된다.
⑤ 토공기계는 안전함을 확인하지 않고 브리지, 고가교, 둑 등 위에서 이동해서는 안 된다.
⑥ 빔, 거더 및 폴과 같은 부피가 큰 물체는 기계를 특별히 그 목적으로 설계하지 않을 경우 땅고르는 장비의 스쿠프로 운반해서는 안 된다.
⑦ 어떠한 일이 있더라도 토공기계가 작동중일 때 그 활동범위 내로 들어가서는 안 된다.
⑧ 토공장비가 전도체의 위험한 부근에서 작동하는 것을 막도록 주의를 기울이도록 한다.
⑨ 토공장비에 있어서 모터브레이크, 조정기어, 새시, 블레이드, 블레이드 홀더, 트랙, 와이어로프, 시브, 수압기구, 수송장치, 볼트 및 기타 안전장치 부품 등을 매일 검사토록 한다.
⑩ 건조한 운반도로의 트랙을 잘 알아볼 수 있도록 물을 뿌리도록 한다.
⑪ 토공장비는 가동하는 엔진을 경사장에 내버려두어서는 안 된다.
⑫ 토공장비는 밤에 도로상에 두어서는 안 된다.
⑬ 토공장비를 도로상에 두었을 경우 전등, 붉은기나 기타 효과적인 수단으로 적당히 표시하도록 한다.
⑭ 자격이 없는 사람이 토공 기계를 수송해서는 안 된다.
⑮ 팁이 달린 더팃은 돌발적인 기울어짐을 방지하기 위해서 유효한 장치를 갖추어야 한다.
⑯ 덱 플레이트와 스텝에는 기름, 윤활유, 진흙 등 기타 미끄러운 물질이 없도록 한다.
⑰ 버킷 굴착기는 바닥에 설치할 경우 굴착기가 미치는 범위보다 1 m 이상의 높은 지벽에서 사용해서는 안 된다.
⑱ 버킷 굴착기는 60° 경사를 초과하는 지벽의 바닥이나 꼭대기에서 사용해서는 안 된다.

4. 운반기계

4-1 유도자의 배치

(1) 근접작업시 안전한 유도신호방법

① 아스팔트 피니셔 포설작업
㈎ 피니셔의 운전원과 유도원은 덤프트럭의 후진, 혼합재 투입에 관련하는 연락을 항상 취한다.

(나) 유도자는 덤프트럭의 운전자로부터 잘 보이는 장소에서 신호한다.

(다) 신호는 버저 혹은 수신호를 사용한다.

② 롤러 전압작업

(가) 롤러와 피니셔와의 근접거리는 1 m 를 한도로 한다. 또 마무리공은 롤러와의 거리를 2~3 m 이하로 해야 한다.

(나) 특히, 시공이음 전압시의 롤러 근접에 대해서는 전압방법, 신호 등을 작업원에게 철저하게 해두어 마무리공의 유도신호를 하는 것이 좋다.

(다) 신호는 버저 및 수신호를 사용한다.

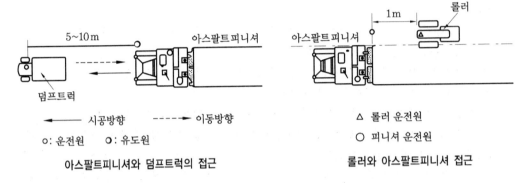

| 아스팔트피니셔와 덤프트럭의 접근 | 롤러와 아스팔트피니셔 접근 |

③ 근접작업원의 주의사항

(가) 기계가 운행 중에는 운행범위 내에 들어가지 않는다.

(나) 작업의 필요상 근접작업을 해야만 할 경우에는 미리 감독자에게 알려 작업방법의 지시를 받는다.

(다) 감독자 유도자의 신호에 따른다.

(2) 유도자를 배치하는 기계 및 작업

기 계 명	작업종류	상　　황
아스팔트피니셔	아스팔트 혼합재 갈기	덤프트럭이 후퇴해 오고 호퍼에 혼합재를 투입공급
타이어롤러	전　압	부근에 작업원이 있는 경우
어케덤롤러	전　압	부근에 작업원이 있는 경우
탠덤롤러	전　압	부근에 작업원이 있는 경우
3축 롤러	전　압	부근에 작업원이 있는 경우
그레이더	정　형	부근에 작업원이 있는 경우 특히, 후퇴시
불 도 저	굴착, 정지, 골재	부근에 작업원이 있는 경우
셔블도저	굴착, 적재	부근에 작업원이 잇는 경우
파워셔블	굴착, 적재	부근에 작업원이 있는 경우

4-2 장비별 사고발생과 그 대책 예

장비	발생상황	방지대책
피니셔	피니셔 이동중 포장용 거푸집 설치작업원에 접촉 (운전자의 전방 주시 부주의)	이동시 유도자를 배치
	피니셔 오토매틱 센서 로드를 철거중 급히 피니셔가 나와 옆에 있던 작업원에 피재 (정비점검자와 운전자의 연락신호, 운전자의 부주의)	이동시 유도자를 배치
덤프트럭	포설작업에서 덤프트럭을 경적과 깃발로 유도 중 수 초간 트럭에 등을 돌렸기 때문에 트럭에 넘어짐 (운전자의 부주의, 유도자의 신호위치 불량)	① 운전자의 안전운전 ② 유도신호 및 유도방법을 바르게 실시
	현장 청소작업 중 후퇴하는 덤프트럭에 충돌	후진시 유도자를 배치 유도
그레이더	모터 레이더의 보조를 하고 있던 작업원이 전진해 온 그레이더의 좌측 전륜에 낙상 (운전자 부주의)	① 유도자의 배치 ② 근접작업의 안전수칙 준수
	후부에서 작업하고 있는 것을 모르고 그레이더를 후진시켜 낙상 (운전자의 부주의, 유도자의 부재)	상 동
전압기	타이어롤러로 전압작업 중 반전 폭으로 전진했을 때 후차륜에 낙상 (운전자의 안전확인 불철저)	상 동
	비탈길에서 타이어롤러로부터 코드롤러에 급수작업 중 타이어롤러의 브레이크가 느슨해져 타이어롤러가 굴러가서 코드롤러와 타이어롤러 사이에 끼었다 (운전자의 기본동작 결여).	① 차바퀴에 쐐기를 받침 ② 기어 조작
불도저	트럭 유도 중 반대측으로부터 후진해 온 불도저에 치었다 (유도자의 유도위치 불량). 소형불도저 굴착작업 중 근접작업의 피해자에게 브레이크를 당겼다 (운전자의 작업실시).	유도신호 및 유도방법을 바르게 실시 ① 유도자의 배치 ② 근접작업의 금지
셔블	피재자가 호퍼로부터 재료 내리기를 하기 위해 호퍼 위에서 봉을 가지고 있을 때 재료를 운반해 온 롤러의 버킷에 부딪쳤다.	① 작업원을 후퇴시킨 후 버킷을 든다 ② 근접작업 금지

5. 구조물 해체용 기계 · 기구

5-1 해체용 기구

▶ **해체별 · 기계별 해체작업 공법**

- 압쇄기를 주로 한 작업 ┬ 압쇄단독공법
  ├ 압쇄공법과 전도공법
  └ 압쇄공법과 대형 브레이커공법

- 대형 브레이커를 주로 한 작업 ┌ 대형 브레이커 단독공법
  ├ 대형 브레이커공법과 전도공법
  └ 대형 브레이커공법과 철해머공법

- 전도공법을 주로 한 작업 ─ 전도공법과 대형 브레이커공법 (굴뚝 등)

- 철해머를 주로 한 작업 ┌ 철해머 단독공법
  └ 철해머공법과 전도공법

- 화약발파를 주로 한 작업 ┌ 화약발파공법과 대형 브레이커공법
  └ 화약발파공법과 철해머공법

- 핸드 브레이커를 주로 한 작업 ┌ 핸드 브레이커 단독공법
  ├ 핸드 브레이커공법과 압쇄공법
  ├ 핸드 브레이커공법과 대형 브레이커공법
  └ 핸드 브레이커공법과 전도공법

- 팽창압을 주로 한 작업 ┌ 팽창압공법과 압쇄공법
  └ 팽창압공법과 대형 브레이커공법

- 절단기를 주로 한 작업 ─ 절단공법으로 절단물을 내리는 작업

- 잭을 주로 한 작업 ┌ 잭공법과 압쇄공법
  └ 잭공법과 대형 브레이커공법

- 쐐기타입을 주로 한 작업 ┌ 쐐기타입공법과 압쇄공법
  └ 쐐기타입공법과 대형 브레이커공법

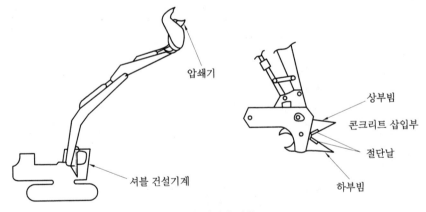

셔블에 압쇄기 장착도

5-2 해체용 기계의 종류

(1) 압쇄기

① 유압잭으로 파쇄 해체하는 공법이며 셔블에 압쇄기를 부착하여 사용하는 기계다.

② 벽체의 해체에 용이하며 능률이 우수하다.

③ 해체 높이에 제한이 없고, 취급·조작이 용이하고, 인력이 절감된다.

④ 20 m 높이까지 작업이 가능하며 철골·철근 절단도 가능하다.

⑤ 단점으로 분진이 발생하므로 반드시 살수조치가 필요하다.

(2) 잭 (jack)

① 들어올려 파쇄하는 공법이다.

② 보, 바닥 해체에 적당하다.

③ 단점으로 해체물이 많으며 기동성이 떨어지고 낙하물 보호조치가 필요하다.

(3) 철해머

① 이동식 크레인에 철해머를 부착하는 기계이다.

② 타격으로 주로 파쇄에 사용되며, 기둥, 보, 바닥, 벽체 해체에 적합하고 능률이 좋다.

③ 단점으로 소음진동이 매우 크고, 비산물이 많아 매설물 보호가 필요하다.

④ 지하 콘크리트 파쇄에는 적합하지 않다.

(4) 파쇄기 (breaker)

① 대형 브레이커

⑦ 압축공기나 유압에 의한 충격으로 파쇄하며 대형 브레이커 (파쇄기 : breaker)에 컴프레서를 사용한다.

⑭ 기둥, 보, 바닥, 벽체들의 해체에 적합하며 능률이 좋고 높이에 제한이 없다.

⑭ 단점으로 진동 및 소음이 심하며 분진의 영향이 있다.

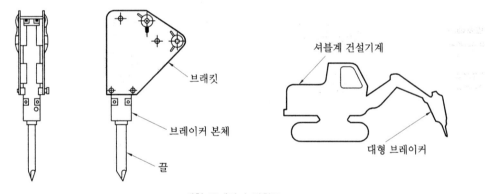

대형 브레이커 장착도

② 핸드 브레이커 (hand breaker)

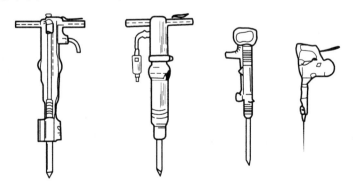

핸드 브레이커

㈎ 핸드 브레이커나 압축공기 브레이커로서 작업원이 직접 해체기구이다.

㈏ 기둥, 보, 바닥, 벽체, 기초부분 해체에 적용된다.

㈐ 해체물의 크기는 작고 작업대에 따라 광범위하게 작업이 가능하며 작은 부재의 파쇄에 유리하다.

㈑ 단점으로 소음, 진동 및 분진이 발생되므로 작업원은 보호구를 착용하며 위에서 아랫방향으로 작업을 하도록 한다.

㈒ 작업원의 작업시간을 제한하고 적절한 휴식을 요한다.

(5) 쐐기 타입기

① 부재에 구멍을 뚫고 그 구멍에 쐐기를 밀어 넣어 파쇄하는 것으로 천공기, 유압쐐기 타입기, 컴프레서들이 필요한 기계이다.

② 계획적이고 직선적인 파쇄가 가능하며 무근 콘크리트에 유효하다. 1회 파쇄량이 소량이며 기초파쇄에 적용된다.

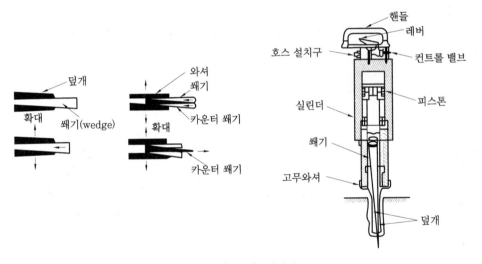

쐐기 타입기 구조

(6) 절단기

① 회전톱에 의하여 절단하는 공법이다.

② 보, 바닥 및 벽체 해체에 적당하다.

③ 무진동이 요망될 때 적용하며 절단중 부재를 매어 달 장치가 필요하고 최대절단 깊이는 30 cm 안팎이다.

④ 단점으로 소음이 다소 발생되며 반출용 크레인이 필요하다.

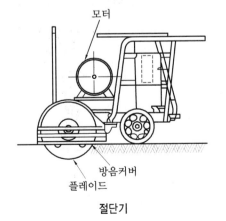

절단기

6. 건설용 양중기

6-1 양중기의 종류 및 정의

(1) 크레인

동력을 이용해서 짐을 달아 올리거나, 그것을 수평으로 운반하는 것을 목적으로 하는 기계 중에서 이동식 크레인 또는 데릭에 해당하는 것을 제외한 것을 말한다.

(2) 이동식 크레인

동력을 이용해서 짐을 달아 올리거나 수평으로 운반할 것을 목적으로 하며, 기계장치에 있어서 원동기를 내장하며, 불특정의 장소로 이동시킬 수 있는 방식의 것을 말한다.

(3) 데 릭 (derrick)

동력을 이용해서 짐을 달아 올리는 것을 목적으로 하는 기계장치이며, 붐을 갖고 원동기를 설치하여 와이어로프에 의해 조작되는 것을 말한다.

(4) 엘리베이터

사람이나 짐을 가드레일에 따라 승강하는 운반기에 올려놓고 동력을 이용하여 운반하는 것을 목적으로 하는 기계장치 및 이러한 기계장치 중 간이리프트 또는 건설용 리프트에 해당하는 것 이외의 것을 말한다.

(5) 간이 리프트

짐을 가드레일에 따라 승강하는 운반기에 놓고 동력을 이용하여 운반하는 것을 목적으로 하는 기계장치 중 운반기의 상면적이 $1\,m^2$ 이하, 또는 천장높이가 $1.2\,m$ 이하인 것으로 건설용 리프트에 해당하는 것 이외의 것을 말한다.

(6) 건설용 리프트

짐을 가드레일에 따라 승강하는 운반기에 놓고 동력을 이용하여 운반하는 것을 목적으로 하는 기계장치 중 건설공사에 사용하는 기계

(7) 달아올리기 하중

크레인, 이동식 크레인, 또는 데릭의 구조 및 재료에 따라 부하시킬 수 있는 최대하중

(8) 규정하중

지브 (jib) 를 갖지 않는 크레인, 또는 붐 (boom) 을 갖는 데릭에 있어서는 달아 올리기 하중으로부터 지브를 갖는 크레인 (이하 지브 크레인이라 함), 이동식 크레인, 또는 붐을 갖는 데릭에 있어서는 그 구조 및 재료와 아울러 지브 혹은 붐의 경사각 및 길이 또는 지브의 위에 놓이는 도르래의 위치에 따라 부하시킬 수 있는 최대하중으로부터 각각 혹 (hook), 버킷

(bucket) 등의 달아 올리기 기구의 중량에 상당하는 하중을 공제한 하중

(9) 적재하중

승강기, 간이리프트 또는 건설용 리프트의 구조 및 재료에 따라서 운반기에 사람 또는 짐을 올려놓고 승강시킬 수 있는 최대하중

(10) 정격속도

크레인, 이동식 크레인 또는 데릭에 있어서는 그것에 정규하중에 상당하는 하중의 짐을 달아올리기, 주행, 선행, 트롤리 (trolley) 의 횡행 (橫行) 등의 작동을 행하는 경우에 있어서 각각 최고의 속도와 엘리베이터, 간이엘리베이터, 또는 건설용 리프트에 있어서는 운반기의 적재하중에 상당하는 하중의 짐을 상승시키는 경우의 최고속도

(11) 적용 제외

다음에 해당되는 크레인, 이동식 크레인, 데릭, 엘리베이터, 간이엘리베이터, 건설용 리프트는 적용하지 않는다.

① 크레인, 이동식 크레인, 달아 올리기 50t 미만인 데릭

② 엘리베이터, 간이엘리베이터, 적재하중이 0.25t 미만인 건설용 리프트

제 3 장 건설안전시설 및 설비

1. 추락재해방지설비

1-1 용어의 정의

① 방망 : 그물코가 다수 연속된 것을 말한다.

② 매듭 : 그물코의 정점을 만드는 방망사의 매듭을 말한다.

③ 테두리로프 : 방망주변을 형성하는 로프를 말한다.

④ 재봉사 : 테두리 로프와 방망을 일체화하기 위한 실을 말한다. 여기서 사는 방망사와 동일한 재질의 것을 말한다.

⑤ 달기로프 : 방망을 지지점에 부착하기 위한 로프를 말한다.

⑥ 시험용사 : 등속인장시험에 사용하기 위한 것으로서 방망사와 동일한 재질의 것을 말한다.

1-2 추락방지용 방망 (net) 의 구조 등 안전기준

(1) 구 조

① 소재 : 합성섬유 또는 그 이상의 물리적 성질을 갖는 것이어야 한다.

② 그물코 : 사각 또는 마름모로서 그 크기는 10 cm 이하이어야 한다.

③ 방망의 종류 : 매듭방망으로서 매듭은 원칙적으로 단매듭을 한다.

④ 테두리로프와 방망의 재봉 : 테두리 로프는 각 그물코를 관통시키고 서로 중복됨이 없이 재봉사로 결속한다.

⑤ 테두리로프 상호의 접합 : 테두리 로프를 중간에서 결속하는 경우는 충분한 강도를 갖도록 한다.

⑥ 달기로프의 결속 : 달기로프는 3회 이상 엮어 묶는 방법 또는 이와 동등이상의 강도를 갖는 방법으로 테두리로프에 결속하여야 한다.

⑦ 시험용사는 방망 폐기시 방망사의 강도를 점검하기 위하여 테두리로프에 연하여 방망에 재봉한 방망사이다.

(2) 강 도

① 테두리로프 및 달기로프의 강도

㈎ 테두리로프 및 달기로프는 망의 방망에서 사용되는 로프와 동일한 시험편 양단을 인장시험기로 체크 (check) 하거나 또는 이와 유사한 방법으로 인장속도가 매분 20 cm

이상 30 cm 이하의 등속인장시험기 (이하 '등속인장시험'이라 함) 로 시험한 경우 인장
강도가 1500 킬로그램 포스 (kg · f) 이상이어야 한다.

㈏ ㈎의 경우 시험편의 유효길이는 로프 지름의 30배 이상, 시험편수는 5개 이상으로
하고 산술평균하여 인장강도를 산출한다.

② 방망사의 강도 : 방망사는 시험용사로부터 채취한 시험편의 양단을 인장시험기로 시험
하거나 또는 이와 유사한 방법으로서 등속인장시험을 한 경우 그 강도는 다음에 정하는
값 이상이어야 한다.

그물코의 크기 (단위 : cm)	방망의 종류 (단위 : kg)	
	매듭없는 방망	매듭 방망
10	240	200
5		110

【참고】
- **망사의 강도** : 10 cm, 5 cm 그물코 이외의 직선보정치로 정한다. ① 의 ㈎의 경우 시험편의
유효길이는 20 cm로 하고 시험편 중앙의 망사를 꼬아서 풀리지 않는 상태로 루프 (loop)
매듭으로 만들고, 시험편의 수가 값 이상일 때는 산술평균치를 망사의 인장강도로 한다.

③ 시험 : 등속 인장시험은 한국공업규격 (KS 규격) 에 적합하도록 행하여야 한다.

(3) 사용 및 관리

① 낙하높이, 방망의 처짐, 방망과 바닥면과의 높이

㈎ 낙하높이 : 작업면과 방망이 부착된 위치와의 수직거리 (낙하높이) 는 다음과 같이 산
술하여 얻은 값 이하이어야 한다.

㉠ 하나의 방망 (net) 일 경우

$$L < A \text{ 일 때 } H_1 = 0.25(L + 2A) \qquad L \geqq A \text{ 일 때 } H_1 = 0.75L$$

여기서, L : 1개의 방망일 때 가장 짧은 변의 길이 또는 2개의 방망일 때 가장 짧은 변의 길이 중
최소의 길이 (m)

A : 방망 주변의 지지점 간격 (m), H_1 : 낙하높이 (m)

㉡ 두 개의 방망일 경우

$$L < A \text{ 일 때 } H_1 = 0.20(L + 2A) \qquad L \geqq A \text{ 일 때 } H_1 = 0.60L$$

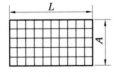

방망이 하나일 때

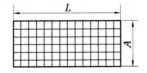

방망이 둘일 때

(내) 방망의 지침 : 방망의 늘어뜨리는 길이는 다음 식에 따라 산술한 값 이하로 하여야 한다.

$$L \langle A \text{ 일 때 } S = 0.25(L+2A) \times 1/3 \qquad L \rangle A \text{ 일 때 } S = 0.75L \times 1/3$$

여기서, S : 방망의 늘어뜨리는 길이 표시(m)

(다) 방망과 바닥면과의 높이 : 방망을 설치한 위치에서 망 밑부분에 충돌위험이 있는 바닥면 또는 기계설비와의 수직거리 (이하 '방망 하부와의 간격'이라 한다.)는 다음에 계산하는 값 이상이어야 한다.

㉠ 10 cm 그물코의 경우

$$L \langle A \text{ 일 때 } \quad H_2 = \frac{0.85}{A}(L+3A) \qquad L \geq A \text{ 일 때 } \quad H_2 = 0.85L$$

㉡ 5 cm 그물의 경우

$$L \langle A \text{ 일 때 } \quad H_2 = \frac{0.95}{A}(L+3A) \qquad L \geq A \text{ 일 때 } \quad H_2 = 0.95L$$

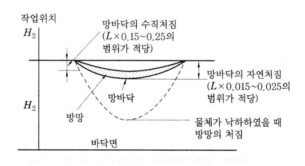

방망의 위치

(4) 지지점의 강도

① 외력 : 방망지지점의 600 kg의 외력에 견딜 수 있는 강도를 보유하여야 한다 (다만, 연속적인 구조물이 방망지지점인 경우의 외력이 다음 식에 계산한 값에 견딜 수 있는 것은 제외한다).

$$F = 200B$$

여기서, F : 외력 (kg), B : 지지점 간격 (m)

② 지지점의 응력 : 지지점의 응력은 다음 표에 따라 규정한 허용응력값 이상이어야 한다.

구성재료에 따른 허용응력값

구성재료	허용응력의 값 (kg / m²)				
	허용압축응력	허용인장응력	허용전단응력	허용휨응력	허용부착응력
일반구조용 강재	2400	2400	1350	2400	–
콘크리트	4주 압축강도의 2/3	4주 압축강도의 1/15		–	14 (경량골재를 사용하는 것은 12)

(5) 지지점의 간격

방망의 지지점의 간격은 방망 주변을 통해 추락할 위험이 없는 것이어야 한다.

(6) 정기시험 등

① 방망은 사용개시 후 1년 이내로 하고, 그 후 6개월마다 1회씩 정기적으로 시험용사에 대해서 등속인장시험을 하여야 한다. 다만, 사용상태가 비슷한 다수의 방망의 시험용사에 대해서는 무작위 추출한 5개 이상의 인장시험을 했을 경우 다른 방망에 대해서 생략할 수 있다.

② 방망의 마모가 현저한 경우나, 방망이 유해가스에 노출된 경우에는 사용 후에 시험용사에 대해서 인장시험을 하여야 한다.

(7) 보 관

① 지방망을 보관할 때 사전에 다음 조치를 취하여야 한다.
  ㈎ 방망은 깨끗하게 보관할 것
  ㈏ 방망은 자외선, 기름, 유해가스가 없는 건조한 장소에서 보관할 것

② 사용제한 : 다음 방망은 사용하지 말아야 한다.
  ㈎ 방망사가 규정한 강도 이하인 방망
  ㈏ 인체 또는 이와 동등 이상의 무게를 갖는 낙하물에 대해 충격을 받은 방망
  ㈐ 파손한 부분을 보수하지 않은 방망
  ㈑ 강도가 명확하지 않은 방망

③ 표시 : 방망은 다음 사항을 표시하여야 한다.
  ㈎ 제조자명   ㈏ 제조년월
  ㈐ 재봉치수   ㈑ 그물코
  ㈒ 신품시 방망의 강도

2. 낙하물 재해방지시설

2-1 낙하물 재해

(1) 재해의 발생원인

① 고소에 자재 및 잔재, 공구 등의 정리정돈이 되지 않았다.
② 작업바닥의 구조 (폭 및 간격 등) 가 불량하다.
③ 고소에서 투하설비 없이 물체를 던져 내린다.
④ 위험장소에 출입금지 및 감시인 배치 등의 조치를 안한다.
⑤ 작업원이 재료·공구 등을 함부로 취급한다.
⑥ 안전모를 착용하지 않는다.
⑦ 낙하·비래 위험장소에 이를 방지하기 위한 시설이 없다.

⑧ 동일 직선상에 동시작업을 한다.

⑨ 자재 운반시 운반기계 회전반지름 내 작업자가 출입한다.

(2) 재해방지대책

① 고소작업장에서는 작업공간과 자재를 적치할 장소를 충분히 확보해야 한다.

② 낙하 · 비래물에 대한 방호시설을 설치한다.

③ 안전한 작업방법, 자재의 취급 및 저장 취급방법 등에 대한 교육을 실시한다.

2-2 낙하물 재해 안전시설의 종류

(1) 재료취급시 안전대책

① 인력운반 : 인력으로 재료, 공구 등을 높은 곳의 작업장까지 들어올리거나 내릴 때에는 안전한 줄, 포대 등을 사용하여야 하며 잔재, 벽돌조각 등을 내릴 때에는 셔트(shout) 등의 투하설비를 설치하여야 한다.

② 재료의 임시적치

㈎ 통로나 물건 적치 금지장소에는 적치 금지

㈏ 굴러 떨어지기 쉬운 물건은 체인이나 로프로 고정시키고 바닥판 끝단에 둘 때에는 끝단과 직각이 되도록 한다.

㈐ 길이가 다르거나 이형인 것을 혼합하여 적치하지 않는다.

㈑ 한 곳에 집중적으로 쌓지 말고 여러 곳에 분산시킨다.

③ 고소작업용 공구

㈎ 공구류에는 낙하방지용 줄을 매어 놓는다.

㈏ 공구는 공구주머니나 상자에 넣어 휴대한다.

(2) 방호시설의 종류 및 대책

① 방호판(보호판) 설치기준 : 비계의 외부, 철공 구조물의 외부에 설치하는 것

㈎ 구조물 높이가 10 m 이상인 경우 1단 이상, 20 m 이상인 경우에는 2단 이상 설치한다.

㈏ 최하단의 방호판은 지상에서 10 m 이내에 설치하는데 보통 5 m 높이에 설치하는 것이 이상적이다.

㈐ 낙하물을 방지하기 위한 판부분은 틈이 없이 치밀한 구조로 한다.

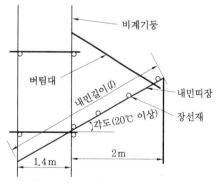

보호판 설치기준

㈑ 판을 목재로 설치할 때에는 두께 1.5 cm 이상으로 하고 금속판을 이용할 때는 충분한 강도를 가진 것이어야 한다.

㈒ 판의 내민 길이는 구조체의 외측에서 2 m 이상 돌출시키고 수평면과의 기울기는 20° 이상을 유지하고 판의 지지 비계 또는 구조체는 충분히 튼튼하게 설치한다.

② 통로 상부의 방호 : 근로자의 출입, 재료의 운반 등을 위한 통로 (출입구) 상부로부터의 낙하물에 의한 재해를 예방하기 위하여 방호판을 설치한다.

③ 수직·수평 방지망 : 낙하물에 의한 재해를 방지하기 위하여 비계의 바깥쪽이나 달대비계 등의 하부에 설치하는 보호망으로서

㉮ 철망은 #13 내지 #16선을 사용한다.

㉯ 아연 도금한 철선으로 철선지름이 0.9 mm (#20) 이상을 사용한다.

㉰ 15 cm 이상 겹쳐대고 60 cm 이내의 간격으로 고정하여 틈이 생기지 않도록 한다.

㉱ 보호시트를 부착한 후에 강풍이 예상될 때에는 보강 또는 철거하여 비계의 전도 등 위험을 방지해야 한다.

보호판 설치기준

(단위 : kg/m²)

풍 속	5	10	15	20	25	30 m/s
풍압력	1.5	7.5	17	30	47	68

④ 낙석방책 및 보호망 : 낙석의 위험이 있는 장소에서 작업을 해야 할 경우에는 위쪽에 있는 낙석을 제거해야 하는 것이 원칙이나 실제 현장 사정상 곤란할 때가 있으므로 방책이나 낙석방지 보호망을 설치한다. 방호철망은 낙하물 방지용과 근로자의 추락방지용이 있으며 낙하물 방지용은

㉮ 철망은 #13 내지 #16선을 사용한다.

㉯ 아연 도금한 철선은 철선지름이 0.9 m (#20) 이상을 사용한다.

㉰ 15 cm 이상 겹쳐대고 60 cm 이내의 간격으로 고정하여 틈이 없게 한다.

⑤ 보호 (방호) 시트 (sheet)

㉮ 재료의 인장강도와 신축률의 500 kg · mm 이상을 사용한다.

㉯ 보호시트 둘레 및 네 모서리와 잡아매는 구멍에는 천을 덧대는 등의 보강을 한다.

㉰ 난연처리를 하여야 한다.

㉱ 구조체에 45 cm 이하의 간격으로 틈이 없도록 설치하고 시트 상호간에도 틈이 없도록 한다.

㉲ 최대풍력과 비계의 내력을 충분히 고려하여 비계를 보강한다.

3. 토사붕괴 재해방지설비

3-1 사전조사 및 시공계획

(1) 토사붕괴 재해작업시 3대 만족조건

① 안전성

② 경제성

③ 공기적정

(2) 사전 조사사항

① 형상, 지질 및 지층의 상태
② 균열, 함수, 지하수, 지표수 및 동결의 유무 또는 상태
③ 매설물 등의 유무 또는 상태
④ 지반의 지하수위 상태

(3) 사전 조사방법

① 현장 부근의 자료수집 : 지형도, 지질도, 기상자료, 기존 구조물의 공사기록, 재해발생 사례 등을 수집한다.
② 현장답사 : 표토, 노출암석, 용수, 오천의 상태, 지형, 지질을 관찰한다.
③ 시굴 : 지면에서 2~3 m 깊이까지 굴착하여 직접 지층을 관찰한다.
④ 지내력시험 : 지층에 대해 표준관입시험을 실시하여 지반의 강도를 결정한다.
⑤ 보링시험 : 지층에 대하여 보링을 실시하여 직접 지층의 시료를 채취하여 정확히 상태를 확인한다.

토사붕괴 조사방법

⑥ 탄성파 탐사 : 탄성파의 속도로서 지하의 지질상태를 추정하는 데, 특히 지층의 형상, 암질의 경연(硬軟) 풍화상태 등을 세밀히 판단하는 데 유용하다.

(4) 수압, 토압측정 및 토질시험

① 토질시험방법
　㉮ 흙의 분류시험(물리시험) : 함수량의 측정, 습윤밀도 측정, 흙입자 밀도의 측정, 상대밀도의 측정, 입도시험, 액성(額性) 및 소성(塑性) 한계 측정시험
　㉯ 흙의 역학적 성질을 구하는 시험(强度試驗) : 전단시험(직접 전단, 1축압축, 3축압축), 압밀시험, 투수시험, 다짐시험, CBR 시험
② 수압 및 토압변위 측정기기
　㉮ 계측－토압, 수압, 주변지반 및 구조물의 지반변위, 가시설부재의 변형응력
　㉯ 종류대별
　　㉠ bore hole extensometer
　　㉡ full profile measurements
　　㉢ borros anchors

ⓔ tell-tale rod (고시막대)

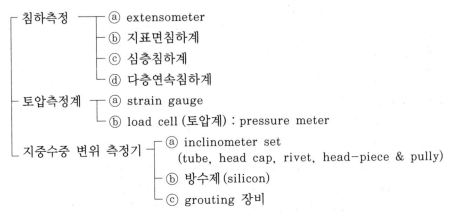

- 침하측정 ─┬─ ⓐ extensometer
  - ├─ ⓑ 지표면침하계
  - ├─ ⓒ 심층침하계
  - └─ ⓓ 다층연속침하계
- 토압측정계 ─┬─ ⓐ strain gauge
  - └─ ⓑ load cell (토압계) : pressure meter
- 지중수중 변위 측정기 ─┬─ ⓐ inclinometer set (tube, head cap, rivet, head-piece & pully)
  - ├─ ⓑ 방수제 (silicon)
  - └─ ⓒ grouting 장비

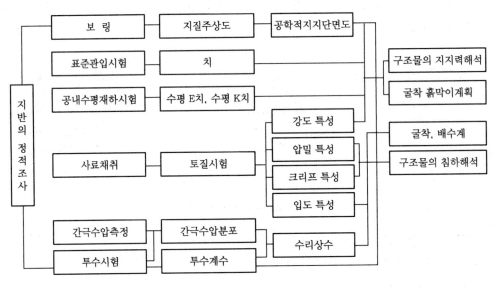

지반조사의 단계

③ 시공계획

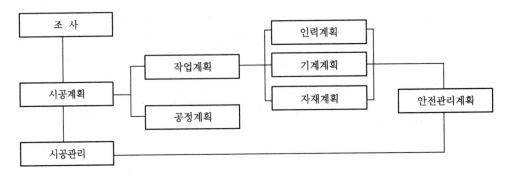

3-2 붕괴재해 예방대책

(1) 점성토공사 안전대책 (굴착면의 구배 및 높이)

① 토사붕괴를 예방하기 위하여 지반의 종류에 따라서 다음 기준을 준수하여야 한다.

굴착면의 구배기준

구 분	지반의 종류	구 배
보통흙	습 지	$1:1 \sim 1:1.5$
	건 지	$1:0.5 \sim 1:1$
암 반	풍화암	$1:0.8$
	연 암	$1:0.5$
	경 암	$1:0.3$

② 암반은 굴착면의 높이가 5 m 미만시 굴착면의 구배를 90° 이하로 하고, 5 m 이상시에는 구배를 75° 이하로 한다.

③ 사질의 지반 (점토질을 포함하지 않은 것)은 굴착면의 구배를 35° 이하로 하고, 높이는 5 m 미만으로 한다.

④ 발파 등에 의해서 붕괴하기 쉬운 상태의 지반 및 다시 매립하거나 반출시켜야 할 지반의 굴착면의 구배는 45° 이하 또는 높이는 2 m 미만으로 한다.

⑤ 기타 지반의 경우 굴착면의 높이가 2 m 미만일 경우 구배를 90° 이하, 2 m 이상 5 m 미만일 경우 구배를 70° 이하, 굴착면의 높이가 5 m 이상일 경우 60° 이하로 한다.

⑥ 굴착면의 끝단을 파는 것은 엄금하여야 하며 부득이한 경우 안전상의 조치를 한다.

⑦ 각종 계산법

㈎ 계산법 1 (한계수직높이에 의한 방법) : 지반이 균일한 토질에서 수직 또는 급경사로 절토할 때에는 다음 ①식을 사용하여 한계절토높이를 구한다.

$$H_c = \frac{4C}{r_t} \tan\left(45° + \frac{\theta}{2}\right) \cdots\cdots\cdots\cdots ①$$

여기서, H_c : 한계절상높이 (m), r_t : 흙의 단위체적중량 (t/m³)
C : 흙의 점착력 (t/m³), θ : 흙의 마찰각 (°)

계획절토 높이를 H 라 하면, H 가 클 경우는 불안정이 되고, $H \leq H_c$ 의 경우에 있어서는 개략의 안전율 F_s 는 ②식을 사용한다.

$$F_s = \frac{H_c}{H} \cdots\cdots\cdots\cdots ②$$

그러나 지하수가 있는 경우에는 ①식을 사용하지 않는 것이 좋다.

㈏ 계산법 2 (경사면을 직선으로 가정한 안정해석) : 점착력이 비교적 적은 사질토에서나 사면의 구배가 비교적 급한 경우에 적용하며 안정 가능한 한계절토 높이는 다음 ③식으로 구할 수 있다.

$$H_c = \frac{4C}{t_t} \cdot \frac{\sin\beta \cdot \cos\theta}{1 - \cos(\beta - \theta)} \cdots\cdots\cdots\cdots ③$$

여기서, H_c : 한계절상높이 (m), C : 흙의 점착력 (t/m²), r_t : 흙의 단위체적중량 (t/m²)
β : 사면의 경사각 (°), θ : 흙의 내부마찰각 (°)

이 경우에서 경사면의 경사각 δ 는 $\delta = \dfrac{\beta + \theta}{2}$ 으로 나타낼 수 있다.

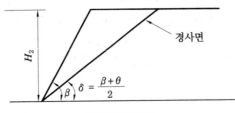

경사면의 경사각

또한, 계획절토 높이를 H 라 하면, 안전율 F_s는 위 ②식으로 구할 수 있다.

㈐ 계산법 3 (단일원호경사면법) : 단일원호경사면법은 가장 일반적인 방법으로서 수종 의 토질로 구성된 지반의 경우에 적용이 가능하며 사면에 경사 파괴가 생긴 경우, 그 경사면의 형상이 O 를 중심으로 원호 BED 로 가정된 것을 말한다.

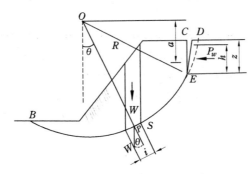

단일원호 경사면법

경사면에 대한 안전율 F_s 는 경사원호면상의 흙의 전단 저항력 $S \cdot L$ 과 경사원호 면 상부의 토괴에 의하여 생긴 경사를 발생하게 하는 전단응력 $\tau = W \sin \theta$ 로서 살펴 볼 수 있다. 즉, 원호경사면상에 작용하는 여러 종류의 힘이 균형되었을 때 회전중심 O 에 대한 모멘트 (moment) 에서

$$\sum W \sin \theta \cdot R = \frac{\sum S \cdot L}{F_s} \cdot R$$

위 식을 정리하면, 안전율 F_s는 다음 ④ 식으로 나타낼 수 있으며,

$$F_s = \frac{\sum S \cdot L \cdot R}{\sum W \cdot \sin \theta \cdot R} = \frac{\sum S \cdot L}{\sum W \cdot \sin \theta} \quad \cdots\cdots\cdots\cdots\cdots\cdots\cdots\cdots ④$$

또한 전단저항력 ($\sum S \cdot L$)은 다음 ⑤ 식으로 나타낸다.

$$\sum S \cdot L = \sum C \cdot L + \sum (W - \cos \theta - UL) \tan \theta \quad \cdots\cdots\cdots\cdots\cdots ⑤$$

여기서, C : 흙의 점착력 (t/m³), θ : 흙의 마찰각 (°), U : 간극수압 F (≒h) (t/m³)

㈑ 계산법 4 (분할법) : 경사지와 붕괴토사를 절토하는 경우로서 미리 경사면의 위치를 추정할 수 있는 경우에 적용한다.

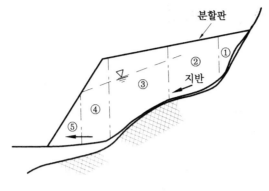

복합경사면

3-3 토사붕괴 방지대책

(1) 붕괴발생 방지대책

① 적정한 비탈면 기울기에 관한 계획 : 계획 및 설계시 충분한 조사와 시험을 실시하여 적정한 기울기를 결정하여야 한다. 과거 재해사례에 의하면 설계상의 기울기와 안전성을 고려하지 않아 발생된 경우가 많았다. 특히, 공사비 절감, 용지 확보의 어려움 등으로 인하여 계획에서부터 붕괴의 위험을 내포한 상태로 시공하는 경향을 볼 수 있어 이 점을 특별히 유의해야 한다.

② 비탈면 기울기의 변경 : 자연지반의 경우 조사를 면밀히 실시하여도 실제와 차이가 발생하는 경우가 많다. 이런 경우 당초 비탈면 기울기를 재검토하여 필요시는 계획을 변경하여야 한다.

③ 붕괴방지공법 : 비탈면붕괴를 방지하려면 시공에 앞서 붕괴방지대책을 세워야 하는데 그 대책은 다음과 같다.

　㈎ 배토공 : 비탈면 상부의 토사를 제거하여 비탈면의 안정을 기한다.

　㈏ 압성토공 : 비탈면 하단을 성토하여 붕괴를 막는다.

　㈐ 배수공 : 붕괴의 요인이 되는 지표수의 침투를 막기 위해 표면 배수공을 설치하고 지하수위를 내리기 위해 수평공으로 배수한다.

　㈑ 공작물의 설치 : 말뚝 (철관, H강, RC항) 을 막아 지반을 강화하는 공법, 앵커에 의한 방지공법, 옹벽 또는 낙석 방지공을 설치한다.

(2) 안전점검요령

① 대상 공사구간 전체에 걸쳐 답사한다.

② 비탈면의 높이가 1.5 m 이상 장소는 발생 유무를 확인한다.

③ 비탈면의 지층변화 상황을 확인한다.

④ 부석의 상황변화를 확인한다.

⑤ 용수발생 유무 또는 용수량의 변화를 확인한다.

⑥ 동결 및 해빙의 상황을 확인한다.

⑦ 비탈면 보호공의 변형 유무를 확인한다.

3-4 기초 굴착 (지하 굴착공사) 법

(1) 비탈면 개굴착

① 공법의 특징

(가) 장점

㉠ 흙막이공이 필요치 않아 공사비의 변동이 없다.

㉡ 흙막이벽이 없으므로 대형장비로 굴착이 가능하다.

(나) 단점

㉠ 비탈면 설치로 구축물 주변공간이 여유가 있어야 하므로 부지가 넓어야 한다.

㉡ 비탈면 안정이 가능한 토질조건을 갖추어야 한다.

㉢ 지하수위가 높을 경우 배수처리를 위한 수단이 강구되어야 한다.

② 안전상의 문제점

(가) 비탈면의 안정 : 비탈면의 붕괴를 방지하기 위하여 토질조건에 알맞은 안정 기울기가 확보되어야 하고 비탈면의 기울기는 높이에 따라 정한다.

(나) 배수 (排水) : 비탈면 안정과 관련하여 지하수위가 높으면 굴착저면에 보일링(boiling) 현상이 발생하고, 굴착면에 히빙 (heaving) 현상이 발생하여 비탈면이 붕괴되는 원인이 된다. 지표수 및 빗물은 비탈면 상단 및 굴착바닥부분에 배수구를 설치함으로써 비탈면에 침투되어 비탈면이 붕괴되는 것을 방지해야 한다.

(다) 비탈면 보호 : 구축물이 완료될 때까지는 장기간이 소요되므로 비탈면을 계속 안정시켜 주어야 한다. 따라서 공사기간, 계절적 기상조건 (태풍, 호우, 동결) 을 충분히 고려하여 다음 방법으로 보강 조치한다.

㉠ 콘크리트 타설   ㉡ 시멘트 모르타르 코팅

㉢ 아스팔트 코팅   ㉣ 방수포 포설

㉤ 흙가마니 쌓기

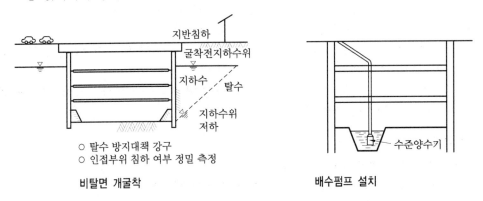

비탈면 개굴착

배수펌프 설치

(2) 흙막이벽 개굴착(open cut) 공법

① 정의 : 비탈면 개굴착 공법은 부지의 여유가 없는 장소에서는 채택이 곤란하고 연약지반일 경우 비탈면 설치가 어려우므로 이 때 흙막이 개굴착 공법을 사용하게 된다.

② 종류

(가) 자립 흙막이벽 공법 : 굴착부 주위에 흙막이벽을 타입하여 토사의 붕괴를 흙막이벽

자체의 수평저항력으로 방지하여 내부를 굴착하는 공법이다.

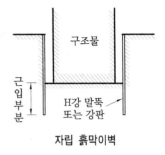

자립 흙막이벽

㈏ 타이로드 (tie rod) 및 어스앵커 (earth anchor) 공법 : 흙막이벽 공법과 같이 굴착부 주위를 흙막이벽을 타입하고, 외측에 앵커를 설치하여 흙막이벽을 와이어 로프나 강봉으로 연결하여 흙막이벽에 적용하는 수평력을 앵커의 저항력으로 대항하게 하는 공법이다.

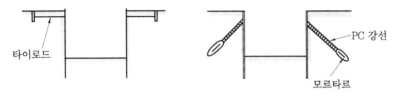

타이로드와 어스앵커 공법

㈐ 수평버팀 공법 : 가장 많이 사용되는 공법으로서 공사의 규모와 관계없이 널리 채용되는 공법이다. 이 공법은 굴착부의 주위에 타입된 흙막이벽을 활용하여 굴착을 진행하면서 내부에 수평버팀대를 가설하여 흙막이벽에 가해지는 토압에 대항하도록 하여 굴착하는 공법이다.

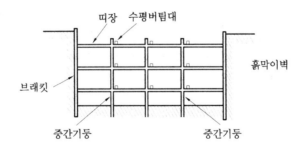

수평버팀 공법

㈑ 흙막이벽 개굴착 공법의 장단점

　㈀ 장점

　　• 부지를 효율적으로 이용할 수 있다.

　　• 굴착토량을 최소로 할 수 있다.

　　• 토질조건에 따른 제약이 비교적 적다.

　㈁ 단점

　　• 비탈면 개굴착 (open cut) 에 비하여 공사비가 많이 들고 공사기간도 장기 소요된다.

　　• 버팀 공법일 경우 기계화 굴착에 제한을 받는다.

　　• 흙막이벽, 흙막이 기둥의 묻힘 (根入) 깊이, 재료의 강성, 앵커의 저항력, 버팀대의 좌굴, 토사의 이동 및 파괴방지를 위한 설계 및 시공에 많은 배려가 요망된다.

(마) 흙막이벽 개굴착 공법의 안전상 유의사항

㉠ 자립 흙막이벽 공법

- 흙막이벽의 묻힘부분의 수평저항이 충분해야 하고, 토질조건이 연약지반이면 수동 토압에 견딜 수 있는 공법을 해야 하며, 연약지반 외의 토질에서는 굴착부분의 깊이, 묻힘 부분의 길이를 검토해야 한다.
- 지반이 양호하더라도 흙막이벽의 수평저항력은 한계가 있다. 흙막이벽의 강성이 저하하거나, 휨의 발생을 피해야 한다. 또한 주변에 침하가 일어나는 동시에 토압이 증대하게 되므로 굴착길이가 깊은 경우 경제적으로나, 안전상 부적합하다.

㉡ 타이로드 (tie rod) 및 어스앵커 (earth anchor) 공법

- 앵커의 저항이 이 공법의 안전상 가장 유의할 사항이므로 지반의 상태에 따라 앵커의 길이를 결정해야 한다.
- 흙막이벽 뒷면 지반의 전체적인 침하나 붕괴범위를 검토하여 그 영향이 미치지 않는 지반에 앵커를 해야 한다.
- 앵커는 현장에서 직접 시험을 행하여 점착력을 확인해야 한다. 점토질이 토질일 경우 신중히 검토되어야 하며, 설계에 적용하는 허용응력은 앵커의 인장력에 소요의 안전율을 나누어서 결정한다.
- 앵커 강재는 강도를 충분히 검토하여야 하고, 장기간 사용할 때는 부식에 주의해야 한다.

㉢ 수평버팀 공법

- 흙막이벽 개굴착 (open cut) 에서 가장 안전성이 높은 공법으로서 주변의 토질은 주부재인 수평버팀대에 의하여 지지되므로 압축재의 좌굴에 대해 고려해야 한다.
- 굴착면적이 넓어 부재수가 많을 경우 부재의 접합부 및 교차부의 강도 (強度), 강성 (剛性) 에 대해 특별한 주의를 해야 한다.
- 부재의 연결부분은 압축력이 누적되어 흙막이벽에 변형을 주어 주위 지반의 이동 또는 침하를 일으킬 가능성이 있다.
- 지반 조건이 히빙 (heaving) 또는 보일링 (boiling) 과, 흙막이벽의 결함 및 부실로 인하여 붕괴가 일어날 수 있어 주의를 요한다.

3-5 흙막이 공법의 안전대책기술

(1) 자립 (自立) 흙막이벽

① 목재 흙막이벽 : 소규모 굴착으로 굴착깊이가 얕고, 토압이 크지 않은 경우 사용한다. 목재 규격은 두께 3～10 cm, 폭 20～30 cm 정도이다.
② 콘크리트판 흙막이벽 : 콘크리트 흙막이판은 주로 호안 등의 영구 구조물 및 가설재를 매설해야 할 경우에 사용한다.
③ 경량강판 흙막이벽 : 강도나 수밀성이 높게 요구되지 않는 규모가 작은 굴착공사에 사용한다. 특히 도량 (trench) 굴착에 많이 사용된다. 목재 대용으로도 사용되며, 단면은 여러 종류의 형태가 있고 길이는 10 m 정도이다.

④ 강 (鋼) 시트 파일 (steel sheet pile) : 흙막이공에서 가장 많이 사용되는 것으로 연속
으로 연결 타입하여 일체의 벽을 만든다. 수밀성이 아주 높고, 판 두께, 단면 형상이 다
양하며 토압, 수압 또는 가정 (假定) 하중에 따라 임의의 단면을 선택 사용할 수 있다.
　단면은 U, Z 및 직선형의 3종이 있으며 흙막이벽에는 U형을 사용한다. 길이는 25 m
까지 제작 가능하며 통상 운반 및 타입을 고려하여 18 m 정도를 최대로 하고 있다.

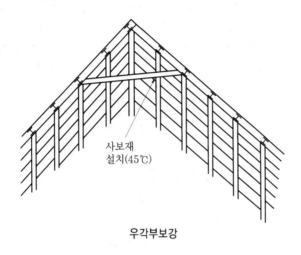

우각부보강

(2) 흙막이벽 버팀공

　흙막이벽 내부를 지지하는 구조를 흙막이 버팀공이라고 한다. 부재는 띠장, 버팀대 (strut),
기둥 (버팀대 받침기둥), 모서리 버팀대 등이 있고 이것들이 구성되어 흙막이벽을 조립한다.
　재료는 목재도 사용하나 대부분 철재를 사용하며 경우에 따라 콘크리트 제품을 사용하기
도 한다.

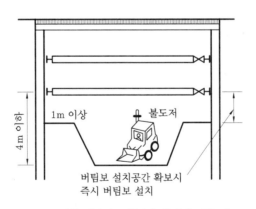

※ V자형 터파기 토류판은 끝까지 끼울 것

흙막이벽 버팀공

① 버팀공 부재

　㉮ 버팀대 (strut) : 버팀대는 띠장에 고정시켜 흙막이벽의 토압을 받도록 하는 부재로서
　　압축재이다. 자재는 I 형강, H 형강 등의 일반구조상 강재를 사용한다.

(나) 비상대책

ⓐ 토류벽의 배면토압을 경감하여야 하며, 약액주입공법 또는 탈수공법이 있다.

ⓑ 굴착저면에 토사 등 인공중력을 가중시킨다.

ⓒ 시트 파일 등을 재타입한다.

② 보일링 (boiling) : 지하수위 (地下水位) 가 높은 지반을 굴착할 때 주의하지 않으면 보일링이 발생한다. 보일링이란 사질토 지반을 굴착시, 굴착부와 지하수위 차가 있을 경우 수두차 (水頭差) 에 의하여 침투압이 생겨 흙막이벽 근입부분을 침식하는 동시에, 모래가 액상화 (液狀化) 되어 솟아오르는 현상인 보일링이 일어나 흙막이벽의 근입부가 지지력을 상실하여 흙막이공의 붕괴를 초래한다.

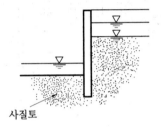

※ 파이핑 현상으로 배면토 유설 및 침하

보일링 현상

(개) 지반조건 : 지하수위가 높은 사질토에 적합하다.

(내) 현상

ⓐ 굴착면과 배면토의 수두차에 의한 침투압이 발생한다.

ⓑ 시트파일 등의 저면이 액상화현상 (quick sand) 이 일어난다.

(대) 대책

ⓐ 작업을 중지시킨다.

ⓑ 굴착토를 즉시 원상 매립한다.

ⓒ 주변 수위를 저하시킨다.

ⓓ 토류벽 근입도를 증가하여 동수구배를 저하시킨다.

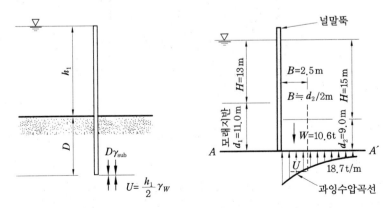

보 일 링

(3) 수평버팀대의 좌굴방지대책 및 주의사항

① 수평버팀의 접속부는 덧댐을 함으로써 휨에 대한 강성이 떨어지지 않도록 한다.

② 접속부의 위치는 중간기둥 등 수평버팀의 지지점에 설치한다. 그 이유는 접속부의 강성이 충분히 높은 경우는 문제가 없으나, 볼트 결합이 부족하여 강성이 낮아지는 경우 지지점에서 이탈하여 좌굴 강도가 저하된다.

③ 수평버팀대 지지점의 결함을 완전하게 해야 한다. 통상 그 부분에는 L형강, U볼트 등으로 중간기둥과 직교하는 수평버팀대와 결합시켜 결합이 불완전할 때 생기는 좌굴강도의 저하를 막는다.

④ 수평재에 쟈키를 삽입하여 쟈킹을 행할 경우 그 토압하중을 설계하중에 초과하지 않도록 충분한 관리를 해야 한다.

⑤ 수평버팀의 설계시 고려되지 않은 기계류·자재 등 중량물을 적재해서는 안 된다. 이는 수평버팀대의 휨이 커져 좌굴을 증가시켜 탈락시키는 원인이 된다.

4. 가설전기설비

4-1 전기작업별 감전재해 발생원인

(1) 전기공사중의 감전재해

① 보호구 사용 안함

② 전로차단의 조치(표시 등)와 그 확인 미흡

③ 작업순서의 잘못

④ 감시인 미배치

(2) 전동기기, 기구 등의 감전재해

① 접지불량

② 감전방지용 누전차단기를 미설치

③ 코드의 피복

④ 코드의 취급 불량(지상배선 등)

⑤ 아크 용접기에 자동전격방지장치 미설치

⑥ 용접봉 홀더의 피복불량

(3) 고전압선에 근접작업 중의 감전재해

① 갖고 있던 재료나 공구가 전선에 접촉

② 작업자세가 나쁘고 물이 전선에 접촉

③ 전선의 방호불량

④ 보호구 사용 안함

4-2 전기설비의 안전대책

(1) 전기설비의 안전조치

① 감전재해는 인체가 충전부분에 접촉하여 발생하는 것이 가장 많으므로 위험한 충전부분의 노출을 방지하기 위하여 나전선 및 개폐나이프 스위치 등에는 절연전선이나 덮개를 씌우도록 한다.

② 전기기기, 기구의 금속제 케이스는 반드시 접지를 해둔다.

③ 아크 용접기의 용접봉 홀더는 절연 홀더를 사용하고 교류아크 용접기에는 자동전격 방지장치를 설치하거나, 자동전격 방지장치가 내장된 용접기를 사용한다.

④ 이동식 또는 가반식 전동기기, 기구에는 감전방지용 누전차단기를 설치한다.

(2) 전기설비의 정비 · 점검

① 절연피복, 덮개, 절연커버 등의 손상, 탈락은 없는지 충분히 점검하고 불량개소가 있으면 즉시 보수 또는 교체한다.

② 접지선은 설치되었는지 단선은 없는지를 사용 전에 점검하고 정기적으로 접지저항을 측정, 기록해 둔다.

③ 용접봉의 홀더, 자동전격 방지장치, 감전방지용 누전차단기 등 안전장치는 사용 전에 충분히 점검한다.

④ 절연보호구, 절연용 방호구, 활선작업용 기구, 활선작업용 장치 등도 충분히 점검하고 정기적으로 절연성능을 검사한다.

(3) 정전작업시 주의사항

① 파일럿 램프 등으로 전로의 사활을 확인하거나 검전기구로 사선확인 후 작업을 착수한다.

② 전력케이블이나 전력콘덴서 등이 있는 전로는 반드시 잔류전하를 방전시킨다.

③ 배전반 등 정전부분과 활선부분이 혼재할 때에는 활선부분은 절연방호를 한다.

④ 오통전을 예방하기 위해서는 정전 후 개폐기에 시건장치를 하고 통전하지 않도록 표시를 하여 둔다.

⑤ 개로한 전로의 작업구간 양단에는 단락접지를 하여 둔다.

(4) 활선작업시 및 활선근접작업시 안전대책

① 작업자에게는 절연용 보호구를 착용, 충전부분에는 절연용 방호구를 설치한다.

② 특별고압전로에서는 활선작업용 기구를 사용시키는 한편 접근한계거리를 확보해 두어야 한다.

③ 활선작업 근로자에게는 작업기간, 작업내용, 취급하는 전기설비, 전로 또는 근접하는 전로에 대하여 충분히 주지시키고 작업지휘자를 선임하여 지휘토록 한다.

(5) 충전전로에 근접된 장소에서 작업시 감전방지대책

① 충전부분과 비계, 또는 지붕과의 사이에는 방호벽을 설치한다.

② 당해 충전전로에 절연용 방호구를 설치한다.

③ 당해 충전전로를 이설시킨다.

5. 건설기계 재해방지설비

5-1 차량계 건설기계

(1) 운전자 기본 준수사항

① 엔진 시동 전 : 운전자는 차량기계 주변에 누수, 누유의 유무, 무한궤도, 타이어, 기계 장치 등의 이상 유무와 작업장 주변상황을 확인한 뒤 운전석에 착석하되 엔진 시동 전 다음 사항에 유의하여야 한다.

   ㈎ 변속레버 및 각 기계장치 레버는 중립상에 놓여 있는가 ?

   ㈏ 주클러치 레버는 끊겨 있는가 ?

   ㈐ 연료 레버는 1/4~1/2 정도 열려 있는가 ?

   ㈑ 주차용 브레이크 레버가 정지위치에 있으며 브레이크가 걸려 있는가 ?

② 엔진 시동 후 : 엔진 시동 후의 기본 안전사항

   ㈎ 엔진이 얼어 있을 경우에 급가속해서는 안 된다.

   ㈏ 엔진 시동 후 서행운전을 행하면서 다음 사항에 유의하여야 한다.

      ㉠ 각 압력계 및 수온계의 게이지는 좋은가 ?

      ㉡ 암페어 미터는 (+) 측으로 흔들리고 있는가 ?

      ㉢ 경보등은 켜져 있지는 않는가 ?

      ㉣ 누수, 누유, 그 외 이상은 없는가 ?

   ㈐ 전진, 후진에 있어 주위에 사람이나 기계 그 외 장애물에 주의하여야 한다.

③ 주행시 기본 안전

   ㈎ 기본 준수사항

      ㉠ 주행중 지형, 지반 등의 위험이 우려될 경우에는 주행을 일단 정지하고 확인하여 야 한다.

      ㉡ 이상소음, 누수, 누유 또는 계기, 조작레버 등에 이상이 있을 시에는 즉시 주행을 멈추고 그 원인을 확인하고 보수하여야 한다.

      ㉢ 언덕을 내려올 경우에는 엔진브레이크를 건다.

   ㈏ 토크 컨버터 (torque converter) 식 차량계 건설기계의 안전사항

      ㉠ 작업중 유온계가 너무 올라간 때에는 저속으로 하여 부하를 감소시켜야 한다.

      ㉡ 작업중의 단순한 이동과 트럭이 대기할 때에는 엔진의 회전을 떨어뜨린다.

      ㉢ 다음과 같을 때에는 급히 부하를 줄이고 주행속도를 떨어뜨린다.

        • 언덕을 올라왔을 때

        • 절벽에서 토사를 떨어뜨릴 때 (이 때 변속레버를 중립으로 둔다.)

        • 토사를 싣기 위해 덤프트럭에 접근할 때 (이 때 변속레버를 중립으로 둔다.)

   ㈐ 변속시 준수사항

      ㉠ 일단 주행을 멈춘 뒤 변속한다 (직접식).

ⓛ 파워시프트식의 경우에는 주행을 그치지 않아도 변속레버를 희망위치로 옮길 수 있으나 전후진 레버의 교체에 있어서는 감속페달을 밟아 충격을 줄여야 한다.

㈐ 방향전환시 준수사항

ㄱ 전진방향측의 방향전환 클러치를 끊어 완만히 전환토록 하고 급선회할 필요가 있는 경우에는 전진방향측의 브레이크를 건다.

ㄴ 경사지에서 기계 자체 중량으로 하강할 수 있는 경우에는 방향전환페달 또는 레버 한쪽을 중도까지 작동시키면 조작측과는 반대편으로 선회하기 때문에 주의하여야 한다.

ㄷ 고속선회 또는 암반상과 점토상에서의 급선회시는 바퀴벨트가 벗겨지지 않도록 주의하여야 한다.

ㄹ 언덕에서 하강중 방향전환의 경우는 브레이크가 걸리는 위치까지 레버를 빼야 한다.

㈎ 기계식 셔블계 건설기계 사용시 준수사항

ㄱ 주행 전 브레이크 및 시건장치의 작동상태 및 브레이크 조작용 공기압력상태를 확인하여야 한다.

ㄴ 주행 노면이 점토질 등으로 차체가 미끄러질 우려가 있을 경우에는 미끄럼 방지용 굄목을 받쳐야 한다.

ㄷ 차체의 폭, 길이, 높이에 맞는 주행 노면인가를 확인하여야 한다.

ㄹ 방향전환시는 주행용 레버를 중립으로 돌린 뒤 방향전환용 조작장치를 조작하여야 한다.

ㅁ 차체가 전선 밑을 통과할 경우 유도자의 신호에 따르고, 저속으로 주행하며 노면 굴곡으로 인하여 붐이나 로프가 흔들려 전선에 접촉되지 않도록 격리거리를 최소 2미터 이상 유지하도록 하여야 한다.

㈏ 유압식 셔블계 건설기계 사용시 준수사항

ㄱ 전후진시 차체의 방향과 주행방향을 충분히 확인한 후에 주행용 조작장치를 조작하여야 한다.

ㄴ 선회시에는 좌우의 주행용 레버가 오조작이 되지 않도록 주의하여야 한다.

④ 등하강시 기본안전

㈎ 트랙터계 건설기계 사용시 준수사항

ㄱ 등반중 엔진이 꺼졌을 경우에는 브레이크를 밟아 차체를 멈추고 주클러치를 끊어 변속레버를 중심으로 하여 엔진의 시동을 건다.

ㄴ 역으로 하강할 경우에는 변속레버를 역으로 넣고 엔진 브레이크를 건 상태로 운행하여야 한다.

ㄷ 짧은 구간의 내리막길에 있어서는 클러치를 끊어 하강하지 않도록 하고 급경사의 경우에는 변속레버를 저속레버에 넣고 엔진 브레이크와 주행용 브레이크를 병용하여야 한다.

ㄹ 클로라식 차량은 급하강시 방향전환을 하게 되면 반대방향으로 전도할 우려가 있으므로 주의하여야 한다.

ㅁ 급경사지에서 물건을 오르내릴 때는 버킷을 낮게 하여 오르내려야 한다.

ㅂ 지정된 기계의 등반능력 및 안정도의 한계를 초과하지 않도록 하여야 한다.

ㅅ 장애물을 넘어갈 때는 전도에 주의하여 속도를 줄이고 신중히 주행하여야 한다.

  (내) 셔블계 건설기계 사용시 준수사항

    ㉠ 지정된 등반능력 및 안전의 한계를 초과하지 않도록 하여야 한다.

    ㉡ 경사지에서의 방향전환은 가능한 한 피하여야 한다. 등반중 부득이한 방향 전환시
     에는 주행 클러치를 등반의 같은 방향으로 하여 기계를 정지시킨 뒤 방향 전환토록
     하여야 한다.

    ㉢ 경사지에서 주행레버를 중립으로 하면 기계는 강하하기 때문에 주의하여야 한다.

    ㉣ 굴곡이 큰 노면을 주행할 때에는 무한궤도가 벗겨지는 경우가 있기 때문에 주의하
     여야 한다.

    ㉤ 주행할 경우에는 작업장치의 선회를 막기 위해 선회 브레이크를 확실하게 걸어 놓
     도록 하여야 한다.

    ㉥ 연약지에서는 부동침하로 인해 전도하는 것을 막기 위해 깔판 등을 깐 후 통과하
     여야 한다.

    ㉦ 경사지에서 정지할 때에는 단시간이라도 버킷 등을 지면에 내린 후 바퀴에 굄목
     등을 확실하게 받쳐야 한다.

 ⑤ 주행 정지시 기본 준수사항

  (가) 직접식 차량기계 사용시 준수사항

    ㉠ 일반적으로 주클러치 레버는 앞으로 당기고 브레이크 페달을 밟아 정지시키며 변
     속레버는 중립으로 하여야 한다.

    ㉡ 엔진은 5분 정도 공회전 시킨 뒤 정지시켜야 한다.

    ㉢ 정지 후 곧 운전을 하지 않을 경우에는 버킷 등을 지면에 내리고 브레이크 페달을
     잠가야 한다. 단, 경사지에 정지할 때에는 기계의 미끄럼 방지를 위해 바퀴에 굄목
     등을 받쳐야 한다.

  (내) 토크 컨버터 (torque converter) 식 차량건설기계 사용시 준수사항

    ㉠ 변속 레버를 중립으로 하고 주행용 브레이크를 밟아 정지시켜야 한다.

    ㉡ 엔진은 5분 정도 공회전시킨 뒤 정지시켜야 한다.

    ㉢ 정지 후 곧 운전을 하지 않을 경우에는 버킷을 지면에 내려야 한다.

    ㉣ 경사지에서 정지할 때에는 기계의 미끄럼 방지를 위해 바퀴에 굄목 등을 확실하게
     받쳐야 한다.

 ⑥ 운전 후 준수사항 : 차량계 건설기계의 운전 후에는 다음 사항에 주의하여야 한다.

  (가) 차체는 지반이 좋고 평탄한 장소에 세우고 버킷 등을 지면에 내린다.

  (내) 엔진을 멈추고 키를 뺀다.

  (대) 브레이크는 완전히 건다. 그러나 부득이한 경우 경사면에 세울 필요가 있을 시에는
   바퀴에 확실히 굄목을 받친다.

  (래) 엔진이 정지 중에는 붐과 버킷이 움직이지 않도록 한다.

(2) 안전장치

 ① 트랙터계 건설기계

  (가) 전조등 : 차량계 건설기계에는 야간작업을 안전하게 하기 위해 전조등이 설치되어 있
   어야 한다.

  (내) 경보장치 : 차량계 건설기계에서는 주행시, 작업시 등에 있어서 안전확보를 위해 주

위 사람들에게 알려질 수 있는 경보장치를 설치하여야 한다.

  (다) 헤드가드 : 낙석 등의 낙하물 위험이 있는 장소에서 작업을 행할 때에는 운전석에 견고한 헤드가드를 설치하여야 한다.

  (라) 안전장치 : 트랙터 셔블은 기계의 점검·정비를 위해 부득이한 경우 버킷을 위로 한 상태에서 할 수 있으나, 이러한 경우 잘못하여 조작레버에 접촉하게 되면 버킷이 떨어질 위험이 있게 된다. 이와 같은 위험방지를 위해 조작레버 등을 고정하는 시건장치 또는 상승된 버킷의 리프트 붐의 강하를 막는 안전핀 등의 안전장치가 설치되어야 한다.

② 셔블계 건설기계

  (가) 붐 전도방지장치 : 붐이 굴곡면 주행중에 흔들려 후방으로 전도하는 것을 막기 위해 붐 전도방지장치를 설치하여야 한다.

  (나) 붐 기복방지장치 : 드래그라인, 기계식 클램 셸 등을 사용할 경우에는 붐 기복방지장치를 설치하여야 하며 이 장치가 설치되어 있어도 붐 각도를 80도 가까이 하여 사용할 경우에는 주의를 하여 작업하여야 한다.

  (다) 붐 권상 드럼의 역회전 방지장치 : 붐 권상 드럼의 역회전 방지장치는 붐 호이스트 드럼의 기어에 훅을 걸고 드럼의 하중으로 인해 와이어로프의 권하방향으로 회전하는 것을 막기 위한 안전장치로서 붐 시건장치는 붐 권하중에 작용시키면 드럼의 기어 또는 훅 등이 파손되기 때문에 붐 권하중에는 절대로 넣어서는 안 된다.

5-2 기초공사용 건설기계 (항타기, 항발기)

(1) 구조 및 설치

① 도괴방지 : 항타기 및 항발기는 도괴를 방지하기 위하여 다음 조치를 강구하여야 한다.

  (가) 연약지반에 설치할 경우에는 각부 또는 가대의 침하를 방지하기 위하여 깔판 등을 사용하여야 한다.

  (나) 건널다리 등을 가설물에 설치할 때에는 그 내력을 확인하며 내력이 부족할 때에는 보강하여야 한다.

  (다) 각부 또는 가대가 활동할 우려가 있을 때에는 말뚝, 쐐기 등을 사용하여 고정시켜야 한다.

  (라) 궤도 또는 굴림대로 이동하는 항타기 또는 항발기는 불의에 이동되지 않도록 레일 클램프, 쐐기 등으로 고정시켜야 한다.

  (마) 버팀만으로 상단을 고정시킬 때에는 버팀 3개 이상으로 하여 말단을 견고한 버팀 말뚝으로 철골 등에 고정시켜야 하며, 버팀선의 수를 많게 하여 어느 방향에 있어서도 안정하도록 한다.

  (바) 평형추를 사용하여 안정시킬 때에는 평형추가 이동하지 않도록 가대에 견고하게 부착하여야 한다.

② 권상기, 와이어로프 설치

  (가) 항타기 또는 항발기에 사용하는 권상기는 떠오름, 기울어짐, 흔들림이 일어나지 않도록 설치하여야 하며, 로프차의 위치는 권상장치의 드럼축과 권상장치로부터 제1번

로프차의 축과의 거리는 권상장치의 드럼 폭의 15배 이상으로 하여야 한다.

㈏ 와이어로프 양단은 클램프, 클립 등으로 권동해머의 진동에 대한 확실한 대책을 강구하여야 한다.

㈐ 항타기 권상용 와이어로프, 풀리장치 등에는 충분한 강도가 있는 섀클, 고정철물 등을 사용하여 말뚝, 널말뚝 등과 연결하여야 한다.

㈑ 항타기 또는 항발기에 사용하는 권상기에는 쐐기장치 또는 지름부 브레이크를 부착하여야 한다.

③ 증기호스 등의 설치

㈎ 해머의 작동에 의해 해머에 접속되는 증기호스 또는 공기호스가 파손되거나 벗겨지는 것을 방지하여야 한다.

㈏ 해머 운전자가 증기 또는 공기를 차단하기 위한 장치를 쉽게 조작할 수 있는 위치에 설치하여야 한다.

(2) 항타기 및 항발기 사용시 준수사항

① 와이어로프의 사용 제한 : 권상장치의 드럼에 권상용 와이어로프가 꼬인 때에는 와이어로프에 하중을 걸지 않도록 한다.

② 권상장치 정지시 조치 : 항타기 또는 항발기 권상장치에 하중을 건 채로 정지해 둘 때는 쐐기장치 또는 지름부 브레이크를 사용하여 제동해 두는 등 확실하게 정지시켜 두어야 하며 운전자가 하중을 건 상태에서 운전위치를 이탈하게 하여서는 안 된다.

③ 출입금지 : 운전중 항타기 또는 항발기의 권상용 와이어로프의 굴곡부의 내부에는 근로자를 출입시켜서는 안 된다.

④ 신호 : 항타기 또는 항발의 운전 또는 이동에 있어서는 일정하게 신호하는 방법과 신호하는 자를 정하여 신호에 따라 작업을 행하도록 하여야 한다.

(3) 조립 등에 있어서의 준수사항

① 작업지시 : 항타기 또는 항발기의 조립해체, 이동 또는 부재의 변경을 할 경우에는 작업방법 순서를 정하여 작업에 종사하는 근로자와 주위 작업원에게 주지시켜야 하며 작업책임자를 지정하여 그 지시에 따라 작업을 행하도록 하여야 한다.

② 이동 : 지주 등을 세운 채로 윈치 기타의 기계로 잡아당겨 이동할 경우에는 반대측에서 인장브레이크 등을 확실히 제동하면서 작업하여야 하며, 또한 버팀선으로 풀어야 할 경우에는 도괴방지를 위한 인장브레이크, 권상기 등으로 지지하여야 한다.

③ 점검 : 항타기 또는 항발기를 조립했을 경우에는 다음 사항에 대하여 점검하고 이상 유무를 확인한 뒤 작업을 하도록 하여야 한다.

㈎ 기체의 연결부의 풀림 또는 손상 유무

㈏ 권상용 와이어로프, 로프차 및 풀리장치의 부착상태의 이상 유무

㈐ 권상장치 브레이크 및 쐐기장치 기능의 이상 유무

㈑ 권상기 설치상태의 이상 유무

㈒ 버팀의 설치방법 및 고정상태의 이상 유무

(4) 가스도관 등의 손괴방지

항타작업을 하여야 할 경우에는 미리 작업장소에 대하여 가스관, 수도관, 그 외의 지하 공작물의 유무 및 상태를 조사한 뒤 조사결과에 따라 적절한 사고방지대책을 수립하여야 한다.

5-3 특정 건설기계

(1) 크레인

① 작업시 준수사항

　㈎ 운전은 크레인 운전면허를 취득한 자에 한하여 작업에 임하도록 하여야 한다.

　㈏ 신호자를 정하여 그 신호에 의해 운전을 하도록 하여야 한다.

　㈐ 신호의 방법은 노동부 예규 제95호에 의해 통일된 표준신호방법에 따라 행하여야 한다.

　㈑ 권상용 와이어로프에 권과방지장치를 설치해야 한다.

　㈒ 와이어로프가 통하고 있는 지브 또는 취급부가 파손되어 야기될 위험을 방지하기 위해 와이어로프 내각측에 근로자를 출입하게 하여서는 안 된다.

　㈓ 크레인을 조립하고 해체할 때에는 작업책임자를 선정하여 그 지시에 따라 작업을 하여야 한다.

　㈔ 작업개시 전 권과방지장치, 각 동력안전장치, 와이어로프의 손상 유무 등을 확인 점검하여야 한다.

　㈕ 호우, 대설, 태풍 등 기상조건이 불량할 때에는 작업을 중지하여야 한다.

② 타워 크레인 설치 사용시 준수사항

　㈎ 설치에 있어서는 베이스에 걸린 축력, 모멘트가 크기 때문에 기계의 종류에 따라 견고한 구대를 설치하여야 한다.

　㈏ 철골 위에 설치할 경우에는 철골을 보강하여야 한다.

　㈐ 설치시는 당해 작업이 종료되었을 경우 기계의 해체방법을 고려하여야 한다.

　㈑ 작업자가 버킷 또는 기중기에 올라타는 일이 있어서는 안 된다.

　㈒ 기중장비의 드럼에 감겨진 쇠줄은 적어도 두 바퀴 이상 남도록 하여야 한다.

　㈓ 드럼에는 회전제어기나 역회전 방지기 또는 기타 안전장치를 갖추어야 한다.

　㈔ 긴 물건의 한쪽달기, 끌어당기기의 경우 지브(jib)를 올리고 내림에는 진동 등이 수반되므로 버팀로프를 사용하는 등의 조치를 하여야 한다.

③ 케이블 크레인의 사용시 준수사항

　㈎ 장비를 변조 또는 확장하거나 부속품을 교환 또는 수리할 때에는 본래의 장비를 설계할 때 고려하였던 안전요소를 확보하여야 한다.

　㈏ 작업중 크레인의 줄 상태가 느슨해진 경우에는 쇠줄이 활차 내에 또는 드럼에 제대로 감겨 있는지를 확인하여 조정하여야 한다.

　㈐ 기중장치의 드럼에는 감겨진 와이어로프가 적어도 두 바퀴 정도 남아 있어야 한다.

④ 지브 크레인 사용시 준수사항

　㈎ 철골 위에 설치할 경우에 있어서는 철골을 보강하여야 하며 조임나사 등을 충분히 검사하여야 한다.

　㈏ 조행식의 경우 기계의 사용시에는 과부하로 인한 전락사고가 일어날 수 있기 때문에

이에 대한 전락방지조치를 하여야 한다.

(2) 이동식 크레인

① 작업시 준수사항 : 운전, 신호, 점검 등에 대하여는 크레인과 동일

㈎ 지반이 연약할 때에는 침하방지대책을 세운 후 작업을 하도록 하여야 한다.

㈏ 붐의 이동 범위 내에서는 전선 등의 장애물이 없어야 한다.

㈐ 인양물은 경사지 등 작업바닥조건이 불량한 곳에는 내려놓지 않도록 하여야 한다.

㈑ 크레인의 정격하중을 표시하여 하중이 초과하지 않도록 하여야 한다.

② 트럭 크레인 사용시 준수사항

㈎ 구대의 강도는 아웃트리거 부분에 걸리는 집중 하중을 고려하여야 한다.

㈏ 붐을 해체할 수 있는 장소를 고려하여야 한다.

㈐ 기계식의 경우 붐을 잇거나 평형추를 올리기 위한 공간이 필요하다.

㈑ 유압식의 경우 장시간 화물을 걸은 상태로 하여 두면 붐이 줄어들기 때문에 이에 주의하여야 한다.

※ 최소 작업반경은 1.5~6.0 m 의 범위 정도이다.

③ 크롤러 크레인 사용시 준수사항

㈎ 운반에서 수송차가 필요하다.

㈏ 아우트리거가 없기 때문에 경사지에서의 작업은 피하여야 한다.

㈐ 크롤러의 폭을 넓게 할 수 있는 형을 사용할 경우에는 최대 폭을 고려하여 계획하도록 하여야 한다.

㈑ 붐의 조립, 해체장소를 고려해야 한다.

※ 최소 작업반경은 6.4~11.0 m 범위 정도이다.

(3) 데 릭

① 작업시 준수사항

㈎ 운전은 데릭 운전자 면허를 취득한 자가 작업에 임하도록 하여야 한다.

㈏ 신호자를 정하여 그 신호에 의해 운전을 하도록 하여야 한다.

㈐ 와이어로프가 지나가고 있는 지브 또는 그 취급부가 파손되어 야기될 위험을 방지하기 위하여 와이어로프 내각측에 통행시켜서는 안 된다.

㈑ 데릭을 조립 또는 해체할 경우에는 작업책임자를 지정하여 작업책임자 지시에 의해 작업을 하도록 하여야 한다.

② 가이데릭 설치 사용시 준수사항

㈎ 가이로프는 최소한 6개 이상을 사용하고 간격은 되도록 동일하도록 하며 같은 전선 등에 인접해서 설치하는 것은 피하여야 한다.

㈏ 가이로프의 고정방법은 가이로프용 앵커 등을 사용하여 안전하도록 하여야 한다.

㈐ 가이로프 설치 후에도 정기적으로 와이어크립 등을 재조립하고 페인트 등으로 표시하여 느슨해짐을 알 수 있도록 하여야 한다.

㈑ 최대 사용하중을 표시하여 하중을 초과하지 않도록 하여야 한다.

㈒ 붐의 경사도에 따른 정격하중을 표시하도록 하여야 한다.

(바) 너트·핀의 풀림방지, 분할핀 등의 안전장치를 정기적으로 점검하도록 하여야 한다.

(사) 가이로프 단부의 회전부에는 역회전을 방지하기 위한 돌림방지봉을 끼워야 한다.

(아) 붐의 최대 회전각도를 표시하여야 한다.

③ 스티프 잭 데릭 사용시 준수사항

(가) 데릭의 베이스는 안전하고 견고하게 설치하여야 한다.

(나) 평형추는 가능한 한 스테이 설치부분에 가깝게 있어야 한다.

(다) 평형추는 스테이 하단과 마스트 하부에도 설치해야 하며 견고한 콘크리트 등에 앵커를 해야 한다.

(라) 이동식으로 사용할 경우에 레일의 기초는 견고하게 시공해야 하며 수평하게 하여 데릭의 전도 등을 방지하여야 한다.

(마) 볼트, 너트, 와셔 등은 규격품을 사용하여야 한다.

(바) 지부에는 최대하중을 표시하여야 한다.

(사) 너트, 핀의 풀림방지나 분할핀 등의 안전장치는 정기적으로 점검하여야 한다.

(4) 건설용 리프트

① 타워리프트 설치시 준수사항 : 타워는 자체적으로 세울 수 없기 때문에 보조와이어를 사용하여 설치한다.

② 1줄 리프트 설치시 준수사항

(가) 가이드레일에 걸리는 하중은 수직으로 걸리는 하중을 고려하여 설계된다. 이로 인한 가이드레일의 힘이 없도록 설치하여야 한다.

(나) 강관 비계 등의 설치방법은 확실히 이행하도록 하고 특히 가이드레일의 상단부 및 기부의 고정에 주의를 하여야 한다.

③ 2줄 리프트 설치시 준수사항 : 발판과 건축물에의 설치방법은 1줄 리프트와 같은 방법으로 설치하여야 한다.

④ 롱스팬 (long span) 건설용 리프트 설치시 준수사항 : 각각 독립된 가이드레일로서 긴 물건을 오르내리기 때문에 설치에는 가이드레일의 간격을 정확하게 그리고 수직으로 설치하여 각부가 침하하지 않도록 조치하고 동시에 짐을 내리는 장소는 물건을 싣는 기구와의 사이에 틈이 규정 이내가 되도록 설치하여야 한다.

⑤ 스킵타워 (skip tower) 의 안전사항

(가) 가이드레일의 열을 정확하게 설치하여야 한다.

(나) 전도 배출시에 있어 토사의 비산을 방지할 수 있는 방지장치를 설치하여야 한다.

(5) 화물용 승강기

▶ **공사용 엘리베이터 설치시 준수사항**

• 보내온 물건을 받을 수 있는 구대의 설치를 하여야 한다.

• 롱스팬 (long span) 의 경우에는 구대와 엘리베이터 사이에 머리나 손발이 끼지 않도록 주의하여야 한다.

6. 건설기자재

6-1 건설작업시 재해발생원인

(1) 산소결핍에 의한 재해
① 지질조사가 불충분하다.
② 주변에서의 압기공사의 유무조사를 안 했다.
③ 산소측정을 안 했다.
④ 환기장치가 미흡하다.
⑤ 구명기, 보호구 등이 미비하다.
⑥ 작업책임자의 지휘에 따르지 않고 작업했다.
⑦ 작업원에 대한 교육이 행해져 있지 않았다.
⑧ 비상시의 피난, 구조가 적절치 않았다.
⑨ 구급처치가 불충분하고 때를 놓쳤다.

(2) 고기압장해
① 잠함, 실드 등의 설비에 결함이 있다.
② 설비나 안전장치의 점검이 불충분하다.
③ 설비의 운전, 취급방법이 불량하다.
④ 작업시간, 감압시간이 부적합하다.
⑤ 작업책임자의 지휘 없이 작업했다.
⑥ 관계작업자의 교육이 불충분했다.
⑦ 채용시의 건강진단이 행해지지 않아 부적격자가 취업했다.
⑧ 정기의 특수건강진단을 안 해 이상자의 발견이 불능이다.
⑨ 재압실이 없어 때를 놓쳤다.
⑩ 재압실의 조작에 필요한 인원과 의사가 없어 재압처리가 충분치 않고 때를 놓쳤다.

(3) 유기용제 중독
① 환기장치 미설치
② 자연환기에 태만
③ 방독마스크 미착용
④ 채용시 건강진단을 안 해 이상자 발견 불능

6-2 진동장해 및 예방대책

(1) 진동장해
① 말초혈액순환 장해 (손가락이 하얗게 되며 손이 차지는 증상)
② 말초신경 장해 (손과 팔이 아픈 증상)

③ 뼈, 관절 및 근육장해

④ 땀이 잘 흐르고 잠들기 어렵고 머리가 무거우며, 귀가 울리고 건망증이 나타난다.

이들 원인은 공구의 진동강도, 사용시간, 작업방법, 작업시 온도, 건강상태 및 연령 등에 의하여 좌우된다.

(2) 예방대책의 기본

① 진동이 발생하지 않거나 진동이 적은 공구를 사용하고 또한 공구는 정기적으로 점검정비 실시

② 진동 노출시간을 줄이고 작업방법, 작업편성 등을 개선하며 보호구의 사용을 철저히 준수

③ 정기적으로 건강진단을 실시, 근로자의 영양상태 유지 및 금연 등 일상생활에 주의

(3) 진동공구의 종류

① 피스톤 내장공구 (타격공구) : 착암기, 콘크리트 브레이커

② 진동체 내장공구

③ 체결공구

④ 회전공구

⑤ 엔진 내장공구

(4) 진동공구의 정비 및 점검

① 윤활유의 상태

② 공구 외부의 변형, 균열, 파손 유무

③ 새로운 타흔이나, 부품의 이완, 탈락 유무

④ 호스의 마모, 균열, 이음매의 이완 유무

(5) 진동공구 선택방법

공구 자체의 진동 및 작업시 진동이 적고 취급하기 쉽도록 가벼우며 인체에 진동이 적게 전달되는 것을 선택한다.

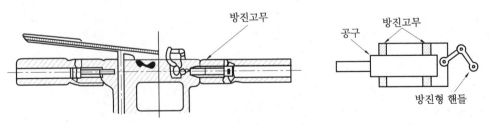

콘크리트 브레이커의 방진형 손잡이 (handle)　　　공구 내부에 저진동화기구 부착

① 공구 자체에 방진기구가 부착된 것

② 손이나 몸에 무리한 힘을 주지 않고 작업 가능한 것

③ 공구 손잡이는 작업자의 손 크기에 적당한 것으로 고무 등 방진재료로 피복된 것

④ 작업에 필요한 추진력은 공구의 자중 또는 기계력으로 얻을 수 있는 것

⑤ 공구의 동력원용 에어호스, 코드는 적정한 위치 및 각도로 설치해야 하며 설치부는 자재형일 것

⑥ 압축공기 또는 엔진을 동력원으로 하는 공구는 흡기, 배기시 발생하는 소음을 경감하는 머플러가 장착되어 있고 근로자가 직접 폭로되지 않는 구조일 것

6-3 고기압장해 및 예방대책

▶ **고기압 공사용 설비의 구비조건**

• 공사용 설비의 설계 및 시공 : 잠함, 실드 (shield) 등의 공사에 사용하는 설비를 설계 및 시공할 때에는 다음 사항에 적합하도록 해야 한다.

(ㄱ) 작업실 내의 기적은 1인당 4 m³ 이상으로 한다.

(ㄴ) 기갑실의 바닥면적은 기갑실에서 가압 또는 감압을 받은 작업자 1인당 각각 0.3 m³ 이상 및 0.6 m² 이상으로 한다.

(ㄷ) 작업실 또는 기갑실로 들어가는 송기관은 샤프트 (shaft) 내를 통하지 않도록 하며 작업실로 가는 송기관에는 작업실에 근접한 부분에 역지판을 설치한다.

(ㄹ) 공기압축기와 작업실 또는 기갑실 사이에는 공기청소장치를 설치한다.

(ㅁ) 작업실 및 기갑실에 전용배기관을 설치하고 잠함의 기갑실 내의 작업자 감압을 위한 배기관은 안지름 53 mm 이하로 한다.

(ㅂ) 작업실로 들어가는 송기 조절밸브, 콕 (cock) 의 조작장소를 압기 실드, 잠함 등의 외부에 설치할 때에는 그 장소에 작업실 내의 게이지 압력을 표시하는 압력계를 설치한다. 또한 조작장소를 압기 실드, 잠함 등의 내부에 설치할 때에는 밸브, 콕의 조작자가 휴대용 압력계를 소지토록 한다.

(ㅅ) 작업자에 가압 또는 감압을 하기 위한 송 · 배기 조절밸브, 콕 조작장소를 기갑실 외부에 설치할 때에는 그 장소에 기갑실 내의 압력을 표시하는 압력계를 설치한다. 또한 조작장소를 기갑실 내부에 설치할 때에는 밸브, 콕 조작자가 휴대용 압력계를 소지하도록 한다.

(ㅇ) 상기 (ㅂ), (ㅅ) 의 압력계는 그 한 개의 눈금이 0.2 kg/cm² 이하의 것으로 한다.

(ㅈ) 작업실 및 기갑실로 송기하기 위한 공기압축기에서 나오는 공기의 온도가 적정도 이상 상승할 때에는 관계자가 즉시 감지할 수 있도록 자동경보장치를 설치한다.

(ㅊ) 외부에서 기갑실 내부의 상황을 파악할 수 있는 장치 (ㅔ 창, 텔레비전) 를 설치한다.

(ㅋ) 고압실 내에서 작업을 할 때에는 호흡용 보호구, 섬유 로프 등 비상시 작업자의 피난, 구출용구를 갖춘다.

6-4 산소결핍장해

사람이 호흡하는 공기 중에는 산소가 약 21% 포함되어 있다. 공기중의 산소농도가 저하되면 인체에 중대한 건강장해를 초래하며 산소농도가 2~3% 이하에서는 즉사하는 등 극히 위험하다.

(1) 공기중의 산소농도가 저하되는 주원인

① 산화물의 산화, 생물의 호흡에 의한 공기중 산소의 소비

② 지층 중에 포함된 메탄, 유화수소 등 유해가스가 굴착에 따라 분출하여 산소농도를 저하시킨다.

잠함공사 등의 기초공사 현장에서 산소결핍증이 발생하는 것은 압기공법시 지하에 압입된 공기가 지층 중에 포함되어 있는 환원성 물질에 의해 산소가 소비되거나 재해사례에 의하면 굴착공사시 산소가 결핍되는 장소는 재해발생 당시의 굴진층이 자갈층 또는 모래층인 경우가 대부분이고 그 하부층은 점토층 등의 불투수층인 경우가 많고, 이와 같은 자갈층 또는 모래층은 지하수 배수에 따라 수위가 저하되어 굴착에 따른 용수가 거의 없는 경우이다.

(2) 산소결핍 위험장소

① 다음의 지층에 접해 있거나 통하는 우물(우물, 갱도, 터널, 잠함 등) 내부
  ㈎ 상부층에 불투수층이 있는 자갈층에 용수가 없거나 약간 있는 부분
  ㈏ 제1철염류 또는 제1망간염류를 함유하고 있는 지층
  ㈐ 메탄, 에탄 또는 부탄을 함유하고 있는 지층
  ㈑ 탄산수를 용출하거나 용출할 위험이 있는 지층
② 장기간 사용하지 않은 우물의 내부
③ 케이블, 가스관 등을 부설하기 위해 만든 암거, 맨홀 및 피트 내부
④ 우수, 하천의 유수 또는 용수가 체류하거나 한 적이 있는 수조, 암거, 맨홀 및 피트 내부
⑤ 해수가 체류하거나 한 적이 있는 열교환기, 관, 암거, 맨홀 및 피트 내부
⑥ 상당 기간 동안 밀폐되었던 강제 보일러, 탱크, 반응탑, 선창 및 내벽이 산화되기 쉬운 시설의 내부
⑦ 천장, 바닥, 주위 벽체 또는 격납물을 건성물이 포함된 페인트로 칠하고 건조되기 전에 밀폐한 지하실, 창고, 탱크, 선창 및 통풍이 불충분한 시설의 내부

(3) 예방대책 기술

① 산소결핍증 위험장소 작업을 할 때에는 작업시작 전에 공기중의 산소농도를 측정하여 그 기록을 보존
② 산소결핍증 위험장소에서 작업을 할 때에는 산소농도가 18% 이상일 것
③ 산소결핍증 등으로 인하여 전락할 위험이 있는 작업을 할 때는 안전대를 착용
④ 공기호흡기 및 안전대 등은 작업 전에 점검 실시
⑤ 작업을 시작할 때와 종료했을 때는 반드시 인원점검 실시
⑥ 근접작업장과의 연결을 긴밀히 한다.
⑦ 산소결핍장소에서 근로자를 구출할 때에는 반드시 공기 호흡용 보호구를 착용
⑧ 터널 등의 굴착작업시에는 메탄 또는 탄산가스에 의하여 산소결핍을 초래할 위험이 있으므로 보링 등의 방법으로 충분한 사전조사를 실시

6-5 분진장해

(1) 분진작업 종류

① 토석, 암석 또는 광물(이하 광물 등이라 한다.)의 굴착장소에서의 작업. 단, 다음과 같은 작업은 제외한다.

⑦ 갱외의 광물 등을 습식으로 시추하는 장소에서의 작업

⑧ 옥외의 광물 등을 동력 또는 발파에 의하지 않고 굴착하는 장소에서의 작업

② 광물 등을 적재한 차량의 짐칸을 경사지게 들어올려 쏟아 붓는 장소에서의 작업

③ 갱내의 광물 등을 파쇄하거나 분쇄하여 쌓는 등의 작업

④ 갱내에서 광물 등을 운반하는 작업. 단, 광물 등을 적재한 차를 색인하는 기관차를 운전하는 작업은 제외한다.

⑤ 갱내의 광물 등을 특정개소에 채우거나 암분을 산포하는 장소에서의 작업

⑥ 암석 또는 광물을 재단하거나, 조작하는 장소에서의 작업. 단, 화염을 이용해 재단하는 등의 작업을 제외한다.

⑦ 동력에 의해 암석, 광물 또는 금속을 연마하거나 재단하는 장소에서의 작업

⑧ 시멘트, fryash 등의 포대를 개봉해서 내용물을 쌓는 등의 작업

⑨ 내화물을 이용하여 가마, 화로 등을 수리, 축조, 해체 또는 파쇄하는 작업

⑩ 실내, 갱내, 탱크 또는 관 등의 내부에서 금속용단 또는 아크 용접·용단 작업. 단, 실내라도 자동용접·용단하는 것을 제외한다.

(2) 분진장해 예방대책

진폐의 예방대책은 작업자가 노출되지 않도록 하기 위한 작업공정이나 작업방법의 변경, 설비공구의 개선, 원재료의 변경, 보호구의 사용, 자동화 등에 의해 분진의 발산, 폭로를 적게 하는 대책. 즉 분진폭로 방지대책과 정기적으로 진폐건강진단을 실시하여 근로자의 건강상태를 관리하고 병기를 조기에 발견하여 적정한 사후조치를 취해 진폐의 진전을 억제하는 건강관리대책의 2가지로 대별한다.

제 4 장 건설작업의 안전

1. 가설공사

1-1 비계작업

(1) 비계의 재료

① 비계발판

    ㈎ 비계용 발판은 목재 또는 합판을 사용하여야 한다. 다만, 기타 자재 (PSP) 등을 사용할 경우에는 사용에 따른 별도의 안전조치를 강구하여야 한다 (미끄럼방지, 낙하 등). 제재목인 경우에 있어서는 장섬유질의 경사도가 1 : 15 이하이어야 하고 충분히 건조한 것 (함수율 15~20% 이내) 을 사용하여야 하며, 변형·갈라짐·부식 등 자재를 사용해서는 안 된다.

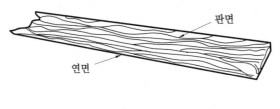

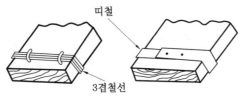

비계발판 묶음

    ㈏ 홈, 마디, 옹이, 부식 등 강도상의 결점을 조사하는 방법은 다음과 같다.

        ㉠ 발판의 폭과 동일한 길이 내에 있는 결점치수의 총합이 발판폭의 1/4을 초과하지 않을 것

        ㉡ 결점 개개의 크기가 발판의 중앙부에 있을 때는 발판폭이 1/5, 발판면의 갓부분에 있을 때는 발판두께의 1/7을 초과하지 않을 것

        ㉢ 발판의 갓면에 있을 때는 발판두께의 1/2을 초과하지 않을 것

        ㉣ 발판의 갈라짐은 발판폭의 1/2을 초과하지 않을 것 (철선 또는 띠철로 감아서 보존할 것)

㈐ 비계발판의 치수는 폭이 두께의 5~6배 이상이어야 하며 발판폭은 40 cm 이상, 두께는 3.5 cm 이상, 길이는 3.6 m 이내이어야 한다. 또한 비계발판은 그때그때의 하중의 간격 (span) 에 따라서 응력의 상태가 달라지므로 다음 표에 의한 허용응력을 초과하지 않도록 설계해야 한다.

비계발판 작업으로서 목재의 허용응력

목재의 종류 ＼ 허용응력	압 축 (kg / cm²)	인장 또는 휨 (kg / cm²)	전 단 (kg / cm²)
적송, 흑송, 회목	120	135	10.5
삼송, 전나무, 가문비나무	90	105	7.5

② 비계용 통나무 : 비계용 통나무는 장선을 제외하고 서로 대체 활용할 수 있으므로 압축, 인장 및 휨 등 어느 외력이 작용하여도 충분히 견딜 수 있어야 한다. 비계로 사용될 통나무의 조건은 다음과 같다.

㈎ 형상이 곧고 나무결이 바르며, 큰옹이, 부식, 갈라짐 등 흠이 없고, 건조된 것으로 썩거나 다른 결점이 없어야 한다.

㈏ 끝말구의 지름은 4.5 cm 이상이어야 한다.

㈐ 휨 정도는 길이의 1.5% 이내이어야 한다.

㈑ 가늘어짐 정도는 1 m 당 0.5~0.7 cm 가 이상적이나 1.5 cm 를 초과하지 말아야 한다.

㈒ 갈라진 길이는 전체 길이의 1/5 이내, 깊이는 통나무 지름의 1/4을 넘지 말아야 한다.

③ 비계용 강관 : 비계용 강관은 한국공업규격으로 정하는 규격 이상의 재료를 사용하여야 한다. 다만, 금속재료는 재질이 균일하여야 하고 산화부식 되거나, 균열로 인하여 강도가 저하된 것을 사용해서는 안 된다.

④ 비계의 결속재료

㈎ 철선 : 일반적으로 사용하는 철선은 지름 3.4 mm 의 #10 내지 지름 4.2 mm 의 #8의 소성철선 또는 #16 내지 #18의 아연도금 철선을 사용하며, 결속재료는 모두 새것을 사용하고 재사용은 안 된다.

㈏ 밑받침 철물 : 비계의 하중을 지반에 전달하고 비계의 각 부를 조정하는 철물로서 고정형과 조절형이 있다.

㈐ 강관조립철물

㉠ 연결철물 : 강관을 교차시켜 조립·결합하는 철물은 연결성능이 좋아야 하며, 안전내력은 300 kg 이상이어야 한다.

㉡ 이음철물

• 강관을 잇는 이음철물로 마찰형과 전단형이 있으나 마찰형은 인장강도를 그다지 필요로 하지 않는 곳에 사용하여야 한다.

• 강관을 잇는 이음철물은 위의 표에서 정하는 구조와 성능에 적합한 것을 사용하여야 한다.

이음철물의 구조와 성능

형식	구 조	성 능	
		인장시험의 최대하중 (kg)	굴곡시험 (밴딩) 의 최대하중 (kg)
마찰형	관의 단면에 밀접하여 지지하는 수압부와 관의 내부에 삽입되는 부분을 가진 것으로 삽입부 단면적의 80% 이상이고, 유효장은 75 mm 이상의 길이가 각각 관에 삽입되는 구조이어야 한다.	500 이상	270 이상
전단형	상기 외관의 단부를 웜 (worm) 또는 핀 (pin) 기타의 결합방법으로 결합하는 것 착탈에 있어서 관을 회전하는 것은 적어도 60도 이상 회전하지 않으면 착탈이 되지 않는 구조이어야 한다.	1500 이상	270 이상

(2) 통나무비계

비계에 사용하는 통나무에는 제한이 없으므로 굵은 것을 사용하면 기둥간격 등을 크게 할 수 있으나 보통 많이 사용되고 있는 통나무일 경우 기둥간격을 보방향에서는 1.5 m 내지 1.8 m 이하, 간사이 방향은 1.5 m 이하이어야 한다. 보방향을 1.5 m 이하로 할 때에는 통나무 지름이 10 cm 이상이어야 한다. 띠장 간격은 1.5 m 내외로 하여야 하며 지상에서 첫 번째 띠장은 3 m 정도의 높이에 설치하여야 한다.

비계기둥의 각 부는 활동 또는 침하를 방지하기 위하여 기둥 밑둥을 지하에 묻고 밑둥잡이를 설치하여야 한다.

▶ **통나무비계 조립의 안전지침**
  • 재 료
    − 나무결이 바르며, 균열, 충해, 부식, 옹이 등 결점이 없는 것으로 곧은 것을 사용하여야 한다.
    − 통나무의 굵기는 1 m 당 0.5∼0.7 cm 정도로 가늘어져야 한다.
    − 비계결속용 철선은 #8선 또는 #10선 소철선을 사용하여야 한다.
    − 비계발판은 폭 40 cm 이상, 두께 3.5 cm 이상, 길이 3.6 m 이내의 것을 사용하여야 한다.
  • 조 립
    − 비계기둥의 하부는 호박돌, 잡석 또는 깔판 등으로 침하방지조치를 취하여야 하고, 지반이 연약할 때는 땅에 매입하여 고정시켜야 한다.
    − 비계기둥을 겹친 이음할 때는 1 m 이상 겹쳐서 2개소 이상 묶어야 한다.
    − 맞댄 이음을 할 때는 쌍기둥틀로 하거나 1.8 m 이상의 덧댐목을 대고 4개소 이상 묶어야 한다.
    − 비계기둥의 간격은 1.8 m 이하로 하고 인접한 비계기둥의 이음은 동일선상에 있지 않도록 하여야 한다.
    − 간격은 10 m 마다 45각도의 처마방향 가세를 설치해야 하며 가세에 접속되지 않는 기둥은 없어야 한다.

- 벽이음은 수직방향에서는 5.5 m 이하, 수평방향으로 7.5 m 이하 간격으로 연결해야 한다.
- 비계발판의 폭은 40 cm 이상이어야 하고 간격은 3 cm 이내로 해야 한다.
- 작업대에는 높이 75 cm 이상의 손잡이를 설치하여야 한다.
- 작업대 위의 공구, 재료 등에 대해서는 낙하방지조치를 취해야 한다.

(3) 단관비계

강관비계는 통나무비계와 같이 단관으로 조립하여 구성하는 단관비계와 공장에서 제작된 틀조립비계가 있다. 단관비계는 종래의 통나무를 강관으로 바꾼 형식으로서 비계의 높이가 31 m 를 초과할 때에는 그 아랫부분을 강관 2본을 묶어 세워야 한다.

▶ **단관비계 조립의 안전지침**

- 재　료
  - 강관 및 부속철물은 한국공업규격에 합당한 것이어야 한다.
  - 강관은 외력에 의한 균열, 뒤틀림 등의 변형이 없어야 하며, 부식되지 않은 것이어야 한다.
- 조　립
  - 각 부에는 깔판, 깔목 등을 사용하고 밑둥잡이를 설치해야 한다.
  - 비계기둥 간격은 보방향에서는 1.5 m 내지 1.8 m, 간사이 방향에서는 1.5 m 이하이어야 한다.
  - 지상에서 첫번째 띠장은 높이 2 m 이하의 위치에 설치하여야 한다.
  - 띠장 간격은 1.5 m 이하로 설치하여야 하며, 장선 간격도 1.5 m 이하로 설치하여야 한다.
  - 비계기둥간의 적재하중은 400 kg 을 초과하지 않도록 하여야 한다.
  - 비계기둥의 최고부로부터 31 m 되는 지점의 밑부분은 2본의 강관으로 묶어 세워야 한다.
  - 벽면과의 연결은 수직으로 5 m, 수평으로 5 m 이내마다 연결해야 한다.
  - 기둥간격 10 m 마다 45° 각도의 처마방향 가세를 설치해야 하며, 가세에 접속되지 않는 기둥이 있으면 안 된다.
  - 작업상의 구조는 통나무비계에 준하여 추락 및 낙하물 방지조치를 취하여야 한다.

(4) 틀비계

강관을 재료로 하여 공장에서 생산된 기성제품으로 문형틀(open frame)과 사다리형틀 (ladder frame)이 있다.

▶ **틀비계의 안전지침**

- 재　료
  - 틀비계는 한국공업규격에 합당한 것이어야 한다.
  - 부재는 외력에 의한 변형 또는 불량품이 없는 것이어야 한다.
- 조　립
  - 비계기둥에는 밑받침 철물을 사용하거나 깔판, 깔목 등을 사용하여 밑둥잡이를 설

치하는 등의 조치를 취하여야 한다.
- 전체높이가 20 m 를 초과할 때는 주틀의 높이를 2 m 이내로 해야 하고 주틀간의 간격은 1.8 m 이하로 하여야 한다.
- 주틀간의 교차 가세를 설치하여 외력에 견디도록 하여야 한다.
- 벽면에는 수직방향으로 6 m, 수평방향으로 8 m 이내마다 연결하여야 한다.
- 기타 사항은 단관비계에 준한다.

(5) 달비계

① 쌍줄 달비계 : 쌍줄 달비계는 공사중에 건축물 옥상 또는 임의층의 개구부에서 내민보 (캔틸레버) 를 설치하고 작업상을 달아놓은 비계로서 고층건물 공사의 마무리작업 및 청소작업 등에 주로 이용된다.

② 간이 달비계 : 간이 달비계는 건축물의 옥상, 난간 뒤에 필요한 간격으로 매입하거나 옥상에서 내민보 (캔틸레버) 를 돌출시켜 상부를 지지하는 것이며, 건축물 벽면의 부분적 작업이나 창닦이 등에 이용된다.

▶ 간이달비계 안전지침

• 재   료
- 작업발판의 재료는 곧고 줄바른 것으로 균열, 충해, 부식, 큰 옹이 등이 없는 것을 사용하여야 한다.
- 발판은 폭 40 cm 이상, 두께 3.5 cm 이상, 길이 3.6 m 이내의 것을 사용하여야 한다.
- 결속선은 #8선 또는 #10선으로 소철선 새 것을 사용하여야 한다.
- 와이어로프는 한 가닥에서 소선 (필러선을 제외한다.) 의 수가 10% 이상 절단되지 않은 것이어야 한다. 또한 부식되거나 현저히 변형되지 않은 것으로 지름의 감소가 공칭 지름의 7% 이내이어야 한다.
- 체인은 길이가 제조 당시보다 5% 이상 늘어난 것을 사용해서는 안되며 고리의 단면지름이 제조 당시보다 10% 이상 감소되지 않은 것을 사용해야 한다.

• 조   립
- 와이어로프 및 강선의 안전계수는 10 이상이어야 한다.
- 와이어로프의 일단은 권상기에 확실히 감겨져 있어야 한다.
- 작업발판은 20 cm 이상의 폭이어야 하며, 움직이지 않게 고정하여야 한다.
- 발판 위 약 10 cm 위까지 낙하물 방지조치를 하여야 한다.
- 높이 90 cm 이상의 추락방지용 손잡이를 설치하여야 한다. 다만, 작업성질상 손잡이를 설치하는 것이 곤란하거나 작업 필요상 임의로 손잡이를 해체해야 하는 경우에는 방망을 치거나 안전대를 사용하여야 한다.
- 권상기에는 제동장치를 설치하여야 한다.
- 달비계의 동요 또는 전도를 방지할 수 있는 장치를 취하여야 한다.

• 작   업
- 작업감독자의 직접 지휘하에 작업을 진행하여야 한다.
- 승강할 때는 작업대가 수평을 유지하도록 하여야 한다.

  - 제한하중 이상의 작업원이 타지 않도록 하여야 한다.
  - 안전모를 착용하여야 하며, 구명줄을 소지하여야 한다.
  - 달비계 위에서는 각립 사다리 등을 사용해서는 안 된다.
  - 손잡이 밖에서 작업하지 않도록 하여야 한다.
  - 갑작스런 행동으로 인한 비계의 동요, 전도 등을 방지하여야 한다.

(6) 달대비계

철골공사의 리벳치기, 볼트 작업시에 이용되는 것으로 주체인 철골에 매달아서 작업발판을 만드는 비계로서 상하 이동을 시킬 수 없는 것이다.

▶ **달대비계 안전지침**
  - 달대비계의 매다는 철선은 소성철선 #8선을 사용하며 4가닥 정도로 꼬아서 하중에 대한 안전계수가 8 이상 확보되어야 한다.
  - 철근을 사용할 때에는 19 mm 이상을 쓰며 근로자는 반드시 안전모를 착용하여야 하고 구명로프를 소지하여야 한다.

(7) 말비계 (안장비계, 각주비계)

말비계는 비교적 천장높이가 얕은 실내에서 내장 마무리작업에 사용되는 것으로 두 개의 사다리를 상부에서 핀으로 결합시켜 개폐시킬 수 있도록 하여 발판 또는 비계역할을 하도록 하는 것이다.

▶ **말비계 안전지침**
  - 사다리의 각 부는 수평하게 놓아서 상부가 한쪽으로 기울지 않아야 한다.
  - 각 부에는 미끄럼 방지장치를 하여야 하며, 제일 상단에 올라서서 작업하는 일은 없어야 한다.

(8) 이동식 비계

옥외의 얕은 장소 또는 실내의 부분적인 장소에서 작업을 할 때 이용되는 것으로 비계의 각 부에 활차를 부착하여 이동시킬 수 있는 것이다. 비계의 전도 등에 의한 재해가 많이 발생하므로 취급에 유의하여야 한다.

▶ **이동식 비계의 안전지침**
  - 재　료
    - 비계에 사용된 강관은 한국공업규격에 합당한 것이어야 하며 부식, 균열, 변형 등이 없는 것이어야 한다.
    - 재료는 곧고 줄이 바르며 균열, 부식, 충해, 큰 옹이 등이 없는 양호한 것을 사용하여야 한다.
    - 비계의 발판은 폭 40 cm, 두께 3.5 cm 이상의 것을 사용하여야 한다.
  - 조　립
    - 작업상의 발판은 전면에 걸쳐 빈틈없이 깔아야 한다.
    - 불의의 이동을 방지하기 위한 제동장치를 반드시 갖추어야 한다.
    - 비계의 최대높이는 밑변 최소 폭의 4배 이하이어야 한다.

- 비계의 일부를 건물에 체결하여 이동, 전도 등을 방지하여야 한다.
- 승강용 사다리는 견고하게 부착하여야 한다.
- 최대적재하중을 명확하게 표시하여야 한다.
- 부재의 접속부, 교차부는 확실하게 연결하여야 한다.
- 작업대는 높이 90 cm 이상의 보호손잡이를 설치하여야 하며 낙하물 방지조치를 설치하여야 한다.
- 작 업
  - 작업감독자의 지휘 하에 작업을 행하여야 한다.
  - 절대로 작업원이 탄 채로 이동해서는 안 된다.
  - 비계의 이동에는 충분한 인원배치를 하여야 한다.
  - 안전모를 착용하여야 하며 구명로프 등을 소지하여야 한다.
  - 재료, 공구의 오르내리기에는 포대, 로프 등을 사용하여야 한다.
  - 작업장 부근에 고압전선 등이 있는가를 확인하고 적절한 방호조치를 취하여야 한다.
  - 상하에서 동시에 작업을 할 때에는 충분한 연락을 취하면서 작업을 하여야 한다.

1-2 가설통로

(1) 경사로

건설공사의 외부비계에 설치하여 재료의 운반, 작업원의 통로로 활용되는 것으로 시공하중 또는 폭풍, 진동 등 외력에 대하여 안전하도록 설계되어야 하며, 작업원 이동시 추락, 전도, 미끄러짐 등의 재해를 예방할 수 있는 대책이 강구되어야 한다. 상부로부터의 낙하물에 의한 위험요소를 제거하여야 하고, 경사를 완만하게 하여 근로자가 오르내리기에 편리한 구조이어야 한다.

① 목재 경사로

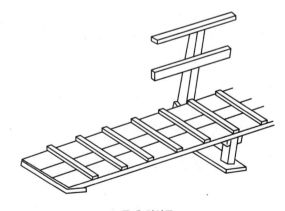

목재 경사로

② 철재 경사로

철재 경사로

▶ **경사로 안전지침**
- 경사로는 항상 정비하고 안전통로를 확보하여야 한다.
- 비탈면의 경사각은 30도 이내로 하고 미끄럼막이 간격은 다음 표에 의한다.

경사각	미끄럼막이 간격	경사각	미끄럼막이 간격
30도	30 cm	22도	40 cm
29도	33 cm	19도 20분	43 cm
27도	35 cm	17도	45 cm
24도 15분	37 cm	14도	47 cm

- 경사로의 폭은 최소 90 cm 이상이어야 한다.
- 높이 7 m 이내마다 계단참을 설치하여야 한다.
- 추락방지용 손잡이는 높이 90 cm 이상 45 cm 위치에 중간대를 설치하여야 한다.
- 목재는 미송, 육송 또는 동등 이상의 재질을 가진 것이어야 한다.
- 경사로 지지기둥은 3 m 이내마다 설치하여야 한다.
- 발판은 폭 40 cm 이상으로 하고, 틈은 3 cm 이내로 설치하여야 한다.
- 발판이 이탈하거나 한쪽 끝을 밟으면 다른 쪽이 들리지 않게 장선에 결속하여야 한다.
- 결속용 못이나 철선이 발에 걸리지 않아야 한다.
- 발판은 3개 이상의 장선에 지지되어야 한다.

(2) 통로발판

건축물의 외벽 마무리작업, 창호공사, 재료의 운반, 단시간 작업시의 재료의 저장 등에 이용되는 작업장으로서 중하중용과 경하중용으로 구분 설계하여야 한다. 특히 근로자의 추락, 재료, 공구의 낙하에 대비할 수 있는 적절한 안전조치를 취하여야 한다.

▶ **통로발판 안전지침**
- 근로자가 작업 또는 이동하기에 충분한 넓이가 확보되어야 한다.
- 추락의 위험이 있는 곳에는 표준안전난간이나 철책을 설치하여야 한다.
- 발판은 폭 40 cm 이상, 두께 3.5 cm 이상, 길이 3.6 m 이내의 것을 사용하여야 한다.

- 발판을 겹쳐 이을 때는 장선 위에서 이음을 하고, 겹침길이는 20 cm 이상으로 하여야 한다.
- 발판 1개에 지지물은 2개 이상이어야 한다.
- 작업판은 파손되기 쉬운 벽돌, 배수관 등으로 엉성하게 지지되어서는 안 된다.
- 작업판의 최대폭은 1.6 m 이내이어야 한다.
- 작업판 위에는 돌출된 못, 옹이, 철선 등이 없어야 한다.
  ※ 비계발판의 구조에 따라 최대 적재하중을 정하고 이를 초과하지 못하도록 하여야 한다.

(3) 사다리

높은 곳에서의 작업이나 물품의 운반 및 통로의 수단으로 비계를 설치하기 곤란한 곳이나 작업이 간단한 곳, 또는 실내에서의 작업에 편리하게 사용하기 위한 것으로 견고하고 안전하게 설계되어야 한다.

① 고정사다리 : 고정사다리는 90도의 수직이 가장 적합하며 경사를 둘 필요가 있을 경우에도 수직면으로부터 15도를 초과해서는 안 된다. 옥외용 사다리는 철재를 원칙으로 하며, 높이 9 m 를 초과하는 사다리는 9 m 마다 계단참을 두어야 하고 사다리 전면의 사방 75 cm 이내에는 장애물이 없어야 한다.

　㉮ 목재사다리
　　㉠ 재질은 건조된 것으로 옹이, 갈라짐, 흠 등의 결점이 없는 것으로 곧은 것이어야 한다.
　　㉡ 수직재와 발 받침대는 장부촉 맞춤으로 하고 사개를 파서 제작하여야 한다.
　　㉢ 발 받침대의 간격은 25~35 cm 로 하여야 한다.
　　㉣ 이음 또는 맞춤부분은 보강하여야 한다.
　　㉤ 벽면과의 이격거리는 20 cm 이상으로 하여야 한다.
　㉯ 철재사다리 : 수직재와 발 받침대는 횡좌굴을 일으키지 않도록 충분한 강도를 가진 것이어야 한다.
　　㉠ 발 받침대는 미끄러짐을 방지하기 위하여 주름이 있어야 한다.
　　㉡ 받침대의 간격은 25~35 cm 로 하여야 한다.
　　㉢ 사다리 몸체 또는 전면에 기름 등과 같은 미끄러운 물질이 묻어 있어서는 안 된다.

② 이동용 사다리
　㉮ 길이가 6 m 를 초과해서는 안 된다.
　㉯ 다리의 벌림은 벽 높이의 1/4 정도가 가장 적당하다.
　㉰ 다리부분에는 미끄럼 방지장치를 하여야 한다.
　㉱ 벽면 상부로부터 최소한 1 m 이상의 여장 길이가 있어야 한다.
　㉲ 미끄럼 방지장치
　　㉠ 사다리 지주의 끝에 고무, 코르크, 가죽, 강스파이크 등을 부착시켜 바닥과의 미끄럼을 방지하는 일종의 안전장치가 있어야 한다.
　　㉡ 쐐기형 강스파이크는 지반이 부드러운 맨땅 위에 세울 때 사용하여야 한다.
　　㉢ PIVOT 방지발판은 인조고무 등으로 마감한 실내용을 사용하여야 한다.
　　㉣ 미끄럼 방지판자 및 미끄럼방지 고정쇠는 돌마무리 또는 인조석깔기 마감한 바닥

용으로 사용하여야 한다.

③ 특수사다리

㈎ 기계사다리 : 기계사다리는 길이를 기계적으로 연장시킬 수 있는 것으로서 다음과 같은 안전조치를 갖추어야 한다.

㉠ 추락방지용 보호손잡이 및 발판이 구비되어야 한다.

㉡ 작업자는 안전대를 착용하여야 한다.

㉢ 사다리가 움직이는 동안에는 작업자가 움직이지 않도록 사전에 충분한 교육을 시켜야 한다.

㈏ 연장사다리 : 연장사다리는 도르래와 당김줄에 의하여 임의 길이로 연장 또는 축소시킬 수 있는 특수한 사다리로 그에 대한 안전조치는 다음과 같다.

㉠ 총길이가 15 m 를 초과하여서는 안 된다.

㉡ 사다리의 길이를 고정시킬 수 있는 잠금쇠와 까치발 (brackets) 을 구비하여야 한다.

㉢ 도르래 및 로프는 충분한 강도를 가진 것이어야 한다.

▶ **사다리 작업 안전지침**

• 안전하게 수리될 수 없는 사다리는 작업장 외로 반출시켜야 한다.

• 사다리는 작업장에서 최소한 위로 1 m 는 연장되어 있어야 한다.

• 상부와 하부가 움직이지 않도록 고정하여야 한다.

• 상부 또는 하부가 움직일 염려가 있을 때는 작업자 이외의 감시자가 있어야 한다.

• 부서지기 쉬운 벽돌 등을 받침대로 사용하여서는 안 된다.

• 작업자는 복장을 단정히 하여야 하며, 미끄러운 장화나 신발을 신어서는 안 된다.

• 지나치게 부피가 크거나 무거운 짐을 운반하는 것은 피하여야 한다.

• 출입문 부근에 사다리를 설치할 경우에는 반드시 감시자가 있어야 한다.

• 금속사다리는 전기설비가 있는 곳에서는 사용하지 말아야 한다.

※ 사다리를 다리처럼 사용하여서는 안 된다.

1-3 가설도로

(1) 공사용 가설도로

① 도로의 표면은 장비 및 차량이 안전운행을 할 수 있도록 유지 보수하여야 한다.

② 장비사용을 목적으로 하는 진입로, 경사로 등은 주행하는 차량통행에 지장을 주지 않도록 만들어야 한다.

③ 도로와 작업장의 높이에 차이가 있을 때는 바리케이드 또는 연석 (curbstone) 등을 설치하여 차량의 위험 및 사고를 방지하도록 하여야 한다.

④ 도로는 배수를 위해 도로 중앙부를 약간 높게 하거나 배수시설을 하여야 한다.

⑤ 운반로는 장비의 안전운행에 적합한 도로의 폭을 유지하여야 하며, 또한 모든 커버는 통상적인 도로폭보다 좀 더 넓게 만들고 시계에 장애가 없도록 설치하여야 한다. 커브 구간에서는 차량이 도로 가시거리의 절반 이내에서 정지할 수 있도록 차량의 속도를 제한하여야 한다.

⑥ 최고 허용 경사도는 부득이한 경우를 제외하고는 1%를 넘어서는 안 된다.

⑦ 필요한 전기시설 (교통신호등 포함), 신호수, 표지판, 바리케이드, 노면 마스크 등으로
   교통안전운행을 위한 것이 제공되어야 한다.

⑧ 안전운행을 위하여 먼지가 일어나지 않도록 물을 뿌려주고 겨울철에는 눈이 쌓이지 않
   도록 조치하여야 한다.

(2) 우회로

① 교통량을 유지시킬 수 있도록 계획되어야 한다.

② 현재 시공 중에 있는 교량이나 높은 구조물의 밑을 통과해서는 안 된다 (단, 특수 경우
   엔 제외).

③ 모든 staging이나 보조 staging은 작업 착수 전 감독관의 승인을 득하도록 하여야 한다.

④ 모든 교통통제나 신호등은 교통법규에 적합하도록 하여야 한다.

⑤ 우회로는 항상 보수 유지되도록 확실히 점검을 실시하여야 한다.

⑥ 필요한 경우에는 가설등을 설치하여야 한다.

⑦ 우회로의 사용이 완료되면 감독 승인하에 모든 것을 원상복구하여야 한다.

(3) 안전표지 및 기구

안전표지는 산업안전표지규칙 및 교통안전표지규칙을 적용한다.

① 방호장치 (반사경, 보호책, 방호설비)

② 노동부령 2호 산업안전표지에 관한 규칙

③ 교통안전표지

(4) 신호수 등

선도차 및 운전기사는 잘 훈련되고, 자기의 임무를 숙지한 자를 임명하여야 한다.

(5) 교통안전주임

관계기관의 승인을 득한 책임감 있고 임무숙지는 물론 잘 훈련이 되고 경험이 있으며 하
시라도 근무 가능한 자로 선발하여 정기검사, 예상교통량, 유지보수에 적절한 협조가 이루
어지도록 하는 임무 수행능력이 있어야 한다.

2. 굴착공사

2-1 지질조사 등

(1) 사전조사

① 기본적인 토질에 대한 조사는 다음 각 호에 의한다.

  ㈎ 조사대상은 지형, 지질, 지층, 지하수, 용수, 식생 등으로 한다.

  ㈏ 조사내용은 다음 각 목의 사항을 기준으로 한다.

   ㉠ 주변에 기 절토된 경사면의 실태조사

   ㉡ 지표, 토질에 대한 답사 및 조사를 함으로써 토질구성 (표토, 토질, 암질), 토질구

조 (지층의 경사, 지층, 파쇄대의 분포, 변질대의 분포), 지하수 및 용수에 형상 등의 실태조사

ⓒ 사운딩

ⓓ 시추

ⓔ 물리탐사 (탄성파 조사)

ⓕ 토질시험 등

② 굴착작업 전 가스관, 상하수도관, 지하케이블, 건축물의 기초 등 지하매설물에 대하여 조사하고 굴착시 이에 대한 안전조치를 한다.

(2) 시공중의 조사

공사진행 중 이미 조사된 결과와 상이한 상태가 발생한 경우 정밀조사를 실시하여야 하며 결과에 따라 작업계획을 재검토하여야 할 경우에는 공법이 결정될 때까지 공사를 중지하여야 한다.

2-2 굴착작업

(1) 인력굴착

① 공사전 준비

㈎ 작업계획, 작업내용을 충분히 검토하고 이해하여야 한다.

㈏ 공사물량 및 공기에 따른 근로자의 소요인원을 계획하여야 한다.

㈐ 굴착예정지의 주변상황을 조사하여 조사결과 작업에 지장을 주는 장애물이 있는 경우 이설, 제거, 거치보전 계획을 수립하여야 한다.

㈑ 시가지 등에서 공중재해에 대한 위험이 수반될 경우 예방대책을 수립하여야 하며, 가스관, 상하수도관, 지하케이블 등의 지하매설물에 대한 방호조치를 하여야 한다.

㈒ 작업에 필요한 기기, 공구 및 자재의 수량을 검토, 준비하고 반입방법에 대하여 계획하여야 한다.

㈓ 예정된 굴착방법에 적절한 토사 반출방법을 계획하여야 한다.

㈔ 관련 작업 (굴착기계 · 운반기계 등의 운전자, 흙막이공, 형틀공, 철근공, 배관공 등)의 책임자 상호간의 긴밀한 협조와 연락을 충분히 하여야 하며 수기신호, 무선통신, 유선통신 등의 신호체제를 확립한 후 작업을 진행시켜야 한다.

㈕ 지하수 유입에 대한 대책을 수립하여야 한다.

② 일일 준비사항

㈎ 작업 전에 반드시 작업장소의 불안전한 상태 유무를 점검하고 미비점이 있을 경우 즉시 조치하여야 한다.

㈏ 근로자를 적절히 배치하여야 한다.

㈐ 사용하는 기기, 공구 등을 근로자에게 확인시켜야 한다.

㈑ 근로자의 안전모 착용 및 복장상태, 또 추락의 위험이 있는 고소작업자는 안전대를 착용하고 있는가 등을 확인하여야 한다.

㈒ 근로자에게 당일의 작업량, 작업방법을 설명하고, 작업의 단계별 순서와 안전상의

문제점에 대하여 교육하여야 한다.

(바) 작업장소에 관계자 이외의 자가 출입하지 않도록 하고, 또 위험장소에는 근로자가 접근하지 않도록 출입금지 조치를 하여야 한다.

(사) 굴착된 흙이 차량으로 운반될 경우 통로를 확보하고 굴착자와 차량 운전자가 상호 연락할 수 있도록 하되, 표준신호 (노동부 예규 제95호) 를 준용하여야 한다.

3. 철근 콘크리트 공사

3-1 거푸집 공사

(1) 재료의 검사

① 거푸집 검사시는 직접 거푸집을 제작, 조립한 책임자와 현장관리책임자가 검사하여야 한다.

② 여러 번 사용으로 인한 흠집이 많은 거푸집과 합판의 접착부분이 떨어져 구조적으로 약한 것은 사용치 않도록 하여야 한다.

③ 거푸집의 띠장은 부러진 곳이 없나 확인하고 부러지거나 금이 나 있는 것은 완전 보수한 후에 사용하여야 한다.

④ 거푸집에 못이 돌출되어 있거나 날카로운 것이 돌출되어 있는지를 확인하고 제거하여야 한다.

⑤ 강재거푸집을 사용할 때는 형상이 찌그러지거나 비틀려 있는 것은 형상을 교정한 후 사용하여야 한다.

⑥ 강재거푸집의 표면에 녹이 많이 나 있는 것은 쇠솔 (wire brush) 또는 샌드페이퍼 (sand paper) 등으로 닦아내고 박리제 (form oil) 를 엷게 칠해 두어야 한다.

⑦ 사용란 강재거푸집에 붙은 콘크리트 부착물은 완전히 제거하고 박리제를 칠해 두어야 한다.

⑧ 강판, 목재, 합판, 거푸집은 창고에 보관하여 두거나 야적시에는 천막 등으로 덮어 두어 녹이 슬거나 부식을 방지토록 하여야 한다.

⑨ 동바리재는 현저한 손상, 변형, 부식이 있는 것과 큰 옹이가 깊숙이 박혀 있는 것은 사용을 피하여야 한다.

동바리재로 사용되는 각재 또는 강관지주의 중심축 예

⑩ 동바리재로 사용되는 각재 또는 강관지주는 양끝을 일직선으로 그은 선 안에 있어야 하고 일직선 밖으로 굽어져 있는 것은 사용을 금하여야 한다.

⑪ 강관지주, 보 등을 조합한 구조의 것은 최대사용하중을 넘지 않는 부위에 사용하여야 한다.

⑫ 연결재는 다음 사항을 고려하여 선정하여야 한다.

    ㈎ 작업원이 많이 사용하여 손에 익숙한 것으로 하여야 한다.

    ㈏ 정확하고 충분한 강도가 있는 것으로 하여야 한다.

    ㈐ 회수, 해체하기가 쉬운 것이어야 한다.

    ㈑ 조합부품수가 적은 것이어야 한다.

(2) 거푸집 조립

① 거푸집지보공의 조립시에는 안전담당자를 배치하여야 한다.

② 거푸집의 운반, 설치작업에 필요한 작업장 내 통로 및 비계가 충분한가를 확인하여야 한다.

③ 거푸집지보공은 다음 하중에 충분한 것을 사용하여야 한다.

> (타설되는 콘크리트 중량) + (철근 중량) + (가설물 중량) +
> (호퍼, 버킷, 가드류의 중량) + (작업원의 중량) + 150 kg / m²

④ 지주의 침하를 방지하고 또 각 부가 활동하지 않는 방법을 취하여야 한다.

⑤ 강재와 강재와의 접속부 및 교차부는 볼트, 클램프 등의 철물로 연결하여야 한다.

⑥ 철선사용을 가급적 피하여야 한다.

⑦ 거푸집이 곡면일 경우에는 버팀대의 부착 등 당해 거푸집의 부상을 방지하기 위한 조치를 하여야 한다.

⑧ 강관지주로 지보공을 조립할 때에는 높이 2 m 이내마다 수평연결재를 2개 방향으로 만들고 수평연결재의 변위를 방지하여야 한다.

⑨ 강관지주는 3본 이상 이어서 사용하지 말고, 또 높이가 3.5 m 이상의 경우에는 높이 2 m 이내마다 수평연결재를 2개 방향으로 만들고 수평연결재의 변위가 일어나지 않도록 이음부분은 견고하게 이어 좌굴을 방지하도록 하여야 한다.

⑩ 틀비계를 동바리로 사용할 경우에는 각 비계간 교차 가세를 만들고, 최상층 및 5층 이내마다 거푸집 지보공의 측면과 틀면의 방향 및 교차 가세의 방향에서 5개 틀 이내마다 수평연결재를 설치하고, 수평이음의 변위를 방지하여야 한다.

⑪ 틀비계를 지주로 사용할 경우에는 상단의 강재에 단판을 부착시켜 이것을 보 또는 작은 보에 고정시켜야 한다.

⑫ 높이가 4 m 를 초과할 때는 4 m 이내마다 수평연결재를 2개 방향으로 설치하고 수평방향의 변위를 방지하여야 한다.

⑬ 목재를 지주로서 사용하는 경우 높이 2 m 이내마다 수평연결재를 설치하고, 수평연결재의 변위방지조치를 취하여야 한다.

⑭ 목재를 이어서 사용할 경우에는 2본 이상의 덧댐목을 사용하여 당해 상단을 보 또는 멍에 고정시켜야 한다.

⑮ 지보공 하부의 깔판 또는 깔목은 2단 이상 끼우지 않도록 하고 작업인원의 보행에 지장이 없어야 하며, 이탈되지 않도록 고정시켜야 한다.

⑯ 보밑, 슬래브 등의 거푸집은 작업원이 용이하게 작업할 수 있는 위치에서부터 점차로 조립해 나가도록 하여야 한다.

⑰ 재료, 기구, 공구를 올리거나 내릴 때에는 달줄, 달포대 등을 사용하여야 한다.

⑱ 거푸집 조립작업장 주위에는 작업원 이외의 통행을 제한하고 슬래브 거푸집 조립시에는 많은 인원이 한 곳에 집중되지 않도록 넓은 지역으로 고루 분산시켜야 한다.

⑲ 안전사다리 또는 이동식 틀비계를 사용하여 작업할 때에는 항상 보조원이 대기하여야 한다.

⑳ 거푸집은 다음 순서에 의하여 조립하여야 한다.

　기둥 → 보받이 내력벽 → 큰보 → 작은보 → 바닥 → 내벽 → 외벽

㉑ 강풍, 폭우, 폭설 등 악천후 때문에 조립작업 실시에 위험이 따를 것이 예상되는 경우에는 작업을 중지하여야 한다.

㉒ 조립작업 위치에서는 거푸집 제작을 가급적 피하고 다른 장소에서 제작한 후 조립토록 하여야 한다 (톱질, 망치질 등으로 인한 재해발생 방지).

㉓ 콘크리트를 타설할 때에는 거푸집이 변형되지 않도록 설치되어 있어야 하며, 흔들림막이, 턴버클, 가새 등은 필요한 곳에 적절히 설치되어 있는지를 확인하여야 한다.

㉔ 조립작업은 조립 → 검사 → 수정 → 고정을 주기로 하여 부분을 요약해서 행하고 전체를 진행하여 나가야 한다.

(3) 거푸집의 부위별 점검사항

공사책임자는 거푸집공사에 있어서 다음 사항을 점검하여야 한다.

① 기초 거푸집

　(개) 버팀 콘크리트 면의 기초먹줄의 치수와 위치는 도면과 일치하는가 ?

　(내) 거푸집을 설치하는 데 있어 터파기는 여유 있게 되어 있는가 ?

　(대) 거푸집선이 정확하고 조립상태가 정확한가 ?

　(래) 콘크리트 타설시 콘크리트 타설 한계 위치는 정확하게 표시되어 있는가 ?

　(매) 기초의 철근배근은 빠짐없이 되어 있는가 ?

　(배) 관통구멍, 앵커볼트, 차출근의 위치, 수량, 지름 등은 정확한가 ?

　(새) 독립기초의 경우 거푸집이 콘크리트 타설시에 떠오르거나 또 이동하지 않도록 고정되어 있는가 ?

② 기둥, 벽의 거푸집

　(개) 거푸집 하부의 위치는 정확한가 ?

　(내) 기둥 및 벽거푸집의 요소에 추를 내렸을 때 수직인가 ?

　(대) 건물의 요철부분은 정확하게 조립되어 있는지를 확인하고 특히 돌출부는 콘크리트 타설시 이탈되지 않도록 견고하게 조립되어 있는가 ?

　(래) 하부에는 청소구가 있는가를 확인하고 콘크리트 타설시는 완전히 닫도록 조치되어 있는가 ?

　(매) 개구부의 위치와 치수 및 상자넣기 (나무토막) 등의 설치 위치는 정확한가 ?

　(배) 콘크리트 타설면 특히 이어치기 면에는 이물이 있어서는 안 되며 완전제거 후 이어지도록 되었는가 ?

③ 보, 슬래브의 거푸집

　(개) 보, 거푸집의 치수는 정확한가 ?

　(내) 모서리는 정확하게 조립되어 있는가 ?

⒟ 슬래브의 중앙부는 처짐에 대해 약간 솟음을 두었는가?

⒠ 슬래브 및 보 등에는 기계설비 및 천장설치용 고정장치 등이 설치되어 있는가?

⒡ 보 등에는 벌어짐에 대하여 견딜 수 있도록 견고하게 조립되어 있는가?

④ 지보공

⒜ 거푸집 조립도대로 조립되어 있는가?

⒝ 지주의 위치와 간격, 부재를 제대로 설치하고 견고히 연결하도록 하며 열을 지어 일직선상에 있고 수직인가?

⒞ 지주를 지반에 설치할 때에는 밑둥잡이 또는 깔목을 설치하여 부등침하를 방지토록 하고 활동이 없는가?

⒟ 지주를 경사가 있는 콘크리트면에 세울 때에는 미끄러지지 않도록 조치하였는가?

⒠ 지주에는 하중이 균등하게 작용토록 설치하였는가?

⒡ 콘크리트 타설시 거푸집의 흔들림을 방지토록 하고 흔들림을 방지하기 위한 턴버클, 가세 등은 필요한 위치에 충분히 설치되어 있는가?

⒢ 지보공의 높이 조절용 받침목, 철편 등은 이탈되지 않았는가?

⒣ 강관지주 사용시 접속부의 나사는 마모되어 있지 않는가?

⒤ 이동용 틀비계를 지보공 대용으로 사용할 때에는 활자가 고정되어 있었는가?

⒥ 거푸집이 비계 등에 접촉되어 있지 않는가?

기타 전기설비, 급배수설비, 승강기설비 등과 같이 설비공사 등 관련공사와도 지장이 없도록 충분한 검사가 수행되어야 한다.

(4) 거푸집의 해체

▶ 거푸집의 해체시 안전수칙

- 거푸집 지보공 해체시에는 작업책임자를 선임하여야 한다.
- 거푸집 해체작업장 주위에는 관계자를 제외하고는 출입을 금지시켜야 한다.
- 강풍, 폭우, 폭설 등 악천후 때문에 작업실시에 위험이 예상될 때에는 해체작업을 중지시켜야 한다.
- 해체된 거푸집 기타 각목 등을 올리거나 내릴 때에는 달줄 또는 달포대 등을 사용하여야 한다.
- 해체된 거푸집 또는 각목 등에 박혀 있는 못 또는 날카로운 돌출물은 즉시 제거하여야 한다.
- 해체된 거푸집 또는 각목은 재사용 가능한 것과 보수하여야 할 것을 선별·분리하여 적치하고 정리정돈을 하여야 한다.
- 거푸집의 해체는 순서에 입각하여 실시하여야 한다.
- 해체시 작업원은 안전모와 안전화를 착용토록 하고, 고소에서 해체할 때에는 반드시 안전대를 사용하여야 한다.
- 보밑 또는 슬래브 거푸집을 제거할 때에는 한쪽 먼저 해체한 다음 밧줄 등을 이용하여 묶어두고, 다른 한쪽을 서서히 해체한 다음 천천히 달아내려 거푸집 보호는 물론, 거푸집의 낙하 충격으로 인한 작업원의 돌발적인 재해를 방지하여야 한다.

- 거푸집 해체가 용이하지 않는다고 구조체에 무리한 충격 또는 큰 힘에 의한 지렛대 사용은 금하여야 한다.
- 제3자에 대한 보호는 완전히 하여야 한다.
- 상하에서 동시 작업할 때에는 상하가 긴밀히 연락을 취하여야 한다.

(5) 거푸집의 존치기간

거푸집은 기술적인 판단 없이 조기에 떼어내는 것은 금하여야 한다.

거푸집의 존치기간은 표준시방서에 지정된 기간이 경과한 후 설계 소요강도 이상이 되었음이 판단되었을 때 해체하여야 한다.

3-2 철근공사

(1) 철근 절단작업에는 다음 사항에 유의하여야 한다.

① 해머자루는 금이 가거나 쪼개진 부분은 없는가 확인하고 손잡이부분은 미끄러지지 않도록 조치하여야 한다.
② 사용중 해머가 빠지지 않도록 튼튼하게 조립되어야 한다.
③ 오랜 사용으로 해머부분이 경사지어 마모되어 있거나 버섯모양같이 해머가 훼손되어 있는 것은 사용해서는 안 된다.
④ 해머로 절단하는 작업원은 숙련공으로 오랫동안 같이 절단을 해온 사람으로 짝을 지워 절단토록 하여야 한다.
⑤ 무리한 자세로 절단을 하여서는 안 된다.
⑥ 절단기의 철근 절단날이 마모되어 미끄러질 우려가 있는 것은 사용해서는 안 된다.
⑦ 철근 절단작업장 주위는 작업책임자가 상주하여야 하고 작업원 이외는 출입을 금하여야 한다.
⑧ 절단작업자는 안전모를 착용하여야 한다.
⑨ 위험성이 높은 재래식 해머 절단은 가급적 피하고 절단기를 사용하여야 한다.

(2) 가스절단 및 철근이음 가공

① 가스절단 및 용접자는 면허소지자라야 하며 작업 중에는 보호구 (보안경, 보호장갑, 안전모 등) 를 착용하여야 한다.
② 호스는 작업 중에 겹치거나 구부러지지 않도록 하고 밟히지 않도록 한다. 특히 전선의 경우에는 피복이 손상되어 있는지를 확인하여야 한다.
③ 가급적 호스, 전선 등은 다른 작업장을 거치지 않는 직선상의 배선이어야 하며, 배선 길이가 짧은 것이어야 한다.
④ 작업장에는 소화기를 비치하도록 하여야 한다.
⑤ 비나 눈이 올 때는 빗물 등으로 급랭하여 시공부분이 경과되어 균열이 생길 우려가 있으며 또한 작업이 조잡하게 되므로 작업을 중지시켜야 한다.
⑥ 강풍이 불면 불꽃이 흩어져서 시공부분에 산화막이 생기기 쉬우므로 작업을 중지시켜야 한다.
⑦ 아크 (arc) 용접이음의 경우 배전판 또는 스위치는 용이하게 조작할 수 있는 곳에 설치

하여야 한다.

⑧ 아크 용접의 경우 접지상태를 항상 확인토록 하여야 한다.

(3) 철근운반

① 인력운반

    ㈎ 긴 철근은 가급적 두 사람이 1조가 되어 어깨메기로 하여 운반하는 등 안전성을 도모하여야 한다.

    ㈏ 긴 철근을 부득이 한 사람이 운반할 때는 한 곳을 드는 것보다 한쪽을 어깨에 메고 한쪽 끝을 땅에 끌면서 운반하여야 한다.

    ㈐ 운반시에는 항상 양끝을 묶어 운반토록 하여야 한다.

    ㈑ 1회 운반시 1인당 무게는 25 kg 정도가 적절하며, 무리한 운반은 삼가도록 하여야 한다.

    ㈒ 내려놓을 때는 천천히 내려놓고 던지지 않도록 하여야 한다.

    ㈓ 공동작업시는 신호에 따라 작업을 행하여야 한다.

② 기계운반

    ㈎ 달아올릴 때는 다음 그림과 같은 요령으로 권양시키고 로프와 기구의 허용하중을 검토하여 과다한 권양을 삼가야 한다.

    ㈏ 비계나 비계다리 거푸집 등에 대량의 철근을 걸쳐놓거나 얹어 놓아서는 안 된다.

    ㈐ 달아 올리는 부근에는 사람의 출입을 금지시켜야 한다.

    ㈑ 달아 올리거나 내릴 때는 작업책임자를 배치시켜 수신호 또는 기타 신호에 의하여 작업하도록 하여야 한다.

    ㈒ 권양기의 운전자는 숙련된 자가 하여야 한다.

묶은 와이어를
겹치면 아래쪽
와이어가 조여
지지 않는다.
(불량)

(양호)

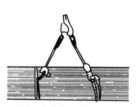
묶은 와이어는 항상 2줄을
겹친다. (양호)

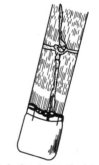
부득이 세로달기를 할 경우,
반드시 포대나 상자를 붙여서
철근이 빠져나가지 않도록
한다. (양호)

묶은 와이어의 걸치기

3-3 콘크리트 공사

(1) 타설 준비

① 콘크리트의 운반, 타설기계는 설치 계획시 성능을 확인하여야 한다.

② 사용 전후 검사는 물론 사용 중에도 점검에 소홀함이 없어야 한다.

③ 콘크리트 타워를 설치할 경우에는 근로자에게 작업기준을 지시하고 작업책임자를 지정하여 설치 작업 중에는 항상 상주하여 현장에서 지휘토록 하여야 한다.

▶ **콘크리트 타설시 안전수칙**

- 타설 속도는 표준시방서에 정해진 속도를 유지하여야 한다.
- 높은 곳으로부터 콘크리트를 세게 거푸집 내에 처넣지 않도록 하고, 반드시 호퍼로 받아 거푸집 내에 꽂아 넣는 벽형 슈트를 통해서 부어 넣어야 한다.
- 계단실에 콘크리트를 부어넣을 때에는 책임자를 정하고, 주의해서 시공하여 계단의 바닥이나 난간은 정규의 치수로 밀실하게 부어 넣는다.
- 바닥 위에 흘린 콘크리트는 완전히 청소하여야 한다.
- 철골보의 하측, 철골, 철근의 복잡한 개소, 배관류, 박스류 등이 집중된 곳, 복잡한 거푸집의 부분 등은 책임자를 결정하여 완전한 시공이 되도록 하여야 한다.
- 콘크리트를 한 곳에만 치우쳐서 부어 넣으면 거푸집 전체가 기울어져 변형되거나 밀려나게 되므로 특히 주의하여야 한다.
- 콘크리트를 치는 도중에는 지보공, 거푸집 등의 이상 유무를 확인하여야 하고, 상황을 감시하는 감시인을 배치하여 이상 발생시에는 신속히 처리하여야 한다.
- 최상부의 슬래브는 이어붓기를 되도록 피하고 일시에 전체를 타설하도록 하여야 한다.
- 타워에 연결되어 있는 슈트의 접속은 확실한가와 달아매는 재료는 견고한가를 점검하여야 한다.
- 손수레는 붓는 위치에까지 천천히 운반하여 거푸집에 충격을 주지 않도록 천천히 부어야 한다.
- 손수레로 콘크리트를 운반할 때에는 적당한 간격을 유지하여야 한다.
- 손수레에 의해 운반할 때는 뛰어서는 안 된다. 또한 통로구분을 명확히 하여야 한다.
- 운반 통로에는 방해가 되는 것은 없는가를 확인하고, 즉시 제거토록 하여야 한다.

4. 철골공사

4-1 철골공사 전 검토사항

(1) 설계도 및 공작도 검토

① 부재의 형상 등 확인 : 부재의 길이, 부재의 형상, 접합부의 위치, 브래킷, 돌출치수, 부재의 최대폭 및 두께, 건물의 최고 높이 외에 건립형식이나 건립작업상의 문제점, 관련 가설설비 등을 검토하여야 한다.

② 부재의 수량 및 중량의 확인 : 부재의 최대중량과 전항의 검토사항에 따라 건립기계의 종류를 선정하고 부재수량에 따라 건립공정을 검토하여 시공기간 및 건립기계의 대수를 결정하여야 한다.

③ 철골의 자립도 검토 : 철골은 건립 중에 강풍이나 무게중심의 이탈 등으로 도괴될 뿐 아니라 건립완료 후에도 완전히 구조체가 완성되기 전에는 강풍이나 가설물의 적재 등에 따라서 도괴될 위험이 있다. 또한 철골 철근 콘크리트조의 경우 본체결이 완료 후에

도 도괴의 위험이 있으며 특히 도괴의 위험이 큰 다음과 같은 종류의 건물은 강풍에 대하여 안전한지 여부를 설계자에게 확인하도록 하여야 한다.

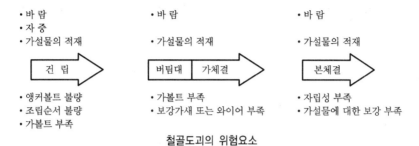

철골도괴의 위험요소

㈎ 높이 20 m 이상의 구조물

㈏ 구조물의 폭과 높이의 비가 1 : 4 이상의 구조물

㈐ 건물, 호텔 등에서 단면구조에 현저한 차이가 있는 구조물

㈑ 연면적당 철골량이 50 kg/m³ 이하인 구조물

㈒ 기둥이 타이플레이트(tie plate) 형인 구조물

㈓ 이음부가 현장용접인 구조물

④ 볼트구멍, 이음부, 접합방법 등의 확인 : 현장용접의 유무, 이음부의 난이도를 확인하고 건립작업 방법을 결정하여야 한다.

⑤ 철골계단의 유무 : 특히 철골 철근 콘크리트조의 경우 철골계단이 있으면 편리하므로 건립순서 등을 검토하고 안전작업에 이용하여야 한다.

⑥ 건립작업성의 검토 : 한 곳에 크게 돌출되어 있는 보가 있는 기둥은 취급이 곤란하므로 보를 잘라 중심의 위치를 명확히 하는 등 사전에 결정해 두고, 폭이 좁고 길며, 두께가 엷은 보나 기둥은 건립 전에 보강이 필요한 것은 표시하여 두어야 한다.

⑦ 가설부재 및 부품 등 : 건립 후에 가설부재나 부품을 부착하는 것은 위험한 고소작업을 동반하므로 다음 사항을 검토하여야 한다.

㈎ 외부 비계 및 화물 승강장치

㈏ 기둥 승강용 트랩

㈐ 구명줄 설치용 고리

㈑ 건립 때 필요한 와이어 걸이용 고리

㈒ 난간 설치용 부재

㈓ 기둥 및 보 중앙의 안전대 설치용 고리

㈔ 방망 설치용 부재

㈕ 비계 연결용 부재

㈖ 방호 선반설치용 부재

㈗ 인양기 설치용 보강재

⑧ 건립용 기계 및 건립순서 : 입지조건, 주변상황, 건물형태, 건립공기, 건립순서 등을 고려한 건립용 기계와 건물의 형태, 건립기계의 특성, 후속작업, 전체 공정 중에서 분할작업을 고려한 건립순서를 검토하여야 한다.

⑨ 사용전력 및 가설설비 : 건립기계, 용접기 등의 사용에 필요한 전력과 기둥의 승강용 트랩, 구명줄, 방망, 비계, 보호철망, 통로 등의 배치 및 설치방법을 검토하여야 한다.

⑩ 안전관리체제 : 현장기사, 신호수, 일반근로자, 감시인, 차량유도자 등 지휘 명령계통과 기계 공구류의 점검 및 취급방법, 신호방법, 악천후에 대비한 처리방법 등을 검토하여야 한다.

(2) 현지조사

① 현장 주변환경 조사 : 건립작업에서 발생되는 소음, 낙하물 등이 인근주민, 통행인, 가옥 등에 위해를 끼칠 우려가 없는지 조사하고 대책을 수립하여야 한다.

② 수송로와 재료적치장 조사 : 차량 통행이 인근 가옥, 전주, 가로수, 가스, 수도관 및 케이블 등의 지하매설물에 지장을 주는지, 통행인 또는 차량진행에 방해가 되는 것은 없는지, 재료 적치장의 소요면적은 충분한지를 조사하여야 한다.

③ 인접가옥, 공작물, 가공전선 등의 조사 : 건립용 기계의 붐이 오르내리거나 선회하는 작업반경 내에 인접가옥 또는 전선 등의 지장물이 없는지, 또 그것들과의 간격과 높이 등을 조사하여야 한다.

(3) 건립공정수립시 검토사항

① 입지조건에 의한 영향 : 운반로 교통체제 또는 장해물에 의한 부재반입의 제약, 작업시간의 제약 등을 고려하여 1일 작업량을 결정하여야 한다.

② 기후에 의한 영향 : 강풍, 폭우 등과 같은 악천후시에는 작업을 중지토록 하여야 한다. 특히 강풍시에는 높은 곳에 있는 부재나 공구류가 날아가지 않도록 조치하여야 하며, 다음과 같은 경우에는 작업을 중지토록 하여야 한다.

(개) 풍속 : 10분간의 평균 풍속이 1초당 10 m 이상

(내) 강우량 : 강우량이 1시간당 1 mm 이상일 때

풍속 판정요령

풍력 등급	10분간 평균 풍속 (m / s)	풍속 상태
0	0.3 미만	연기가 똑바로 올라간다.
1	0.3~ 1.6 미만	연기가 옆으로 쓰러진다.
2	1.6~ 3.4 미만	얼굴에 바람기를 느끼고 나뭇잎이 흔들린다.
3	3.4~ 5.5 미만	나뭇잎이나 가느다란 가지가 끊임없이 흔들린다.
4	5.5~ 8.0 미만	먼지가 일며, 종이조각이 날아오르며, 작은 나뭇가지가 움직인다.
5	8.0~10.8 미만	연못의 수면에 잔물결이 일며 나무가 흔들리는 것이 눈에 보인다.
6	10.8~13.9 미만	큰 가지가 움직이고 우산을 쓰기 어려우며 전선이 운다.
7	13.9~17.2 미만	수목 전체가 흔들린다.
8	17.2~20.8 미만	작은 가지가 부러진다. 바람을 향해 걸을 수 없다.
9	20.8~24.5 미만	인가에 약간의 피해를 준다.
10	24.5~28.5 미만	수목의 뿌리가 뽑힌다. 인가에 큰 피해가 발생한다.

③ 철골부재 및 접합형식에 의한 영향 : 철골부재의 수량 및 접합형식과 난이도 등이 작업
능률에 커다란 영향을 미치므로 이를 검토하여야 한다.

④ 건립순서에 의한 영향 : 건립용 기계의 이동이나 인양에 따른 정체시간이 작업능률을
좌우하며, 건립순서에 의해 영향을 미치므로 이를 검토하여야 한다.

⑤ 건립용 기계에 의한 영향 : 건립용 기계는 종류에 따라 각각 그 특유의 특성이 있어 능
률의 차가 있기 때문에 사용기계의 기종 및 사용대수를 고려하여야 한다.

풍속별 작업범위

풍속(m / s)	종 별	작업종별
0~7	안전작업범위	전작업 실시
7~10	주 위 경 보	외부용접, 도장작업 중지
10~14	경 고 경 보	건립작업 중지
14 이상	위 험 경 보	고소작업자는 즉시 하강 안전대피

⑥ 안전시설에 의한 영향 : 견고한 승강설비, 추락방지용 방망, 가설작업대 등은 고소작업
에 따른 심리적 불안을 감소시키는 면에서 건립작업의 능률을 좌우하는 요소가 되므로
이를 검토하여야 한다.

(4) 건립순서 계획시 일반적인 주의사항

① 철골건립에 있어 중요한 것은 현장건립순서와 공장제작순서를 일치시키는 것이다. 소
규모의 건물에서는 모든 부재를 공장에서 제작하여 현장에 적치해 두었다가 순서를 따
라 사용하면 되지만 그 외의 것은 현장건립순서에 맞추어 공장제작을 하지 않을 수 없
기 때문에 공장제작순서, 재고품 등 실태를 고려하여 계획을 수립하여야 한다.

> **【참고】**
>
> • **건립의 형태**
>
>   1. 층별 건립형식 : 타워크레인, 가이데릭 등을 이용하여 건립을 하는 형식으로 건물 전체
>   를 수평으로 나누어 아래층부터 점차 위층으로 건립해 가는 것이다. 고소작업의 심리적
>   불안감이 감소되는 등 작업의 안전성이 크다.
>   2. 구조물 폭 단위별 건립형식 : 트럭크레인, 타워크레인 등과 같은 이동식 기계를 이용하여
>   건립하는 것으로, 건물의 끝에서 세우기 시작하여 3개폭 정도마다 최상층까지 세우고 기
>   계를 후퇴시키면서 건물을 완성시키는 것이다. 보통 공장, 창고 등과 같이 높이가 비교적
>   낮고 좁은 긴 건물에 아주 효과적이며 높이 30 m 정도의 빌딩에도 사용되고 있다.

② 어느 면이든지 2층 이상을 한 번에 세우고자 할 경우는 1개폭 이상 가능한 한 조립이
되도록 계획하여 도괴방지에 대한 대책을 강구하여야 한다.

③ 건립기계의 작업반경과 진행방향을 고려하여 먼저 세운 것이 방해가 되지 않도록 계획
하여야 한다.

④ 기둥을 2본 이상 세울 때는 반드시 계속하도록 하고 그동안 보를 설치하는 것을 원칙으로
하며 기둥을 세울 때마다 보를 설치하여 안전성을 검토하면서 건립을 진행시켜 나가야 한다.

⑤ 건립중 도괴를 방지하기 위하여 가볼트 체결을 가능한 한 단축하도록 후속공사를 계획
하여야 한다.

(5) 건립기계 선정시 검토사항

① 입지조건 : 건립기계의 출입로, 설치장소, 기계설치에 필요한 면적 등 이동식 크레인은 건물 주위의 주행통로 유무에 따라, 또한 타워크레인, 가이데릭 등 지선을 필요로 하는 정치식 기계인 경우는 지선을 펼 수 있는 공간과 면적 등을 검토하여야 한다.

② 건립기계의 소음 영향 : 주로 이동식 크레인의 엔진소음이 부근의 환경을 해칠 우려가 있다. 특히 학교, 병원, 주택 등이 근접되어 있는 경우에는 소음 측정을 하여 그 영향을 조사하여야 한다.

③ 건물형태 : 공장, 창고, 초등학교 등과 같이 비교적 저층으로 긴 건물인 경우와 빌딩, 호텔 등과 같은 고층건물의 경우에는 건물형태에 적합한 건립기계를 사용하여야 한다.

④ 인양하중 : 기둥, 보와 같이 큰 단일 부재일 경우 중량에 따라 사용하는 건립용 기계의 성능, 기종을 선정하여야 한다.

⑤ 작업반경 : 타워크레인, 가이데릭, 삼각데릭 등 정치적 건립기계의 경우, 그 기계의 작업반경이 건물전체를 건립하는 데 가능한지, 또 붐이 안전하게 인양할 수 있는 하중범위, 수평거리, 수직높이를 검토하여야 한다.

4-2 철골 공사용 기계

(1) 건립용 기계의 종류

① 타워크레인 : 타워크레인은 정치적과 이동식이 있으나 대별하면 붐이 상하로 오르내리는 기복형과 수평을 유지하고 트롤리호이스트가 수평을 움직이는 수평형이 있다. 초고층 작업이 용이하고 인접물에 장해가 없이 360도 작업이 가능하여 가장 능률이 좋은 건립기계이다. 장거리 기동성이 있고 붐을 현장에서 조립하여 소정의 길이를 얻을 수 있다. 붐의 신축과 기복을 유압에 의하여 조작하는 유압식이 있다. 한 장소에서 360도 선회작업이 가능하고 기계 종류도 소형에서 대형까지 다양하다. 기계식 트럭크레인은 인양 하중이 150톤까지 가능한 대형도 있다.

② 크롤러크레인 : 이는 트럭크레인의 타이어 대신 크롤러를 장착한 것으로 아우트리거를 갖고 있지 않아, 트럭크레인 보다 흔들림이 크고 하물 인양시 안정성이 약하다. 크롤러식 타워크레인은 차체는 크롤러 크레인과 같지만 직립고정된 붐 끝에 기복이 가능한 보조 붐을 가지고 있다.

③ 가이데릭 : 주기둥과 붐으로 구성되어 있고 6~8본의 지선으로 주기둥이 지탱되고 주각부에 붐을 설치 360° 회전이 가능하다. 인양하중이 크고 경우에 따라서 쌓아 올림도 가능하지만 타워크레인에 비하여 선회성, 안전성이 뒤떨어지므로 인양하물의 중량이 특히 클 때 필요로 할 뿐이다.

④ 삼각데릭 : 가이데릭과 비슷하나 주기둥을 지탱하는 지선 대신에 2본의 다리에 의해 고정된 것으로 작업회전반경은 약 270도 정도로 가이데릭과 성능은 거의 같다. 이것은 비교적 높이가 낮은 면적의 건물에 유효하다. 특히 최상층 철골 위에 설치하여 타워크레인 해체 후 사용하거나, 또 증축공사인 경우 기존 건물 옥상 등에 설치하여 사용되고 있다.

⑤ 진폴데릭 : 통나무, 철파이프 또는 철골 등으로 기둥을 세우고 3본 이상의 지선을 매어 기둥을 경사지게 세워 기둥 끝에 활차를 달고 윈치에 연결시켜 권상시키는 것이다. 간단하게 설치할 수 있으며 경미한 건물의 철골건립에 사용된다.

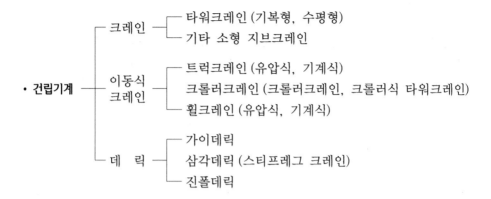

(2) 기계기구 취급상 안전기준

① 건립용 기계의 인양 정격하중을 초과하여서는 안 된다.

② 기계의 책임자는 정격하중을 표시하여 운전자 및 훅걸이 책임자가 볼 수 있도록 하여야 한다.

③ 현장책임자는 노동부예규 제95호에 의한 신호법을 작업자 및 신호수에게 주지시켜 적절히 사용토록 하고 운전자가 단독으로 작업하지 않게 하여야 한다.

④ 현장책임자는 기계운전자 이외의 근로자가 기계에 탑승치 않도록 하여야 한다.

⑤ 건립기계의 운전자가 화물을 인양한 채로 운전석을 이탈치 않도록 하여야 한다.

⑥ 건립기계의 와이어로프가 절단되거나 지브 및 붐이 파손되어 작업자에게 위험이 미칠 우려가 있을 때는 당해 작업범위 내에 타 작업자가 들어가지 못하도록 하여야 한다.

⑦ 와이어로프의 가닥이 절단되어 있거나 손상 또는 부식되어 있는 것과 지름의 감소가 공칭지름의 7%를 초과하는 것은 사용하지 말아야 한다.

⑧ 현장책임자는 건립용 기계를 다른 용도에 사용치 않도록 하여야 한다.

⑨ 현장책임자는 사용기계의 권과 방지장치, 안전장치, 브레이크, 클러치, 훅의 손상 유무 등을 정기적으로 점검하도록 하여야 한다.

⑩ 건립용 기계를 이용하여 화물을 인양시킬 때에는 와이어로프를 거는 훅에 해지장치를 하여 인양시 와이어로프가 훅에서 이탈하는 것을 막아야 한다.

⑪ 지브크레인 또는 이동식 크레인과 같은 붐이 부착된 기계를 사용할 경우에는 당해 기계의 경사각의 범위를 초과하여서는 안 된다.

4-3 철골 건립작업

(1) 철골반입

① 다른 작업을 고려하여 장해가 되지 않는 곳에 철골을 적치하여야 한다.

② 받침대는 적당한 간격으로 적치될 부재의 중량을 고려하여 안정성 있는 것으로 하여야 한다.

③ 부재 반입시는 건립의 순서 등을 고려하여 반입토록 하여야 한다.

④ 부재 하차시는 쌓여 있는 부재의 도괴를 대비하여야 한다.

⑤ 부재를 하차시킬 때 트럭 위에서의 작업은 불안정하기 때문에 인양시킬 부재가 무너지

지 않도록 하여야 한다.

⑥ 부재에 로프를 체결하는 작업자는 경험이 풍부한 사람이 하도록 하여야 한다.

⑦ 인양기계의 운전자는 서서히 들어올려 일단 안정상태인가를 확인한 다음 다시 서서히 들어올려 트럭 적재함으로부터 2 m 정도가 되면 수평이동시켜야 한다.

▶ **수평이동시 주의사항**

- 전선 등 다른 장해물에 접촉할 우려는 없는지 확인한다.
- 유도 로프를 끌거나 누르거나 하지 않도록 한다.
- 인양된 부재의 아래쪽에 작업자가 들어가지 않도록 한다.
- 내려야 할 지점에서 일단 정지 후 흔들림을 정지시킨 다음 서서히 내리도록 하고 받침대 위에서도 일단 정지한 후 서서히 내리도록 한다.
- 적치시는 사용에 대비, 높게 쌓지 않도록 한다.
- 한 개의 부재를 단독으로 적치하였을 경우에는 체인 등으로 묶어두거나 버팀대를 대어 넘어지지 않도록 하며, 적치높이는 적치부재 하단폭의 1/3 이하여야 한다.

(2) 건립준비 및 기계기구의 배치

① 작업장의 정비 : 지상 작업장에서 건립준비 및 기계기구를 배치할 경우에는 낙하물의 위험이 없는 평탄한 장소를 선정하여 정비하고 경사지에서는 작업대나 임시발판 등을 설치하는 등 안전하게 한 후 작업하여야 한다.

② 장해물의 제거 : 건립작업장에 지장이 되는 수목이나 전주 등은 제거하거나 이설하여 작업능률을 저하시키지 않도록 하여야 한다.

③ 타 공작물의 방호 : 인근에 건축물 또는 고압선 등이 있을 경우에는 이에 대한 방호조치를 하여야 한다.

④ 기계기구의 점검정비 : 작업능률 및 작업상의 안전을 확보키 위해 기계기구에 대하여 정비불량은 없는가, 보수를 필요로 하지 않는지 등을 충분히 점검한 후 사용토록 하여야 한다.

⑤ 기계가 계획대로 배치되어 있는가. 특히 원치의 위치는 작업능률과 안전 등을 좌우하기 때문에 작업 전체를 관망할 수 있는 위치인가를 확인하고, 또 기계에 부착된 지선과 기초는 튼튼한지, 지반상황을 조사하여 충분한 강도를 갖고 있는지 검토하여야 한다.

(3) 건립작업

① 기둥의 건립

㉮ 기둥 인양

㉠ 인양 와이어로프와 섀클, 받침대, 유도로프, 구명용 마닐라로프 (기둥승강용), 큰 지렛대, 드래프트핀, 조임기구 등을 준비하여야 한다.

㉡ 중량, 중심 상태 및 발 디딜 곳과 손잡을 곳, 안전대를 설치할 장치가 되었는지 확인하여야 한다.

㉢ 기둥 인양시는 기둥의 꼭대기 볼트 구멍을 이용해 인양용 작은 평철판을 덧대어 하중에 충분히 견디도록 볼트 접합수량을 검토하고 덧댄 철판이 구부러지지 않게 하여야 한다.

ㄹ) 매어달 철판에 와이어로프를 설치할 때는 섀클을 사용하고 섀클용 구멍이나 볼트 구멍에 와이어로프를 걸어 사용하지 않아야 한다.

ㅁ) 보와 연결될 브래킷 아랫부분에 와이어로프를 걸 경우에는 와이어로프를 매는 아랫부분에 보호용 굄재를 넣어 인양시킨다.

ㅂ) 훅에 인양 와이어로프를 걸때에는 중심에 걸어야 한다.

ㅅ) 기둥 인양시 부재가 변형되거나 옆으로 미끄러지지 않도록 다음 사항에 유의하여야 한다.

- 기둥을 일으켜 세울 때는 밑부분이 미끄러지지 않게 서서히 들어올린다.
- 밑부분에 무리한 하중이 실리지 않도록 한다.
- 좌우회전시 급히 움직이면 원운동이 생겨 위험하기 때문에 서서히 하도록 한다.
- 인양된 기둥이 흔들릴 때는 일단 지상에 대어 흔들리는 것을 멈추게 한 뒤 교정하여 다시 들어올린다.

ㅇ) 인양하여 수평이동할 때는 이동 범위 내에 사람이 있는지 없는지 확인한다.

ㅈ) 인양부재에 로프를 체결하는 작업자는 경험이 풍부한 자가 하도록 한다.

(나) 기둥 세우기

ㄱ) 앵커볼트로 조립할 경우에는 다음 요령에 의하여 실시하여야 한다.

- 조립할 위치의 직상에서 기둥을 일단 멈추고, 손이 닿는 위치까지 내린다.
- 방향을 확인하고 앵커볼트의 직상까지 흔들림이 없게 유도하여 서서히 내린다.
- 작업자들은 힘을 합쳐 기둥 베이스 플레이트 구멍과 앵커볼트를 보면서 유도하고, 손과 발이 끼지 않도록 하고 다른 볼트가 손상되지 않도록 조립한다.
- 잘 들어갔는지를 확인하고 앵커볼트는 전체를 평균하게 조여 들어간다.

ㄴ) 인양 와이어로프를 제거할 때는 기둥의 트랩을 이용하여 기둥 꼭대기로 올라간다. 이 경우 항상 양손으로 견고한 부재를 꼭 잡고 안전한 작업자세로 오르도록 하여야 한다.

ㄷ) 인양 와이어로프를 제거할 때는 안전대를 사용하도록 하고 로프의 섀클 핀이나 로프가 손상되지 않았나를 확인하여야 한다.

ㄹ) 제거한 와이어로프는 훅에 건다. 기둥에서 내려올 때에도 추락하지 않도록 주의하여야 한다.

(다) 기둥의 접합

ㄱ) 작업자는 2사람이 1조로 하여, 안전대를 기둥의 꼭대기에 설치한 후 인양되어 온 기둥을 기다린다.

ㄴ) 기둥이 아래층 기둥의 윗부분 가까이까지 이동해 오면 일단 멈춘다.

ㄷ) 인양된 기둥이 흔들리거나, 기둥의 접합방향이 맞지 않을 때는 신호를 명확히 하여 유도한다

ㄹ) 접합에 앞서 꼭대기의 커버플레이트가 설치된 볼트를 제거한다.

ㅁ) 아래층 기둥 꼭대기에 가까이 오면 작업자는 협력하여 서서히 내리고 수공구 등을 이용하여 커버플레이트가 맞닿는 면을 확인하고 조립한다.

ㅂ) 볼트는 필요한 만큼 신속하게 체결한다.

② 보의 조립

  (가) 보 인양

    ㉠ 인양 와이어로프의 매단 각도는 안전하중이 고려된 적당한 길이를 사용하여야 한다.

    ㉡ 조립되는 순서에 따라 사용될 부재가 밑에 쌓여 있을 때는 반드시 위에 있는 것을 제거하고 사용하도록 하여야 한다.

    ㉢ 위에 쌓여 있는 부재가 불량하다고 하여 무너뜨려 밑에 있는 것을 꺼내 쓰지 않도록 하여야 한다.

    ㉣ 인양시는 다음에 유의하여야 한다.

- 인양 부재의 중량, 중심을 확인하고 달아올린다.
- 인양 와이어로프는 훅의 중심에 건다.
- 운전자에게 보의 설치위치를 지시한다.
- 신호자는 운전자가 잘 보이는 위치에서 신호한다.
- 불안정하거나 매단 부재가 경사져 있으면 다시 내려 묶은 위치를 교정한다.

    ㉤ 유도로프는 확실히 설치하여야 한다.

    ㉥ 인양 부재체결 부속으로 클램프를 사용할 경우

- 클램프는 수평으로 체결하고 2군데 이상 설치한다.
- 클램프의 정격용량 이상은 인양치 않는다.
- 부득이 1군데를 매어 사용할 경우는 위험이 적은 장소와 간단한 이동이 가능한 경우에 한하고 작업순서에 맞게 작업한다.
- 체결작업 중 클램프 본체가 장애물에 부딪히지 않게 한다.
- 사용 전 반드시 클램프의 작동상태를 점검하고 정상 작동되는가를 확인한다.

［참고］

• 클램프 체결시 작업순서

1. 인양 부재의 무게중심을 확인한다.
2. 클램프의 개구부를 가장 안쪽 깊이 물린다.
3. 2군데를 매어 인양시킬 때 와이어로프의 내각은 60도를 절대 초과하지 않도록 한다.
4. 안전훅을 아래 방향으로 잡아당겨 훅을 확실히 고정시킨다.
5. 인양부재가 지상에서 떨어진 순간 잠시 인양을 멈추고 톱니가 완전히 물렸는지, 중심상태는 정확한지를 점검하고 들어올린다.

클램프 명칭 및 치수

정격용량	개구부치수 (mm)		사용유효치수 (mm)
	A	B	
1톤	29	62	3～26
2톤	36	87	3～33
3톤	42	97	5～39
4톤	70	116	20～67

  (나) 보의 인양 및 선회

    ㉠ 급격히 인양하거나 선회시키지 않는다.

ⓛ 옆으로 매어달지 않는다.

ⓒ 흔들리거나 회전하지 않도록 유도 로프로 유도한다.

ⓔ 장애물에 닿지 않게 주의하여 이동한다.

㈐ 보의 설치 : 작업자는 한 곳에 2명, 다른 방향에 1명 또는 2명으로 구성하여 기둥에 올라 간다. 이 때 작업자는 설치위치에서 안전대를 착용하고 보가 도착되기를 기다려야 한다.

ⓐ 거싯 (gusset) 형태 보의 경우 : 이 형태에서는 보의 설치 위치에서 작업자는 기둥에 매달려 작업하게 되고 보의 볼트를 체결한 후가 아니면 보에 걸터앉아서는 안 된다.

- 인양에 앞서 보의 양단부 래티스 플레이트 (lattice plate) 상하에 체결된 가볼트를 풀고 또한 플랜지 사이에 쐐기를 박아 넣는다.
- 인양시킨 보를 거싯 가까이까지 이동한 후 일단 멈춘다.
- 보가 흔들릴 때는 설치방향을 확인하고 신호를 명확히 하여 거싯 윗부분까지 끌어 올린다.
- 양쪽의 작업자는 협력하여 거싯 플레이트가 보의 플랜지 틈에 끼워지도록 약간씩 내리면서 양단이 기울지 않도록 하여 서서히 내린다.
- 상단 플랜지의 볼트 구멍부터 볼트를 체결한다.
- 쐐기를 빼낸다.
- 볼트 구멍에 맞지 않을 경우는 신속하게 드래프트 핀을 꽂는다.
- 상하 플랜지에 필요한 볼트를 완전 체결한다.

ⓑ 브래킷 형태 보의 경우

- 인양에 앞서 플랜지 상단의 커버 플레이트 (cover plate) 의 가볼트를 풀어 한쪽 커버 플레이트를 브래킷 아래쪽에 볼트로 체결하여야 한다.
- 인양된 보가 브래킷 가까이까지 이동하면 일단 멈추어야 한다.
- 인양된 보가 흔들릴 때는 설치 방향을 확인하고 신호를 명확히 하여 브래킷의 바로 윗부분에 오도록 하여야 한다.
- 양단의 작업자는 서로 협력하고 수공구를 유효하게 이용하여 브래킷의 구멍에 맞추어야 한다.
- 볼트 구멍에 맞지 않는 경우는 신속히 드래프트 핀을 꽂아야 한다.
- 플랜지 상단과 웨브의 커버 플레이트를 필요한 만큼의 볼트로 체결한다. 그때 플레이트가 떨어지지 않게 주의하여야 한다.

ⓒ 브래킷이 없는 형태보의 경우

- 인양된 보가 설치 위치까지 오면 일단 멈추어야 한다.
- 인양된 보가 흔들릴 때는 설치 방향을 확인하고 신호를 명확히 하여 설치 위치까지 유도하여야 한다.
- 볼트 구멍이 맞지 않을 때는 신속히 드래프트 핀을 꽂아야 한다.
- 거싯 플레이트의 볼트 구멍에 필요한 만큼의 볼트를 체결하여야 한다.

㈑ 보 설치시 주의사항

ⓐ 보 설치작업에 있어서는 반드시 안전대를 기둥 또는 기둥승강용 트랩에 설치해 추락을 방지토록 하여야 한다.

ⓑ 드래프트 핀을 박는 데 있어서는 필요 이상 무리하게 박아 넣어 볼트 구멍이 손상

되거나 커지면 안 된다.

ⓒ 드래프트 핀을 박아 넣을 때 구멍이 맞지 않아 튀어나오거나 핀의 머리를 쪼개진 파편이 비래하여 부상을 입게 되므로 주의하여야 한다.

ⓔ 가볼트는 미리 정해진 수량에 따라 필요한 곳에 체결하여야 한다.

ⓜ 볼트는 먼저 체결한 다음 인양 와이어로프를 해체하도록 한다. 특히 조립용 수공구 등을 꽂고 해체하지 않도록 하여야 한다.

ⓗ 인양 와이어로프를 해체할 때에는 안전대를 착용하고 보 위를 걸어와 해체하고 이때 안전대를 설치할 구명줄을 양쪽 기둥에 튼튼히 매어야 한다.

ⓢ 기둥 사이에 구명줄을 설치하지 않을 경우는 보 위에 양발을 벌리고 앉아 플랜지를 양손으로 잡고 이동하고 와이어로프를 해체할 때까지 안전대를 착용하여야 한다.

ⓞ 해체된 와이어로프는 훅에 걸어야 하고 밑으로 던져서는 안 된다.

③ 소규모 건물의 건립

㈎ 소규모 건물에서는 앵커 볼트로 기둥을 세워 자립할 수 있도록 하고 대규모 건물은 풍압 등에 대하여 위험이 예측된 경우에는 버팀줄 등을 설치하여야 한다.

㈏ 보가 원활하게 설치될 수 있도록 기둥이 수직인가를 확인하여야 한다.

㈐ 건물의 뒷부분에 건립용 크레인이 지나갈 수 없을 때에는 미리 붐을 해체하였다가 다시 조립토록 하여야 한다.

㈑ 대규모 건물의 거더 (girder) 또는 설치될 빔 (beam) 에 매단 발판을 설치할 때는 빔을 설치하기 전에 지상에서 발판, 안전방망, 난간 등을 먼저 부착토록 하여야 한다.

㈒ 중·소규모 건물에서 외부비계를 필요로 할 경우에는 철골건립과 병행하여 비계를 가설하여야 한다.

(4) 철골 가공작업장

철골 가공작업장에서는 안전과 능률을 고려하여 다음의 사항에 주의하여야 한다.

① 부재의 받침대는 H형강 등을 사용하여 수평으로 설치한다.

② 부재를 겹쳐 쌓을 때는 건립순서에 맞춰 먼저 사용되는 부재가 위로 오도록 하고 1단마다 굄목 등을 넣어 쌓고 특히 작은 부재와 큰 부재를 나누어 보관하여야 한다.

③ 건립장소와 가공작업장이 멀리 떨어져 있을 때는 트럭 등을 사용하고 트럭에 적재할 때에는 원거리 운반시와 같이 편하중이 생기지 않도록 신중하게 적재토록 하여야 한다.

④ 트럭 운반시 보조자는 적재함에 타지말고 승차석에 동승토록 하여야 한다.

⑤ 트럭에 적재된 부재가 길어 트럭의 앞과 뒤로 돌출 되었을 경우는 인양방법을 고려하고 적재시 부재가 미끄러져 손이나 발이 끼이지 않도록 하여야 한다.

⑥ 트럭으로 운반되어 온 부재를 내릴 때는 작업지휘자의 지휘에 의해 내리도록 하고 차위에 뛰어오르거나 뛰어내리지 않도록 하여야 한다.

4-4   철골공사의 가설설비

(1) 재료적치장소와 통로

철골건립의 진행에 따라 공사용 재료, 공구, 용접기 등을 둘 적치장소와 통로를 가설하여야 하며 이는 구체공사에도 이용할 수 있게 계획되어야 한다.

① 작업장 설치 : 철골 철근 콘크리트조의 경우 작업장은 통상 연면적 1000 m² 에 1개소를 설치하고 그 면적은 50 m² 이상이어야 한다. 또한 동일층에서 2개소 이상 설치할 경우에는 작업장간 상호 연락통로를 가설하여야 한다.

② 작업장 설치 위치와 용도 : 작업장 설치 위치는 기중기의 선회 범위 내에서 수평운반거리를 가장 짧게 하는 것이 중요하다. 계획상 최대적재하중과 작업내용 공정 등을 검토하여 작업장에 적재되는 물건의 수량, 배치방법 등의 제한 요령을 명확히 하여야 할 필요가 있다.

③ 철판통로 : 철골조의 바닥에 철판을 부설하여 통로로 사용할 수는 있지만 재료를 쌓아둘 수는 없으므로 큰 구조물 폭의 건물에서는 강재로 부설하여 사용토록 하여야 한다.

④ 돌출작업장 : 철판의 부설이 끝나고 철근을 배근할 때는 용접용 기자재의 배치는 다른 공사의 작업에 영향을 주므로 건물 외부에 돌출된 작업장에 설치하여 작업토록 하고 이 경우 적재하중과 작업하중을 고려하여 충분한 안전성을 갖게 하여야 한다. 특히 작업자가 추락하지 못하도록 난간과 낙하방지를 위한 안전설비를 갖추도록 하여야 한다.

⑤ 가설통로 : 가설통로는 가설작업장에 따라 재료를 소운반하거나 작업자의 통행에 사용되기 위하여 설치하는 것으로 사용 목적에 따라 안정성을 충분히 고려하여야 하며 설치시는 통로 양측에 높이 90 cm, 수평충격력 100 kg 이상의 견고한 손잡이를 설치하여야 한다.

【참 고】

· 발 판

1. 전면발판 (건물 전면적에 설치) : 이 발판은 고력 볼트의 체결, 용접, 철근조립작업 및 철근구조인 경우에는 철골의 도장작업, 지붕, 설비기구류의 부착작업 등과 같은 넓은 범위의 작업에 이용되며, 발판에 낙하 또는 추락되는 것을 방지하기 위하여 수평 양생망, 안전네트를 병용하여 설치하므로 효과가 크다. 또한 장기간 가설된 상태로 사용되므로 상하 작업이 가능할 뿐 아니라 철골·철근공이 같이 사용할 수 있는 이점이 있다.

2. 부분발판 : 최근 가설재로 강재사용이 늘어남에 따라 안전하고 능률이 좋고 고소작업용 전용발판이 개발되게 되었으며 대표적인 것으로 매단 발판과 용접발판이 있다.

   ① 매단 발판 : 철골보의 하현재에 미리 제작된 발판을 현수하는 방법으로 철골건립 전에 지상에서 철골보에 설치하고 그 위에 발판에 소요되는 자재를 적재하여 보에 설치한다. 이 때 특히 철골보의 강성이 약하면 보가 뒤틀릴 우려가 있으므로 주의를 요한다.

   ② 용접 발판 : 이것은 순철골구조의 초고층 혹은 고층의 철골기둥 및 접합부에 용접작업 또는 고력볼트 체결작업을 필요로 하는 부분에 국부적으로 가설하는 전용 발판이다.

---

(2) 동력 및 용접설비

① 크레인용 동력 : 타워크레인을 사용하는 고층빌딩의 경우에는 크레인이 상층으로 점차 이동하기 때문에 크레인용과 용접용의 동력도 승강이 가능하도록 최상층 높이까지 이동할 수 있는 케이블 등을 준비하여야 한다.

② 용접용 동력 : 현장 용접을 할 필요가 있을 경우에는 공사공정에 따른 용접량, 용접방법, 용접기의 대수 등을 정확히 파악하여야 한다.

③ 용접기기 보관소 설치 : 용접기, 용접봉, 건조기 등은 보관소를 설치하여 작업장소의 이동에 따라 이를 이동시키면서 작업하도록 계획하여야 한다.

(3) 재해방지설비

철골공사 중 주로 발생되는 재해의 형태로는 추락, 비래, 낙하, 기계기구에 기인하는 경우가 많고 재해의 발생시는 사망 등과 같은 중대재해가 많이 발생되고 있으므로 다음의 표와 같은 재해방지설비를 갖추어야 한다.

재해방지설비 등

기 능		용도, 사용장소, 조건	설비 등
추락방지	안전한 작업이 가능한 작업대	• 높이 2 m 이상 장소로서 추락의 우려가 있는 작업	비계, 달비계, 수평통로, 안전난간대
	추락자를 보호할 수 있는 것	• 작업대 설치가 어렵거나 • 개구부 주위로 난간설치가 어려운 곳	추락방지용 방망
	추락의 우려가 있는 위험 장소에서 작업자의 행동을 제한하는 것	• 개구부 • 작업대의 끝	난간, 울타리
	작업자의 신체를 유지시키는 것	• 안전한 작업대나 난간설비를 할 수 없는 곳	안전대부착설비, 안전대, 구명줄
비래 낙하 및 비산 방지	위에서 낙하된 것을 막는 것	• 철골건립 및 볼트 체결 • 기타 상하작업	방호철망, 방호 울타리, 가설앵커설비
	제3자의 위해방지	• 볼트, 콘크리트 덩어리, 형틀재, 일반자재, 먼지 등 낙하 비산할 우려가 있는 작업	방호철망, 방호울타리, 방호시트, 방호선반, 안전망
	불꽃의 비산방지	• 용접, 용단을 수반하는 작업	석면포

① 고속작업에 따른 추락방지설비 : 건립에 지장이 없는 작업대와 추락방지용 방망을 설치하도록 하고 작업자는 안전대를 반드시 사용하도록 하여야 하며 안전대 사용을 위해 미리 철골에 안전대 설치용 철물을 설치해 두어야 한다. 구명줄을 설치할 경우에는 1가닥의 구명줄에 수명이 동시 사용하면 1인이 추락하면 다른 작업자에게도 추락의 위험이 있으므로 이를 고려하여야 한다.

② 비래낙하 및 비산방지설비

㈎ 건물 외부에 비계와 같이 설치한 경우 : 설비의 설치시기는 지상층의 건립개시 전으로 하고 특히 건물의 높이가 지상 20 m 이하일 때는 방호선반을 1단 이상 설치하고 20 m 이상의 경우에는 2단 이상 설치토록 하며 설치방법은 오른쪽 그림에서와 같이 건물 외부 비계 방호시트에서 2 m 이상 (수평거리) 돌출하고 수평면과 20도 이상의 각도를 유지하여야 한다.

㈏ 건물 외부에 비계가 없을 때 설치할 경우 : 외부 비계를 필요로 하지 않는 공법을 사용하는 경우에는 보를 이용하여 설치하여야 한다.

㈐ 용접, 용단 불꽃 비산방지 : 화기에 사용할 경우에는 그곳에 불연재료로 울타리를 설치하여야 한다.

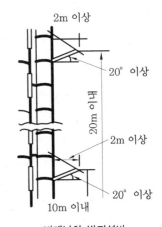

비래낙하 방지설비

㈑ 건물 내부의 비래·낙하·비산방지시설 : 건물 내부에 비래·낙하방지시설을 설치할 경우에는 일반적으로 3층 간격마다 수평으로 철망을 설치하여 작업자의 추락방지시설을 겸하도록 하되 기둥 주위에 공간이 생기지 않도록 조치한다.

③ 승강설비 : 철골건립 중 건립위치까지 작업자가 올라가는 방법은 계단의 설치, 외부비계, 승강용 엘리베이터 등을 이용하지만 건립이 실시되는 층에서의 작업자는 주로 기둥을 이용하여 올라가는 경우가 많으므로 기둥 승강설비는 기둥제작시 직접 16 mm 철근 등을 이용, 트랩을 부착하고 트랩 간격은 보통 30 cm 이내로 하고 그 폭도 최소 30 cm 이상으로 하여야 한다.

5. 마감공사

(1) 일반적인 마감공사 안전기술

① 무리한 작업자세에 작업을 엄금
② 곤돌라는 작업 시작 전에 반드시 점검하고 작업 실시
③ 상하 동시작업은 특히 연락과 조정하면서 작업 실시
④ 틀비계의 구체 (軀體) 벽 외측작업은 안전대를 착용
⑤ 자재의 반입·반출은 정해진 장소에서 정해진 방법 실시
⑥ 운반기구는 천천히 다룬다.
⑦ 작업장 및 통로에는 물건이 없도록 정리·정돈 실시
⑧ 곤돌라의 조작은 특별안전교육 이수자 등 숙련공이 실시

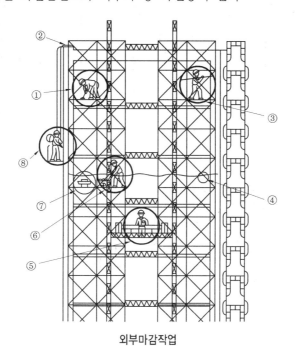

외부마감작업

(2) 곤돌라 사용작업시 안전대책

① 매단 와이어로프는 하중에 상응하는 것으로 녹슬거나 손상이 없는 것을 사용

② 매단 와이어로프와 함께 안전대 부착을 위한 16 mm 이상의 와이어로프를 근로자 1인에 1줄 설치

③ 특별안전교육 이수자 이외는 조작을 금지하고 곤돌라 운전자는 작업 위치에서 상주

④ 곤돌라에서 작업시는 반드시 안전대 착용

⑤ 곤돌라에 반드시 적재하중을 표시

⑥ 곤돌라의 작업발판에는 사다리 등은 사용 엄금

⑦ 곤돌라 작업 중에는 위험방지를 위해 외부인 출입금지구역을 설정

⑧ 작업감시원은 호루라기 또는 깃발을 휴대하고 출입자를 통제

⑨ 출입금지 안전표지를 설치

⑩ 쇠고리에 연결할 경우에는 강도를 확인하고 2개소 이상에 걸도록 한다.

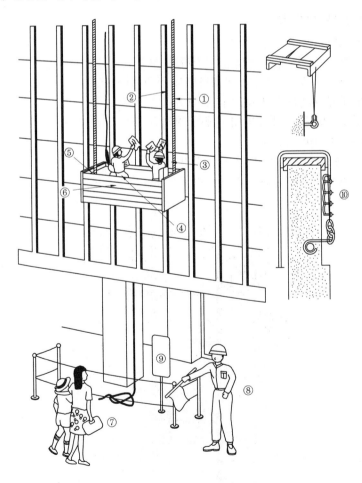

6. 해체공사

6-1 해체작업용 기계기구 취급 안전기준

(1) 압쇄기

압쇄기는 셔블에 설치하여 사용하며, 유압조작에 의거 콘크리트에 강력한 압축력을 가해 파쇄하는 것으로 취급상 안전기준은 다음과 같다.

▶ **취급상 안전기준**
- 압쇄기의 중량 등을 고려, 자체에 무리를 초래하는 중량의 압쇄기 부착을 금지하여야 한다.
- 압쇄기 부착과 해체에는 경험이 많은 사람이 하도록 하여야 한다.
- 그리스 주유를 빈번히 실시하고 보수점검을 수시로 하여야 한다.
- 기름이 새는지 확인하고 배관부분의 접속부가 안전한지를 점검하여야 한다.
- 절단칼은 마모가 심하기 때문에 적절히 교환하여야 한다.

(2) 대형 브레이커

대형 브레이커는 통상 셔블에 설치하여 사용하며 취급상 안전기준은 다음과 같다.

▶ **취급상의 안전기준**
- 대형 브레이커는 중량을 고려하여 자체의 붐, 프레임 및 차체에 무리가 없는 것을 부착하도록 하여야 한다.
- 대형 브레이커의 부착과 해체에는 경험이 많은 사람이 하도록 하여야 한다.
- 보수점검을 수시로 실시하여야 한다.
- 유압식일 경우는 유압이 높기 때문에 수시로 유압호스가 새거나 막힌 곳을 점검하여야 한다.
- 끝의 형상에 따라 적합한 용도에 사용하여야 한다.

(3) 철재 해머

1톤(ton) 전후의 해머를 이용하여 구조물에 충격을 주어 파쇄하는 것으로 크레인에 부착 사용하며 취급상의 안전기준은 다음과 같다.

▶ **취급상의 안전기준**
- 해머는 해체대상물에 적합한 형상과 중량의 것을 선정하여야 한다.
- 해머는 중량과 작업반경을 고려하여 차체의 붐, 프레임 및 차체에 무리가 없는 것을 부착토록 하여야 한다.
- 해머를 매단 와이어로프의 종류와 지름 등은 적절한 것을 사용하여야 한다.
- 해머와 와이어로프의 결속은 경험이 많은 사람으로 하여금 실시토록 하여야 한다.
- 와이어로프와 결속부는 사용 전후 항상 점검하여야 한다.

(4) 화약류

화약류로 주로 사용되고 있는 것은 콘크리트 파쇄용 저속 폭약과 다이너마이트가 있으며 취급상의 안전기준은 다음과 같다.

▶ **취급상의 안전기준**
- 화약 사용시에는 적절한 발파기술을 사용하며 화약사용에 대한 문제점 등을 파악한 후에 세밀한 계획하에 시행하여야 한다.
- 특히 취급상의 소음으로 인한 공해, 진동, 비산 파편에 대한 예방대책이 있어야 한다.
- 화약류 취급에 대하여는 총포, 도검, 화약류 단속법과 산업안전보건법 등 관계법에서 규정하는 바에 의해 취급하여야 한다.
- 시공 순서는 화약취급절차에 의하여야 한다.

(5) 핸드 브레이커

컴프레서에서 발생된 압축공기를 브레이커에 연결 급속한 충격력에 의거 콘크리트 등을 해체할 시 사용하는 것으로 취급상의 안전기준은 다음과 같다.

▶ **취급상의 안전기준**
- 끌의 부러짐을 방지하기 위하여 작업자세는 항상 하향 수직방향으로 유지하여야 한다.
- 기계는 항상 점검하고 호스가 교차되거나 꼬여 있지 않은지를 점검하여야 한다.

(6) 팽창제

반응에 의하여 발열, 팽창하는 분말성 물질을 천공한 구멍에 집어넣고 그 팽창압에 의해 파괴할 시 사용하는 물질로 취급상의 안전기준은 다음과 같다.

▶ **취급상의 안전기준**
- 팽창제와 물과의 혼합비율을 확인하여야 한다.
- 천공지름이 너무 작거나 크면 팽창력이 작아 비효율적이므로, 천공지름은 30~50 mm 정도를 유지하여야 한다.
- 천공간격은 콘크리트 강도에 의하여 결정되나 30~70 cm 정도가 적당하다.
- 팽창제를 저장하는 경우에는 건조한 장소에 보관하고 직접 바닥에 두지 말고 습기를 피하여야 한다.
- 개봉된 팽창제는 사용하지 말아야 하며 쓰다 남은 팽창제 처리에 유의하여야 한다.

(7) 절단 톱

회전날 끝에 다이아몬드 입자를 혼합하여 제조된 것으로 기둥, 보, 바닥, 벽체를 적당한 크기로 절단하여 해체하는 것으로 취급상의 안전기준은 다음과 같다.

▶ **취급상의 안전기준**
- 작업현장은 정리정돈이 잘되어 있어야 한다.
- 절단기에 사용되는 전기시설과 급수, 배수설비를 수시 정비 점검하여야 한다.
- 회전날에는 접촉방지 커버를 부착토록 하여야 한다.
- 회전날의 조임 상태는 안전한지 작업 전에 점검하여야 한다.
- 절단 중 회전날을 식히기 위한 물이 충분한지 점검하고 불꽃이 많이 비산되거나 수중

기 등이 발생되면 과열된 것이므로 주의하여야 한다.
- 절단방향은 직선이 좋고 부재중인 철근 등에 의해 절단이 안될 경우에는 최소 단면으로 절단하여야 한다.
- 절단기는 매일 점검하고 정비해 두어야 하며 회전구조부에는 윤활유를 주유해 두어야 한다.

(8) 재 키

재키는 구조물의 부재 사이에 설치한 후 국소부에 압력을 가해서 해체할 경우에 사용하는 것으로 취급상의 안전기준은 다음과 같다.

▶ **취급상의 안전기준**
- 재키를 설치하거나 해체할 때는 경험이 많은 사람이 하도록 하여야 한다.
- 유압호스 부분에서 기름이 새는지, 접속부는 이상이 없는지를 확인하여야 한다
- 장시간 작업의 경우에는 호스의 커플링과 고무가 연결된 곳에 균열이 발생될 우려가 있으므로 마모율과 균열에 따라 적절히 교환하여야 한다.
- 정기, 특별, 수시점검을 실시하고 결함사항은 즉시 개선, 보수, 교체하여야 한다.

(9) 쐐기 타입기

지름 30~40 mm 정도의 구멍 속에 쐐기를 박아 넣어 구멍을 확대하여 파괴할 경우에 사용하는 것으로 취급상의 안전기준은 다음과 같다.

▶ **취급상의 안전기준**
- 구멍이 굴곡이 있으면 타입기 자체에 큰 응력이 발생하여 쐐기가 휠 우려가 있으므로 굴곡이 없도록 천공하여야 한다.
- 천공구멍은 타입기 삽입부분의 지름과 거의 같아야 한다.
- 쐐기가 절단된 경우는 즉시 교체하여야 한다.
- 보수점검은 수시로 하여야 한다.

(10) 화염방사기

구조체에 산소를 분사하여 연소시키므로 3000~5000℃ 의 고온으로 콘크리트를 천공 또는 용융시키면서 해체할 경우 사용하는 것으로 취급상의 안전기준은 다음과 같다.

▶ **취급상의 안전기준**
- 고온의 용융물이 비산하고 연기가 많이 발생되므로 화재 발생에 주의하여야 한다.
- 소화기를 준비하여 불꽃비산으로 인접부분에 발화될 경우에 대비하여야 한다.
- 작업자는 방열복, 마스크, 장갑 등의 보호구를 착용하여야 한다.
- 산소용기가 넘어지지 않도록 밑받침 등으로 고정시키고, 빈용기와 채워진 용기의 저장을 분리하여야 한다.
- 용기 내 압력은 온도에 의해 상승하기 때문에 항상 40℃ 이하로 보존하여야 한다.
- 호스는 결속물로 확실하게 결속하도록 하고 균열되었거나 노후된 것은 사용하지 말아야 한다.
- 게이지의 작동을 확인하고 고장 및 작동불량품은 교체하여야 한다.

(11) 절단줄톱

와이어에 다이아몬드 절삭날을 부착하여, 고속 회전시켜 절단 해체하는 공법으로 취급상의 안전기준은 다음과 같다.

▶ **취급상의 안전기준**
- 절단작업 중 줄톱이 끊어지거나, 수명이 다할 경우에는 줄톱의 교체가 어려우므로 작업 전에 충분히 와이어를 점검하여야 한다.
- 절단대상물의 절단면적을 고려하여 줄톱의 크기와 규격을 결정하여야 한다.
- 절단면에 고온이 발생하므로 냉각수 공급을 적절히 하여야 한다.
- 구동축에는 접촉방지 커버를 부착하도록 하여야 한다.

6-2 해체공사 전 확인사항

(1) 해체대상 구조물조사
① 구조 (철근 콘크리트조, 철골 철근 콘크리트조 등), 층수, 건물높이, 연면적, 기준층 면적
② 평면 구성상태, 폭, 층고, 벽 배치상태
③ 부재별 치수, 배근상태, 해체시 주의하여야 할 구조적으로 약한 부분
④ 해체시 떨어질 우려가 있는 내외장재
⑤ 설비기구, 전기배선, 배관설비 계통
⑥ 구조물의 설립년도 및 사용목적
⑦ 구조물의 노후 정도, 재해 (화재, 동해 등) 유무
⑧ 증설, 개축, 보강 등의 구조변경 현황
⑨ 해체공법의 특성에 의한 비산각도, 낙하반경 등의 사전 확인
⑩ 진동, 소음, 분진의 예상치 측정 및 대책방법
⑪ 해체물의 직접 운반방법
⑫ 재이용 또는 이설을 요하는 부재현황 등
⑬ 기타 당해 구조물 특성에 따른 내용 및 조건

(2) 부지상황조사
① 부지 내 공지 유무, 해체용 기계설치위치, 발생 재처리장소
② 해체공사 착수에 앞서 철거, 이설, 보호해야 할 필요가 있는 공사 장애물 현황
③ 접속도로의 폭, 출입구 개수 및 매설물의 종류 및 개폐 위치

(3) 인근 주변조사
① 인근 건물동수 및 거주자 현황
② 도로, 상황조사, 가공 고압선 유무
③ 차량 대기장소 유무 및 교통량 (통행인 포함)
④ 진동, 소음발생 영향권 조사

6-3 해체공사 안전시공기준

해체공사의 공법은 대상물의 구조, 부재단면, 면적, 높이, 현장 공지 유무, 인근 주변상황에 따라 여러 가지 방법을 혼합하여 사용하고 있으므로 해체공사시에는 작업계획을 완벽하게 작성하고 안전을 확인하면서 시공하지 않으면 작업에 무리가 있거나 예기치 않은 중대재해를 초래하게 되므로 다음 사항을 준수하여야 한다.

【참 고】
• **공법의 조합 실례**

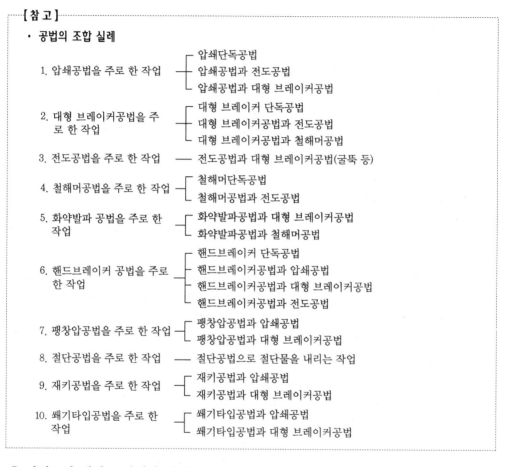

1. 압쇄공법을 주로 한 작업
   - 압쇄단독공법
   - 압쇄공법과 전도공법
   - 압쇄공법과 대형 브레이커공법

2. 대형 브레이커공법을 주로 한 작업
   - 대형 브레이커 단독공법
   - 대형 브레이커공법과 전도공법
   - 대형 브레이커공법과 철해머공법

3. 전도공법을 주로 한 작업
   - 전도공법과 대형 브레이커공법(굴뚝 등)

4. 철해머공법을 주로 한 작업
   - 철해머단독공법
   - 철해머공법과 전도공법

5. 화약발파 공법을 주로 한 작업
   - 화약발파공법과 대형 브레이커공법
   - 화약발파공법과 철해머공법

6. 핸드브레이커 공법을 주로 한 작업
   - 핸드브레이커 단독공법
   - 핸드브레이커공법과 압쇄공법
   - 핸드브레이커공법과 대형 브레이커공법
   - 핸드브레이커공법과 전도공법

7. 팽창압공법을 주로 한 작업
   - 팽창압공법과 압쇄공법
   - 팽창압공법과 대형 브레이커공법

8. 절단공법을 주로 한 작업
   - 절단공법으로 절단물을 내리는 작업

9. 재키공법을 주로 한 작업
   - 재키공법과 압쇄공법
   - 재키공법과 대형 브레이커공법

10. 쐐기타입공법을 주로 한 작업
    - 쐐기타입공법과 압쇄공법
    - 쐐기타입공법과 대형 브레이커공법

① 작업구역 내에는 관계자 이외의 자에 대하여 출입을 통제하여야 한다.

② 강풍, 폭우, 폭설 등 악천후시에는 작업을 중지시켜야 한다.

③ 사용기계기구 등을 인양하거나 내릴 때에는 그물망이나 그물포대 등을 사용토록 하여야 한다.

④ 외벽과 기둥 등을 전도시키는 작업을 할 경우에는 신호를 정하고 관계 작업자에게 주지시켜야 한다.

⑤ 전도작업을 수행할 때에는 작업자 이외의 다른 작업자는 대피시키도록 하고 완전 대피상태를 확인한 다음 전도시키도록 하여야 한다.

⑥ 해체건물 외곽에 방호용 비계를 설치하여야 하며 해체물의 전도, 낙하, 비산의 안전거리를 유지하여야 한다.

⑦ 파쇄공법의 특성에 따라 방진벽, 비산차단벽, 분진억제 살수시설을 설치하여야 한다.

⑧ 작업자 상호간의 적정한 신호규정을 준수하고 신호방식 및 신호기기사용법은 사전교육에 의해 숙지되어야 한다.

⑨ 적정한 위치에 대피소를 설치하여야 한다.

(1) 공법별 안전시공기준

① 압쇄단독공법

㈎ 압쇄기를 지상에 설치한 작업

㉠ 작업순서

- 해체대상 건물 주위에 비계를 설치하고 방호시트와 방음패널을 설치한다.
- 건물높이, 부지 내 여유공지, 작업반경, 중기선회반경, 해체부재의 크기와 압쇄기의 중량에 따라 사용 중기를 선정한다.
- 작업개시부분의 외벽을 먼저 해체하여 중기운전자가 각 부분의 부재를 볼 수 있도록 시계를 확보한다.
- 해체는 위층에서 아래로 내려오면서 슬래브, 보, 벽체, 기둥 순으로 해체한다.

㉡ 작업시 준수사항

- 대형중기를 사용하게 되므로 항시 중기의 안전성을 확인하고 지반이 약하거나 중기 위치 하부에 지하실이 설치되어 있을 경우 중기침하로 인한 위험을 사전 제거토록 조치하여야 한다.
- 중기의 작업가능 높이보다 높은 부분 해체시에는 해체물을 깔고 올라가 작업하고, 이 때에는 중기전도로 인한 사고가 발생되지 않도록 주의하여야 한다.
- 중기운전자는 경험이 풍부한 자격 소유자이어야 한다.
- 중기 작업반경 내와 해체물의 낙하가 예상되는 지역에 대하여는 사람의 출입을 제한하여야 한다.
- 해체작업 중 발생되는 분진의 비산을 막기 위해 물을 뿌려야 할 경우에는 물을 뿌리는 작업자와 중기운전자는 서로 상황을 확인하여야 한다.
- 외벽을 해체할 때는 비계 철거 작업자와 서로 연락하여야 하고 벽과 연결된 비계는 외벽해체 직전에 철거하여야 한다.
- 외곽부분의 보와 기둥, 벽체를 해체할 경우는 해체물이 비계다리에 낙하할 위험이 있으므로 철거 바로 아래층에 수평 낙하물 방호책을 설치해서 해체물이 낙하되지 않도록 하여야 한다.

  ※ 긴 붐에 부착된 압쇄기는 높은 곳의 해체에는 적합하지만 낮은 곳의 해체작업에는 곤란하므로 통상 압쇄기를 병용하는 것이 안전하다.

㈏ 압쇄기를 슬래브에 설치한 작업

㉠ 작업순서

- 해체물의 비산과 낙하 방지용 비계를 건물 주위에 설치하고, 방호시트와 방음패널을 설치한다.
- 해체물 장외 반출 출입구와 바닥판에 해체물 처리용 낙하구를 설치한다.

- 옥상에 압쇄기와 이에 필요한 공구, 연료, 부속품 등을 함께 인양한다.
- 위층에서 점차 아래층으로 1층씩 해체해 나간다.
- 한 층의 해체는 중앙부분에서부터 시작하여 외벽을 최후에 해체하도록 한다 (안전상의 향상과 공해방지를 위함).

  예 한 층의 해체주기는 다음과 같이 한다.

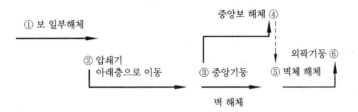

- 한 층의 해체가 끝나면 해체된 잔재를 아래층으로 끌어내려 경사로를 만들어 기계를 내린다.
- 해체물의 반출은 해체건물의 면적에 따라 적절히 실시한다.
- 외부비계는 해체작업과 병행하여 점차로 철거해 나간다.

  ○ 작업시 준수사항

- 압쇄기 인양 크레인은 소요 높이와 크레인 작업반경, 압쇄기의 중량 등을 고려하여 적절한 것을 선정하여야 한다.
- 압쇄기 인양시는 연료, 소모품, 가스절단기, 보조기계 등을 함께 인양하도록 하여야 한다.

  ※ 옥탑 등과 같이 옥상층에서 해체할 구조물이 조금밖에 없어 압쇄기를 아래층으로 이동하는 데 곤란한 경우에는 미리 슬래브를 국부적으로 해체해서 아래층으로 중기를 내리는 것이 좋다.

- 중기를 각 슬래브에 설치하여 작업할 때는 미리 구조강도를 조사하여 안전성을 확보토록 하여야 한다.
- 압쇄기 운전자는 경험이 풍부한 자를 지정하여야 한다.
- 압쇄작업의 순서는 압쇄기가 설치된 부분에서 바로 위의 슬래브, 보, 벽체, 기둥의 순으로 해체하여야 한다.
- 압쇄기 작업반경 내외는 사람의 출입을 통제하여야 한다.
- 외벽과 외곽기둥은 1층씩 해체하되 비계철거 작업자와 연락하도록 하고, 비계에 무리가 없는지를 확인해야 한다.
- 비계와 해체건물 외벽과의 간격은 외벽과 외곽기둥 압쇄작업이 가능하여야 하며, 대피할 수 있는 거리를 확보하여야 한다.
- 외곽기둥과 보, 벽체 등을 압쇄하는 경우에는 해체물이 비계 발판 등에 낙하할 경우가 있어 위험하므로 수평 낙하물 방책을 설치하여야 한다.

② 압쇄공법과 대형브레이커공법 병용

  ㈎ 작업순서

    ㉠ 해체건물 외곽에 방호용 비계를 설치한다.

ⓛ 해체물 장외반출용 출입구와 바닥판에 해체물 처리용 낙하구 등을 설치한다.

ⓒ 압쇄기와 대형 브레이커를 옥상에 인양한다.

ⓔ 위층에서 아래층으로 1층씩 압쇄기와 대형 브레이커로 해체

ⓜ 한 층 해체시는 중앙부분을 먼저 해체하고 외벽을 마지막으로 해체하여 잘게 부순다.

ⓗ 압쇄기 및 대형 브레이커를 아래층으로 이동시킨다.

ⓢ 해체물은 적절히 반출하고 비계를 순차적으로 철거해 나간다.

(내) 작업시 준수사항

ⓙ 압쇄기로 슬래브, 보, 내벽 등을 해체하고 대형 브레이커로 기둥을 해체해 가므로 중기와의 안전거리를 충분히 확보하여야 한다.

ⓛ 대형 브레이커의 엔진으로 인한 소음을 최대한 줄일 수 있는 수단을 강구하여야 한다.

③ 대형 브레이커공법과 전도공법 병용

(개) 작업순서

ⓙ 해체건물 외곽에 방호비계를 설치한다.

ⓛ 해체물 장외반출용 출입구와 바닥판에 해체물 처리용 낙하구 등을 설치한다.

ⓒ 옥상에 대형 브레이커 및 연료, 공구 등을 인양한다.

ⓔ 위층에서 아래층으로 1층씩 대형 브레이커를 이용하여 해체된 구조물을 전도시키면서 작업해 나간다.

ⓜ 한 층의 해체는 중앙부분을 먼저 해체하고 외벽을 최후로 전도하는 등 안전성 확보와 공해방지에 노력한다.

ⓗ 해체물과 잔재는 해체건물 면적에 따라 적절히 반출시킨다.

ⓢ 해체순서는 다음과 같다.

(내) 전도 작업순서

ⓙ 전도대상물이 전도되는 위치에서 완충재료로 콘크리트 잔재와 타이어를 사용한다.

ⓛ 벽과 보를 수직하게 일정간격으로 콘크리트와 철근을 절단한다.

ⓒ 기둥은 전도에 용이하도록 밑부분을 깎아낸다.

ⓔ 전도부재의 상단에 와이어로프를 매어 건다.

ⓜ 벽과 기둥의 밑부분을 수평으로 콘크리트를 깎아내고 철근을 절단한다.

ⓗ 와이어로프를 당겨 전도시킨다.

(대) 전도작업시 준수사항

ⓙ 전도작업은 작업순서가 뒤바뀌면 위험을 초래하므로 사전 작업계획에 따라 작업하여야 한다.

ⓛ 전도작업시에는 미리 일정신호를 정하여 작업자에게 주지하여야 한다.

ⓒ 전도시에는 신호를 하여 다른 작업자가 완전히 대피한 뒤에 실시하도록 하여야 한다.

　※ 전도대상물의 크기는 구조물의 1~2개폭 정도가 알맞다.

ⓔ 깎아낼 부분은 시공계획 수립시 결정하고 깎아내지 않는 단면으로 안전하게 지탱되도록 하여 반대방향으로의 전도를 방지하여야 한다.

ⓜ 특히 기둥 철근 절단시 순서는 전도방향의 전면 그리고 양측면, 최후로 뒷부분 철

근을 절단하도록 하고, 반대방향 전도를 방지하기 위해 전도방향 전면 철근은 최소 2본 이상 남겨두어야 한다.

ⓑ 벽체의 깎아낸 부분 철근 절단시는 가로 철근은 아래에서 위쪽으로, 세로 철근은 중앙에서 양쪽으로 순차적으로 절단해 간다.

ⓢ 끌어당길 와이어로프는 2본 이상이어야 한다.

ⓞ 와이어로프를 끌어당길 때에는 서서히 하중을 가하도록 하고 구조체가 넘어지지 않는다 하여 반동을 주어 당겨서는 안 되며, 예정 하중으로 넘어지지 않을 때는 가력을 중지하고 깎아낸 부분을 더 깎아내어야 한다.

ⓩ 넘어질 때의 분진발생을 막기 위해 전도물과 완충재에 충분히 물을 뿌려야 한다.

ⓒ 전도작업은 반드시 연속해서 하도록 하여 그 날 중으로 종료시키도록 하며 깎아낸 상태로 방치해서는 안 된다.

ⓚ 전도작업 전에 비계와 벽과의 연결재는 철거되었는지를 확인하고 방호시트도 작업 진행에 따라 해체하도록 하여야 한다.

④ 철해머공법과 전도공법 병용

㈎ 작업순서

ⓐ 해체작업을 시작하는 면을 제외한 주위에는 방호비계를 설치한다.

ⓑ 해체건물 높이와 부지 내 작업면적을 고려하여 크레인을 선정 반입한다.

ⓒ 철해머로 중앙부분의 슬래브, 벽체, 보, 기둥 순으로 해체해간다.

ⓓ 외곽폭은 2층 규모로 슬래브, 벽, 보, 기둥 순으로 해체한다.

ⓔ 외벽은 2층 규모로 하여 전도시킨다. 시가지 공사시에는 1층 규모가 적당하다.

ⓕ 2층 규모로 전도시킬 경우는 비계의 안전에 유의한다.

ⓖ 전도 후 큰 벽재는 철해머로 잘게 부순다.

㈏ 작업시 준수사항

ⓐ 크레인 설치위치의 적정 여부를 확인하여야 한다.

ⓑ 철해머를 매단 와이어로프는 사용 전 반드시 점검하도록 하고 작업 중에도 와이어로프가 손상하지 않도록 주의하여야 한다.

ⓒ 철해머 작업반경 내와 해체물이 낙하할 우려가 있는 곳은 사람의 출입을 통제하여야 한다.

ⓓ 슬래브와 보 등과 같이 수평재는 수직으로 낙하시켜 해체하고 벽, 기둥 등은 수평으로 선회시켜 두드려 해체하도록 한다. 특히 벽과 기둥의 상단을 두드리지 않도록 하여야 한다.

ⓔ 기둥과 벽은 철해머를 수평으로 선회시켜 해체하며, 이 때 선회거리와 속도 등에 주의하여야 한다.

ⓕ 분진발생 방지조치를 취하여야 한다.

ⓢ 철근 절단은 높은 곳에서 이루어지므로 안전대를 사용하고 무리한 작업을 피하여야 한다.

ⓞ 철해머공법에 의한 해체작업은 자칫하면 현장의 혼란을 초래하여 위험하게 되므로 정리정돈에 노력하여야 한다.

⑤ 철해머공법과 대형 브레이커공법 병용
  ㈎ 작업순서
    ㉠ 해체건물 외곽에 방호용 비계를 설치한다.
    ㉡ 해체물 장외반출용 출입구와 바닥판에 해체물 낙하구를 설치한다.
    ㉢ 옥상에서 소형 크레인과 대형 브레이커를 인양한다.
    ㉣ 위층에서 아래층으로 한 층씩 철해머와 대형 브레이커를 사용하여 파쇄하면서 전
      도공법을 병용하여 해체해 나간다.
    ㉤ 한 층의 해체는 중앙부분에서부터 해체해 마지막으로 외벽을 전도시킨다.
    ㉥ 철해머로 슬래브를 해체한다. 원칙적으로 소형 크레인이 설치된 슬래브는 뒤로 후
      퇴하면서 해체하고, 나머지 부분은 아래층으로 이동한 뒤 해체한다.
    ㉦ 대형 브레이커는 내벽과 내부기둥을 전진하면서 해체한다.
    ㉧ 해체물과 잔재는 개구부를 이용해 적절히 반출한다.
    ㉨ 방호용 비계는 해체작업과 같이 한 층씩 철거해 나간다.
  ㈏ 작업상 준수사항
    ㉠ 크레인과 대형 브레이커 인양시에는 크레인 작업반경, 중량 등을 고려하여 인양토
      록 한다.
    ㉡ 중기운전자는 풍부한 경험을 가진 자를 선임하도록 하여야 한다.
    ㉢ 중기를 슬래브 위에 설치할 경우에는 미리 구조강도를 조사하여 안전성 여부를 확
      인하여야 한다. 특히 중기가 설치된 슬래브에는 해체물이 적재되게 되므로 필요에
      따라 대형 지지물 등의 설치를 고려하여야 한다.
    ㉣ 철해머는 슬래브 위를 후퇴하면서 해체하고 대형 브레이커는 아래층의 슬래브 위
      를 전진하면서 내벽과 내부기둥을 해체하게 되므로 중기 상호간의 안전거리를 항상
      유지하여야 한다.
    ㉤ 중기의 작업반경 내 및 해체물이 비산할 가능성이 있는 범위 내에는 사람의 출입
      을 통제하여야 한다.
    ㉥ 보 해체시에는 양단부를 대형 브레이커로 일부 파쇄시킨 후 철해머로 해체하도록
      하여야 한다.
    ㉦ 철해머를 매단 와이어로프는 작업 전에 손상 유무를 점검하고 작업 중에도 수시로
      점검토록 하여야 한다.
      ※ 철해머에 의한 해체작업은 진동이 발생되게 되므로, 되도록 낙하높이를 낮게 하
        거나 소형해머를 사용하는 것이 좋다.
    ㉧ 물 뿌리는 작업은 바닥판이 단단하고 시야가 양호한 장소를 선택해 작업하고 필요
      에 따라 안전대를 착용하여야 한다.
      ※ 외벽의 전도작업에 대하여는 대형 브레이커공법과 전도공법의 병용작업을 참조하
        여 실시한다. 소형크레인을 이동시킬 때에는 대형 브레이커를 부착한 상태에서는
        곤란한 경우가 있으므로 이동 통로의 경사를 완만하게 만든다.
⑥ 핸드브레이커공법과 전도공법의 병용
  ㈎ 작업순서
    ㉠ 해체건물 외곽에 방호용 비계를 설치한다.

　　ⓒ 바닥판을 일정 크기로 핸드브레이커로 파쇄한 뒤 철근을 절단하여 낙하시킨다.

　　ⓒ 보의 양단부를 브레이커로 파쇄한 뒤 철근을 절단하여 낙하시킨다.

　　ⓔ 내부의 벽과 기둥 아래쪽을 파쇄한 뒤 전도시킨다.

　　ⓜ 외벽은 일정 크기로 파쇄한 뒤 전도시킨다.

　　ⓗ 해체물의 절단이 끝난 뒤 해체부재를 반출한다.

(나) 작업상의 준수사항

　　㉠ 내벽과 외벽의 전도작업에 있어서는 대형 브레이커공법과 전도공법의 병용작업을 참조한다.

　　㉡ 절단부재의 크기는 반출용 윈치와 크레인의 능력을 고려하여 결정하여야 한다.

　　㉢ 절단순서는 바닥판 → 보 → 내벽 → 내부기둥 → 외벽 → 외곽기둥 순으로 하되 통상 전체적인 안전을 고려하여야 한다.

　　㉣ 예상치 못한 전도와 낙하를 방지하려면 필요에 따라 서포트와 와이어로프를 사용하여 이에 대한 대비를 하여야 한다.

　　㉤ 핸드브레이커 작업과 가스절단 작업이 동시에 이루어지므로 항상 자신의 안전에 주의하여 위험이 예상되는 경우에는 안전대를 사용하여 추락에 대비하여야 한다.

　　㉥ 핸드브레이커 운전자는 방진마스크, 보호안경, 방진장갑, 귀마개 등을 사용하고 적당한 휴식을 취하게 하여야 한다.

　　※ 이 공법은 주로 건물의 기초와 기초옹벽 등과 같이 구조물이 큰 작업에 유용하다. 특히 화약을 취급하므로 화약취급 전문작업자를 선임하고 합리적인 작업순서와 안전한 작업방법을 정함은 물론 적절한 작업자를 배치토록 한다.

(다) 작업순서

　　㉠ 흙막이벽을 설치한다.

　　㉡ 해체하고자 하는 부분에 대해 1차적으로 주위를 굴착하여 지하실 외벽을 노출시킨다.

　　㉢ 지상 1층 슬래브 위에 대형 브레이커를 적재하여 1층 슬래브 및 보 등을, 지하 1층의 외벽기둥은 지하 1층 슬래브상에서 해체토록 한다.

　　㉣ 중앙부 기초는 화약발파공법으로 해체하여 대형 브레이커로 잘게 부순다.

　　㉤ 외곽 기초는 화약발파공법으로 해체하여 대형 브레이커로 잘게 부순다.

　　㉥ 해체물은 적절히 크람세트 등으로 퍼올려 반출한다.

(라) 작업상 준수사항

　　㉠ 외곽 흙막이벽에 면한 지하외벽을 해체할 경우에는 후면의 지반이 무너질 염려가 있는지, 흙막이벽이 변형되었는지, 지하수의 상황 등을 점검하면서 작업하여야 한다.

　　㉡ 지하외벽이 말뚝과 근접하는 부분의 해체작업은 말뚝과의 사이에 있는 흙의 굴착작업과 흙막이판을 넣는 작업이 동시에 이루어지므로 담당작업자간에 충분한 협의를 하여야 한다.

　　㉢ 흙막이벽의 변형과 주변지반의 침하를 적게 하기 위해 1단 버팀대를 가설할 때까지 외곽 기초는 남겨두어야 한다.

　　㉣ 1단 버팀대를 가설하기까지는 흙막이벽은 변형이 생기기 쉽기 때문에 외곽기초에

장시간 진동을 주지 않아야 하며 외곽기초와 중앙부 기초경계를 미리 파쇄해 중앙부 기초해체시 진동을 외곽기초에 전달시키지 않아야 한다.

㉱ 버팀대를 가설한 후 대형 브레이커에 의한 해체작업은 작업면적이 좁게 되므로 버팀대와 흙막이말뚝, 흙막이벽 등에 접촉되지 않게 하여야 한다.

㈔ 화약발파작업시 준수사항

㉠ 화약발파공법으로서는 주로 저속폭약과 콘크리트 파쇄기가 사용되므로 파쇄작업은 어느 경우나 유자격자에 의해 실시되어야 한다.

㉡ 화약을 사용할 때에는 다음 사항을 유의하여야 한다.
- 파쇄작업의 범위
- 발파예정시간 및 확인
- 발파작업시 대피방법 및 대피장소의 확인
- 발파작업시 출입금지구역 설정
- 점화신호 (깃발 및 사이렌 등의 신호) 의 확인
- 발파종료 후 현장출입의 규제

㉢ 발파작업의 범위가 정해지면 발파작업에 직접 종사하는 작업자 이외는 발파작업 범위 내에 출입치 못하도록 하여야 한다.

㉣ 발파예정시간과 대피방법, 장소, 점화신호 등은 현장기사의 지시에 따라 미리 작업자 등에게 철저히 주지시켜야 한다.

㉤ 발파종료 후는 불발 유무 등을 점검하는 등 안전성 여부를 확인해야 하며, 발파장소에 출입해서는 안 된다.

【참고】

- **화약발파공법의 표준작업순서**
  1. 발파방법의 결정
     ① 발파방법 구상
     ② 시험 발파
     ③ 발파방법 수정 및 다른 방법 결정
  2. 발파작업
     ① 천공 (착암기 등에 의한 천공)
     ② 폭약장입 (저속폭약)
     ③ 결손
     ④ 방호시설 (가마니, 시트 등)
     ⑤ 작업자 대피
     ⑥ 도통시험
     ⑦ 안전확인
     ⑧ 점화
     ⑨ 발파 후 확인 (위험유무 검사 및 안전확인)
     ⑩ 불발물 처리

6-4 해체작업에 따른 공해방지대책

(1) 소음 및 진동

해체공사의 공법에 따라 발생하는 소음과 진동은 다종 다양하므로, 소음과 진동의 특성을 숙지하여 항시 다음과 같은 대책을 수립하여야 한다.

① 공기압축기 등은 적당한 장소에 설치하여야 하며 장비의 소음 진동기준은 관계법에서 정하는 바에 따라서 처리하여야 한다.

② 전도공법의 경우 전도물 규모를 작게 하여 중량을 최소화하며 전도대상물의 높이도 되도록 작게 하여야 한다.

③ 철해머 공법의 경우 해머의 중량과 낙하높이를 가능한 한 낮게 하여야 한다.

④ 현장 내에서는 대형 부재로 해체하며 장외에서 잘게 파쇄하여야 한다.

⑤ 인접건물의 피해를 줄이기 위해 방음, 방진 목적의 가시설을 설치하여야 한다.

(2) 분 진

분진발생을 억제하기 위하여 직접 발생부분에 피라미식, 수평살수식으로 물을 뿌리거나 간접적으로 방진시트, 분진차단막 등의 방진벽을 설치하여야 한다.

(3) 지반침하

일반적으로 신축공사에 있어 지하실 축조시 등에는 지반 침하에 대비한 조치를 하고 있으나 지하실 해체작업에서는 안이한 생각으로 흙막이 시설 등을 하지 않아 예기치 못한 지반의 침하로 재해를 초래할 우려가 있으므로 해체작업 전에 대상건물의 깊이, 토질, 주변상황 등과 사용하는 중기운행시 수반되는 진동 등을 고려하여 지반 침하에 대비하여야 한다.

(4) 폐기물

해체작업과정에서 발생하는 폐기물은 관계법에서 정하는 바에 따라 처리하여야 한다.

MEMO

제 **7** 편

보 안

컴퓨터 보안

컴퓨터 보안

1. 보안의 개념

보안이란 자산의 본래 가치가 손상되지 않도록 자산을 적절한 방법으로 보호 (방호) 하는 것을 의미한다. 컴퓨터 보안이란 개인이나 기관이 사용하는 컴퓨터와 관련된 제반사항을 안전하게 보호하는 것을 말한다 (시스템의 하드웨어를 말할 수도 있으며, 시스템 내의 소프트웨어들을 말할 수도 있다).

2. 보안의 종류

2-1 인터넷 보안

인터넷 보안이란 TCP/IP 프로토콜을 통해 연결된 수많은 호스트들 사이에서 정보의 유출과 불법적인 서비스 이용을 방지하는 것이다. '네트워크의 네트워크'로 이해되는 인터넷은 접속된 모든 시스템이 공개된 상태이기 때문에 하나의 보안사고가 전 세계로 급속히 전파되는 반면, 그 피해와 경위, 사고대책 및 방어 기술은 미공개 된 것이 많다. 인증 기능의 취약, 위조의 용이, 패킷의 모니터링 및 노출, 호스트단위 보안의 한계, 시스템 설정과 조정의 어려움 등은 대표적인 인터넷 보안상의 취약점으로 꼽힌다.

(1) 바이러스 (virus, logic bombs)

자신을 복제하는 독립적인 프로그램으로 다른 프로그램에 기생할 수 있고, 자신의 복사를 만들 수 있다. 바이러스는 데이터를 변경하거나 오염시킬 수 있으며, 메모리나 디스크 공간을 이용함으로써 시스템의 성능을 저하시킬 수 있다.

(2) 웜 (worm)

Robert Morris Jr.에 의해서 유명해진 웜은 자기 자신을 증식하고, 또 그것이 시스템에서 시스템으로 증식하여 때때로 시스템의 성능을 떨어뜨린다. 웜은 그 자체로 완벽하고 네트워크를 이용하여 퍼져나간다.

(3) 트로이 목마 (trojan horse)

허가된 프로그램 속에서 허가되지 않은 기능을 수행하는 것이 바로 이 프로그램이다. 이것은 자신이 해야 할 것이 아닌 다른 것, 대개는 악의에 찬 어떤 것을 하거나 프로그래머가 의도했던 것이 아닌 것을 하는 프로그램이다.

(4) 몰래 잠입하기 (trap door, back door)

프로그램이나 시스템에 접근하기 위하여 여러 가지 방법과 수단, 조치를 취해 놓는다.

(5) 눈속임 (spoof)

프로그램이 정상적인 상태로 유지되는 것처럼 믿도록 속임수를 쓴다.

① 인터넷 보안 서비스

㈎ 비밀성 (confidentiality) 의 유지 및 보장 : 전송되는 데이터가 확인되지 않고 원치 않은 상대방에게 노출되지 않도록 하는 것으로서 비밀성은 컴퓨터 네트워크 보안기술이 추구하고 있는 가장 근본적이고 기본적인 목표이다. 컴퓨터 네트워크를 이용하여 통신하는 사용자간에 교환되는 정보에 대해서는 비밀이 보장되어야 하고 인가된 사용자 외에는 해당 정보에 대한 접근이 원천적으로 차단되어야 하는 것을 의미한다.

㈏ 무결성 (integrity) 유지 및 보장 : 컴퓨터 네트워크를 통하여 송수신되는 정보의 내용이 불법적으로 생성 또는 변경되거나 삭제되지 않도록 보호되어야 하는 것을 의미한다. 또한 정보가 변조된 경우에는 이를 탐지해 내고 경고하는 것 또한 정보의 무결성을 유지하기 위한 중요한 기능이다.

㈐ 데이터 발신처 확인 (data-origin authentication) : 원격지로부터 전송 받은 데이터가 원하는 곳으로부터 올바르게 전송된 것인지 확인하는 방법으로서 컴퓨터 네트워크를 통하여 송수신되는 정보는 반드시 확인된 곳으로부터 정확하게 전송되어야 한다.

㈑ 통신 사실의 부인 방지 (non-repudiation) : 컴퓨터 네트워크 상에서 전송측이든 수신측이든 통신에 참여했던 사실을 부인하지 못하도록 하는 방법으로서 통신 경로 및 행위 추적을 위한 중요한 기능이다.

㈒ 사용자 신분확인 (identification) 및 인증 (authentication) : 컴퓨터 네트워크에 접속을 시도한 대상 (사용자 및 컴퓨터 시스템) 이 사전에 허가된 대상인지 확인하여 불법적인 대상으로부터 컴퓨터 네트워크를 보호하는 것을 의미한다.

㈓ 인가된 접근 (authorized accessibility) 의 허용 : 허가된 사용자에게는 접근을 허용하며 허가된 사용자라 하더라도 범위 내에서만 정보자원의 이용과 상호 통신 등이 가능하도록 하는 것을 의미한다.

㈔ 가용성 (availability) 의 향상 : 네트워크에 접속된 전체 시스템의 성능을 안정적으로 유지하는 한편 전체 시스템의 이용 효율에는 이상이 없도록 하는 것을 의미한다. 안정성과 효율성은 상호절충 관계가 있으나 네트워크에 대한 사용 요구 정도와 실제 활용도 등 여러 가지 요소를 고려하여 균형을 유지함으로써 네트워크 이용 효율이 극대화되도록 하는 것이다.

2-2 네트워크 보안 서비스

(1) 인증 (authentication)

인증이란 어떤 사람이나 사물이 실제로 신고된 바로 그 사람 (또는 바로 그것) 인지를 판단하는 과정이다. 개별 또는 인터넷을 포함한 공공 네트워크에서의 인증은 대개 로그온시 암호의 사용을 통해 이루어진다. 모든 사용자는 처음에 자신이 원하는 암호를 등록하고, 이후 계속 사용할 때마다 사용자는 이전에 신고된 암호를 잊지 않고 사용해야만 한다.

인증은 권한부여 (authorization) 에 우선한다. 권한부여는 누구에게 무엇을 할 수 있거나 가질 수 있는 권한을 부여하는 과정이다.

다중 사용자 컴퓨터 시스템에서 시스템 관리자는 어떤 사용자가 그 시스템을 액세스할 수 있는지, 부여된 사용권한은 어디까지인지 (파일 디렉토리의 접근 범위, 허용된 액세스 시간, 할당된 저장 공간의 크기 등) 를 그 시스템을 위해 정의한다. 어떤 사람이 컴퓨터 운영체제나 응용 프로그램에 로그온 했을 때, 그 시스템이나 응용 프로그램은 그 세션 동안 그 사용자에게 어떤 자원의 이용을 허락해야 하는지 확인한다.

권한부여는 때로 시스템 관리자에 의해 미리 설정되는 권한들과 사용자가 액세스를 해 왔을 때 미리 설정된 권한을 실제로 확인하는 일 모두를 지칭하기도 한다.

(2) 비밀성 (confidentiality) 의 보장

비밀성은 허가되지 않은 사람에게 정보가 유출되지 않게 하는 서비스를 의미한다. 비밀성의 보장은 정보가 소유자가 원하는 대로 비밀이 유지되어야 한다는 원칙을 가진다. 최근에는 전자상거래가 발전하면서 개인 신상에 관한 정보의 유출도 심각한 프라이버시 문제로 등장한다. 그래서 사용자와 서버간에는 SSL과 같은 암호화된 통신을 사용함으로써 문제를 극복한다. 결국 암호 기술의 가장 큰 목적은 비밀성을 구현함에 있다.

(3) 무결성 (Integrity) 의 보장

무결성이란 정보를 정해진 절차에 의해, 그리고 주어진 권한에 의해서만 변경될 수 있다는 것을 의미한다. 무결성은 정보에 대한 정확도의 정도가 자세히 명시되어야 하며, 무결성에 대한 정책은 정보 변경의 통제뿐만 아니라 오류나 태만으로부터의 예방도 포함한다. 따라서 무결성 보장이란 정보의 정확성, 완전성, 일치성을 유지하여 의도된 목적에 따라 정보가 사용되는 것을 말한다. 정보의 무결성이 결여되면 정보의 가치가 아무 의미가 없어질 수도 있다.

(4) 가용성 (availability) 의 보장

정보나 컴퓨터 자원을 사용하려고 할 때에 준비된 자원은 사용하려는 시점에 준비가 되어 있어야 하는데, 이를 보장하는 개념을 가용성이라고 한다.

가용성은 앞서 설명된 서비스하고 약간 다른 개념을 지니고 있다. 앞의 서비스들은 부정적인 방향으로 일어나는 행동에 대해 대비하는 데 반해 가용성은 서비스를 이용하는 이들의 입장에서 고려된다.

(5) 접근제어 (access control)

각 객체와 주체별로 접근 권한을 부여하는 메커니즘을 의미하며, 접근 권한이 부여되기 위해서는 주체 (subject) 와 객체 (object) 가 필요하다. 주체는 사용자이거나 애플리케이션이 될 수가 있고 객체는 정보 자원에 해당한다.

(6) 부인봉쇄 (non-repudiation)

사이버 공간에서 거래를 입증해서 책임을 회피하지 못하게 하는 방법을 부인봉쇄라고 하며, 다른 보안 서비스와 달리 사후에 생기는 문제점을 방지하는 것을 말한다.

(7) 키 관리 (key management)

암호 키의 적절한 관리는 보안을 위한 암호의 효과적인 사용에 필수적 요소이며, 암호에 의해 보호되는 정보의 보안은 직접적으로 키에 대한 보호에 달려있다. 모든 키는 변경으로부터 보호될 필요가 있고, 비밀키와 공개키는 비인가된 노출로부터 보호될 필요가 있다.

키 관리는 키의 전체적인 생명주기 동안 수동적이고 자동적으로 이용되는 모든 절차들과 프로토콜들을 포함한다. 키 관리는 암호 키의 생성, 분배, 저장, 입력, 사용, 파괴, 보관을 포함한다.

비밀 키 암호에서 사용되는 비밀 키는 통신을 희망하는 개체들에게 안전하게 (비인가된 대체, 변경, 노출로부터의 보호) 분배되어야 한다. 암호 키를 생성하고 분배하는 것에 대한 자동화된 기술은 키 관리의 부가 비용을 절감할 수 있으나 일부 자원은 키 관리에 이용되어야만 한다.

공개 키 암호 사용자는 특정한 키 관리 요구조건을 만족시켜야 한다. 사용자들은 키 소유자가 될 수 있도록 키를 생성, 분배, 폐지 및 교환할 수 있어야 한다. 부가적으로 시간/날짜 도장을 첨가하는 것과 기존의 서명을 검증하기 위한 키를 보관할 필요가 있다.

2-3 웹 (Web) 에서의 보안

대부분의 웹 브라우저 사용자들은 신원을 밝히지 않은 상태로 서버에 접근하고, 서버의 신원도 확인할 방법이 없으므로 브라우저 사용자는 불법적인 공격자에 의해 다른 서버의 홈페이지가 전송되어도 이를 알 수 없다. 이러한 웹의 익명성으로 인하여 서버에 대하여 적절한 접근제어를 구현하기가 쉽지 않고, 메시지가 평문으로 전송되기 때문에 기밀성도 기대할 수 없는 실정이다.

(1) 기본 인증 (basic authentication)

이 인증법은 사용자 ID와 대응되는 패스워드 정보를 암호화된 상태로 서버에 저장하고 있다가, 접속을 시도하는 사용자의 패스워드를 암호화하여 저장된 값과 일치여부를 확인하여 접속을 허용하게 된다. 이 경우 단순하다는 장점은 있으나, 사용자 패스워드가 간단히 인코딩되어 서버로 전송되므로 재전송 공격 (replay attack) 에 취약하고, 서버는 사용자 ID와 패스워드 정보를 관리해야 하는 부담이 있다.

(2) 망 주소를 이용한 접근 제어

이 기법은 클라이언트 시스템마다 부여되어 있는 IP주소 정보를 이용하여 서버에 대한 접속을 제어한다. 망 주소의 구조적 특성을 이용하여 특정 도메인에 속하는 클라이언트 집합에 대해서도 손쉽게 접근제어가 가능하다. 또한 사용자 ID와 패스워드를 도용하여 접속을 시도하는 위협을 어느 정도 차단 가능하므로 현재 널리 사용되고 있다.

기본 인증기법과 같이 사용자 ID와 패스워드가 노출되지 않으므로 안전하지만, 대개의 공격자는 자신의 IP주소를 변조할 수 있기 때문에 신분위장 공격 (masquerade attack) 에 취약하다.

(3) 메시지 다이제스트 인증 (message digest authentication)

사용자 정보에 일방향 특성을 갖는 메시지 다이제스트 함수를 적용하여 서버에 전송하는 방법으로, 사용자 ID와 패스워드가 네트워크상에 그대로 노출되는 기본 인증기법의 단점을 보완하고 있다. 즉, 클라이언트 사용자 ID와 패스워드 정보를 MD5와 같은 일방향 함수로 다이제스트하여 전송하면 서버는 저장되어 있는 사용자 정보와 비교하여 인증하게 된다.

(4) 로그 정보를 이용한 관리

웹 서버 프로그램 중에는 로그 (log) 라는 디렉토리와 access.log와 error.log라는 파일을 갖는 것이 있다. 이 파일들을 이용하면 접근자, 접근한 문서, 접근 실패 이유 등을 알 수 있으며 보안사고를 복구하거나 처리할 수 있다.

3. 보안 기반기술 (security infrastructure)

3-1 암호 기술

암호화의 기본 기능은 정보통신망에서 전송되는 중요 데이터의 불법노출을 방지하는 기밀성 기능과 통신하는 사람간의 신분확인, 전송되는 전자문서의 위·변조방지, 사이버 공간상에서 발생되는 전자적 행위에 대한 부인방지 등 고도의 지식정보사회에서 새로이 야기되는 정보보호 문제를 해결하는 인증기능으로 나눌 수 있다.

암호는 기반구조 구축면에서 사이버 공간에서의 기본적인 정보보호 문제를 해결해주고, 안정성과 신뢰성을 확보해주어 사이버 공간에서도 가능하도록 해주며, 컴퓨터 네트워크 보안을 위한 기본 메커니즘을 제공하는 역할을 해준다.

암호학 (cryptology) 은 키 (key) 의 개념으로 설명할 수 있다. 키는 매우 큰 숫자 중의 하나이며, 키가 가질 수 있는 가능한 값의 범위를 keyspace라고 부른다. 암호화 (encryption) 와 복호화 (decryption) 는 이 키를 이용하여 이루어지며, 키의 값을 제외하고는 모든 사용자가 동일한 암호화 및 복호화 알고리즘 (algorithm) 을 사용한다.

키 기반 암호화 알고리즘은 비밀 키 암호화 방식과 공개키 암호화 방식의 두 가지로 나누어 볼 수 있다. 그리고 암호화 알고리즘은 아니지만 전달된 정보의 변경 여부 (무결성) 나 정보를 보낸 사람을 확인 (인증) 할 때 사용하는 것으로 메시지 다이제스트 방식이 있다.

(1) 비밀 키 암호화 방식 (secret-key algorithm, symmetric algorithm)

비밀 키 암호화 방식에서는 암호키와 복호키가 동일하므로 두 개체가 같은 키를 공유하면서 하나의 키를 사용하여 암호화하고 복호화하는데 사용된다. 암호 키로부터 복호키를 계산해 낼 수 있거나, 반대로 복호키로부터 암호 키를 계산해 낼 수 있을 때 이 암호화 알고리즘을 비밀 키 암호화 방식이라 부른다.

이 방식의 장점은 암호화와 복호화가 빠르다는 점과 다양한 암호화 기법이 개발되어 있다는 것이고, 단점은 복수의 사용자가 관련되어 있을 때 키의 공유 문제가 발생한다는 것과 키 자체를 상대방에게 안전하게 보내는 것이 문제가 된다.

비밀 키 암호화 방식의 종류로는 DES (data dncryption standard), IDEA (international data encryption algorithm), RC2 & RC4, AES (advanced encryption standard) 등이 있다.

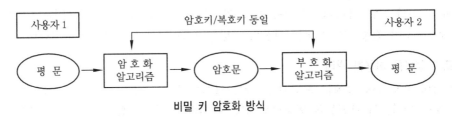

비밀 키 암호화 방식

(2) 공개 키 암호화 방식 (public-key algorithm, asymmetric algorithm)

이 방식에서는 암호키와 복호키가 서로 다르며, 암호키로부터 복호키를 계산해 낼 수 없다. 이 방법을 공개키 방식이라 부르는 이유는 암호키가 공개되어도 된다는 것 때문이다. 아무나 암호키를 이용하여 어떤 내용을 암호화할 수 있지만, 오직 해당 복호키를 가진 사람만이 그 암호문을 복호화할 수 있다. 이 때문에 이 알고리즘에서는 암호키를 공개키라고 부르고, 복호키를 개인키 (private key) 라고 부르며 대칭 알고리즘 (symmetric algorithm) 에 대한 키를 비밀키라고 부르는 것과 구별한다.

이 방식의 장점은 키를 상대방에 보내는 것에 보안상의 허점이 없다는 점과 정보의 기밀 유지 이외에 다른 목적으로도 사용될 수 있다는 점이지만, 단점으로는 암호화, 복호화 속도가 비밀키 암호와 방식에 비해 매우 (약 1000배) 느리고 많은 양의 자료를 암호화 복호화하기가 불편하다는 것이다.

대표적인 암호화 방식에는 RSA (rivest-shamir-adleman) 가 있다.

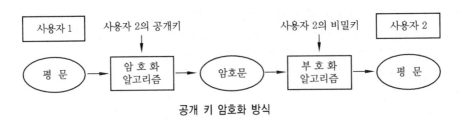

공개 키 암호화 방식

3-2 네트워크 보안기술 (network security)

(1) 데이터링크 계층 보안기술

가상사설망 (VPN : virtual private network) 시스템에서는 출발지와 목적지간에 암호화 채널을 형성하기 위해 터널링 (tunneling) 기법을 이용하게 된다. 터널링 기술은 OSI 7 계층구조에서 데이터링크 (layer 2) 계층과 네트워크 계층 (layer 3) 에서 이루어지고 있다.

마이크로소프트사의 PPTP, 시스코시스템의 L2F, 시스코시스템, 마이크로소프트, 3Com 등에서 제안한 L2TP는 데이터링크 계층에 대한 터널링 구현기술이며, IETF에서 표준화 진행중인 IPSec은 네트워크 계층에 대한 터널링 구현기술이다.

(2) 응용계층 보안기술 (application security)

전자우편의 보안 문제를 해결하기 위해서 PGP (pretty good privacy) 와 PEM (privacy enhanced mail) 등과 같은 전자우편 보안 도구가 사용되어 왔다. PGP와 PEM은 보내고자 하는 내용을 암호 알고리즘을 이용하여 암호화 및 전자서명을 제공함으로써 전자우편에 대한 기밀성, 인증, 무결성, 부인방지 등의 기능을 지원한다. 그러나 PEM은 높은 보안성을 가지고 있지만 구현의 복잡성 등의 이유로 널리 쓰이지는 않고 있다.

반면에 PGP는 Phil Zimmermann이라는 사람이 독자적으로 개발하였고, PEM에 비해 보안성에서는 조금 취약한 면을 보이고 있지만 구현이 쉽고, 키 인증 등의 권한을 한 곳에 집중시키지 않고 사용자 서로 간에 인증해줄 수 있도록 함으로써 현재 가장 많이 쓰이고 있다. 그렇지만 PGP는 단지 전자우편의 내용을 보호할 수 있는 암호기법만 제공하고 있으며, 기존의 전자우편 시스템과 통합하는데 많은 어려움이 있다.

최근에는 기존의 전자우편을 위한 메시지 표준인 MIME을 기반으로 한 전자우편 보안 시스템으로 S/MIME과 PGP/MIME이 주로 사용되고 있는 상황이다.

S/MIME은 RSA Data Security, Inc.에서 처음으로 개발되었는데, 현재 S/MIME V2가 제정되어 다수의 전자우편 애플리케이션이 나와 있는 상태이다. S/MIME V2는 전자서명을 위해 RSA 알고리즘을 사용하고, 암호화를 위해 RC2 등을 제공하고 있으며, 최근에는 S/MIME V3에 대한 연구가 진행되고 있다.

PGP/MIME은 기존에 전자우편 보안을 위해 널리 이용되던 PGP 보안 모듈을 기반으로 한 전자우편 보안 시스템으로써 PGP가 제공하는 암호 기법과 전자우편 시스템을 통합한 시스템이다. 사용자가 이용하기 쉽고, 사용자 서로가 키 인증을 할 수 있도록 함으로써 가장 널리 쓰이던 PGP를 기반으로 한 장점이 있다.

3-3 방화벽 (firewall) 의 구축

방화벽 (firewall) 이란 외부로부터 내부 망을 보호하기 위한 네트워크 구성요소 중의 하나로서 외부의 불법 침입으로부터 내부의 정보자산을 보호하고 외부로부터 유해정보 유입을 차단하기 위한 정책과 이를 지원하는 하드웨어 및 소프트웨어를 총칭한다.

방화벽의 주요 기능은 외부 망과 연동하는 유일한 창구로서 외부로부터 내부 망을 보호하기 위해 각 서비스 (예: ftp, telnet) 별로 서비스를 요구한 시스템의 IP 주소 및 포트 (port) 번호를 이용하여 외부의 접속을 차단하거나 또는 사용자 인증에 기반을 두고 외부접속을 차단한다. 또한 상호 접속된 내·외부 네트워크에 대한 트래픽을 감시하고 기록한다.

현재 보안 시스템에서 가장 널리 사용되는 방화벽은 크게 두 가지의 목적을 갖는다.

첫째, 외부로 나가는 네트워크의 IP 주소를 위장하여 그것이 마치 방화벽에서 발생한 것처럼 하는데 사용된다. 이를 위해서는 네트워크에 포함되어 있는 모든 클라이언트들은 반드시 방화벽을 거쳐서 외부 네트워크로 나가도록 해야만 한다. 이렇게 하는 이유는 특정 네트워크에서 외부로 나가는 데이터들을 감시하고 있는 해커가 결국 해당 네트워크에서 사용되는 개별 IP 주소를 알게 되고, 해커가 클라이언트처럼 가장 (spoof) 해서 접근할 수 있기 때문이다.

둘째, 해당 네트워크로 들어오는 패킷에 대한 IP 필터링(filtering)을 하는 것이다. 자신의 네트워크에 이유 없이 접근하는 IP 주소를 걸러낼 수 있도록 한다.

방화벽은 네트워크의 출입로를 단일화함으로써 보안관리 범위를 좁히고 접근 제어(access control)를 효율적으로 할 수 있는데, 외부에서 불법으로 네트워크에 침입하는 것을 방지하면서 내부의 사용자는 네트워크를 자유롭게 사용할 수 있다. 또한 방화벽에는 역추적 기능이 있어서 어떠한 네트워크 접근이라도 그 흔적을 찾아 역추적이 가능하다.

(1) 방화벽의 구성

① 외부 라우터 : 패킷 필터링을 하는 스크린드 라우터로 기능하여 접근 제어
② 배스천 호스트(bastion host) : 프록시 기능
③ 내부 라우터 : 배스천 호스트와 내부 네트워크를 분리하는 역할

(2) 방화벽의 기능

① 인터넷 서비스별로 정보를 요청한 시스템의 IP 주소 및 포트번호를 이용하여 외부 접속을 차단한다.
② 사용자 인증에 기초해서 외부 접속을 차단한다.
③ 네트워크로 들어오고 나가는 패킷의 IP와 TCP 헤더를 검사하여 패킷의 통과 여부를 결정(packet filtering)한다.
④ 내부 네트워크 사용자들이 외부로 접속할 때 방화벽을 통과하도록 설정하여 해커가 내부의 IP 주소를 도용하지 못하도록 방지한다.

(3) 방화벽의 종류

① 패킷 필터링 방식 : 패킷 필터링 방식의 방화벽은 OSI 모델에서 네트워크 계층(IP 프로토콜)과 전송 계층(TCP 프로토콜) 층에서 패킷의 출발지 및 목적지 IP주소 정보, 각 서비스에 포트(port) 번호, TCP Sync 비트를 이용한 접속제어를 한다.

　이 방화벽의 장점은 방화벽 기능이 OSI 7 모델에서 제 3, 4계층에서 처리되기 때문에 다른 방식에 비해 처리속도가 빠르며, 사용자에게 투명성을 제공한다. 또한 기존에 사용하고 있는 응용 서비스 및 새로운 서비스에 대해서 쉽게 연동할 수 있는 유연성이 있다.

　TCP/IP 프로토콜의 구조적인 문제 때문에 TCP/IP 패킷의 헤더는 쉽게 조작 가능하다. 따라서 외부침입자가 이러한 패킷의 정보를 조작한다면 내부시스템과 외부시스템이 직접 연결된다. 또한 ftp, mail에 바이러스가 감염된 파일 전송시 잠재적으로 위험한 데이터에 대한 분석이 불가능하며 접속제어 규칙의 갯수 및 접속제어 규칙 순서에 따라 방화벽에 부하를 많이 줄 수 있다. 또한 다른 방식에 비해서 강력한 로깅(logging) 및 사용자 인증 기능을 제공하지 않는다.

② 애플리케이션 방식 : 애플리케이션 게이트웨이는 OSI 7계층 네트워크 모델의 애플리케이션 계층에 방화벽 기능이 들어 있다. 이 게이트웨이는 각 서비스별로 프락시 데몬(proxy daemon)이 있어 프락시 게이트웨이 또는 응용 게이트웨이라고도 언급한다.

　애플리케이션 게이트웨이는 각 서비스별 프락시를 이용하여 패킷 필터링 방식처럼 IP 주소 및 TCP 포트(port)를 이용하여 네트워크 접근제어를 할 수 있으며 추가적으로 사용자 인증 및 파일전송시 바이러스 검색기능과 같은 기타 부가적인 서비스를 지원한다.

프락시는 클라이언트와 서버사이에 존재하여 그 접속을 관리하며 이미 접속된 연결에 대해서는 데이터 전달을 위한 전달자로서 기능을 한다. 따라서, 클라이언트는 프락시를 통해서만 실제 서버로의 데이터를 주고받을 수 있다. 즉, 클라이언트와 실제 서버간에 직접적인 연결을 허용하지 않는다.

내부 시스템과 외부 시스템간에 방화벽의 프락시를 통해서만 연결이 허용되고 직접 연결 (IP connection) 은 허용되지 않기 때문에 외부에 대한 내부망의 완벽한 경계선 방어 및 내부의 IP주소를 숨길 수 있다. 따라서, 패킷 필터링 기능의 방화벽보다 보안성이 뛰어나다. 다른 방화벽에 비해서 강력한 Logging 및 Audit 기능을 제공한다.

S/Key, Secure ID 등 일회용 패스워드를 이용한 강력한 인증기능을 제공할 수 있다. 프락시의 특성인 프로토콜 및 데이터 전달기능을 이용하여 새로운 기능 추가가 용이하다.

트래픽이 OSI 7계층에서 처리되기 때문에 다른 방식과 비교해서 방화벽의 성능이 떨어지며, 또한 일부 서비스에 대해서는 사용자에게 투명한 서비스를 제공하기 어렵다. 방화벽에서 새로운 서비스를 제공하기 위해서 새로운 프락시 데몬이 있어야 한다. 즉, 새로운 서비스에 대한 유연성이 없다.

③ Circuit Gateway : 서킷 게이트웨이는 OSI 네트워크 모델에서 5계층에서 7계층 사이에 존재하며 애플리케이션 게이트웨이와는 달리 각 서비스별로 프락시가 존재하는 것이 아니고, 어느 애플리케이션도 이용할 수 있는 일반적인 프락시가 존재한다. 방화벽을 통해서 내부 시스템으로 접속하기 위해서는 먼저 클라이언트측에 서킷 프락시를 인식할 수 있는 수정된 클라이언트 프로그램이 필요하다. 따라서 수정된 클라이언트 프로그램이 설치되어 있는 클라이언트만 circuit 형성이 가능하다.

내부의 IP 주소를 숨길 수 있으며 수정된 클라이언트 프로그램이 설치된 사용자에게 투명한 서비스를 제공할 수 있다.

방화벽에 접속을 위해서 서킷 게이트웨이를 인식할 수 있는 수정된 클라이언트 프로그램이 필요하다.

(4) 방화벽의 구축 형태

방화벽 요소들을 최소한 1개 이상 이용하여 상호 보완된 방화벽 시스템을 구축할 수 있는데 이러한 요소들을 네트워크 상에 어떻게 구축하느냐에 따라 몇 가지 구축 형태의 이름이 붙여진다.

① Dual-Homed Host Architecture : 듀얼-홈드 (dual-homed) 구조의 방화벽 시스템은 외부 네트워크와 내부 네트워크 사이에 2개의 인터페이스를 가지면서 라우팅 기능이 없는 방화벽을 설치하는 형태이다.

방화벽 시스템은 하나의 네트워크에서 다른 네트워크로 IP 패킷을 라우팅 하지 않기 때문에 이 방화벽에 프락시 기능을 부여함으로써 결국 하나의 네트워크에서 발생한 IP 패킷이 직접 다른 네트워크로 전달되지 않도록 한다. 방화벽이 라우팅 기능을 제공하지 않기 때문에 내·외부 사용자 모두 방화벽을 통과해야 하기 때문에 보안성을 제공할 수 있을지 모르지만 사용자에게 투명한 서비스를 제공하지 못한다. 보통 이러한 구조에서 보안성을 고려한다면 프락시 기능을 갖는 방화벽을 이용하게 되고, 사용자 투명성을 제공해야 한다면 패킷 필터링 기능을 갖는 방화벽을 이용한다.

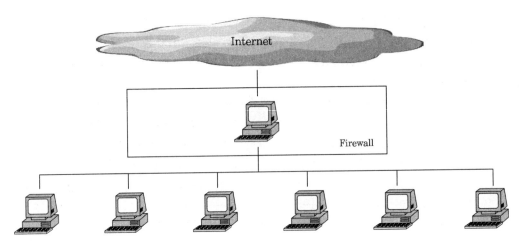

Dual-Homed Host 구조

② Screened Host Architecture : 스크린드 호스트 방식은 패킷 필터링 또는 스크리닝 라우터의 한 포트는 외부 망에 연결되어 있고 다른 포트는 내부 망에 연결되어 있다. 또한 내부 망에 배스천 호스트가 연결된 구조이다. 전체적으로 보면 패킷 필터링 라우터와 배스천 호스트 2가지가 복합되어 방화벽 역할을 한다.

패킷 필터링 라우터의 패킷 필터링 규칙에 따라 트래픽의 흐름이 바뀌게 된다. 따라서 패킷 필터링 라우터의 필터링 규칙을 잘 정의하는 것이 중요하다고 볼 수 있다. 이 구조에서 라우터의 필터링 규칙을 보면 다음과 같다.

패킷 필터링 라우터의 역할은 외부 및 내부 네트워크에서 발생하는 패킷을 통과시킬 것인지 검사하는 것이고 특히 외부에서 내부로 유입되는 패킷에 대해서는 배스천 호스트로 검사된 패킷을 전달한다. 배스천 호스트의 역할은 내부 및 외부 네트워크 시스템에 대한 인증, 사용자 인증 및 서비스 인증을 하게 된다.

③ Screened Subnet Architecture : 스크린드 호스트 방식의 보안상 문제점을 보완하기 위해서 외부 네트워크와 내부 네트워크 사이에 하나 이상의 경계 네트워크를 두어 내부 네트워크를 외부 네트워크로부터 분리하기 위한 구조이다.

스크린드 서브넷의 가장 단순한 구조는 두 개의 스크리닝 라우터와 한 개의 배스천 호스트를 이용하여 구축할 수 있다.

한 개의 스크리닝 라우터는 외부 네트워크와 경계 네트워크 사이에 위치하고, 다른 스크리닝 라우터는 경계 네트워크와 내부 네트워크 사이에 연결이 된다. 그리고 배스천 호스트는 경계 네트워크 상에 위치하게 된다. 이렇게 하면 배스천 호스트는 내부 네트워크에서 분리되고, 해커는 두 개의 라우터와 배스천 호스트를 통과해야만 내부 네트워크로 접근할 수 있다. 따라서 외부에서 자주 접속을 해야 하는 공개서버들은 경계선 네트워크에 위치를 시키고 중요한 정보들이 있는 시스템들은 내부 망에 놓는다.

경계선 네트워크는 외부 네트워크와 보호가 된 내부 네트워크 사이에 있는 네트워크이다. 만약 해커가 경계선 네트워크에 연결된 호스트들을 성공적으로 공격하였다고 하더라도 내부에 있는 방화벽 요소(내부의 패킷 필터링 라우터)를 다시 공격해야 하기 때문에 경계선 네트워크는 해커와 내부 시스템 사이에서 내부 시스템을 보호하기 위한 층을 이룬다. 일반적으로 공개서버의 보안을 어느 정도 해야 할 경우 공개서버를 가능한 배스천 호스트로 만든 후 경계선 네트워크 상에 위치시킨다.

4. 보안 등급

보안 등급은 D, C, B, A 등으로 나뉘며 세부적으로는 다시 C1, C2, B1, B2, B3 등으로 나뉜다. 보안은 등급이 A로 갈수록 강력하며 같은 등급 내에서는 뒤에 붙는 숫자가 클수록 강력하다.

(1) D 등급

보안이 거의 또는 전혀 고려되지 않은 상태로 주로 외부에 완전히 공개되어 있는 PC 등이 여기에 해당된다.

(2) C1 등급

사용자가 서로 침범할 수 없게 되어 있다. 정보는 모두 사용자 단위로 접근 허가를 줄 수 있어서 모든 사용자는 특정한 정보에 대한 접근 권한만을 가질 수 있다.

(3) C2 등급

C1보다 약간 엄격한 정도로 사용자들의 로그인 (login) 정보를 포함하여 보안과 관계된 모든 로그정보를 저장해 두어서 필요할 때 보안 감사 (audit) 를 할 수 있도록 하는 정도의 보안이다. 현재는 VMS (DEC), AOS/VS (data general) 등이 C2 정도의 보안 등급임을 NCSC (national computer security center) 에서 인정하였다. 현재 UNIX를 C2보안등급으로 바꾸어 주는 패키지들이 UNIX 클론 (clone) 제작회사들에서 만들어지고 있지만 NCSC에서는 아직 인정해 주지 않고 있다.

(4) B1 등급

우선 C2의 모든 것을 포함하여야 한다. 그 외에 보안정책이 있어야 하고 모든 데이터는 각각 레이블을 붙일 수 있어야 한다. 레이블을 붙인다는 것은 자료 객체에 보안등급 같은 것을 정해 놓을 수 있어서 낮은 보안 등급을 가지고 있는 사용자가 높은 보안 등급을 가지고 있는 정보에 접근하지 못하도록 하는 것이다.

(5) B2 등급

B2에서는 B1의 모든 것을 포함하고 보안정책도 일정한 형식을 가지고 정의가 되어 있어야 한다. 보안 정책은 시스템의 모든 데이터에 대하여 각각에 대한 접근 방법을 여러 가지로 정의할 수 있어야 한다. 이러한 보안은 소프트웨어만으로는 불가능하며 하드웨어적인 뒷받침이 있어야 한다.

(6) B3 등급

운영체제 내부의 보안과 관련된 코드에서 보안과 관련이 없는 것은 모두 제거되어야 하며 모듈의 크기가 작아서 분석과 테스트가 가능하여야 한다.

(7) A1 등급

이 등급은 B3과 거의 같으나 차이가 있다면 그 시스템이 안전하다는 것을 수학적으로 증명하여야 한다는 것이다. 그러기 위해서는 시스템 보안에 대한 일정한 형식을 갖춘 모델이 있어야 하며 그것을 검증할 수 있는 방법도 제시되어야 한다. 그러나 A1등급의 보안은 현실적으로 구축하지 못하는 실정이다.

관리자는 시스템을 어느 정도의 보안 등급으로 구축할 것인지를 결정하여야 한다. 이때 주의해야 할 것은 보안 등급이 높다고 해서 꼭 좋은 것은 아니다. 너무 엄격하게 보안을 유지한다면 사용자들의 불편이 그 만큼 커지지 때문이다. 물론 불편한 만큼 안전성은 좋다. 그러므로 관리자는 이 점을 충분히 고려하여야 한다.

산업안전공학

2006년 2월 20일 1판 1쇄
2008년 1월 25일 1판 2쇄
2010년 3월 25일 2판 1쇄
2023년 1월 10일 2판 4쇄

저 자 : 임준식 · 최태준
펴낸이 : 이정일

펴낸곳 : 도서출판 **일진사**
www.iljinsa.com
(우) 04317 서울시 용산구 효창원로 64길 6
전화 : 704-1616/팩스 : 715-3536
등록 : 제1979-000009호 (1979.4.2)

값 22,000 원

ISBN : 978-89-429-1149-3